国家职业资格培训教程

金属材涂层工

主　编　王　松
副主编　庞成贤

中国建材工业出版社

图书在版编目（CIP）数据

金属材涂层工/王松主编. —北京：中国建材工业出版社，2011.5
国家职业资格培训教程
ISBN 978-7-80227-899-8

Ⅰ. ①金… Ⅱ. ①王… Ⅲ. ①金属材料-涂层-技术培训-教材 Ⅳ. ①TG17

中国版本图书馆 CIP 数据核字（2011）第 016887 号

内 容 简 介

本教程是按中国有色金属工业协会颁布的《金属材涂层工》职业技能鉴定标准要求编写，详细介绍和论述了金属材料涂层工从初级工到高级技师五个职业等级应该掌握的基础知识和操作技能。

教材从铝及铝合金涂层、阳极氧化和着色三个方面介绍了本职业应该掌握的基础理论知识，从卷材涂装、氧化上色、静电粉末喷涂、液态喷涂等方面，对不同的职业等级提出了不同的技能要求。内容上，力求知识详尽，职业特点突出，易于学习领会；结构上，针对职业活动领域，按职业等级划分篇目和章节。

本书是有色金属材料涂层工必备的技术读物，也可供从事有色金属材料加工、科研、设计、教学和应用等方面的技术人员与管理人员使用，同时可作为大专院校相关专业师生的参考书。

金属材涂层工
主　编　王　松
副主编　庞成贤

出版发行：中国建材工业出版社
地　　址：北京市西城区车公庄大街 6 号
邮　　编：100044
经　　销：全国各地新华书店
印　　刷：北京雁林吉兆印刷有限公司
开　　本：710mm×1000mm　1/16
印　　张：27.25
字　　数：563 千字
版　　次：2011 年 5 月第 1 版
印　　次：2011 年 5 月第 1 次
书　　号：ISBN 978-7-80227-899-8
定　　价：68.00 元

本社网址：www.jccbs.com.cn

本书如出现印装质量问题，由我社发行部负责调换。联系电话：(010)88386906

《金属材涂层工》编审委员会

主　任： 丁学全

副主任： 丁跃华　汪　洁　君晓辉

委　员： 谢承杰　关晓光　代作春　李晓春　王　松

　　　　　庞成贤

前　言

为了在有色金属加工生产从业人员中开展职业培训和职业技能鉴定，根据人力资源和社会保障部有关规定，中国有色金属工业协会，中国铝业公司，有色金属行业职业技能鉴定指导中心组织西南铝业公司牵头编写了《国家职业资格培训教程——金属材涂层工》（以下简称《教程》）。

《教材》以中国有色金属工业协会颁布的《有色金属行业职业技能鉴定标准——金属材涂层工》（以下简称《标准》）为依据，《教程》紧贴《标准》，内容上遵循“以职业活动为导向，以职业技能为核心”的指导思想，突出职业培训特色；结构上针对金属材涂层工职业活动领域，按照《标准》中划分的职业功能模块，分初级工、中级工、高级工、技师、高级技师五个级别编写。

本书将多年在生产一线的技术人员和操作人员的经验技巧和心得体会，结合相关基础理论知识，主要针对铝材涂装和着色行业各级、各类操作人员的技能培训要求进行操作规程介绍。对卷材涂装、氧化上色、静电粉末喷涂、液态喷涂四个工种进行介绍，分别按基础知识、初级工、中级工、高级工、技师、高级技师技能要求，由浅入深逐渐展开，为了各级工种培训的实际，本书结合生产实际，从生产准备、生产操作、工艺要求、质量控制及安全须知、设备维护等多方面进行全面介绍。

本书以文字说明为主，辅以部分图例，对于相关行业人员在使用此类材料的设计、施工、安装等环节具有参考阅读价值。

本书由《金属材涂层工》编写组编写，西南铝的庞成贤编写了酸碱基础知识、氧化上色、静电粉末喷涂等相关章节；南平铝的余泉和编写了液态喷涂相关章节；西南铝的袁礼军编写了卷材涂装预处理、固化及技术管理和技术创新等相关章节；西南铝的向东编写了卷材涂装线开卷及卷取的相关章节；西南铝的唐旭东编写了涂装线设备维护和故障处理的相关章节；全书由王松综合补充。

由于编写组水平有限，请读者对书中错误和不足之处加以指正。本书在编写过程中，参考并引用了许多参考资料及有关文献，在此对有关作者、编者（单位）致以谢意。

编写组在编写过程中，得到了单位领导、同事及一线员工的大力支持，在此深表感谢！

编　者

2011 年 1 月

目　录

第 1 篇　铝及铝合金涂层、阳极氧化、着色的基本知识

第 1 章　涂层基本知识 …………………………………… 3
1.1　铝材涂装前处理 …………………………………… 3
1.2　铝材涂装常用涂料简介 …………………………… 4
1.3　涂膜性能及检测 …………………………………… 5
1.4　试验方法 …………………………………………… 7
第 2 章　铝及铝合金阳极氧化、着色的基本知识 ……… 11
2.1　铝及铝合金性质和用途……………………………… 11
2.2　铝及铝合金的腐蚀与防护…………………………… 13
2.3　常用酸碱盐基本知识………………………………… 15
2.4　铝及铝合金阳极氧化、上色、封孔、电泳、喷涂的基本原理………………………………………………… 20
2.5　铝及铝合金阳极氧化槽组配置及结构……………… 42
2.6　危险化学品安全技术………………………………… 47

第 2 篇　涂层工技能知识（初级工）

第 1 章　准备工作 ………………………………………… 57
1.1　交接班………………………………………………… 57
1.2　准备工具、器具……………………………………… 58
1.3　准备原辅材料………………………………………… 59
1.4　设备运行前准备……………………………………… 59
第 2 章　开卷 ……………………………………………… 61
2.1　卷材的查找…………………………………………… 61
2.2　上卷…………………………………………………… 62
2.3　缝合…………………………………………………… 63
2.4　牵引带准备…………………………………………… 63
第 3 章　预处理 …………………………………………… 65
3.1　配置清洗剂、转化剂………………………………… 65
3.2　温度及压力控制……………………………………… 66

3.3 更换辊子…………………………………………………………………… 67
3.4 操作化学涂层机………………………………………………………………… 69
第 4 章 涂层作业 …………………………………………………………… 71
4.1 配制涂料………………………………………………………………… 71
4.2 操作涂层机……………………………………………………………… 75
4.3 更换涂辊………………………………………………………………… 78
第 5 章 固化 ………………………………………………………………… 81
5.1 温度设定和检测………………………………………………………… 81
5.2 冷却处理………………………………………………………………… 83
5.3 废热锅炉使用…………………………………………………………… 84
第 6 章 收卷 ………………………………………………………………… 88
6.1 卸卷的操作过程………………………………………………………… 88
6.2 套筒的装卸……………………………………………………………… 88
第 7 章 氧化上色制品装卸挂 ……………………………………………… 89
7.1 氧化上色制品装挂……………………………………………………… 89
7.2 氧化上色制品卸挂与包装……………………………………………… 94
第 8 章 氧化上色 …………………………………………………………… 97
8.1 阳极氧化工艺操作……………………………………………………… 97
8.2 后处理工艺操作 ……………………………………………………… 100
8.3 槽液管理 ……………………………………………………………… 102
第 9 章 喷涂前处理及成品包装…………………………………………… 106
9.1 喷涂制品装挂 ………………………………………………………… 106
9.2 喷涂制品卸挂、包装 ………………………………………………… 108
9.3 工艺操作 ……………………………………………………………… 108
第 10 章 静电粉末喷涂 …………………………………………………… 112
10.1 喷涂固化操作………………………………………………………… 112
10.2 换粉操作……………………………………………………………… 113
第 11 章 液态喷涂 ………………………………………………………… 117
11.1 液态喷涂操作………………………………………………………… 117
11.2 换漆操作……………………………………………………………… 121
第 12 章 废水处理与纯水制备 …………………………………………… 126
12.1 废水处理……………………………………………………………… 126
12.2 纯水制备……………………………………………………………… 128
第 13 章 设备维护与故障处理 …………………………………………… 133
13.1 设备保养……………………………………………………………… 133
13.2 设备维护……………………………………………………………… 134

第3篇 金属材涂层工（中级工）

第1章 准备工作 …… 139
第2章 开卷 …… 141
2.1 上卷 …… 141
2.2 缝合 …… 141
2.3 机列运行速度选择 …… 143
第3章 预处理 …… 144
3.1 配置清洗剂、转化剂 …… 144
3.2 温度及压力控制 …… 146
3.3 更换辊子 …… 146
3.4 操作化学涂层机 …… 147
第4章 涂层作业 …… 149
4.1 调配涂料 …… 149
4.2 操作涂层机 …… 151
4.3 更换涂辊 …… 152
4.4 涂层表面控制 …… 153
第5章 固化 …… 156
5.1 温度设定和检测 …… 156
5.2 冷却处理 …… 157
5.3 废热锅炉使用 …… 158
第6章 收卷 …… 162
6.1 卷取机的工作原理 …… 162
6.2 卷取、助卷作业程序 …… 162
6.3 卷取的操作过程 …… 163
6.4 卷取机张力的设定 …… 163
第7章 氧化上色制品装卸挂 …… 164
7.1 氧化上色制品装挂 …… 164
7.2 氧化上色制品卸挂与包装 …… 165
第8章 氧化上色 …… 166
8.1 阳极氧化工艺操作 …… 166
8.2 后处理工艺操作 …… 174
8.3 槽液管理 …… 178
第9章 前处理及成品包装 …… 183
9.1 喷涂制品装挂 …… 183
9.2 喷涂制品卸挂、包装 …… 184

9.3 工艺操作 …… 184
第 10 章 静电粉末喷涂 …… 186
10.1 喷涂固化操作 …… 186
10.2 换粉操作 …… 189
第 11 章 液态喷涂 …… 191
11.1 液态喷涂操作 …… 191
11.2 换漆操作 …… 199
第 12 章 废水处理与纯水制备 …… 202
12.1 废水处理 …… 202
12.2 纯水制备 …… 206
第 13 章 设备维护与故障处理 …… 210
13.1 设备维护 …… 210
13.2 设备故障处理 …… 212

第 4 篇 金属材涂层工（高级工）

第 1 章 开卷 …… 217
1.1 上卷 …… 217
1.2 开卷张力参数调整 …… 220
第 2 章 预处理 …… 222
2.1 配置清洗剂、转化剂 …… 222
2.2 温度及压力控制 …… 223
2.3 操作化学涂层机 …… 224
第 3 章 涂层作业 …… 228
3.1 配制涂料 …… 228
3.2 操作涂层机 …… 228
3.3 更换涂辊 …… 231
3.4 涂层表面检测 …… 232
第 4 章 固化 …… 234
第 5 章 收卷 …… 235
5.1 收卷操作 …… 235
5.2 处理故障 …… 237
第 6 章 氧化上色制品装卸挂与包装 …… 239
第 7 章 氧化上色 …… 241
7.1 阳极氧化工艺操作 …… 241
7.2 后处理工艺操作 …… 246
7.3 槽液管理 …… 256

第 8 章　前处理及成品包装 …… 261
8.1　喷涂制品装、卸挂及包装 …… 261
8.2　工艺操作 …… 263
第 9 章　静电粉末喷涂 …… 265
9.1　喷涂固化操作 …… 265
9.2　换粉操作 …… 267
第 10 章　液态喷涂 …… 269
10.1　液态喷涂操作 …… 269
10.2　换漆操作 …… 277
第 11 章　废水处理与纯水制备 …… 279
11.1　废水处理 …… 279
11.2　纯水制备 …… 281
第 12 章　设备维护与故障处理 …… 286
12.1　设备维护 …… 286
12.2　设备故障处理 …… 287

第 5 篇　金属材涂层工（技师）

第 1 章　预处理 …… 291
1.1　配置清洗剂、转化剂 …… 291
1.2　温度及压力控 …… 292
1.3　操作化学涂层机 …… 293
第 2 章　涂层作业 …… 296
2.1　配制涂料 …… 296
2.2　操作涂层机 …… 298
2.3　涂层表面检测 …… 300
第 3 章　氧化上色 …… 303
3.1　工艺操作 …… 303
3.2　槽液管理 …… 314
第 4 章　静电粉末喷涂 …… 326
4.1　工艺操作 …… 326
4.2　工艺调整 …… 332
第 5 章　液态喷涂 …… 337
第 6 章　设备管理 …… 341
第 7 章　培训与指导 …… 343
第 8 章　技术管理 …… 345

第6篇 金属材涂层工（高级技师）

第1章 涂层作业 …… 363
1.1 配制涂料 …… 363
1.2 操作涂层机 …… 364
第2章 氧化上色 …… 367
2.1 工艺操作 …… 367
2.2 槽组配置 …… 374
第3章 静电粉末喷涂 …… 379
3.1 工艺操作 …… 379
3.2 粉末性能分析 …… 381
第4章 液态喷涂 …… 389
4.1 工艺操作 …… 389
4.2 涂料性能分析 …… 398
第5章 设备管理 …… 400
5.1 液压系统 …… 400
5.2 气动系统 …… 404
5.3 清洗设备 …… 406
5.4 涂层设备（适合辊涂工艺） …… 406
5.5 固化设备（氧化上色不适用） …… 407
第6章 培训与指导 …… 408
第7章 技术管理 …… 410
7.1 技术分析 …… 410
7.2 技术创新 …… 414
参考文献 …… 423

第 1 篇

铝及铝合金涂层、阳极氧化、着色的基本知识

第 1 章　涂层基本知识

1.1　铝材涂装前处理

铝材前处理是涂装的基础和前道工序，是提高涂层附着力、抗腐蚀能力的重要环节。因此，为了保证涂层板的防蚀性与表面质量，除了需选用满足产品质量要求的涂料，严格的涂装技术及工艺管理外，必须进行完善的铝材前处理。

1. 前处理的目的

（1）清洗。主要是清除铝材表面污染物，如轧制中产生的金属粉、粒，金属氧化物，各类油脂、灰尘等。

（2）化学转换处理。提高涂层抗腐蚀能力；使铝材表面均匀稳定，提高涂料附着力。

2. 前处理工艺

（1）脱脂

脱脂一般采用酸性或碱性脱脂剂，分液体及粉末两类。

1）稀释。如是液体处理剂，可用一般生活水配制（粉末须预先溶解分散后再行配制）。

2）脱脂方式。喷淋及浸渍，一般以喷淋效果较佳。

3）温度。一般为 40～60℃，如为加强清洗效果，可采取以下方法：

①提高喷洗压力。

②加长处理时间。

③提高脱脂剂浓度。

④提高挤干效果。

不可任意提高处理液温度。处理液温度高有如下缺点：

①使脱脂剂中的界面丧失作用，降低脱脂效果。

②高温使处理液对铝材侵蚀加强，因而会产生大量残渣，残渣会吸附脱脂剂，造成处理液浓度降低，从而影响脱脂效果。

③过量残渣会附着于铝材上，形成白斑，不易消除，影响清洗质量。

4）杂质去除。

①过滤。滤除被清除下来沉淀于底部的氧化物等残渣。

②溢流。排除悬浮在槽液上层的油脂。溢流是保持槽液清洁及稳定质量的重要方法。

5）脱脂剂管理。处理液的清洁度以脱脂剂与底材反应的反应物进入处理液中的浓度为指标（如侵蚀铝材则以溶液中铝离子含量为指标）。反应物多，溢流或补给量大；反应物少，溢流或补给量小。控制得好，可延长槽液寿命，节省成本。

（2）清洗

1）方式。采用压力喷淋，提高压力可增进清洗效果。

2）杂质去除。

①溢流。将浮于槽液上层的残渣、泡沫排出槽外。

②分离。将清洗后的污水与清水分离，进行排除。

（3）化学转化膜处理（铬/磷酸盐转化膜处理）

1）目的。

①防蚀。

②利于涂装作业及涂膜附着力。

2）处理液组成成分：

反应剂：建材涂层板化学转化槽液主要含 Cr^{6+} 盐，食品包装涂层材料化学转化槽液主要含 Cr^{3+} 盐。

3）转化膜。

①转化膜含量。铬含量指标约 10～30mg/m^2。

②色调：表面呈无色至淡蓝色。

注意，须增加皮膜量，可提高处理液溶液浓度及处理时间。

4）控制参数。

①槽液浓度。建材类，［Cr^{6+}］10～20 点；食品包装类，［Cr^{3+}］12～22 点。

②干燥温度。70～200℃。

③时间。3～10s。

（4）清洗

部分转化涂层在处理时需进行水洗。

1）水质。以纯水或去离子水为佳。

2）方式。喷淋。此时转化膜未烘干，故喷洗压力不宜过高。

（5）干燥

采用热风干燥，温度不宜过高，以免造成转化膜脆化发裂，影响涂膜附着力。

1.2　铝材涂装常用涂料简介

1. 涂料的构成

涂料主要由树脂、颜料、溶剂、添加剂等部分组成。其中，树脂是涂膜形成的主要成分，包括（半）干性油、天然树脂、合成树脂等，它决定涂膜的性质。颜料主要是在成膜时赋予涂膜色彩。添加剂的主要作用在于改善涂装施工性能，改善涂膜表面质量。溶剂主要是在制造涂料和涂装作业中对涂料程度及施工性进行调整，在成膜过程中挥发掉。

2. 聚酯树脂涂料

通常使用的树脂涂料固分含量较高，涂膜丰满光亮，附着力强，物理机械性能好，具有坚韧、耐磨、抗冲击力和良好的抗刮伤能力，广泛应用于工业及民用建筑、室内装饰、交通运输等领域，但普通聚酯涂料耐水性略差，影响其耐久性。常用饱和聚酯树脂需加氨基树脂交联剂配成烘烤型涂料，同时，还可制作成耐紫外线、涂膜耐候性强的罩光涂料。

由于普通聚酯涂料的耐久性制约了该类涂层板的户外使用发展要求，而聚酯烘烤涂料又具有众多优越性，目前，对其以户外使用为主的外用涂料研究正不断深入，使其具有很大的发展潜力。

3. 易拉罐盖、拉环涂料

目前，常用罐盖、拉环涂料主要有改性环氧树脂涂料和有机溶胶涂料，其特点是具有较强的附着力、防腐蚀性，涂膜坚韧耐磨，加工性好。

罐盖、拉环涂料因涉及人类食品、饮料的需要，故对其食品卫生要求十分严格，通常要经过质量监督部门的严格检验才能进行涂装生产产品，部分高档产品还要有美国 FDA 认证。

易拉罐罐装的产品主要有：啤酒类、汽水类、果汁类等几大典型品种，通常要求罐盖涂膜能够承受 0.5%硫化钠、2%柠檬酸条件下，分别在 68℃、100℃、121℃经 30 分钟高温蒸煮而不爆裂、不起泡、不脱膜。

目前，随着国内经济的快速发展，市场需求日益增大，对高档易拉罐盖、拉环涂料的要求将不断增加，已有部分产品进入高端市场，替代国外进口产品。

4. 氟碳涂料

氟碳涂料较常规涂料具有更优异的抗大气腐蚀和污染、抗紫外线性和抗变色性，以其卓越的耐候性而被用于大型建筑场所外墙及屋面。

通常，氟碳涂料需经过 Kynar500 或 Hylar5000 质量评估才能进行生产。氟碳涂料树脂由 70%的氟碳树脂和 30%的丙烯酸树脂合成，如氟碳树脂比例过低，就会降低涂料的耐候性，影响涂层产品使用寿命。

氟碳涂料的耐候性有明确的规定，在位于美国佛罗里达北纬 27°南向，涂料试片角度 45°的大气暴晒场暴晒 5 年作为检测标准。目前，世界各知名涂料厂家均在此处设有暴晒点。同时，各涂料厂及部分涂装厂在实验室也对氟碳涂料的耐候性进行加速耐候测试，其测定值作为耐候性的参考值。

1.3　涂膜性能及检测

1. 建筑、家用电器、交通运输等行业用彩色涂层板、带的涂膜性能应符合表 1-1-1 的规定。

2. 饮料罐盖及瓶盖用涂层板、带的涂膜性能应符合表 1-1-2 的规定。

表 1-1-1　建筑及交通运输等行业用彩色涂层板、带的涂膜性能规定

检测项目		涂料种类		
		氟碳①		聚酯类及其他涂料
		无清漆	有清漆②	
涂膜厚度（μm）		≥22	≥30	≥18
光泽度偏差		光泽值≥80 单位，允许偏差为±10 单位		
		光泽值≥20～80 单位，允许偏差为±7 单位		
		光泽值＜20 单位，允许偏差为±5 单位		
铅笔硬度		≥1H		
耐磨耗性（L/μm）		≥5		—
涂膜柔韧性 T		≤2T		≤3T
耐冲击性		50kg・cm 不脱漆、无裂痕		
附着力（级）		不次于 1 级		
耐沸水性		无变化		
耐化学稳定性	耐酸性	无变化		
	耐碱性	无变化③		
	耐油性	无变化		
	耐溶剂性	≥70 次不露底		≥50 次不露底
	耐洗刷性	≥10000 次无变化		
	耐沾污性	≤15%		—
人工老化	色　差	$\Delta E \leqslant 3.0$		—
	耐粉化（级）	0		—
	失光等级	不差于 2 级		—
耐盐雾性		不次于 2 级		—

① 户外面板必须为氟碳板。

② 金属粉氟碳必须涂有清漆。

③ 金属粉聚酯涂料不做耐碱性试验。

表 1-1-2　饮料罐盖及瓶盖用涂层板、带的涂膜性能规定

用途		涂膜厚度（μm）	耐溶剂性	灭菌试验	耐硫性	耐酸性	划格附着力
罐盖	盖外	2.0～7.0	≥50 次不露底	注 1	—	—	1 级
	盖内	≥10.0	—	注 1	注 2	注 3	1 级
瓶盖		3.0～10.0	≥50 次不露底	注 1	—	—	1 级

注：1. 经 121℃，30min 蒸馏后，内涂膜无泛白、剥离、脱落，外涂膜无明显失光、剥离、脱离。

2. 经 121℃，30min 硫蚀后，内涂膜无泛白、剥离、脱落。

3. 经 121℃，30min 酸蚀后，内涂膜无泛白、剥离、脱落。

3. 外观质量要求。

（1）饮料罐盖（瓶盖除外）用涂层板材、带材的表面质量涂层板、带材的两面不允许有漏涂。

（2）接触饮料面不允许有擦划伤等破坏涂膜的缺陷，不接触饮料面允许有轻微擦划伤。

（3）两面允许有轻微的亮条、色差、印痕等缺陷。

（4）带材每卷允许有两处接头，接头处不允许有松层和错动，接头只能搭接，并在端面作上标记。

（5）涂层板材装饰面（在铝塑复合板中指面板的涂层面）不允许有气泡、划伤、漏涂、色差、过烧、花斑、辊印、周期性印痕等缺陷，允许有个别轻微的在自然光条件下距板面 1.5m 处目测不明显的各种缺陷存在。非装饰面（在铝塑复合板中指背板的涂层面）不允许有漏涂，严重色差、划伤及面积较大的严重的缺陷。

对于上下两层由涂层板材组成，中间层用其他材料组成的复合板，安装时紧贴或靠近墙体的一层涂层板材称为背板，另外一层涂层板、带材称为面板。

（6）作铝塑复合板用的涂层板、带材，复合面（接触中间层的一面）在合同中注明时应进行表面铬化处理，处理后不允许有化工原料的异物、大面积粘伤。

（7）涂层带材表面允许有漏涂、色差、印痕等缺陷，但缺陷处数、每处长度以及有缺陷的总长度应符合表 1-1-3 的要求。

表 1-1-3　缺陷要求

卷重（t）	缺陷要求		
	漏涂、色差、印痕单独或同时存在		
	允许处数	每处长度（m）	总长度（m）
≤2	≤3	≤20	≤50
>2	≤5	≤20	≤100

注：缺陷总长度不得超过卷材总长度的 5%。

（8）厚度≤0.5mm 的涂层卷，每卷允许有一处接头，接头处不允许有松层和错动，接头只能搭接，并在端面作上标记，且每批有接头的卷数不超过总卷数的 10%。

（9）部分上述有少量缺陷的涂层产品，供方应有明显的标志告知用户。

（10）饮料罐盖（瓶盖除外）用涂层板、带材的表面涂蜡应均匀，涂蜡量为 $118\pm43mg/m^2$（供方工艺保证）。

1.4　试验方法

成分及涂膜性能分析方法如下：

（1）基材化学成分仲裁分析方法

基材化学成分仲裁分析方法按 GB/T 20975 规定的方法进行。

（2）基材室温力学性能试验方法

基材室温力学性能试验方法按 GB/T 228 规定的方法进行。

（3）板、带尺寸测量方法

板、带的尺寸测量方法按 GB/T 3880.3 的规定进行。

（4）涂膜厚度

涂膜厚度是指涂层的总厚度，其测量按 GB/T 4957 的规定进行。

（5）光泽度偏差

光泽度偏差的测量按 GB/T 9754 的规定进行。计算全部测试值之极限值误差。

（6）铅笔硬度

铅笔硬度的测量按 GB/T 6739 的规定中的 B 方法进行。

（7）涂膜柔韧性

1）方法概述

涂膜柔韧性是把涂层铝板绕自身裹卷进行 180°弯曲，借助低倍放大镜（5～10倍），检查涂层有无出现开裂或脱落等破坏现象，当弯曲后涂膜不再出现破坏时结束。

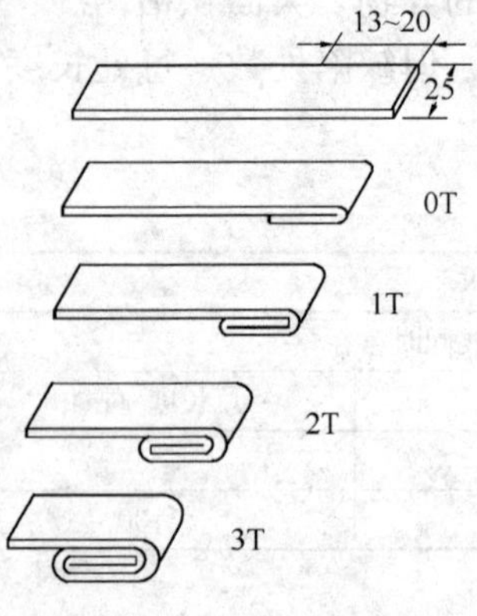

图 1-1-1　T 弯过程示意图

2）试验方法

试样尺寸为 25mm×350mm。试验时，在试样长度方向端头 13～20mm 处用带有光滑的钳口套的虎钳夹夹住，绕自身弯曲（涂膜向外）超过 90°以后，重新用虎钳夹使两平面重合（即共弯曲 180°）称为 0T。用目视检查涂膜无开裂或脱落时为合格，如有开裂或脱落，应继续上述过程绕试样自身弯曲 180°，此时称为 1T，再继续时称 2T、3T 等，直到涂膜无开裂或脱落时止。T 弯过程如图 1-1-1 所示。

（8）附着力

附着力测量按 GB/T 5210 的规定进行，仲裁按 GB/T 1720 的规定进行。取三块试样中的最低附着力作为试验结果。

（9）耐冲击

耐冲击的测量试验方法按 GB/T 1732 的规定进行，冲头直径 16cm，从 50cm 高度自由落下冲击试样正面。

（10）耐化学稳定性

1）耐酸性、耐碱性、耐油性

将内径 50mm，高 50mm 的玻璃管的一端用不被化学试剂侵蚀的密封材料粘接在试样涂层面的中心部位，使之接触密封良好。将化学试剂倒入管内，使液面高度为 20mm±2mm，用玻璃片将管盖严，静置到规定时间后取下试样，洗净擦干，目视检验试验处有无起泡、变色、剥落等异常现象。户外面板化学试剂为5%HCl（体积分数）、5%NaOH（摩尔分数）、20#机油，静置48h；户内面板化学试剂为2%HCl（体积分数）、2%NaOH（摩尔分数）、20#机油，静置24h。以三块试样中性能最差者为试验结果。

2）耐溶剂性

试验溶剂采用丁酮。用一柔性擦头裹四层医用纱布，吸饱溶剂后，用手指端部（不能用指甲）立即在待测试样表面以1000g±100g左右的力在同一地方来回擦洗，然后边擦边观察，出现漏底时为耐溶剂性次数。擦洗行程100mm，频率为100次/min。试验过程中应使纱布保持浸润。允许采用半自动化和自动化测试仪器进行耐溶剂性检查。

（11）耐洗刷性

耐洗刷性的检验按GB/T 9266的规定进行。

（12）人工老化

耐人工老化试验按GB/T 16259的规定进行。老化时间为2000h，累积总辐射能不小于6000MJ/m²。黑板温度为55℃±3℃，相对湿度为65%±5%。

按GB/T 11942测量老化前后涂层之色差，涂层其他老化性能的评定按GB/T 1766的规定进行。分别取三块试样色差及失光率之平均值为试验结果，取两位有效数字；涂层其他老化性能的等级以三块试样中性能最差者为试验结果。

（13）涂膜耐酸蚀试验

把试片浸没在盛有2%（质量分数）柠檬酸溶液的密闭容器内，并将密闭容器置于高压釜中，加温至121℃，恒温30min后取出，待冷却后目测检查。

（14）涂膜耐硫蚀试验

把试片浸没在盛有0.5%（质量分数）硫化钠溶液（用乳酸将pH值调至5.5～6.0）的密闭容器内，并将密闭容器置于高压釜中，加温至121℃，恒温30min后取出，待冷却后目测检查。

（15）耐磨耗性

耐磨耗性的试验方法按GB/T 12721的规定进行。

（16）耐沾污性

耐沾污性的检验按GB/T 9780的规定进行，共5次循环，取三块试样沾污率之平均值为试验结果。

（17）耐盐雾性

盐雾性试验方法按GB/T 1771的规定进行，按GB/T 1740的评级方法进行评级。以三块试样中性能最差者为试验结果。

（18）耐沸水性

将试样放在盛有蒸馏水的容器内，互不接触，试验过程中应保持水面高出试样50mm，加热蒸馏水至99℃±1℃并恒温2h，然后停止加热，让试样在原蒸馏水中自然冷却，取出擦干试样，观察涂层有无起泡、斑点、剥落、开裂、变色等破坏现象。若没有，再进行附着力的检测，以三个试样性能最差者为试验结果。

（19）外观质量

涂层板带材的外观质量用肉眼目测。

思　考　题

1. 前处理的目的及主要工艺是什么？
2. 涂料的基本成分及各组分的作用是什么？
3. 各类涂层产品涂膜常规检测性能有哪些？
4. 饮料罐盖耐酸耐硫检测的目的及方法是什么？

第 2 章　铝及铝合金阳极氧化、着色的基本知识

2.1　铝及铝合金性质和用途

1. 铝的物理化学性质

铝是地壳中分布最广，储量最丰富的元素之一，占地壳重量的 8.13%，比其他有色金属蕴藏量的总和还要多。

铝（Al）属有色轻金属，密度 2.7g/cm^3，原子量为 26.98。铝的电负性很强，化学活泼性很高，20℃时铝的标准电位为－1.66V，易与空气中的氧作用形成一层牢固、致密的氧化膜，膜厚为 50～100Å，由于氧化膜的存在，其标准电位被提高到－0.5V，所以铝在大气中是耐蚀的。

铝既能与酸发生反应也能与碱发生反应，是典型的两性金属。在 pH 值小于 4 和大于 9 的溶液中都会溶解，发生腐蚀。

铝的熔点低，只有 660℃。随着温度升高铝会变软直到熔化，这也使铝在热态下易于加工变形。

铝的硬度低，其制品容易被碰伤、划伤、擦伤。

铝具有良好的导电性、导热性。

铝是膨胀系数最大的金属之一。

2. 铝合金系

为了使金属铝达到某些使用功能，通常是向铝里面添加其他一些元素，使之形成铝合金。铝合金按所添加的主要合金元素分为以下几类：

(1) 1×××系合金（纯铝）

纯铝呈银白色，色泽美观，导电性好，导热性高，对光的反射率高，热中子吸收截面小。具有面心立方晶格，无同素异构转变，无低温脆性，塑性高，易于加工成型，可进行各种形式的压力加工。热处理不可强化。

所谓纯铝并不是绝对纯的，都含有微量的杂质。纯铝中的主要杂质是铁和硅。

纯铝的工艺性良好，在冷、热状态下都有较高的塑性，既可在室温下进行轧制、拉伸，也可在 300～500℃温度下进行挤压、轧制等热加工。

(2) 2×××系合金（铝-铜）

2×××系合金是以铜为主要合金元素的铝合金。铜可提高合金的强度和硬度，而使其伸长率略有下降。该系合金可热处理强化。合金中的铜含量为 2%～10%，其中含 4%～6%铜的合金具有很高的强度。代表性的合金有：2011、2A11

(2017)、2A12 (2024)、2A14 (2014) 等。

(3) 3×××系合金 (铝-锰)

3×××系合金是以锰为主要合金元素的铝合金。锰在原铝锭中是一种不可避免的元素，它既能提高合金的力学性能，而又不使合金的抗蚀下降。该系合金热处理不可强化。其工艺性能良好，冷、热加工均可采用大的变形程度。代表性的合金有：3A21、3003、3004 等。

(4) 4×××系合金 (铝-硅)

4×××系合金是以硅为主要合金元素的铝合金。可热处理强化。代表性的合金为：4032。其特点是化学成分复杂，含硅量高，热膨胀系数小，耐磨性好，且具有较好的耐热性能，用于制造活塞及在高温下工作的零件。该系合金工艺性能较好，容易挤压。

(5) 5×××系合金 (铝-镁)

5×××系合金是以镁为主要合金元素的铝合金。热处理不可强化。镁能显著提高铝的强度。该系合金耐腐蚀性能良好，可焊性好。低镁合金的 5052、5A02 等塑性良好，可进行各种形式的冷、热变形；高镁的 5A06、5056 等塑性差，冷、热变形均较困难，特别是冷轧大直径薄壁管时极易产生裂纹。

(6) 6×××系合金 (铝-镁-硅)

6×××系合金是以镁和硅为主要合金元素并以 Mg_2Si 为强化相的铝合金。该系合金具有中等强度，耐蚀性和可焊性好，工艺性能优良，热塑性高，可挤压出几何形状非常复杂的型材。广泛用作中强结构材料，代表性合金是：6061、6063。由于该系合金的淬火敏感性低，可在挤出模孔后进行在线风冷或水冷淬火，极大地提高了生产效率。

(7) 7×××系合金 (铝-锌)

7×××系合金是以锌为主要合金元素的铝合金。可热处理强化。该系合金通常要加入镁和铜等元素，以提高合金热处理强化的效果。该系合金具有铝合金中最高的强度，合金的工艺性能受化学成分的变化影响很大。如 7005、7A19 等 Al-Zn-Mg 合金工艺性能较好，可采用较快的变形速度，用普通分流模可生产出形状较简单的空心型材，同时合金的淬火敏感性低，可以进行在线风冷或水冷淬火；而 7A04、7A09 (7075) 等 Al-Zn-Mg-Cu 合金工艺性能差，挤压时变形较困难，易产生挤压裂纹。

3. 变形铝及铝合金基础状态

铝合金按加工方式可分为铸造铝合金和变形铝合金。变形铝合金的基础状态分为五种，如表 1-2-1 所示。

基础状态代号后面的阿拉伯数字叫细分支代号，它们通过组合来表示铝合金的各种状态，状态名称则写在合金牌号之后。例如在建筑铝型材生产中，常用的状态代号有 T_5、T_6，它们的含义为：

表 1-2-1　变形铝合金基础代号、名称、说明与应用

代号	名　称	说　明　与　应　用
F	自由加工状态	适用于在成型过程中，对于加工硬化和热处理条件无特殊要求的产品，该状态产品的力学性能不作规定
O	退火状态	适用于经完全退火获得最低强度的加工产品
H	加工硬化状态	适用于通过加工硬化提高强度的产品，产品在加工硬化后经过（也可不经过）使强度有所降低的附加热处理 H代号后面必须跟有两个阿拉伯数字
W	固溶热处理状态	一种不稳定状态，仅适用于经固溶热处理后，室温下自然时效的合金，该状态代号仅表示产品处于自然时效阶段
T	热处理状态（不同于F、O、H状态）	适用于热处理后，经过（不经过）加工硬化达到稳定状态的产品 T代号后面必须跟有一位或多位阿拉伯数字

T_5：高温成型过程冷却，然后进行人工时效的状态。就是风冷淬火后人工时效状态。

T_6：固溶热处理后进行人工时效的状态。就是水冷淬火后人工时效状态。

思　考　题

1. 铝具有哪些物理化学性质？
2. 铝合金按所添加的主要合金元素分为几类？所添加的主要合金元素是什么？
3. 变形铝合金的基础代号有哪几种？各表示什么状态？

2.2　铝及铝合金的腐蚀与防护

1. 铝的腐蚀及分类

铝在某些介质中的耐蚀情况见表 1-2-2。

表 1-2-2　铝在某些介质中的耐蚀情况

介　质	耐蚀情况	介　质	耐蚀情况
海水	弱	氨、硫气体	好
氟、氯、溴、碘	差	盐酸、氢氟酸、稀醋酸	差
硫酸、磷酸、亚硫酸	好	浓硝酸、浓醋酸	好
碱、氨水、石灰水	差	有机酸	弱
稀硝酸	较好	大气中	好

(1) 根据腐蚀过程的机理，腐蚀可分为化学腐蚀和电化学腐蚀两类。

化学腐蚀是通过化学反应使金属遭受破坏，腐蚀过程中不产生电流。如铝合金在高温下，在干燥空气中氧化，或者在非电解质（汽油、甲苯等）溶液中所产生的腐蚀破坏都属于化学腐蚀。

电化学腐蚀是按照电化学原理进行的，腐蚀过程由阳极反应、电子流动、阴极反应三个环节构成：

1）阳极反应。阳极区铝合金溶解 $Al \longrightarrow Al^{3+} + 3e^-$

2）电子从阳极区到阴极区。$e_{阳} \longrightarrow e_{阴}$

3）阴极反应。阴极物质吸收电子 $e + M \longrightarrow Me$（阴极物质为 M）

以上三个环节缺一不可，其中阻力最大的环节，决定整个腐蚀过程的速度。铝合金在潮湿的空气中或在电解质溶液中所遭受的破坏都是电化学腐蚀。

（2）铝合金的腐蚀按腐蚀破坏的特征可分为表面腐蚀、晶间腐蚀、应力腐蚀三大类。

1）表面腐蚀

腐蚀产生在金属表面，用肉眼就能看到。表面腐蚀包括均匀腐蚀和非均匀腐蚀两种。非均匀腐蚀又可分为斑痕腐蚀、点腐蚀、坑腐蚀等。腐蚀特征如图 1-2-1 所示。

图 1-2-1 金属表面腐蚀特征示意图

均匀腐蚀的特征是在金属表面上均匀腐蚀掉一层金属。铝合金在氢氧化钠溶液中的腐蚀就属于均匀腐蚀。

斑痕腐蚀的特征是腐蚀深度浅，腐蚀面积大。如叠放的铝板片中有水时，容易产生这种腐蚀。

点腐蚀的特征是腐蚀面积小，腐蚀深。铝合金在盐类介质中会发生这种腐蚀。

坑腐蚀的特征是表面腐蚀的孔洞又深又大。铝合金在海水中会产生这种腐蚀。

2）晶间腐蚀

发生在金属内部，沿着晶界产生的一种腐蚀破坏。需要用显微镜放大才能观察到，金属组织像蜘蛛网一样。这种腐蚀对材料的危害性极大，由于晶粒与晶粒的分离，使其力学性能大大降低。

3）应力腐蚀

这是金属在应力和腐蚀介质同时作用下产生的一种腐蚀破裂。这种腐蚀破裂分为穿晶型和晶界型两种。金属在应力作用下，开始形成微裂纹，然后微裂纹再沿着晶界或者穿过晶内而蔓延扩展，最后使金属全部断裂。

在自然界中，金属的电化学腐蚀比化学腐蚀广泛得多，腐蚀不但破坏了金属材料，还破坏了利用金属材料制作的产品和设备，其价值损失往往会比金属材料本身高数百倍甚至数千倍。

2. 铝及铝合金的防护

铝在大气中具有良好的耐蚀性，但与周围介质发生化学或电化学作用仍能引起材料的破坏——腐蚀。尤其是电化学腐蚀，一旦铝合金材料所处的环境达到了电化学腐蚀的三个条件，就会持续不断地发生腐蚀，直到三个条件之一被消除为止，而这种情况往往导致铝合金材料的功能降低甚至完全失去，损失的不仅是材料本身，还有用铝合金材料制作的设备，其价值将会是材料的数百倍乃至更多，所以对铝合金材料进行有效的防护是非常必要的。

铝阳极氧化工艺是最广泛使用的防护手段。随着对阳极氧化膜功能的深入研究，上色及电泳工艺的运用，不但能有效地防腐蚀，还可以改善铝合金材料的外观，大大提高了装饰性。

电泳涂装工艺是铝制品阳极氧化后处理工艺的重要组成部分。电泳涂装较之传统溶剂型的涂装有无可比拟的突出优点。电泳漆液以水作为分散介质，仅含少量的助溶剂，因此没有发生火灾的危险，对空气的污染大为减少。电泳涂料在水中溶解后即发生离解生成带电微粒，在外电场的作用下向反极性方向的工件运动而沉积于工件表面，对工件的边缘、内腔及焊缝等具有很好的泳透性，覆盖能力强，因此涂层致密、均匀，整体防腐能力强。涂层外观质量好，无流痕，湿膜含水量很低，烘烤时不会产生流挂现象，亦不存在溶剂蒸汽冷凝液对涂层的再溶解作用。随着电泳涂装工艺的进一步完善，近年来电泳涂装工艺得到迅速的推广和普及，广泛应用于汽车外壳、建筑型材、交通设施、家用五金、首饰等行业。

电泳涂料根据其在水中离解后生成带电微粒极性的不同，可分为阳极电泳涂料和阴极电泳涂料。相应涂装方法可分为阳极电泳涂装和阴极电泳涂装两种。当工件接电泳电源的阴极，涂装方法称为阴极电泳涂装；当工件接电泳电源的阳极，涂装方法称为阳极电泳涂装。目前，在铝合金材料尤其是在建筑铝合金型材表面处理工程中主要采用阳极电泳涂装工艺。

思　考　题

1. 铝的化学腐蚀和电化学腐蚀在机理上有什么不同？
2. 铝的各种表面腐蚀分别具有什么特征？
3. 铝及铝合金的防护原理是什么？

2.3　常用酸碱盐基本知识

在铝合金制品表面处理工艺中，会使用多种化学试剂，基本都属于酸、碱、盐的范畴，并且工艺中也运用了大量的酸、碱、盐化学反应，来达到表面处理的目的。

1. 酸碱盐的定义

（1）酸。在水溶液中电离时产生的阳离子全部都是氢离子的化合物叫酸。如H_2SO_4（硫酸）、HCl（盐酸）、HNO_3（硝酸）。它们在水中电离产生的阳离子都是氢离子，电离反应式如下：

$$HCl = H^+ + Cl^-$$

$$H_2SO_4 = 2H^+ + SO_4{}^{2-}$$

$$HNO_3 = H^+ + NO_3{}^-$$

（2）碱。在水溶液中电离时产生的阴离子全部都是氢氧根离子的化合物叫碱。如NaOH（氢氧化钠）、KOH（氢氧化钾）、NH_3H_2O（氨水）。它们在水中电离产生的阴离子都是氢氧根离子，电离反应式如下：

$$NaOH = Na^+ + OH^-$$

$$KOH = K^+ + OH^-$$

$$NH_3H_2O = NH_4{}^+ + OH^-$$

（3）盐。在水溶液中电离时产生的酸根离子与金属离子的化合物叫盐。如Na_2SO_4（硫酸钠）、$CuSO_4$（硫酸铜）、NaCl（氯化钠）。电离反应式如下：

$$Na_2SO_4 = 2Na^+ + SO_4{}^{2-}$$

$$CuSO_4 = Cu^{2+} + SO_4{}^{2-}$$

$$NaCl = Na^+ + Cl^-$$

（4）氧化物。金属或非金属单质与氧气发生反应的产物。如CO_2（二氧化碳）、SO_3（三氧化硫）、CuO（氧化铜）、Fe_2O_3（三氧化二铁）。

2. 酸碱盐的通性

（1）酸的通性

由于不同的酸的水溶液里都含有相同的氢离子（H^+），所以酸都有一些相似的性质。酸具有腐蚀性，水溶液呈酸性（$pH<7$）。

1）酸能跟酸碱指示剂起反应。

紫色的石蕊试液遇酸变红色，无色的酚酞遇酸不变色。

2）酸能跟多种活泼金属起反应，通常生成盐和氢气。如铁（Fe）与盐酸（HCl）和硫酸（H_2SO_4）的反应：

$$Fe + 2HCl = FeCl_2 + H_2\uparrow$$

$$Fe + H_2SO_4 = FeSO_4 + H_2\uparrow$$

3）酸能跟某些金属氧化物起反应，生成盐和水。如生石灰（CaO）与盐酸（HCl）的反应：

$$CaO + 2HCl = CaCl_2 + H_2O$$

4）酸能跟某些盐起反应，生成另一种酸和另一种盐。如硝酸银（$AgNO_3$）与盐酸（HCl）的反应：

$$AgNO_3 + HCl = AgCl\downarrow + HNO_3$$

5）酸跟碱起中和反应，生成盐和水。如氢氧化钠（NaOH）与盐酸（HCl）的反应：

$$NaOH + HCl = NaCl + H_2O$$

（2）碱的通性

由于不同的碱的溶液里都含有相同的氢氧根离子（OH^-），所以碱都有一些相似的性质。有腐蚀性，水溶液呈碱性（pH>7）。

1）碱能跟酸碱指示剂起反应。

紫色石蕊试液遇碱变成蓝色，无色酚酞试液遇碱变成红色。

2）碱能跟非金属氧化物反应生成盐和水。如二氧化碳（CO_2）与烧碱（NaOH）的反应：

$$CO_2 + 2NaOH = Na_2CO_3 + H_2O$$

3）碱能跟酸起中和反应，生成盐和水。如氢氧化钠（NaOH）与硫酸（H_2SO_4）的反应：

$$2NaOH + H_2SO_4 = Na_2SO_4 + 2H_2O$$

4）碱能跟某些盐起反应，生成另一种盐和另一种碱。如氢氧化钡[$Ba(OH)_2$]与硫酸钠（Na_2SO_4）的反应：

$$Ba(OH)_2 + Na_2SO_4 = BaSO_4\downarrow + 2NaOH$$

（3）盐的通性

1）有些盐有微弱的腐蚀性。如$CuCl_2$（氯化铜）、$ZnCl_2$（氯化锌）。

2）盐溶液的酸碱度根据盐的性质而定。酸与碱反应生成盐和水，根据参与反应的酸碱强度，盐可以分为：

强酸强碱盐：由强酸和强碱反应生成的盐，如Na_2SO_4（硫酸钠）、KNO_3（硝酸钾）。此类盐溶于水后，溶液的pH值呈中性。

强酸弱碱盐：由强酸和弱碱反应生成的盐，如$CuSO_4$（硫酸铜）、$ZnSO_4$（硫酸锌）。此类盐溶于水后，溶液的pH值呈酸性。

弱酸强碱盐：由弱酸和强碱反应生成的盐，如Na_2CO_3（碳酸钠）、K_3PO_4（磷酸钾）。此类盐溶于水后，溶液的pH值呈碱性。

弱酸弱碱盐：由弱酸和弱碱反应生成的盐，如$(NH_4)_2CO_3$（碳酸铵）。此类盐溶于水后，溶液的pH值则要看阴阳离子在水中的水解反应，哪个成分水解反应弱，溶液就呈与该成分相同的酸碱性；若两者水解程度相当，则溶液的pH值呈中性。

3）盐能与某些酸、碱、盐发生反应。盐与酸、碱的反应在前面已经讲过，部分盐之间能按一定的条件进行反应。

（4）氧化物的通性

氧化物分为酸性氧化物、碱性氧化物和两性氧化物。

1）酸性氧化物能与碱反应生成盐和水，溶于水后溶液呈酸性。如CO_2（二氧化碳）溶于水后是碳酸，SO_3（三氧化硫）溶于水后是硫酸。

2）碱性氧化物则能与酸反应生成盐和水，溶于水后溶液呈碱性。如：Na_2O（氧化钠）溶于水后是氢氧化钠。

3）两性氧化物既能与酸反应也能与碱反应，生成盐和水。如 Al_2O_3（三氧化二铝）就是典型的两性氧化物，其与酸、碱的反应如下：

$$Al_2O_3+6HCl=2AlCl_3+3H_2O \text{（与酸反应）}$$

$$Al_2O_3+2NaOH=2NaAlO_2+H_2O \text{（与碱反应）}$$

3. 涉及酸碱盐的常见反应

（1）置换反应

指一种单质和一种化合物反应，生成另一种单质和另一种化合物。用表达式表示为：

$$A+BC\longrightarrow B+AC$$

1）依据反应物的性质，置换反应分为金属置换金属、金属置换非金属、非金属置换金属、非金属置换非金属四种反应类型。

①金属置换金属的反应，例如：

$$Fe+CuSO_4=Cu+FeSO_4$$

②金属置换非金属的反应，例如：

$$Zn+2HCl=H_2\uparrow+ZnCl_2$$

③非金属置换金属的反应，例如：

$$CuO+H_2=Cu+H_2O$$

④非金属置换非金属的反应，例如：

$$Cl_2+2NaBr=Br_2+2NaCl$$

$$O_2+2H_2S=2S\downarrow+2H_2O$$

2）依据反应环境的性质，置换反应有干态置换、湿态置换两种反应类型。

①干态置换

在加热或高温条件下固体与固体或固体与气体发生的置换反应。这种置换反应通常需在高温下进行，多用于冶炼金属。例如：

$$CuO+C=Cu+CO$$

②湿态置换

在水溶液中进行的置换反应。这种置换反应通常是在常温下进行。前面介绍的绝大多数反应都属于这种湿态置换类型的反应。

在置换反应中，由于反应物中的单质经过反应，生成了另一种化合物，其化合价也必然从 0 变为正或负的状态，也就是说反应中有电子的得与失，所以置换反应必为氧化还原反应。在置换反应中的基本规律为：化学活泼性强的元素置换出化学活泼性弱的元素。

相关链接：常用金属的化学活泼性排列顺序如下：

K	Ca	Na	Mg	Al	Zn	Fe	Sn	Pb	(H)	Cu	Hg	Ag	At	Au
钾	钙	钠	镁	铝	锌	铁	锡	铅	(氢)	铜	汞	银	铂	金

活泼性增强 ←——————————→ 活泼性减弱

在这个排列顺序表中，由于钾（K）、钙（Ca）、钠（Na）等元素的化学活泼性太强，在溶液中会直接与水发生反应，所以钾（K）、钙（Ca）、钠（Na）不会在溶液中发生置换反应。除了这三个太活泼的金属元素外，排在氢（H）之前的金属，即从镁（Mg）到铅（Pb），可以与非氧化性的强酸（盐酸、稀硫酸）反应，置换出氢气。排在氢（H）之前的金属，能在溶液中容易地置换出排在氢（H）之后的金属。化学活泼性接近的元素，不能容易地发生置换反应，比如铝（Al）和锌（Zn）、铜（Cu）和汞（Hg）。

（2）复分解反应

复分解反应是两种化合物互相交换成分生成另外两种化合物的反应。复分解反应的实质是：两种化合物在溶液中发生的离子互换反应，即同时互换阳离子或同时互换阴离子，互换后结合成难电离的物质——沉淀、气体、水，使溶液中离子浓度降低。也就是化学反应向着离子浓度降低的方向进行。复分解反应的类型可总结为以下五种：

①酸＋碱＝盐＋水

②酸＋盐＝新酸＋新盐

③酸（碱）＋碱（酸）性氧化物＝盐＋水

④碱＋盐＝新碱＋新盐

⑤盐＋盐＝新盐＋新盐

复分解反应要发生，且能够进行到底，一般应考虑两方面的条件。一是需考虑反应发生的基本条件（对反应物要求的条件）。如果某一反应连最基本的条件都满足不了，根本就不可能发生反应，也就无法谈及生成什么物质了。二是需要考虑反应趋于完成的条件（对生成物的条件要求）。反应物同时满足反应发生的基本条件，还不能肯定反应就一定能够进行（如 KNO_3+NaCl），此时还需考虑反应趋于完成的条件，即：生成物中要么有沉淀生成，要么有气体产生，要么有水生成，这三个条件至少需具备一个，反应才能进行到底。两方面条件同等重要，缺一不可。

1）酸＋碱＝盐＋水

反应条件：酸和碱至少有一种可溶；若酸是常见的三种强酸，无论碱是否可溶，反应均可进行。如：

$$HCl+NaOH = NaCl+H_2O$$

$$3HNO_3+Fe(OH)_{3(\text{不溶})} = Fe(NO_3)_3+3H_2O$$

2）酸＋盐＝新酸＋新盐

反应条件：除硫酸钡（$BaSO_4$）和氯化银（AgCl）外，其他盐均可；生成物中有沉淀、气体或水生成。如：

$$HCl+AgNO_3 = AgCl\downarrow + HNO_3$$
$$H_2SO_4+Ba(NO_3)_2 = BaSO_4\downarrow + 2HNO_3$$
$$CaCO_{3(\text{不溶})}+2HCl = CaCl_2 + H_2O + CO_2\uparrow$$
$$BaCO_{3(\text{不溶})}+2HNO_3 = Ba(NO_3)_2 + H_2O + CO_2\uparrow$$

3）酸（碱）＋碱（酸）性氧化物＝盐＋水

反应条件：酸是常用的盐酸（HCl）、硫酸（H_2SO_4）和硝酸（HNO_3）；碱是可溶性的氢氧化钠（NaOH）、氢氧化钡[$Ba(OH)_2$]等；碱性氧化物是否可溶均可。但不溶性碱性氧化物与硫酸（H_2SO_4）反应时需加热。如：

$$Na_2O+2HCl = 2NaCl+H_2O$$
$$CO_2+2NaOH = Na_2CO_3+H_2O$$
$$ZnO+2HNO_3 = Zn(NO_3)_2+H_2O$$
$$CuO+H_2SO_4 = CuSO_4+H_2O$$

4）碱＋盐＝新碱＋新盐

反应条件：碱和盐都须溶解于水；生成物中至少有一种是沉淀或生成物中有气体放出。如：

$$Ca(OH)_2+Na_2CO_3 = CaCO_3\downarrow + 2NaOH$$
$$Ba(OH)_2+CuSO_4 = BaSO_4\downarrow + Cu(OH)_2\downarrow$$
$$NaOH+NH_4Cl = NaCl+H_2O+NH_3\uparrow$$

5）盐＋盐＝新盐＋新盐

反应条件：参加反应的两种盐都必须可溶（其中有一种盐可以是微溶）；新生成的两种盐中至少有一种是沉淀。如：

$$NaCl+AgNO_3 = AgCl\downarrow + NaNO_3$$
$$Ba(NO_3)_2+Na_2SO_4 = BaSO_4\downarrow + 2NaNO_3$$
$$CaSO_4+Na_2CO_3 = Na_2SO_4+CaCO_3\downarrow$$

思　考　题

1. 酸、碱、盐的定义是什么？
2. 酸、碱的通性有哪些？
3. 什么是置换反应？
4. 复分解反应必备的三个条件是什么？

2.4　铝及铝合金阳极氧化、上色、封孔、电泳、喷涂的基本原理

1. 铝合金制品氧化、上色、封孔、电泳工艺过程及原理

氧化上色及电泳的工艺流程一般为：制品装挂→除油→碱蚀→中和→阳极氧化→后处理→制品卸挂、包装。其中后处理工序包括：上色、电泳、封孔。

（1）除油

又叫脱脂处理，目的是除掉制品表面的工艺润滑油和防锈油及其他污物，以保证在碱蚀工序中，制品表面发生均匀腐蚀和使碱蚀槽清洁，提高氧化前的制品表面质量。工业生产中，制品除油有如下方法：

1）机械除油

机械预处理的各种方法都能一定程度地去除铝合金表面的油污。比如将碳化硅等磨料高速喷射到铝合金表面上的喷砂处理方法，用高速旋转的叶轮将小钢珠甩出撞击铝合金表面的抛丸方法，以及用各种材质的抛光轮磨刷铝合金表面的方法等。这些机械处理的方法主要作用是改善铝合金表面质量，但同时也除去了大部油污，再配合化学清洗，就可以得到清洁的铝合金表面。

2）有机溶剂除油

油脂是有机高分子物质，不溶于水，溶于有机溶剂。因此，可以用汽油、酒精、丙酮、香蕉水、乙酸乙酯等溶剂溶解铝合金表面的油脂。由于有机溶剂属于极易挥发、易燃的有毒化学品，大量使用时无法进行有效的安全管理，所以生产中一般是用人工擦拭溶剂的方法清除制品局部油污。

3）化学溶液除油

油脂在加热、碱性（OH^-）、酸性（H^+）、合成洗涤剂的条件下，能水解生成可溶性的物质。化学除油就是利用油脂的这种性质，通过化学和物理的作用，促使油脂进行皂化或乳化而脱离制品表面。因此，除油溶液中一般都含有皂化剂或乳化剂。根据除油溶液的酸碱性，化学除油分为如下几种：

①碱性溶液除油

油脂碱性条件下的水解又称为皂化反应，反应式如下：

$$C_{17}H_{35}COO_3C_3H_5 + 3NaOH \longrightarrow 3R{-}COONa + C_3H_5(OH)_3$$

铝合金碱性除油溶液中一般都含有磷酸钠、硅酸钠、氢氧化钠等。氢氧化钠是皂化剂，主要就是与油脂发生皂化反应，磷酸钠和硅酸钠则是起缓蚀、润湿作用，还能水解生成游离碱，使溶液中氢氧化钠的浓度保持相对恒定。

②酸性溶液除油

油脂在酸性条件下水解（特别是热水中），生成甘油和脂肪酸。反应式如下：

$$C_{17}H_{35}COO_3C_3H_5 + 3H_2O \xrightarrow{H_2SO_4} 3R{-}COOH + C_3H_5(OH)_3$$

在铝合金建筑型材生产中，可以用阳极氧化槽、中和槽所废弃的硫酸溶液作为除油槽液，不但降低成本，还简化了废液的处理。

③合成洗涤剂除油

合成洗涤剂中的主要成分就是表面活性剂。表面活性剂在工业生产和日常生活中有着广泛的应用，它的主要作用有改变润湿性能、增溶、乳化、起泡、去污等。

a. 改变润湿性能。表面活性剂的化学结构是由亲水的极性基（如：$-SO_3Na$）

和亲油的非极性基（R—）构成的，能显著降低水的表面张力。表面活性剂分子能够强烈地吸附在水的表面上，也能吸附在其他各种界面上，而且这种吸附往往都有一定的取向。正是表面活性剂分子在界面上的定向吸附，使得表面活性剂具有改变表面润湿性能的作用。

b. 增溶作用。一些非极性的碳氢化合物，如苯、乙烷等在水中溶解度本来很小，但浓度达到或超过临界胶束浓度的表面活性剂水溶液却能使这类物质的溶解度大为增加，形成完全透明外观与真溶液相似的体系。表面活性剂的这种作用称为增溶作用。

增溶作用与表面活性剂在水溶液中形成胶束是分不开的。在胶束内部，相当于液态的碳氢化合物，根据相似互溶原理，非极性的溶质容易溶解到胶束内部，因而溶解度增大。显然，只有表面活性剂的水溶液浓度达到或超过临界胶束浓度时，才有增溶作用。

增溶与真正的溶解不同，溶解是使溶质分散为分子或离子，而增溶后的溶液，溶质并未拆成分子，而是以较大的分子集团存在。

增溶应用很广，如肥皂液、洗涤液等除去油污时，增溶起着相当重要的作用。一些生理现象也与增溶有关，例如不能被小肠直接吸收的脂肪，是靠胆汁的增溶作用才能被有效吸收。

c. 发泡和消泡作用。“气泡”是由液体薄膜包围着的气体，泡沫则是很多气泡的聚集物。由于气液界面张力较大，气体的密度比液体小，所以气泡很容易破裂。

在液体中加入表面活性剂，再向液体中通气，就能形成较为稳定的泡沫，这种作用称为发泡，所加的表面活性剂叫发泡剂。发泡剂的主要作用为：降低液气界面张力；在气泡的液膜上形成双层吸附膜并具有一定的机械强度，不易破裂；亲水基在液膜中的水化作用使膜内液体黏度增加，使液膜稳定；离子型表面活性剂可使泡沫带有电荷，气泡间的静电排斥阻碍了它们相互靠近和聚集。

另外一些表面活性剂可以作破坏气泡，它们的表面张力比气泡液膜的低，容易从液膜表面排斥走发泡剂，而其本身又不能形成液膜，导致气泡破裂，从而起到消泡作用。

d. 除油去污。在除油过程中，油脂跟洗涤剂接触后，洗涤剂中的亲油基团烃基（R—）就插入油滴内，而亲水基团（$—COO^-$）伸向水里，这样油滴就被洗涤剂分子包围起来，将油脂分子往外拉，再经摩擦、振动，油脂分子就被洗涤剂分子从制品上拉下来了。图 1-2-2 表示了洗涤剂去除油脂的过程。

合成洗涤剂还不受水中钙、镁离子的影响。但含合成洗涤剂的废水排入江河会造成水体的污染，特别是含元素磷的合成洗涤剂能造成水体富营养化，促使水生藻类爆发性增殖，使水质变坏，因此国家正逐渐禁止使用含磷洗涤剂，并推广应用无磷型的洗涤剂，以减轻对环境的污染。

利用表面活性剂亲水和亲油的特性，能实现两种性质不同溶液的乳化，在工业

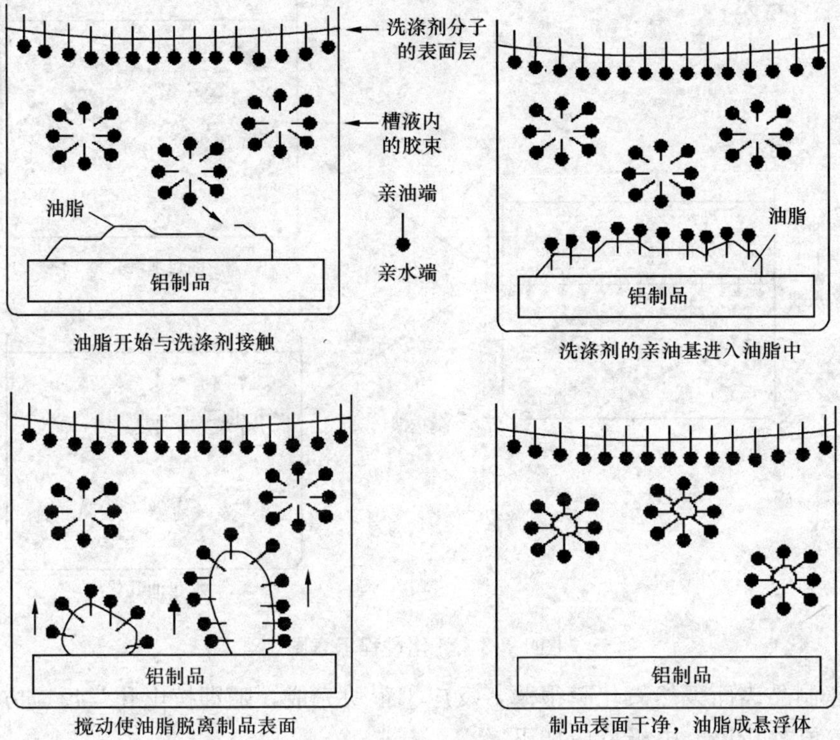

图 1-2-2　洗涤剂去除油脂过程示意图

生产中用途广泛。乳化是液-液界面现象，两种互相不溶的液体如水和油，在容器中自然会形成上下两层，比重小的油为上层，比重大的水为下层，若加入合适的表面活性剂在强烈搅拌下，油层被分散，表面活性剂的憎水端吸附到油珠的界面层，形成均匀的细液滴乳化液。这一过程称为乳化。乳化在工业生产中运用非常广泛，比如日常生活中使用的奶油，就是奶脂在水中的乳化体；而黄油则是水在油中的乳化体；还有部分霜、膏类化妆品也通过乳化加工而成。图 1-2-3 就是乳化过程的示意图。

（2）碱腐蚀

也叫碱洗或碱蚀处理，目的是进一步除掉制品表面的脏物，并将制品表面的天然氧化膜（Al_2O_3，厚度约为 0.005～0.015μm）清洗掉，使基体金属表面暴露出来，以利于氧化着色的顺利进行。

碱腐蚀工序是决定制品光泽的关键工序。铝合金碱腐蚀过程中，氢氧化钠先和制品表面的天然氧化膜化学反应，然后氢氧化钠和基体铝发生电化学反应，其化学反应方程式如下：

$$Al_2O_3 + 2NaOH \longrightarrow 2NaAlO_2 + H_2O \quad ①$$

$$2Al + 2NaOH + 2H_2O \longrightarrow 2NaAlO_2 + 3H_2\uparrow \quad ②$$

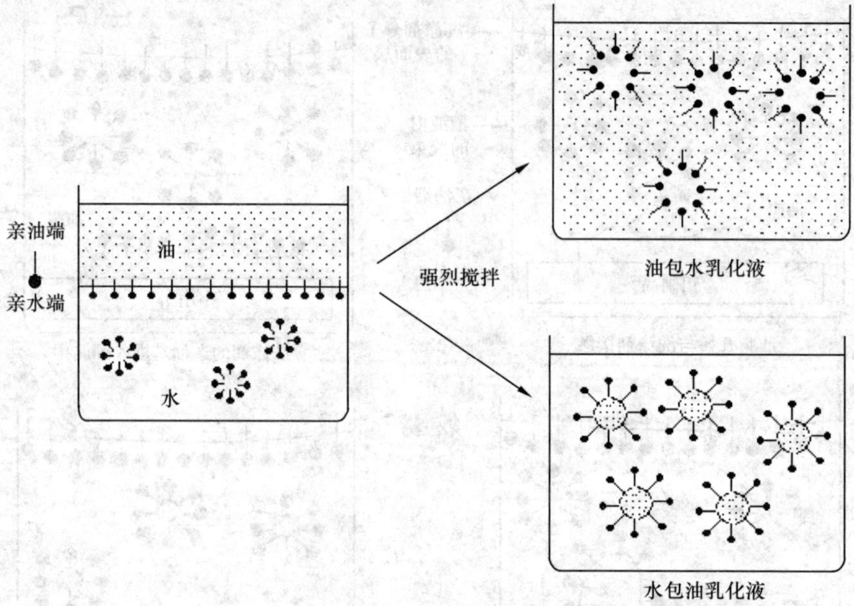

图 1-2-3　乳化过程示意图

由于制品表面天然氧化膜很薄，反应①很快完成，随即按电化学反应方式②进行，氢气剧烈析出，电极反应如下：

阳极反应：$Al+4OH^- \longrightarrow AlO_2^- +2H_2O+3e^-$

阴极反应：$2H_2O+2e^- \longrightarrow 2OH^- +H_2\uparrow$

碱洗溶液的主要成分是氢氧化钠，但槽液中只有氢氧化钠时，反应产物偏铝酸钠（$NaAlO_2$）会水解生成一种细泥状的沉淀物，并在槽壁、加热器上形成坚硬的白色污垢，清理十分困难。所以槽液中还会加入某些添加剂，比如：葡萄糖酸盐、庚酸盐、酒石酸盐、糊精及阿拉伯胶等是结垢抑制剂；硝酸盐、亚硝酸盐、氟化物是蚀洗速度和表面效果调节剂；表面活性剂、去污剂则改善制品表面与槽液浸润性。

常用碱腐蚀工艺见表 1-2-3。

表 1-2-3　铝及铝合金碱蚀洗工艺

溶液组成		温度(℃)	时间(min)	备　注
NaOH	35～100g/L	50～70	3～10	
NaOH $C_5H_6(OH)_5CONa$ 或 $Na_2HC_6H_5O_7$	47～57g/L 1.5g/L	55±1	8～10	
NaOH $CH_3(CH_2)_5CONa$ 湿润剂	5% 0.1% 0.2%	55～70	1～10	通常清洗用

续表

溶液组成		温度(℃)	时间(min)	备注
NaOH NaF $Na_5P_3O_{10}$ 湿润剂	10% 2% 0.2% 0.2%	55～70	1～10	表面无光侵蚀
NaOH $NaNO_3$ $CH_3(CH_2)_5CONa$	5% 4% 0.1%	55～65	1～10	表面平滑清洗
NaOH Na_3PO_4	30～80g/L 50～100g/L	常温	适当	加入氟化钠获光泽白色表面

注：表中%表示质量分数浓度。

(3) 中和

又叫出光，目的是除掉碱蚀后残留在制品表面上的黑色挂灰，即铜等元素的金属化合物，得到光亮的金属表面，还有中和碱液的作用，避免污染阳极氧化槽。中和方法见表1-2-4。

表1-2-4 常用中和工艺

溶液组成	温度（℃）	时间（min）	后处理	备注
HNO_3（密度 1.42g/cm³）100～400g/L	室温	1～5	水洗	用于所有铝合金
H_2SO_4（密度 1.84g/cm³）100～200g/L	室温	3～10	水洗	用于6063合金

硝酸具有氧化性，它能溶解铝合金中铜、铁、镁等难溶化合物。建筑铝型材使用的是6063合金，属铝镁硅系，不含铜元素，用硫酸也能去除碱洗后制品表面的挂灰。

(4) 阳极氧化

铝合金阳极氧化的装置如图1-2-4所示，在电解液中，铝合金制品作阳极；铅、不锈钢、铝等材料作阴极，通电进行电解的过程就是铝合金的阳极氧化处理，也称阳极化处理。处理的结果是在铝合金表面生成具有防护、装饰作用或功能特性的氧化膜。

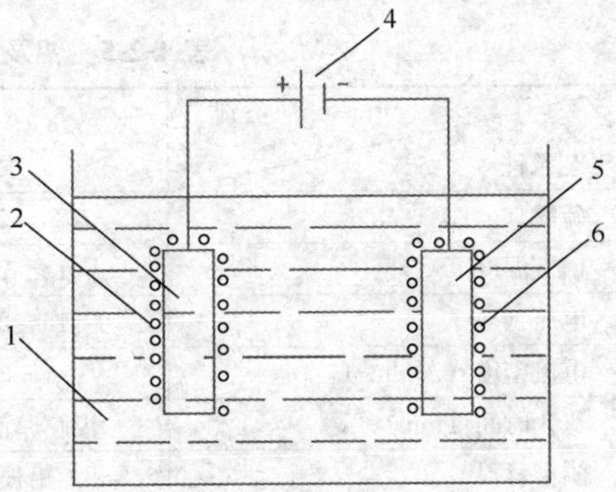

图1-2-4 铝合金阳极氧化装置示意图
1—电解液；2—氧气；3—阳极（铝合金）；
4—电源；5—阴极；6—氢气

铝的阳极氧化原理，实质上就是电

解水。

在电解液中，铝作阳极与电源正极相接，而惰性材料如铅板作阴极与电源负极相接，直流电通过时，电解液中的阴离子向阳极泳动，因电解液成分是含氧酸盐，溶液的所有阴离子中，OH^- 比其他酸根（如：SO_4^{2-}、PO_4^{3-}）优先发生电极反应；而阳离子向阴极泳动，H^+ 优先发生电极反应。电极反应为：

阴极反应 $2H^+ + 2e \longrightarrow H_2\uparrow$（氢气） ①

阳极反应 $4OH^- + 4e \longrightarrow 2H_2O + O_2\uparrow$（氧气） ②

反应式②显示反应有氧生成。只有与电解液接触的铝合金表面才会发生电极反应，氧也只在铝合金表面析出，有分子（O_2）形态的也有原子（O）形态和离子（O^{2-}）形态的，这些形态的氧具有极强的氧化性，刚析出就与铝合金表面发生氧化反应③，当然也会释放部分分子形态的 O_2，相当于有部分氧与铝表面发生氧化反应生成氧化膜，也有一部分以氧气的形式释放。

$2Al^{3+} + 3O_2^{\ -} \longrightarrow Al_2O_3 +$ 热量（氧化膜生成） ③

$Al_2O_3 + 3H_2SO_4 \longrightarrow Al_2(SO_4)_3 + 3H_2O$（氧化膜溶解） ④

当反应②和③发生时，制品表面在很短的时间内生成一层极薄、致密无孔的氧化膜，阻碍了电流通路。由于反应④的发生，氧化膜局部溶解形成大量孔隙，使基底金属能与进入孔隙的电解液接触，直流电得以继续导通，孔底继续发生铝的氧化反应，新生成的氧化膜以孔底为中心而展开，最后汇合，在旧膜与金属之间形成一层新膜，使局部溶解的旧膜被抬高。随着氧化时间的延长，溶解与生成不断的交替进行使氧化反应向纵深发展，氧化膜的厚度也持续增长。最终制品表面生成的氧化膜可分为内层和外层，内层又称为阻挡层、价电层、活性层，薄而致密，其厚度在整个阳极氧化过程中基本不变，位置却不断向深处推移；外层因厚而多孔称为多孔层。氧化膜生长过程和结构示意图见图 1-2-5：

铝及合金常用阳极氧化工艺见表 1-2-5。

表 1-2-5 铝及合金常用阳极氧化工艺

类别 / 工艺条件	直流电氧化		交流电氧化
硫酸（g/L）	180～200	160～170	130～150
槽液温度（℃）	15～25	0～3	13～26
电压（V）	15～25	16～20	18～28
电流密度（A/dm^2）	1～3	0.4～0.6	1.5～2.0
氧化时间（min）	视膜厚而定	60	40～50
阴极材料	铅板	纯铝或铅锡合金板	两极均为制品
适用范围	铝合金一般性防护	铝合金的装饰性氧化	用于纯铝或不要求耐磨性的装饰性氧化

注：表中%表示质量分数浓度。

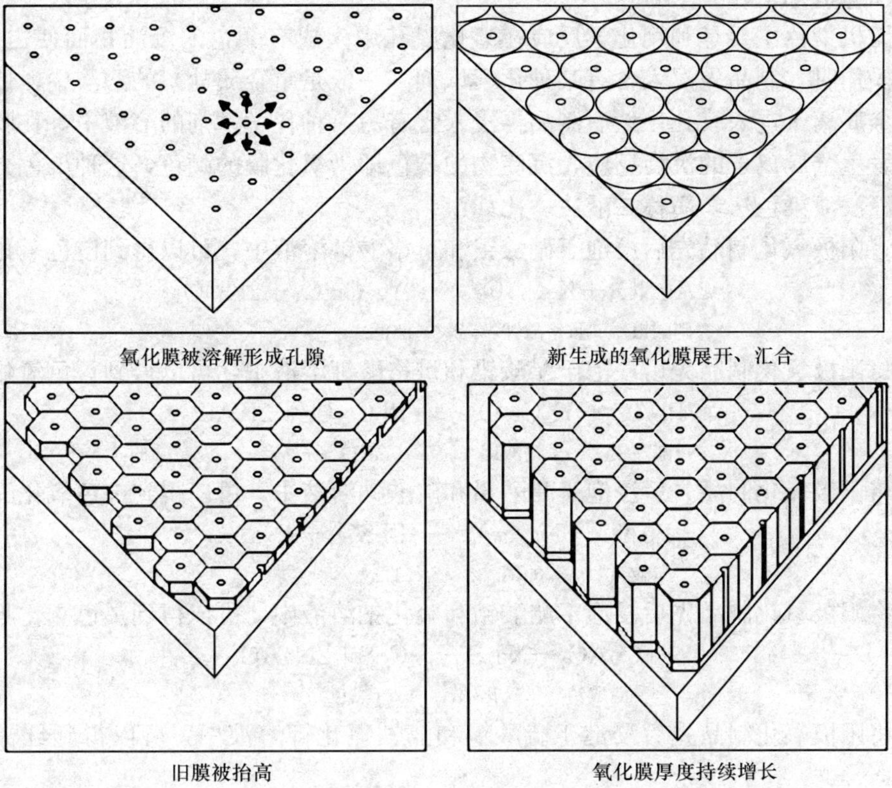

图 1-2-5　氧化膜生长过程和结构示意图

（5）上色

上色是指对铝阳极氧化膜进行工艺处理，使氧化膜着上各种颜色的过程。根据不同上色的原理，阳极氧化膜的上色方法可分为：化学染色、电解着色、自然着色。

1）化学染色

化学染色法是最早用于铝合金阳极氧化膜上色的方法，又叫浸渍着色法。其上色原理为：经过阳极氧化后，制品表面所形成氧化膜的多孔层能吸附染料而着色。阳极氧化膜孔径一般为 0.01～0.03μm，而染料在水中分离成体积很小的单分子，直径只有 0.0015～0.0030μm，远远小于氧化膜孔径。着色时，氧化膜浸泡于溶解有染料的溶液中，染料被吸附在氧化膜孔孔口处并向孔内扩散、堆积，并且和氧化膜发生化学或物理反应，使氧化膜着色，再经过封孔处理，染料被固定在孔隙内。铝合金化学染色法具有工艺控制容易、生产效率高、成本低、设备投资少、颜色品种多、色泽鲜艳等优点，但也存在氧化膜着色后的耐候性差、受到机械损伤容易掉色等缺点，因此一般作为室内装饰和小型铝合金装饰件的着色处理，室外则较少使用。化学染色法按染料种类可分为无机染色和有机染色两大类。

①无机染色

无机染色主要是利用化学反应在氧化膜孔中生成有颜色的沉淀物而使之上色。染色操作时，制品先浸入含有某种化学试剂（一般是重金属盐）的溶液中，使溶液中的金属离子进入膜孔；然后制品再浸入含有另一种化学试剂的溶液中，在膜孔内就会发生金属离子的沉淀反应，沉淀物的颜色即为氧化膜的颜色，这种染色方法称为二液浸渍染色法，简称二液法。比如：

将阳极氧化制品先后浸泡于硝酸银和重铬酸钾溶液中，可以得到橙色氧化膜：

$$\underset{\text{硝酸银}}{2AgNO_3} + \underset{\text{重铬酸钾}}{K_2Cr_2O_7} \longrightarrow \underset{\text{（橙色）}}{Ag_2Cr_2O_7} + 2KNO_3$$

将阳极氧化制品先后浸泡于醋酸铅和重铬酸钾溶液中，可以得到黄色氧化膜：

$$\underset{\text{醋酸铅}}{PbAC_2} + \underset{\text{重铬酸钾}}{K_2Cr_2O_7} \longrightarrow \underset{\text{（黄色）}}{PbCr_2O_7} + 2KAC$$

将阳极氧化制品先后浸泡于醋酸铅和硫酸钠溶液中，可以得到白色氧化膜：

$$\underset{\text{醋酸铅}}{PbAC_2} + \underset{\text{硫酸钠}}{Na_2SO_4} \longrightarrow \underset{\text{（白色）}}{PbSO_4} + 2NaAC$$

将阳极氧化制品先后浸泡于醋酸钴和硫化钠溶液中，可以得到黑色氧化膜：

$$\underset{\text{醋酸钴}}{CoAC_2} + \underset{\text{硫化钠}}{Na_2S} \longrightarrow \underset{\text{（黑色）}}{CoS} + 2NaAC$$

将阳极氧化制品先后浸泡于硫酸铜和亚铁氰化钾溶液中，可以得到红棕色氧化膜：

$$\underset{\text{硫酸铜}}{2CuSO_4} + \underset{\text{亚铁氰化钾}}{K_4[Fe(CN)_6]} \longrightarrow \underset{\text{（红棕色）}}{Cu_2[Fe(CN)_6]} + 2K_2SO_4$$

有的制品染色时，只需要浸入一种化学试剂的溶液中，氧化膜就能够显现出颜色。比如：将阳极氧化制品浸泡于草酸铁铵溶液中，就可以直接得到金色氧化膜。无机染色法工艺见表1-2-6。

表1-2-6　氧化膜无机染色工艺

氧化膜颜色	溶液1				溶液2			
	试剂	浓度(g/L)	温度(℃)	时间(min)	试剂	浓度(g/L)	温度(℃)	时间(min)
金色	草酸铁铵	10～25	50～60	1～15	—	—	—	—
青铜色	醋酸钴	40～60	40～60	1～5	高锰酸钾	20～30	40～60	1～5
红棕色	硫酸铜	10～100	80～90	10～20	亚铁氰化钾	10～50	80～90	10～20
蓝色	亚铁氰化钾	10～50	90～100	5～10	氯化铁	10～100	90～100	10～20

续表

氧化膜颜色	溶液 1				溶液 2			
	试剂	浓度 (g/L)	温度 (℃)	时间 (min)	试剂	浓度 (g/L)	温度 (℃)	时间 (min)
橙色	硝酸银	50～100	70～80	5～10	重铬酸钾	5～10	70～80	10～15
黄色	醋酸铅	100～200	80～90	5～10	重铬酸钾	50～100	80～90	10～15
白色	醋酸铅	10～50	60～70	10～15	硫酸钠	10～50	60～70	30～40
黑色	醋酸钴	50～100	90～100	10～15	高锰酸钾	15～25	90～100	20～30
金黄色	硫代硫酸钠	10～50	5～10	10～15	高锰酸钾	10～50	90～100	5～10

无机染色比有机染色的实际应用要少一些，因为这种染色所获得的颜色范围有限。与有机染色的氧化膜相比，无机染色氧化膜的耐光性、耐热性更好，但其膜层不够明亮。

②有机染色

有机染色是用有机染料对氧化膜进行染色，染料的颜色就是氧化膜的颜色。生产中需要什么颜色的制品，就用相应颜色的染料，颜色的深浅主要是通过调整染料的浓度、染色时间、氧化膜厚度等指标，控制染料在氧化膜孔内的沉积量。有机染料中，能溶于水的称为水溶性有机染料。溶于水后溶液呈酸性的，叫酸性水溶性有机染料；溶液呈碱性的，叫碱性水溶性有机染料。若是只溶于油性溶剂中的，称为油性染料。有机染色的常见工艺见表 1-2-7。

表 1-2-7 氧化膜有机染色工艺

有机染料名称	化学代号	浓度 (g/L)	温度 (℃)	时间 (min)	氧化膜外观
铝火红	ML	3～5	室温	5～10	火红色
铝红	GLW	3～5	室温	5～10	红色
铝枣红	RL	3～5	室温	5～10	枣红色
铝紫	CLW	3～5	室温	5～10	紫色
铝绿	MAL	3～5	室温	5～10	深绿色
铝翠蓝	PLW	3～5	室温	5～10	翠蓝色
铝坚牢金	RL	3～5	室温	5～10	金黄色
铝红棕	RW	3～5	室温	5～10	红棕色
印地素橘黄	IRK	5～10	室温	5～10	橘黄色

续表

有机染料名称	化学代号	浓度（g/L）	温度（℃）	时间（min）	氧化膜外观
印地素金黄	IGK	5～10	室温	5～10	金黄色
媒染绿	B	3～5	50～60	5～10	绿色
茜素黄	R	3～5	50～60	5～10	黄色
酸性毛元	ATT	10～20	60～70	10～20	黑色

2）电解着色

将阳极氧化后的铝合金制品放入含有某些金属盐电解质的溶液中，进行电解处理，溶液中的金属离子在电场作用下，渗到氧化膜孔隙底部并发生还原沉积，使氧化膜层着色的方法，称为电解着色法，又称为二次电解着色法。其按电源波形分类，可分为交流法和直流法。交流法主要有浅田法，直流法主要有住化法、安顿法。按电解着色溶液分类，可分为单一金属盐浴、混合金属盐浴、二段着色浴。单一金属盐浴有镍盐、锡盐、银盐等；混合金属盐浴为镍盐和锡盐、银盐和硒酸盐等。二段着色浴为制品先在铜盐中电解着色后，再放入锰酸盐中第二次电解着色，或者先放入铜盐电解着色后，再放入镍盐中第二次电解着色等。在建筑铝型材氧化上色工艺中，古铜色系是主要的交流电解着色产品，一般使用镍盐、亚锡盐溶液对氧化后的铝型材进行着色处理。

电解着色从本质上就是电镀。铝合金制品经过阳极氧化后，表面生成的氧化膜由阻挡层和多孔层构成。阻挡层具有半导体特性，在交流电压下起电容作用，电解着色则相当于由电阻、电容、半导体二极管组成的等值电路。在交流电解过程中，电流因阻挡层而发生畸变，正半波减小，负半波增大。交流电的正半波时，制品为阳极发生缓慢氧化，阻挡层也缓慢更新；交流电的负半波时，制品为阴极，阻挡层吸收金属离子并使之得到电子被还原。电解液中的金属离子最终以胶体粒子和少量氧化物的状态沉积在氧化膜孔隙底部 3～6μm 处。但沉积的胶体粒子的颜色，并不是氧化膜的颜色，人们看到的颜色是氧化膜在光线的散射作用下所呈现出来的颜色。

经电解着色的阳极氧化膜具有如下特点：

因为电解着色是在氧化膜膜孔中填充金属离子，属于无机物，在光线的散射作用下呈现出颜色，所以没有改变阳极氧化膜原有的特性，其耐候性、耐蚀性、耐晒性、耐光性、耐热性、耐磨性均良好。

与其他着色方法相比，铝合金制品电解着色所得的颜色色调柔和，具有更强的金属质感。

电解着色的速度快，一般只需要几分钟，即使是深颜色，也不过十几分钟。电量消耗少。

电解着色工艺操作简便，制品颜色容易控制，色差小，再现性高。

3）自然着色

铝合金在特定的电解液和电解条件下进行阳极氧化，氧化膜在生成的同时就产生颜色，也就是在阳极氧化槽直接生成带颜色的氧化膜，这种方法叫自然着色法。按着色原因不同，可分为合金着色法（自然发色法）和溶液着色法（电解发色法）。合金着色法是控制铝材中合金元素的含量和热处理条件；溶液着色法则是控制电解液成分和电解条件。在实际生产中，前面所提到的这些条件都需要严格控制，才能得到颜色一致的氧化膜。

不同成分及含量的铝合金氧化膜（合金着色）见表1-2-8。

表1-2-8　铝合金成分对氧化膜颜色的影响

合金成分	含量（%）	氧化膜颜色	合金成分	含量（%）	氧化膜颜色
Au	0.3～5	粉红色	Fe	0.5～3	黄灰色
Ba	0.5～1.5	白色	Ge	0.3～5	黑色
Be	0.5～2.3	白色	Mn	0.5～3	粉红色
Cr	0.5～5	黄色	Mo	0.3～1	黄色
Co	0.5～2	灰色	Ni	0.5～3	灰色
Cu	0.5～10	黄褐色	Si	0.5～11	灰色

自然着色所用的阳极氧化着色槽液，一般都采用有机酸作为电解液，由于有机酸导电性能较差，铝合金的电解电压较高，需要几十伏或者上百伏，适当加入硫酸，可以增加槽液的导电性。

自然着色的质量受很多因素影响，控制起来十分困难。在合金成分、固溶浓度、析出粒子的大小和分散度、合金成分同电解液成分之间的反应、第二相的固溶和析出、结晶方位等方面若存在差异，制品则会显现出不同的色泽。

（6）封孔

封孔是对阳极氧化或上色后的氧化膜进行处理，堵塞氧化膜的孔隙，减小氧化膜的表面积，从而提高其耐腐蚀性、防污染性、电绝缘性等性能。

1）热封孔机理

阳极氧化膜热封孔的本质是水合反应，也就是阳极氧化膜孔壁吸收水分，体积膨胀后充塞膜孔。其化学反应方程式如下：

$$Al_2O_3+H_2O \longrightarrow Al_2O_3\cdot H_2O\ (AlOOH)$$ 勃姆石

封孔的水温对封孔过程起决定性作用，当水温低于80℃时，铝阳极氧化膜在生成三水合三氧化二铝（即$Al_2O_3\cdot 3H_2O$，又称拜耳体）；当水温高于80℃时，铝阳极氧化膜才能生成一水合三氧化二铝（即$Al_2O_3\cdot H_2O$，又称勃姆石）。勃姆石的耐腐蚀性要远远强于拜耳体，热封孔的目的就是使阳极氧化膜经过水合反应后生成勃姆石，所以实际生产中，水温需要保持在90～100℃。

2）冷封孔机理

冷封孔是阳极氧化膜与冷封孔剂发生化学反应，反应产物在膜孔内沉积，填充膜孔实现封闭。目前，冷封孔主要是采用 Ni-F 体系的常温封孔工艺。封孔剂中含有镍盐和氟化物，主要反应如下：

$$Al_2O_3+12F^-+3H_2O \longrightarrow 2AlF_6^{3-}+6OH^-$$

$$AlF_6^{3-}+Al_2O_3+3H_2O \longrightarrow Al(OH)_3F_6+3OH^-$$

$$Ni^{2+}+2OH^- \longrightarrow Ni(OH)_2$$

在水溶液中，阳极氧化膜表面呈正电性，对镍离子（Ni^{2+}）进入膜孔有一定的排斥作用。由于封孔槽液中氟离子（F^-）的存在，不但能中和掉表面及膜孔内的正电荷，而且氟离子（F^-）还会与氧化膜反应生成 OH^-，使反应区域的 pH 值升高，膜孔内就形成偏碱性的环境，这样 Ni^{2+} 进入膜孔内就会发生水解反应而沉淀，反应生成物将膜孔填充满，从而实现封孔。

3）有机物封孔

铝制品阳极氧化、上色后，再用有机涂料涂覆阳极氧化膜表面，也对氧化膜的多孔层起到封孔作用，而且还能保持原来的铝制品表面颜色和状态，具有良好的装饰效果和极佳的耐候性、耐蚀性。常用的方法有浸渍涂漆、电泳涂漆、静电喷漆等。

①浸渍涂漆

浸渍涂漆的原理很简单，将制品浸入漆液中，利用氧化膜对漆液的物理粘附作用在表面形成漆膜，再烘烤固化实现封孔。

②静电喷漆

静电喷漆的原理与静电粉末喷涂原理一样，是用静电喷枪将漆液雾化喷出，在静电引力作用下，漆液被吸附到制品表面形成漆膜，再烘烤固化实现封孔。

③电泳涂漆

电泳涂漆是一个复杂的电化学反应过程，主要包括电解、电泳、电沉积、电渗四个连续进行的过程。在水溶性丙烯酸树脂漆溶液中，被涂物作阳极，铁质槽体作阴极，通直流电（即电解）。电解过程中，涂料分子发生电离分群，带负电荷的涂料粒子向阳极泳动（即电泳），浓度逐渐增加，当浓度达到一定值时，即在阳极氧化孔隙内和表面上沉积形成涂膜（即电沉积）。同时，吸附在涂膜上的水分子在内渗力的作用下穿过涂膜渗析出来，进入溶液中（即电渗）。电泳涂漆时，漆液中主要离子运动示意图如图 1-2-6 所示。

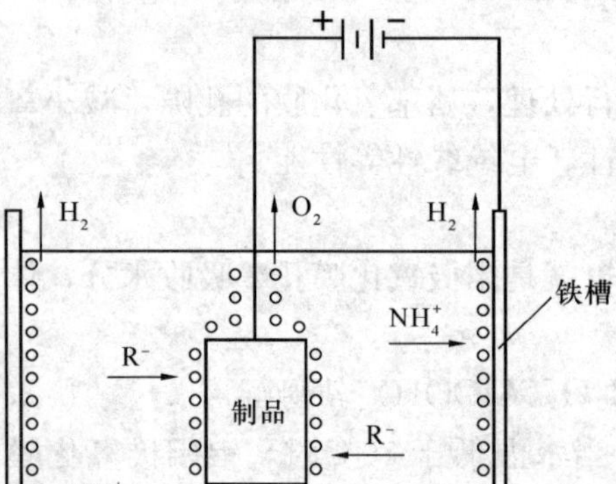

图 1-2-6　电泳涂漆离子运动示意图

电泳涂漆时，电极上的主要反应是水溶性丙烯酸树脂的电解反应：

$$RCOONH2R' \longrightarrow RCOO^- + R'H_2N^+$$

其中，R 为水溶性丙烯酸树脂的碳链，R′为中和剂有机胺的碳链。

阳极反应：

$2OH^- - 2e \longrightarrow H_2O + \frac{1}{2}O_2\uparrow$（放出氧气）　　水的电解

$H^+ + 2OH^- \longrightarrow H_2O$　　水的电解

$R{-}COO^- + H^+ \longrightarrow RCOOH$　　树脂的沉积析出

$2R{-}COO^- + Fe^{2+} \longrightarrow (R{-}COO)_2Fe$　　树脂的沉积析出

$Fe \longrightarrow Fe^{2+} + 2e$　　金属离子的析出

阴极反应：

$$R'H_3N^+ + e \longrightarrow R'NH_2 + H$$

$$R'H_2N^+ + e \longrightarrow R'NH_2$$

$$R'H_2N + H_2O \longrightarrow R'H_2NOH + H$$

$$2H \longrightarrow H_2\uparrow$$（在阴极上析出氧气）

制品经电泳涂漆后，还要进行烘烤才能在表面形成防护性和装饰性的涂层。烘烤的作用是使涂料中的水分蒸发、干燥，引起涂料的交联反应，使涂层固化。

2. 铝合金制品喷涂工艺过程及原理

粉末涂装技术起于 20 世纪 40 年代，随着粉末涂料的发展，涂装技术也在不断创新。各种出现过的涂装方法按照涂装原理和工艺特点归类如下：

粉末涂装工艺

- 热涂装工艺
  - 滚涂法
  - 散布法
  - 瀑布法
  - 等离子喷涂法
  - 火焰喷涂法
  - 热喷涂法
  - 真空吸涂法
  - 流化床法
- 冷涂装工艺
  - 喷胶冷涂法
  - 静电喷涂法
  - 静电流化床法
  - 静电云雾室法
  - 静电振荡法
  - 静电机械振荡法

按制品在涂装前是否加热可把涂装方法分为：热涂装工艺和冷涂装工艺。热涂装是指制品在喷涂前进行预热，温度必须要高于粉末的熔化温度，利用制品的热量使粉末粘附于表面的涂装方法；冷涂装则是制品在常温下进行喷涂，利用静电引力使粉末附着于制品表面的涂装方法（喷胶冷涂法除外，它是对被涂件需涂粉末的部位喷胶液，然后热熔融流平成膜）。

涂装的工艺流程一般为：制品装挂→预处理→喷涂→固化→制品卸挂、包装。

在涂装前，除去制品表面附着物或生成的异物，以提高基体表面与涂膜的附着力或赋予表面一定的耐蚀性能的过程称为表面预处理，又叫前处理。其目的是：

①除去制品表面的各种污物。

②对经过清洗的制品表面进行各种化学处理，形成一层转化膜，使粉末涂层能牢固地附着在上面。

③改善制品表面状态，消除某些加工缺陷。

（1）预处理

预处理过程由除油、氧化（化学氧化或阳极氧化）、水洗、烘干等工序组成。除油、阳极氧化方法在氧化上色工艺（第四节）中已详细介绍过，这里不再赘述。铝及铝合金涂装预处理工艺中，重点是在制品表面形成化学转化膜的过程。目前运用广泛的方法是铬酸盐处理工艺，常用工艺方法见表1-2-9。

表1-2-9 常用铝及铝合金的铬酸盐处理方法

编号	溶液组成（g/L）	温度（℃）	浸渍时间（min）	溶液pH
1	铬酐3.5～4 重铬酸钠3.0～3.5 氟化钠0.8	30～35	2～5	1.2～1.8
2	重铬酸铵10～350 氢氟酸0.25～11	30	1～5	小于3
3	重铬酸钠200 氢氟酸1～2	18～25	8～10	—
4	碳酸钠20 重铬酸钾10	65	20	—
5	铬酸钠5～6 次氯酸钠5 碳酸钠20	90～100	15	—
6	碳酸钠56.3 铬酸钠16.9 硅酸钠0.08～1.2	95	8～10	10～11

（2）涂装

随着科学技术的进步，逐渐淘汰了较落后涂装方法，目前较为常用的涂装方法主要有流化床涂装、静电涂装，还有一些方法也在运用，如火焰涂装、振动床、粉末电泳等。

1）流化床涂装

涂装原理：用均匀分布的细散空气流通过粉末层，使粉末微粒翻动呈流态化。

气流与粉末建立平衡后，保持一定的界面高度。将需要涂敷的制品预热后，放入或通过流化床达到平衡状态的粉末流支区域，使制品表面均匀粘附一层涂层，最后加热加固化成膜。

流化床涂装方法中，控制的重点是粉末的流化效果，流化板质量不好或被堵塞、粉末受潮、制品体积大或结构复杂等也对涂膜的均匀性有很大影响。操作中可采取以下措施改善涂膜的均匀性：

①流化板必须达到透气均匀的要求，最好采用振动式流化床。

②调整制品进出流化床的角度，尽量以最小截面积向床内粉层垂直浸入涂装，以减少对气流的阻挡。

③浸涂过程中，制品宜进行上下翻转，也可以对制品施加机械振动而不进行翻转，使制品垂直振幅达到 8～10mm。

④提高制品进出流化床的速度，减少制品上下部的膜厚差，一般要求制品进出速度应大于 0.7m/s。

2）静电涂装法

①高压静电喷涂法

涂装原理：高压静电喷涂中，高压静电发生器使喷枪与制品之间形成高压静电场。制品为正极接地，喷枪为负极，枪头部的电极针接通高压静电后，尖端产生电晕放电，使附近区域产生密集的负电荷。粉末则在气流的作用下，通过喷枪喷出，粉末颗粒在经过电晕区域时，捕获电荷成为带电粒子。最后带电粉末在气流所提供的动能和静电引力的作用下飞向制品，并吸附于制品表面上形成涂膜。

粉末静电吸附形成涂膜的过程，可以分为以下三个阶段，如图 1-2-7 所示。

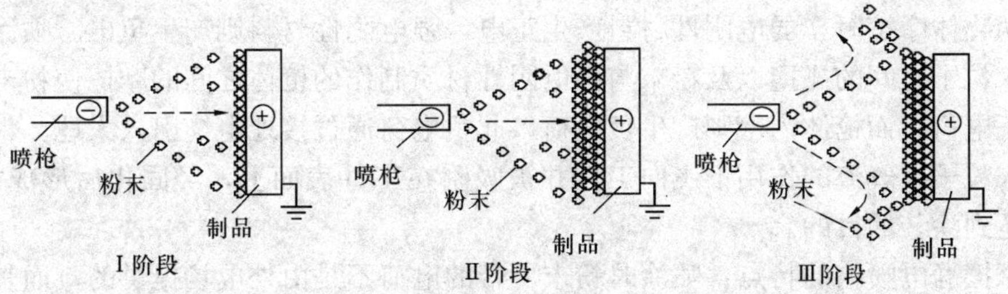

图 1-2-7 粉末涂膜的生成过程

第Ⅰ阶段：带负电荷的粉末在静电场中沿电力线飞向制品，粉末均匀地吸附于作为正极的制品表面，同时粉末上的电子由接地的制品导入大地。

第Ⅱ阶段：制品对粉末的吸引力大于粉末之间相互排斥力，粉末密集地堆积，形成一定厚度的涂膜。由于粉末是不良的导电体，制品表面的外层粉末上的电子不能再导入大地，一方面制品对外层粉末的静电引力使其对内层的粉末层形成夹持力，这也是静电涂装所形成的涂膜固化前能够存放很长时间而不脱落的原因。另一方面因为所带电荷的电性相同，外层粉末会对再飞向制品的粉末产生排斥力，而且随着粉末附着量的增加，排斥力也越来越大。

第Ⅲ阶段：当粉末层厚度达到一定时，粉层对再飞向制品的粉末的排斥力与制品对粉末的静电引力相等，粉末就不再被制品吸附，而是被反弹出去。

②摩擦静电喷涂法

摩擦静电喷涂的基本原理：选用恰当的材料作为喷枪枪体，涂装时，粉末在压缩空气的推动下与枪体内壁以及输粉管内壁发生摩擦而使粉末带电，带电粉末粒子离开枪体自动飞向制品并吸附于工件表面上，也就是物理学中带电物质吸引轻小物体的原理，只不过喷涂中，粉末是带电的轻小物体，从喷枪喷出后，会向接地的物体（制品）飞去，其原理图如图 1-2-8 所示。

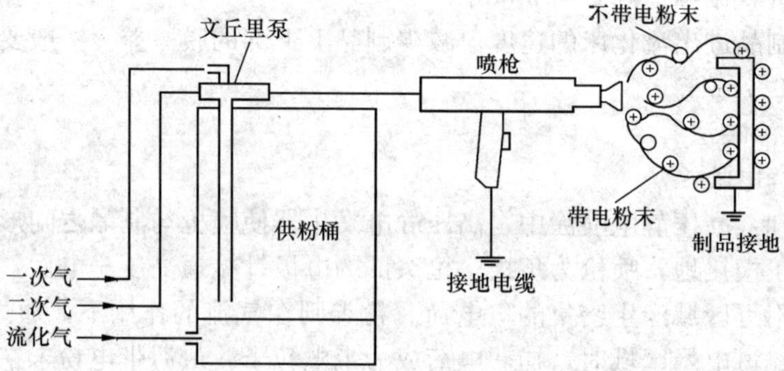

图 1-2-8 摩擦静电喷涂原理图

该方法不需要高压静电发生器。在摩擦静电系统中，枪体通常使用电阴性材料。两物体摩擦时，弱电阴性材料产生正电，强电阴性材料则产生负电。喷涂时由于粉末粒子之间的碰撞以及粉末与强电阴性材质制作的枪体之间的摩擦使粉末粒子带上正电荷，而枪体内壁则产生负电荷，此负电荷通过接地电缆引入大地。带正电的粉末粒子在气流的作用下飞向工件并被吸附在工件表面上，经固化后形成涂膜，从而达到涂装的目的。

摩擦静电喷涂的特点：喷涂时粉末所带的电荷不是由外电场提供的，而是粉末与枪壁发生摩擦带上的。喷出枪口的带电粉末粒子形成一个空间电场，电场强度取决于空间电荷密度和电场的几何形状，即决定于粉末粒子的带电量、粉末在气粉混合物中所占比例和喷枪口的喷射图形。因气流的扩散效应和同种电荷的排斥作用，由喷枪喷出的气粉混合物体积逐渐膨胀，电荷密度下降，电场减弱。电场减弱的方向与气流方向一致，粉末的受力方向与气流方向相同。当粉末离开枪体后，粉末移动的动力主要是空气，粉末粒子能够到达工件的每个角度，并与工件产生很好的附着效应，形成致密的粉末涂层。由于不存在外电场，摩擦静电喷涂法能较好地克服法拉第屏蔽效应，对结构复杂的制品有良好的喷涂效果，比如喷涂带深凹槽的建筑型材时，能保证凹槽面喷涂上粉末。

实验数据表明：在摩擦静电喷涂时，反电离现象发生在喷枪启动后的10～20s时间内，这就可能提高工件的一次上粉率。一次上粉率的提高，明显减少了粉末的回收量。

由于摩擦枪具有不同于高压枪的带电方式和电场，因此在静电喷涂中显示出其独特的优点：

a. 节省了设备投资

高压静电喷涂时，粉末所带的电荷来自高压静电发生器，而摩擦枪的粉末带电主要是由粉末和枪体摩擦而产生的，这就省去了高压静电发生器，从而节约了设备投资。

b. 消除了事故隐患

摩擦枪内无金属电极，喷涂中不会出现电极与制品短路引起的火花放电，从而消除了引起粉尘燃烧和爆炸的事故隐患。

c. 操作简捷

用摩擦枪喷涂操作比较方便。它不接高压电缆，枪头移动空间范围广，且受喷涂影响小，喷枪离制品距离远些或近些，喷涂效果相近。

d. 适用范围广

小型工件或形状比较复杂的制品表面用摩擦枪喷涂时，效果好得多，比高压静电枪更为适用。

e. 喷枪不积粉

摩擦枪内无金属电极，因而不会出现电极积粉现象，也就避免喷涂中出现吐粉弊病，保证了粉层表面光洁和平整。

f. 可以喷涂较厚的涂层

高压静电枪喷涂的粉层超过一定厚度时，由于产生反离子流击穿现象，使涂层表面出现凹坑、麻点等缺陷。摩擦枪不存在像高压枪那样的电场，且不容易产生反电离现象，所以可喷涂较厚的涂层。

g. 粉末沉积效率高

就粉末沉积效率而言，在小喷粉量近距离喷涂时，摩擦枪喷涂的粉末沉积率要高于高压静电喷枪。

摩擦静电喷涂的施工工艺有其独特的要求：

a. 摩擦枪的带电性

摩擦枪正常工作情况的标志是粉末带电性能良好，粉雾输送均匀。粉末带电状况的好坏直接影响工件涂膜质量和粉末沉积效率。为了增强摩擦枪的粉末带电效应，供粉、输粉以及喷枪都应设置相应的带电措施，使喷出枪口的粉末粒子充分地带上电荷。

b. 对气压的要求

为保证粉末获得足够的摩擦，要求供粉气压有一定的范围。供粉器桶内的流化气压为0.02MPa，一次气压为0.1～0.22MPa，二次气压为0.01～0.05MPa。

c. 对喷涂操作的要求

摩擦喷枪内供粉末通过的摩擦通道窄小，约为1mm，所以对粉末的选用要求比较严格。

对粉末的要求。适用于摩擦喷枪用的粉末涂料有环氧类粉末和聚酯类粉末。其他的粉末，摩擦带电效果较差。供摩擦静电喷涂用的粉末涂料必须严格过筛，筛去纤维、硬粒、团块等杂质，以免堵塞枪口。在喷涂前，粉末一定要保持干燥，受潮的粉末不能用于摩擦喷涂，否则会影响粉末的带电效果，甚至堵塞喷枪。

对喷涂操作环境的要求。粉末的受潮程度和周围环境空气湿度等因素明显影响摩擦枪的带电效应和上粉率。空气湿度越低，粉末越干燥，则粉末带电性越好，涂装效果就越佳。反之，粉末电阻率降低，使摩擦所产生的电荷容易逸走，影响静电吸附效果。

对压缩空气的要求。摩擦静电喷涂所用的压缩空气必须要得到充分净化，除去油、水、固体颗粒、尘埃等杂质。其要求比高压静电喷涂用的空气更为严格。

对喷涂工艺的要求。喷粉量：根据不同制品的要求选择冷喷涂或热喷涂操作。平面喷涂时，喷粉量为80～100g/min；管道内壁喷涂时，喷粉量为100～200g/min为宜。喷涂距离：摩擦静电喷涂时，喷涂距离不像高压静电喷涂操作那样严格，距离范围相对较宽，一般为50～300mm。

摩擦静电枪也有其不足之处：

a. 使用寿命短

摩擦静电是通过粉末摩擦枪体而形成的，需要经常更换喷枪内的磨损件，也使生产成本上升。

b. 应用场合受到限制

有的粉末种类不适合摩擦静电喷涂，例如聚乙烯粉末涂料的摩擦带电效果就不好，所以摩擦枪在使用上不如高压静电喷枪广泛。

c. 粉末带电量不足

与高压静电喷枪相比，粉末摩擦带电的吸附能力要弱一些。

d. 对环境、压缩空气的要求严格

③静电振荡粉末涂装法

涂装原理：在涂装箱（箱体一般用塑料板制成）中，制品做阳极接地，阴极是位于箱体底面距被涂物200mm的电栅，电栅铺在粉末涂料上或埋在粉末涂料中，接上负高压，在两极间形成高压电场，并在阴极产生电晕放电，粉末从电晕套或与电栅直接接触得到电荷，借助于交变静电场的作用力使阴极电栅产生弹性振荡而导致粉末粒子由静态变成动态，在高压电场作用下，使得到电荷的粉末粒子飘浮起来，沿电力线方向吸附到被涂物上，见图1-2-9。

如图1-2-9所示，静电振荡粉末涂装机构中，阴极为上侧电极和下侧电极，上、下电极用耐高压绝缘性好的塑料板间隔，粉末涂料与上侧电极（阴极电栅）在塑料板上面，塑料板下面的下侧电极是一块金属板。上电极接负高压（60～90kV），通过换向开关使下电极所接电压在零（接地）和额定负高压间产生周期性变化，当下电极所接电压为负高压时，对同样接负高压的上电极产生排斥力的作用，使电栅的金属板产生向上的运动；当下电极接地时，对上电极产生吸引力而向下运动，同性相斥，异性相吸，在不断变换的高压静电场的作用下，阴极电栅产生上下弹性振荡，因而使夹在电极间的带电粉末粒子产生激烈的振荡而飘浮起来。在静电振荡粉末涂装法中，这种状态称为静电振荡。

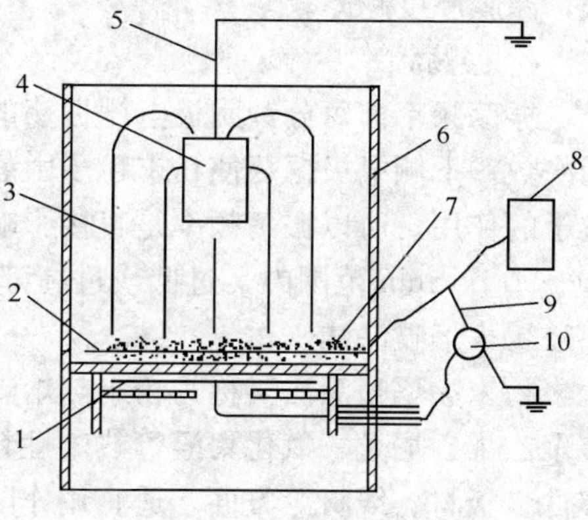

图1-2-9　静电粉末振荡涂装法原理示意图
1—下侧阴极；2—上侧阴极栅；3—电力线；4—制品；5—传输链；6—涂装箱体；7—粉末涂料；8—高压直流电源；9—高压电缆；10—换向开关

将悬挂在这种涂装箱中的接地制品作为正极，带负电荷的粉末粒子沿着电力线，靠静电力飞向并附着在制品表面上形成涂膜。当切断高压后，电极电栅迅速地释放电荷，飘浮在空间的粉末马上回到底板上。

静电振荡粉末涂装也是由高压静电使粉末涂料带电并吸附到接地的被涂物上，这点与静电喷涂工艺相同。但它具有独特的电极结构，使其得到了静电喷涂不能得到的工艺特点：

a. 不需要喷枪、供粉器、压缩空气以及大型的粉末回收装置，设备占地面积小，投资少。

b. 粉末换色容易，快捷。

c. 设备结构简单，操作维护方便。

d. 容易实现流水线作业。

影响静电振荡粉末涂装效果的主要工艺参数是被涂物所处静电场中的电场强度、涂装时间和振荡频率。

a. 静电场强度

静电场强度是使粉末粒子带电，并将粉末粒子吸附到接地的被涂物上的原动力，它的强弱直接影响涂装效果。而静电场强度取决于输入电压和被涂物与阴极间的距离。静电场强度与输入电压的高低成正比，与两极间的距离成反比。

b. 涂装时间

要达到一定厚度且完整的涂膜，需要一定的涂装时间，这个时间主要决定于制品的外形结构和涂膜厚度的要求。通常涂装时间为几十秒到两分钟，涂装时间越长，涂膜厚度越厚。

c. 振荡频率

振荡频率即每分钟阴极电栅振荡的次数，也就是下侧电极电压产生同期性变化的次数。下侧电极振荡使粉末粒子由静态变成动态，也起到向高压静电场输送粉末粒子的作用，所以振荡频率是直接影响涂装效果的重要因素之一。振荡频率一般在60～90次/min范围内，过低或过高都会使涂装效果变差。

④火焰喷涂法

粉末火焰喷涂法又称为粉末热熔融射喷涂法。这种涂装法主要用于金属表面涂装聚乙烯、尼龙、氯化聚醚等热塑性粉末涂膜，可用于化工设备、化工池槽、机械零件、板材、线材等方面。适宜用作防腐蚀涂层、耐磨涂层和一般装饰性涂层。粉末火焰喷涂方法主要有以下特点：

a. 火焰喷涂设备简单，价格低廉，可以在生产作业现场施工，不像静电涂装和流化床涂装那样必须有成套涂装设备。

b. 一次喷涂可得到较厚的涂膜。

c. 可以涂装大型工件。粉末涂装对被涂的工件必须进行固化或塑化工序，大工件就受到烘炉尺寸的限制。火焰喷涂则可将粉末直接熔粘于制品表面，因此，对贮藏罐、框架等大型工件的施工有其独特的优势，在设备维修上也有较大潜力。

火焰喷涂的工作原理：用压缩空气将粉末涂料从火焰喷枪嘴中心吹出，并高速通过从喷嘴外围喷出的火焰区域，使其成为熔融状态喷射粘附到制品上。

火焰喷枪是火焰喷涂施工的主要装置，其结构如图1-2-10所示。

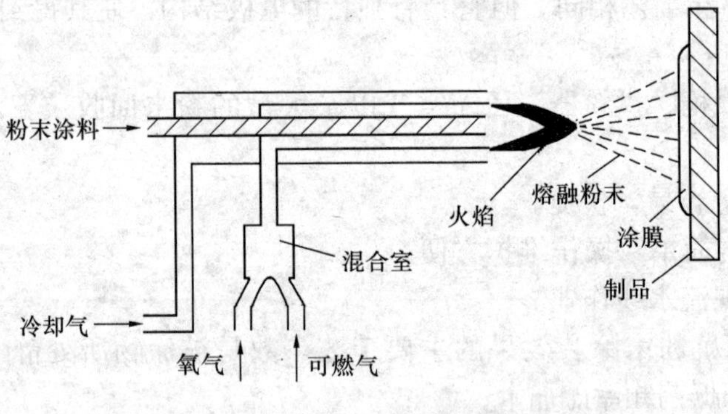

图1-2-10　火焰喷涂原理示意图

塑料粉末借助输送气体从枪头中心的铜管喷出，当粉末穿过火焰区时受热熔融射粘于工件上。同时工件已被预热。因此附着于制品上的粉末颗粒能够相互融合形成光滑涂膜。为了防止枪嘴喷出的粉末直接与高温的燃气火焰接触而变质老化，在火焰与粉流之间设计有气体隔离区域，将两者分开并可调节粉末熔融的合适温度。这股环形气流同时还可冷却喷枪嘴中心的铜管，使其不会因温度高熔化粉末而造成喷嘴堵塞。火焰喷枪的燃烧火焰一般采用氧气和乙炔气的混合气体。输送粉末和冷却保护气体采用脱水除油的压缩空气或氮气。

(3) 固化

固化是使粉状涂膜受热发生熔融、流平，分子之间产生交联反应，最后形成坚固的涂层。固化对涂层质量起至关重要的作用，是体现出粉末涂料的设计性能的关键工序。固化反应在涂装生产线上一般是在固化炉中完成的。热量传导方式中的对流和热辐射（如红外线灯）是固化炉加热的原理。按所用能源分，固化炉的加热方式有电加热、燃气加热、燃油加热等。选择什么样的固化炉，应考虑以下因素：

①涂料的固化工艺。

②制品的材质、外形尺寸和结构特征。

③涂层颜色和质量要求。

④能源供应情况。

⑤产能的要求。

各种粉末的固化工艺参数见表1-2-10。

表1-2-10 各种粉末涂料固化（塑化）温度和时间

粉末品种	固化温度（℃）	固化时间（min）	备 注
环氧粉末	160～180	15～30	
低压聚乙烯	180～200	20～30	半塑化180℃，3～5min
酚醛环氧	200	30	
氯化聚醚	200～250	10～15	制品预热10～20min
聚四氟乙烯	300～350	20～30	
聚酯环氧	180～200	10～20	
聚三氟氯乙烯	260～280	15～25	
聚酯	180～220	10～20	
聚氨酯	180～220	10～20	

固化反应的机理实质上是树脂分子的交联硬化，也就是树脂的热硬化，由烯烃变成链状烷烃反应，其反应如下：

$$\begin{matrix}R—C'=C'—R' \\ R—C'=C'—R'\end{matrix} \longrightarrow \begin{matrix}R—C'—C'—R' \\ R—C'—C'—R'\end{matrix}$$

思 考 题

1. 铝合金氧化上色工艺中，除油有什么作用？常用除油的方法有哪些？
2. 铝合金氧化上色工艺中，碱蚀有什么作用？槽液中的添加剂有哪些作用？
3. 铝合金氧化上色工艺中，中和有什么作用？常用哪些酸？

4. 阳极氧化膜的结构有什么特点?
5. 阳极氧化膜上色的方法有哪些?
6. 阳极氧化膜封孔的作用是什么?
7. 阳极氧化膜电泳涂漆分为哪几个过程?
8. 热涂装工艺和冷涂装工艺有什么不同?
9. 涂装前处理的目的是什么?
10. 高压静电涂装的基本原理是什么?
11. 摩擦静电喷涂的基本原理是什么?
12. 涂膜固化的机理是什么?

2.5　铝及铝合金阳极氧化槽组配置及结构

1. 工艺槽组结构

铝合金阳极氧化生产中要使用一系列的工艺槽液，如脱脂液、碱液、硝酸、硫酸等，就需要特定的装置来盛装相应的工艺槽液。在实验室中进行铝合金阳极氧化处理时，可以用烧杯来盛装所需的各种溶液；若是批量处理铝合金制品，则需要建造具有足够容量的槽组盛装槽液。根据所处理铝制品的尺寸、产量等要求，工艺槽的大小也不尽相同，对于小零件，工艺槽容量也较小，一般只有几立方米；而对于处理大型铝合金制品，如建筑型材、工业用大型铝材，工艺槽容量可达到几十甚至上百立方米。图1-2-11所示即为工艺槽的剖面图，工艺槽的长度要考虑被处理物的长度；宽度要考虑被处理物的宽度和放入的料挂数；高度要考虑被处理物的料挂的装挂数。而且槽液的总容量与被处理物的表面积之比应大于3。表1-2-11为处理某些物品的工艺槽尺寸。

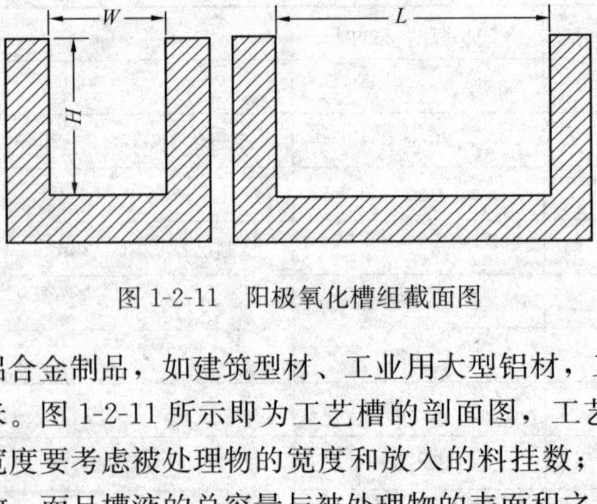

图1-2-11　阳极氧化槽组截面图

表1-2-11　工艺槽的规格

槽子种类	尺　寸（m）			处理物品
	L（长）	*W*（宽）	*H*（高）	
小型零件用	0.5～2	0.5～2	0.5～1	笔帽、接插件灯头、钮扣
一般器皿用	2～5	1～2	1～2	锅、壶、饮食器皿、电气器具
特殊钣金件用	2～3	2～3	1～2	大型容器、窗框

续表

槽子种类	尺　寸（m）			处理物品
	L（长）	W（宽）	H（高）	
建筑铝型材（水平式）	6～10	1.5～2	1.5～3	长定尺建筑型材
建筑铝型材（竖式）	4～8	1.5～3	4～10	长定尺建筑型材

槽体可以用钢筋混凝土浇铸，也可以用钢板及支架焊接构成。根据槽液的具体成分要对槽子内壁进行相应的防腐处理，常用防腐方法为用玻璃钢、聚乙烯树脂、聚氯乙烯塑料、不锈钢板、低碳钢板等材料进行衬里。要针对不同的槽液成分来选择适当的衬里材料，比如阳极氧化槽（硫酸）、中和槽（硝酸）、电解着色槽（有机酸）、水槽等，可用玻璃钢进行衬里；封孔槽（含氟）、碱蚀槽（氢氧化钠）等可用不锈钢进行衬里。

2. 主要辅助设备

（1）槽液搅拌装置

各个工艺槽因槽液成分及功能要求各不相同，在附属设施的配置上也不相同。为了让槽液的温度和浓度保持均匀，槽液搅拌系统是所有槽子都应具有的。当然对于处理小型零件的生产线，其槽子体积较小，可以直接用人工进行搅拌。在建筑型材生产线上，由于槽液体积较大，一般是用压缩空气对槽液进行搅拌。搅拌的方法为：将压缩空气通入槽液中，气泡在浮力的作用下上浮，其所承受的槽液压力也逐渐减小，体积会不断膨胀，升至液面时发生爆裂，气泡运动的过程使槽液呈现沸腾状，从而达到搅拌的目的。压缩空气搅拌系统如图1-2-12所示，槽子底部的压缩空气管上钻有小孔，压缩空气就从小孔喷出。孔径不能太大，否则气流会在搅拌管的进气端过量喷出，使槽液局部的翻滚过于激烈，搅拌强度过高，而搅拌管远端喷出的气流量减少甚至没有气流，造成槽子其他部位的搅拌强度不足。孔的数量越多，气流就会更分散，搅拌的效果也就越好，因为气泡会在更多的上升通路中搅动槽液。比如在静电粉末喷涂生产中，压缩空气通过一块陶瓷流化板后，转变为微小体积的气泡，使粉末像是液体一样流动起来，同时粉末体积也会大大膨胀。国外已经把这种装置用于阳极氧化槽液的搅拌，槽液的均匀性很好，散热能力也大大增强，可以采用较高的电流密度进行阳极氧化，极大地缩短了氧化时间，提高了生产效率。用压缩空气搅拌槽液也有弱点，它对槽底部液体的搅拌力度相对较弱，

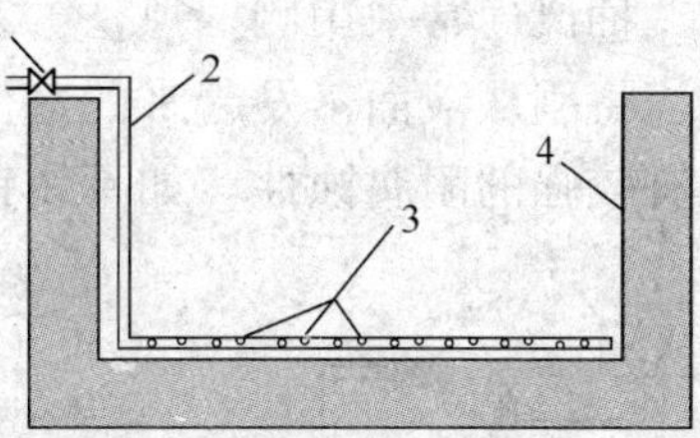

图1-2-12　槽液压缩空气搅拌示意图

1—阀门；2—压缩空气管；3—小孔；4—槽体

尤其是黏度大的槽液（如碱蚀槽），槽底的液压使压缩空气只能搅动气孔周边较小的区域。若提高压缩空气的气压或流量，则会造成表层槽液翻腾过于剧烈，使槽液溢出槽或者粘附到其他装置上。通常槽子底部可多铺设几支压缩空气搅拌管来改善底部槽液的搅拌效果。一般两支搅拌管的间隔距离为100～300mm。

（2）槽液加热装置

铝制品表面处理槽液的加热方式有蒸汽加热、电加热等方式，因蛇形管加工制做安装简单，所以使用较广泛的是蛇形管蒸汽加热方式。如图1-2-13所示，蛇形加热管铺设在槽壁或槽底，管路上安装进汽阀门和回水阀门。为了便于温度的恒定控制，一般是用仪表、温度传感器、电磁阀来控制进汽阀门的开与关。当温度传感器感应到的槽液温度低于仪表设定温度时，电磁阀得电动作，打开进汽阀门向槽液供蒸汽；当槽液温度升高至超过仪表设定温度时，电磁阀动作关闭进汽阀门，停止向槽液供蒸汽。只要蒸汽的加热能力达到要求，槽液的温度就会在仪表设定温度上下小幅波动，实现温度恒定的工艺要求。

（3）抽风与净化装置

氧化上色生产线的工艺槽液会不断地向空气中蒸发，槽液温度较高、有压缩空气搅拌以及制品进出槽时，槽液蒸发速度会更快。这些蒸汽具有腐蚀性或毒害性，不但对车间的设备、厂房有腐蚀破坏作用，也对人身健康有严重的伤害，作业人员易患职业病。所以，生产线上必须配置抽风及酸碱雾净化装置，将有毒有害的气体抽排到厂房外并进行相应处理，防止污染环境。

1）抽风

抽风通常采用侧抽风法，就是在需要抽风的槽子边安装抽风罩，启动抽风机后，将刚从液面蒸发起来的蒸汽抽走，并输送到烟雾净化器中。抽风罩的材质要求具有较强的耐腐蚀性，如不锈钢、塑料板等。抽风装置如图1-2-14所示。

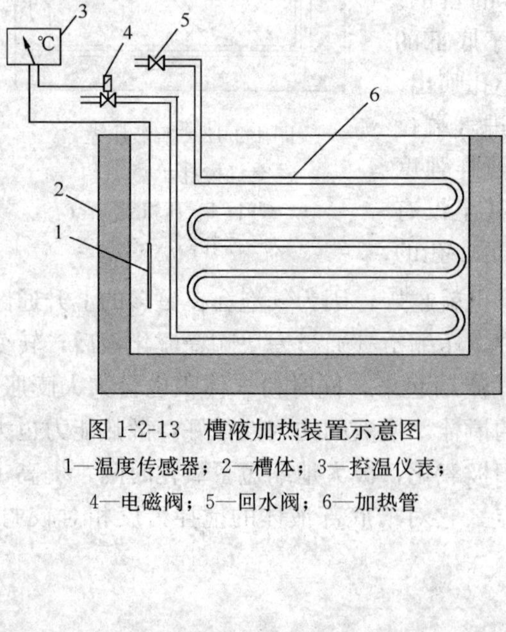

图1-2-13　槽液加热装置示意图

1—温度传感器；2—槽体；3—控温仪表；4—电磁阀；5—回水阀；6—加热管

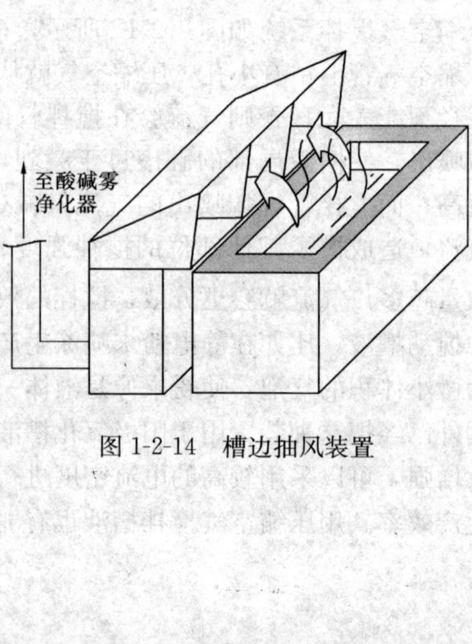

图1-2-14　槽边抽风装置

当槽子较宽时，抽风装置只能抽走靠近抽风罩一侧的蒸汽，而槽子的另一边的蒸汽仍会散发到空气中。为了让抽风的效果更好，可以在槽子的另一侧也安装抽风罩，也可以在槽子的另一侧安放一根钻孔的压缩空气管，高于液面 200～300mm，与对面的抽风罩平行对齐，用压缩空气将槽子这一侧的蒸汽吹到抽风罩里。

尽管有抽风装置，但在制品吊出槽及转运过程中，还会有一小部分蒸汽散发到车间的空气中，为了减少这部分气体对作业人员的人身伤害，车间厂房顶部还应安装抽风机向外抽排空气，使整个车间厂房具有一定的负压的效果，空气从厂房底部的门或窗进入，与蒸汽一起被抽风机从屋顶排到室外。启动抽风机时厂房内的空气流动状态如图 1-2-15 所示。

2）净化

为了防止污染环境，酸碱雾、有害气体由槽边抽风抽走后，不能直接向大气中排放，必须进行相应的净化处理，达到废气排放标准后才能排放，酸碱雾净化器就是起这个作用的装置。处理废气时，净化酸雾的称为酸雾净化器，净化碱雾的称为碱雾净化器，两种气体要分开处理，否则管路中容易结垢。如图 1-2-16 所示，酸碱雾净化器的工作原理实际就是用水淋洗酸碱雾，将有害成分溶解到水中，废气得到净化。

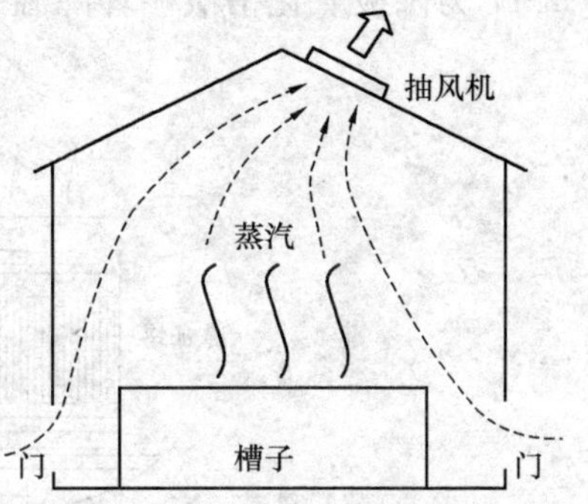

图 1-2-15　启动抽风机时厂房内的空气流动状态示意图

酸碱雾净化器的箱体中，一般都会放置过滤网或其他起过滤功效的物体，如图 1-2-16 中净化器内所装的就网状结构的塑料球，这些物体一般是空心结构，保证空气能顺利通过；它们还需要具有较大的表面积，自来水喷淋下来后，这些物体的表面都会被水分润湿，废气经过时，湿润的表面吸附酸、碱等有害物质，表面积越大，吸附的有害物质越多，废气的净化效果就越好。喷淋下来的自来水由于溶解了酸雾或碱雾而呈酸性或碱性，不能直接排放，所以淋洗水从净化器的箱体底部流出后，应输送到废水处理系统进行中和处理，使之 pH 值达到 6～9 的排放标准后再排放，或者重新进入

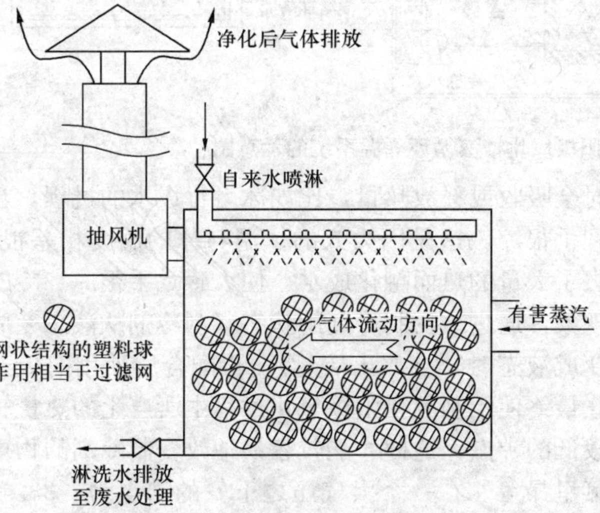

图 1-2-16　酸碱雾净化器工作原理示意图

生产线的清洗水槽中，这样就实现了水系统闭路循环，也是目前所倡导的清洁生产模式。废水零排放不但节约水资源，而且减少了环境污染，降低了生产成本。

（4）冷冻降温系统

为了使制品阳极氧化时所产生的热量能及时排出，保持槽液处于较低的工作温度，生产线还必须配置冷冻降温系统。小型阳极氧化槽可以在槽子内安装冷却蛇形管，蛇形管内通入冷冻水，与阳极氧化槽液直接进行热交换。对于大型的阳极氧化槽，其生产过程中会产生大量的热量，用蛇形管就很难达到冷却降温的目的，必须使用高功率的冷冻机、交换面积更大的换热器以及槽液循环等方式进行降温。图1-2-17为阳极氧化槽液循环降温系统示意图。

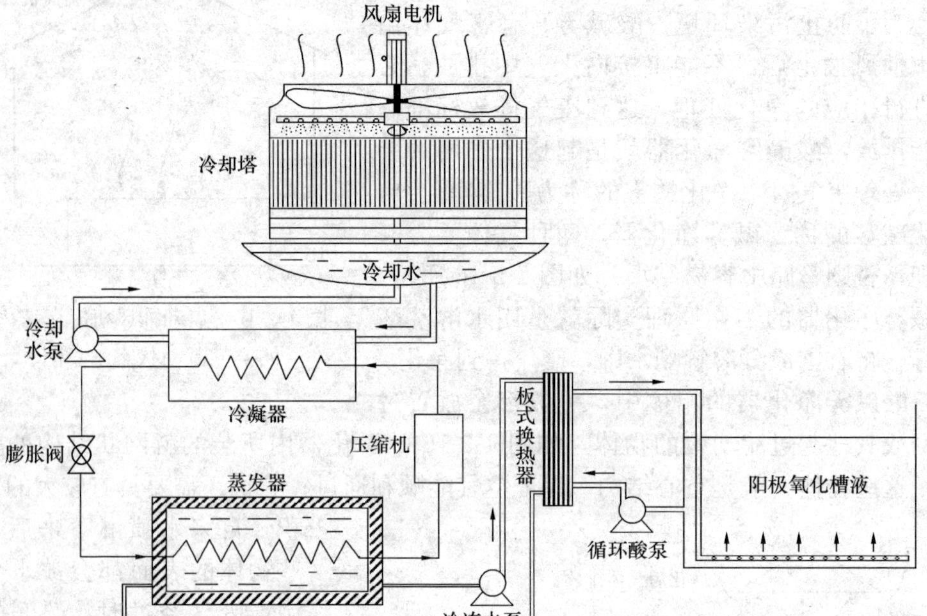

图 1-2-17　阳极氧化槽液循环降温系统的示意图

当一种物质发生状态变化时会吸收或释放热量，比如冰融化成水的过程，当拿一块冰放在手上时，便立刻感到手很凉，这是因为人的体温与冰的温度相差很大，于是放在手上的冰就从手上吸去了大量的热而融化成水，使人感觉手很凉。冷冻机的制冷原理就是利用这一物理现象，通过改变制冷剂的状态（制冷剂从液态变成气态时，要吸收热量；而从气态变成液态时，会放出热量），再配合所使用的板式换热器、冷却塔、循环泵等设备，最终使铝制品在阳极氧化过程中所产生的热量转移到大气中去。制冷剂要求具有较低的沸点，这样才能较容易地改变制冷剂的物理状态。目前常用的制冷剂有氨、氟里昂等。在一个大气压之下氨的沸点为－33.4℃，氟里昂（F22）的沸点为－40.8℃。冷冻机主要由压缩机、冷凝器、膨胀阀（又称节流阀）、蒸发器四大部分所组成。蒸发器的作用是制冷剂在其中吸收冷冻水的热量，使冷冻水的温度降低，自身由液态变为气态。压缩机的作用是对气态制冷剂做功，将制冷剂变成高温、高压的汽体。冷凝器的作用是高温、高压的气态制冷剂在此将热量传递给冷却水，制冷剂变为高压液态；膨胀阀是通过节流作用（即突然膨胀）将高压液态制冷剂变为低压液态，使之在蒸发器中气化。气化的过程吸收冷冻水所带来的槽液热量，又使冷冻水的温度降低。制冷剂在这四个部分中不断循环，就会持续产生低温的冷冻水，用于降低槽液的温度。

在整个冷却循环系统中，共有四个小循环，分别在板式换热器、蒸发器、冷凝器、冷却塔发生热量的交换与传递。铝合金制品阳极氧化时所产生的热量通过四个循环，最终散发到大气中。首先，槽液循环与冷冻水循环在板式换热器中进行热量交换，槽液中热量被传递给冷冻水；然后，冷冻水循环在冷冻机的蒸发器中，将热量传递给制冷剂；制冷剂在冷冻机中循环，通过物理状态的改变，循环至冷凝器中时，又将热量传递给冷却水循环；冷却水循环将热量在冷却塔通过水的蒸发散发到大气中。图 1-2-18 表示热量的转移过程。

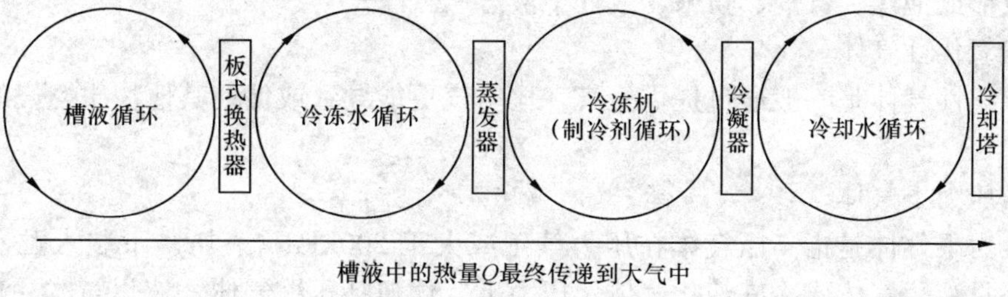

图 1-2-18　热量转移示意图

思　考　题

1. 设计工艺槽的尺寸时，主要从哪些方面进行考虑？
2. 使用压缩空气搅拌槽液有什么缺点？
3. 氧化上色生产线上的抽风与净化装置有什么作用？
4. 氧化上色生产线上的冷冻降温系统有什么作用？
5. 阳极氧化槽中的热量通过哪几个循环、交换后被释放到大气中？

2.6　危险化学品安全技术

1. 危险化学品的基础知识

（1）危险化学品的概念

化学品是指各种化学元素组成的化合物及其混合物，无论是天然的还是人造的。危险化学品是指化学品中具有易燃、易爆、有毒、有害及有腐蚀特性，对人员、设施、环境造成伤害或损害的化学品。

（2）危险化学品的分类

根据国家质量技术监督局发布的国家标准 GB 13690—2009，按主要危险特性把化学品分为三类：

1）理化危险

①爆炸物

爆炸物质（或混合物）是这样一种固态或液态物质（或物质的混合物），其本身能够通过化学反应产生气体，而产生气体的温度、压力和速度能对周围环境造成破坏。

②易燃气体

易燃气体是在20℃和101.3kPa压力下，与空气有易燃范围的气体。

③燃气溶胶

气溶胶是指气溶胶喷雾罐，系任何不可重新罐装的容器，该容器由金属、玻璃或塑料制成，内装强制压缩、液化或溶解的气体，包含或不包含液体、膏剂或粉末，配有释放装置，可使所装物质喷射出来，形成在气体中悬浮的固态或液态微粒，或形成泡沫、膏剂、粉末，或处于液态、气态。

④氧化性气体

氧化性气体是一般通过提供氧气，比空气更能导致或促使其他物质燃烧的任何气体。

⑤压力下气体

压力下气体是指高压气体在压力等于或大于200kPa（表压）下装入贮器的气体，或是液化气体或冷冻液化气体。压力下气体包括压缩气体、液化气体、溶解液体、冷冻液化气体。

⑥易燃液体

易燃液体是指闪点不高于93℃的液体。

⑦易燃固体

易燃固体是容易燃烧或通过摩擦可能引燃或助燃的固体。易于燃烧的固体为粉状、颗粒状或糊状物质，它们在与燃烧着的火柴等火源短暂接触即可点燃和火焰迅速蔓延的情况下，都非常危险。

⑧反应物质或混合物

自反应物质或混合物是即使没有氧（空气）也容易发生激烈放热分解的热不稳定液态、固态物质或者混合物。自反应物质或混合物如果在实验室试验中其组分容易起爆、迅速爆燃或在封闭条件下加热时显示剧烈效应，应视为具有爆炸性质。

⑨自燃液体

自燃液体是即使数量小也能在与空气接触后5min之内引燃的液体。

⑩自燃固体

自燃固体是即使数量小也能在与空气接触后5min之内引燃的固体。

⑪物质和混合物

自热物质是发火液体或固体以外，与空气反应不需要能源供应就能够自己发热的固体、液体物质或混合物；这类物质或混合物与发火液体或固体不同，因为这类物质只有数量很大并经过长时间才会燃烧。

⑫遇水放出易燃气体的物质或混合物

遇水放出易燃气体的物质或混合物是通过与水作用，容易具有自燃性或放出危险数量的易燃气体的固态、液态物质或混合物。

⑬氧化性液体

氧化性液体是本身未必燃烧，但通常因放出氧气可能引起或促使其他物质燃烧的液体。

⑭氧化性固体

氧化性固体是本身未必燃烧，但通常因放出氧气可能引起或促使其他物质燃烧的固体。

⑮有机过氧化物

有机过氧化物是热不稳定物质或混合物，容易放热自加速分解。另外，它们可能具有下列一种或几种性质：

a. 易于爆炸分解。

b. 迅速燃烧。

c. 对撞击或摩擦敏感。

d. 与其他物质发生危险反应。

⑯金属腐蚀剂

腐蚀金属的物质或混合物是通过化学作用显著损坏或毁坏金属的物质或混合物。

2）健康危险

①急性毒性

急性毒性是指在单剂量或在 24h 内多剂量口服或皮肤接触一种物质，或吸入接触 4h 之后出现的有害效应。

②皮肤腐蚀、刺激

皮肤腐蚀是对皮肤造成不可逆损伤；即施用试验物质达到 4h 后，可观察到表皮和真皮坏死。腐蚀反应的特征是溃疡、出血、有血的结痂，而且在观察期 14d 结束时，皮肤、完全脱发区域和结痂处由于漂白而褪色。

③严重眼损伤、眼刺激

严重眼损伤是在眼前部表面施加试验物质之后，对眼部造成在施用 21d 内并不完全可逆的组织损伤，或严重的视觉物理衰退。眼刺激是在眼前部表面施加试验物质之后，在眼部产生在施用 21d 内完全可逆的变化。

④呼吸或皮肤过敏

呼吸过敏物是吸入后会导致气管过敏反应的物质。皮肤过敏物是皮肤接触后会导致过敏反应的物质。过敏包含两个阶段：第一个阶段是某人因接触某种变应原而引起特定免疫记忆。第二阶段是引发，即某一致敏个人因接触某种变应原而产生细胞介导或抗体介导的过敏反应。

⑤生殖细胞致突变性

本危险类别涉及的主要是可能导致人类生殖细胞发生可传播给后代的突变的化学品。

⑥致癌性

致癌物一词是指可导致癌症或增加癌症发生率的化学物质或化学物质混合物。在实施良好的动物实验性研究中诱发良性和恶性肿瘤的物质也被认为是假定的或可疑的人类致癌物，除非有确凿证据显示该肿瘤形成机制与人类无关。

⑦生殖毒性

生殖毒性包括对成年雄性和雌性性功能和生育能力的有害影响，以及在后代中的发育毒性。

3）环境危险

①危害水生环境

②急性水生毒性

急性水生毒性是指物质对短期接触它的生物体造成伤害的固有性质。

（3）化学品的毒性危害

危险化学品中都含有有毒及有害成分，对从事危险化学品的作业人员的健康造成极大的威胁。有毒化学品对人体的危害最主要为引起中毒。中毒是指人体在有毒化学品的作用下发生功能性和器质性改变而后出现疾病状态，是各种毒性作用后果的综合表现。有毒品对人体危害主要有以下几个方面：

1）引起刺激

一般受刺激的部位为皮肤、眼睛和呼吸系统。如引起皮炎、咳嗽、流泪等。

2）过敏

皮肤和呼吸系统可能会受到过敏反应的影响。如引起皮疹、水疱或职业性哮喘。

3）缺氧（窒息）

当空气中一氧化碳含量达到0.05%时，就会导致血液携氧能力严重下降，称为血液内窒息。另外，尽管血液中含氧充足，如氰化氢、硫化氢等物质会影响细胞和氧的结合力，称为细胞内窒息。

4）昏迷和麻醉

一次大量接触某些高浓度化学品，如乙醇、丙酮、丙醇、丁酮、乙炔、乙醚等，会导致中枢神经抑制，使人体昏迷，甚至死亡。

5）全身中毒

全身中毒是指化学物质引起的对一个或多个系统产生有害影响并扩散到全身的现象，这种作用不局限于身体的某一点或某一个区域，如长期接触苯酚可引起全身中毒。

6）尘肺

尘肺是由于在肺的换气区域发生了小沉粒的沉积以及肺组织对这些沉积物的反应。一般很难在早期发现肺的变化，当 X 射线检查发现这些变化时，病情已经较重了。尘肺病患者肺的换气功能下降，在紧张活动时将发生呼吸短促症状。这种作用是不可逆的。能引起尘肺病的物质有：石英晶体、石棉、滑石粉、煤粉和铍。

7）致畸、致癌、致突变

接触危险化学品可能对未出生的胎儿造成危害，干扰胎儿的正常发育。一些实验证明 80%～85%的致癌化学物质对后代有影响，而 85%的癌症与化学物质接触有关，有些癌症要在接触化学物质多年以后才表现出来，潜伏期一般为 4～40 年。

2. 危险化学品标志

危险化学品标志是通过图案、文字说明、颜色等信息鲜明简洁地表征危险化学品特性和类别，向作业人员传递安全信息的警示性资料。

根据常用危险化学品的危险特性和类别，危险化学品的标志设 16 种主标志和 11 种副标志，其中主标志是由表示危险特性的图案、文字说明、底色和危险类别号四个部分组成的菱形图案；副标志图案与主标志相比，只是图形中没有危险品类别号。示例如图 1-2-19 所示。

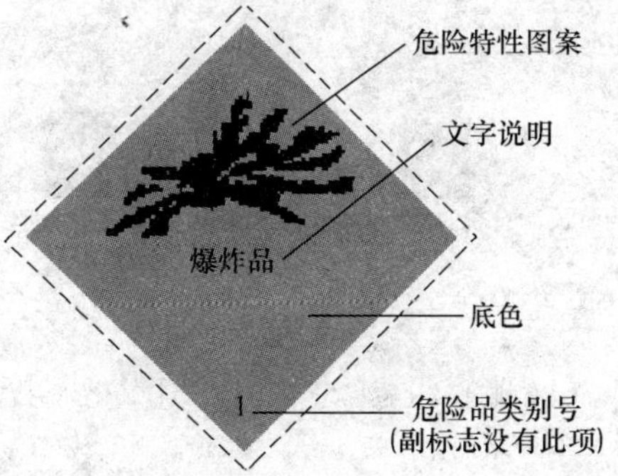

图 1-2-19 危险化学品标志示例

当一种危险化学品具有一种以上的危险性时，应用主标志表示主要危险性类别，并用副标志来表示其他的危险性类别。常用危险化学品主标志如图 1-2-20 所示。

3. 个人防护

（1）呼吸系统防护

呼吸系统防护主要是防止有毒气体、蒸汽、尘、烟、雾等有害物质经呼吸器官进入人体内，从而对人体造成损害。防护的方法是选用可靠的呼吸器。

呼吸器按用途分为防尘、防毒、供氧三类。

呼吸器按作用原理分过滤式（净化式）、隔绝式（供气式）两类。过滤式呼吸器的功能是滤除人体吸入空气中的有害气体、工业粉尘等；隔绝式呼吸器的功能是使戴用者呼吸系统与劳动环境隔离，由呼吸器自身供气（氧气或空气）或从清洁环境中引入纯净空气维持人体正常呼吸，这种呼吸器适用于缺氧、严重污染等有生命危害的工作场所。

(a)爆炸品标志　(b)易燃气体标志　(c)不燃气体标志　(d)有毒气体标志

(e)易燃液体标志　(f)易燃固体标志　(g)自燃物品标志　(h)遇湿易燃物品标志

(i)有机过氧化物标志　(j)氧化剂标志　(k)剧毒品标志　(l)有毒品标志

(m)一级放射性物品标志　(n)二级放射性物品标志　(o)三级放射物品标志　(p)腐蚀品标志

图 1-2-20　常用危险化学品主标志图

呼吸器的选用原则：一是防护有效；二是戴用舒适；三要经济。工作现场既要考虑可能发生的染毒危害而配备特殊的呼吸器，又要根据实际污染程度选用呼吸器品种。一般情况下，过滤式面具适合毒物浓度不高的场合，若毒物浓度较高，则要用氧气呼吸器或空气呼吸器。在使用呼吸器前一定要检查是否完好并学会正确的使用方法。

（2）皮肤防护

劳动者着穿防护服装、使用护肤剂、洗涤剂等以防止工伤事故和预防职业危害。

防护服有以下种类：

防尘服、防毒服、防放射性服、防微波服、高温工作服、防火服、防水服、防寒服、防静电服、阻燃防护服。

护肤剂分为水溶性和脂溶性两类，前者用于防油溶性毒物，后者用于防水溶性毒物。护肤剂一般在整个劳动过程中使用，上班时涂抹，下班后清洗，可起一定隔离作用，使皮肤得到保护。

（3）眼部、面部防护

眼面部主要是用专门的防护用品进行防护，防止各种伤害。专门用于眼部和面部的防护用品包括眼镜、眼罩和面罩三类。具体防护用品主要有：焊接用眼防护具、炉窑用眼防护具、防冲击眼防护具、微波防护镜、激光防护镜、X射线防护镜、尘毒防护镜等。

（4）手、足部的防护

手的防护是指劳动者根据作业环境中的有害因素戴用特别手套，以防止各种手伤害事故。防护手套主要品种有：耐酸碱手套、电工绝缘手套、电焊工手套、防寒手套、耐油手套、防X射线手套、石棉手套等。

足部防护用品是指根据作业环境中的有害因素，为防止可能发生的足部伤害或其他事故所穿用特制的靴（鞋）。主要品种有：防静电鞋和导电鞋、绝缘鞋、防砸鞋、防酸碱鞋、防油鞋、防滑鞋、防寒鞋、防水鞋等。

思　考　题

1. 危险化学品的概念是什么？
2. 危险化学品分哪几类？
3. 危险化学品的主标志上有哪些内容？主副标志有什么不同？
4. 从事危险化学品作业的人员，应从哪几方面进行个人防护？

第2篇

涂层工技能知识（初级工）

第1章 准备工作

1.1 交接班

交接班是指前一生产班次的人员将本班的生产状况、工艺执行、设备运转及现场卫生等方面的具体情况向后一生产班次交代清楚；后一生产班次则是了解前一班的设备运行及产品质量状况，明确本班所生产产品的质量控制要点及其他的特殊技术要求，并根据这些情况制定出最优化的生产方案。交接班工作对生产有着重要意义，其中交班应是重点。

1. 交班内容

(1) 生产情况

当班人员应对管理范围内的工艺、生产情况向接班人员交待清楚。工艺情况包括明显变化的工艺参数或工艺异常，比如槽液的温度、处理的时间、清洗水槽的水质、槽子的液面高度、异常的工艺槽等情况。生产情况则包括当班所生产的品种、数量、待处理产品量或废品量，并注明其原因。

(2) 设备情况

当班人员应严格按工艺操作规程和设备操作规程认真操作，对管辖范围内的设备状况负责，交班时应向接班人员交代本班生产中的设备运行情况。设备运行分为正常和异常两种状态，对于异常状态还应交代原因，如异常响声、异常气味、跑冒滴漏、外壳发烫、操作不灵敏、不动作等，并要交代是否进一步观察确认。

(3) 现场卫生

生产现场的卫生状况体现着生产企业的综合管理水平和职工的精神面貌，同时也对安全生产、制品质量有着重要的影响。因为现场卫生不好，会污染制品表面，影响制品外观，还会带来安全隐患。当班人员应做好设备、地面、操作室的清洁卫生，对现场的物料进行定置管理，并在交班时交接清楚。

(4) 工具

交接班时，工具、辅料应摆放整齐，无油污，无损坏，无遗失。

2. 企业生产中班组交接班的"十交"与"五不交"

"十交"：

①交本班生产情况和任务完成情况。

②交仪表、设备运行和使用情况。

③交不安全因素，采取的预防措施和事故的处理情况。

④交设备润滑三级过滤和工具数量及缺损情况。

⑤交工艺指标执行情况和为下一班的准备工作。

⑥交原始记录是否正确完整。

⑦交原材料使用和产品质量情况及存在的问题。

⑧交上级指示、要求和注意事项。

⑨交跑冒漏情况。

⑩交岗位设备整洁和区域卫生情况。

“五不交”：

①生产不正常、事故未处理完不交。

②设备或工艺有问题，搞不清楚不交。

③岗位卫生未搞好不交。

④记录不清、不齐、不准不交。

⑤车间指定本班的任务未完成不交。

3. 原始记录填写要求

交接班记录中除记录前面所说的几方面内容外，还应如实填写生产作业人员的姓名和岗位。交接班记录要认真、详细、具体完整，并保存一定时间。凡是交接班本上所设计的栏目都要进行填写，要求字迹工整，无涂改，无破损，内容真实全面。

思 考 题

1. 什么是交接班？

2. 交接班记录有哪些要求？

1.2 准备工具、器具

在铝合金制品表面处理生产中，常用器具有塑料桶、塑料盆、量杯、台秤等，它们的主要用途是盛装、度量生产中所需要的化学试剂、涂料等；钢丝绳、尼龙带及各种吊具用于吊运制品；常用工具有扳手、锉刀、钳子、角向磨光机、卷尺、游标卡尺等，如图 2-1-1 所示。

这些工具中有用于紧固处理制品或设备机械零件的，如钳子、扳手等。在铝制品氧化上色过程中，制品装挂时的各处导电接触点均需要进行紧固处理，以使制品导电良好。

卷尺、游标卡尺等计量器具，用于测量制品的相关尺寸或相对距离。比如喷涂生产过程中，先用卷尺测量铝制品的长度，然后再确定挂具的摆放位置。生产中所使用的计量器具应在有效的检定期内，这样才能保证测量结果准确可靠。

锉刀、角向磨光机主要是对导电接触点进行打磨，比如喷涂挂具的挂点处、氧化上色导电杆与导电梁的接触面等。

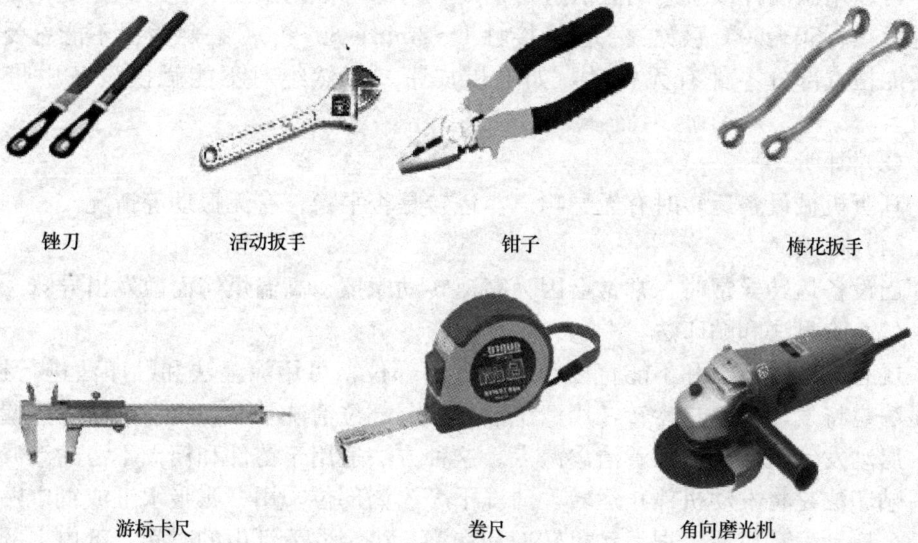

图 2-1-1 常用工具

思 考 题

1. 常用工具有哪些？各有什么用途？
2. 锉刀、角向磨光机等工具用于打磨哪些位置？

1.3 准备原辅材料

在铝合金制品各种表面处理生产中，会用到很多原辅材料。包装纸、PE 或 PVC 保护膜、透明胶带、合格证、商标等用于制品的防护与包装；铝线、垫片、导电杆、导电梁、夹具、挂具等用于制品装挂；涂料、化学试剂等用于涂装制品和调整槽液浓度。

1.4 设备运行前准备

1. 检查设备的基本方法

生产操作人员在接班后，要对所操作和使用的设备进行巡视检查。检查的方法主要是通过感观直觉来判断设备的运行状态。如眼看、手摸、耳听、鼻嗅以及涂显法和贴印法等。

（1）眼看

设备外观是否完整；门、盖等是否处于正常位置；有无跑冒滴漏；高温痕迹；各处仪表指示（如油位、压力等）是否正常。

（2）手摸

手摸的方法一般用于检查机械设备外壳的温度变化情况。对无温度指示器的部位，可以用温度计或手感的方法进行判断，可参考下列温度对手的感觉变化：40℃感觉发热；50～60℃感觉烫手但能接触1～2min；80～90℃一触烫得不能忍受。手摸还能检查部分零件有无松动，如电机皮带。当然绝对不能触摸设备中带电的部位。

（3）耳听

耳听机械设备运转时有无异响声，运转是否平稳，有无振动等情况。

（4）鼻嗅

当设备运转异常时，常常会因为高速转动摩擦、高温烘烤而散发出异味。

（5）涂显法和贴印法

还有一些看不清和不能直接看到的渗漏部位，可用涂显法和贴印法进行检查。涂显法是将发动机停止运转，用清洗液将渗漏部位清洗干净，用粉笔涂在渗漏部位上，启动发动机后就可以看清渗漏点。这种方法适用于铸件和模糊不清的渗漏点检查。贴印法是将发动机停止运转，清洗干净渗漏部位，用一张吸水纸或纸巾贴在渗漏处，启动发动机后根据发动机转速和渗漏量决定取下纸巾的时间，纸巾上的印油点对应零件的部位就是渗漏点。这种方法多用于不能直接看到的部位。

2. 空负荷试车的方法

在当班生产前，要对某些设备进行空负荷试车，以判断其是否能正常工作。空负荷试车的方法应符合设备操作规程。比如转运制品的起重机，检查时首先看操作手柄处是否挂有“正在检修”、“禁止送电”等标志牌，若没有，送电后点动操作按钮或开关，观察起重设备能否正确动作和停车。允许这样检查的设备通常是起重、传动设备，而工作电流较大的单体设备则不能这样检查，否则容易损坏设备。比如冷冻机，开动前先对各处油位、压力仪表指示进行检查，指示正常后开机，要持续运行一段时间，检查运行过程中高、低压是否正常，运转是否平稳。

思 考 题

1. 检查设备的基本方法有哪些？
2. 如何进行空负荷试车？试车中要注意什么？

第2章　开　　卷

2.1　卷材的查找

1. 生产卡片上对卷材的相关要求

新员工在上岗前必须要进行正规的培训，通过培训后要掌握涂层坯料的验收标准和相关的生产要求。生产人员在查找卷材之前，首先要读懂所要生产的生产卡片对卷材的要求。一般情况下生产卡片都要注明坯料的批卷号、合金状态、规格、验收标准、技术条件、工序质量验收情况、存放区域、重量等内容。

卡片样板图（供参考）：

品种__________

涂层生产卡片

批号________投入数________坯料规格________mm 成品技术条件________

合金状态________涂层前成品规格________mm 涂层前技术条件________

成品膜厚（正）________（背）________μm（g/m²）　包装方式________

成品规格________mm　单卷重________t　颜色________

计划员记事：
技术员记事：

计划员：________年　月　日

供涂层前性能审核

检测项目	抗拉强度	屈服强度	延伸率	制耳率	杯突值	折弯
标准值						
实测值						
结　论				检查员： 年　月　日		

2. 卷材的查找

生产人员根据生产卡片上的具体要求到指定的存放区域进行查找，查找到所需要的坯料后，必须根据坯料的验收标准对卷材的外观质量、规格进行复验。坯料表面质量的主要要求：坯料的表面应平整、光洁，不允许有毛刺、裂纹、腐蚀、穿通气孔、压折、折痕及较严重的擦伤、划伤、压过划痕、油污、印痕、辊印、松树枝状花纹、金属及非金属压入、扣边等影响涂层表面的缺陷，允许有轻微亮条、色差、粘伤、黑条等不影响使用的缺陷，复验合格后才能将坯料吊运到卷材的上卷位置，如果复验不合格，应在坯料和生产卡片上注明，并通知相关人员到现场处理。

思 考 题

1. 生产卡片的主要内容有哪些？
2. 坯料的表面质量有哪些主要要求？

2.2 上 卷

1. 上卷的定义

上卷就是把所要生产的坯料输送到开卷机卷轴的过程。

2. 上卷机的启动程序

接通控制室中的所有控制柜→设置紧急停车系统→启动纠偏装置的液压传动装置→启动主液压站的过滤泵→启动主液压泵→启动上卷机的润滑泵→启动卷材小车的液压泵。

3. 上卷机操作作业程序

启动小车液压→用小车将卷送入卷轴→涨大卷轴→压下压辊→卷轴对中→伸出/抬起喂料导板→开卷机点动送料→缩回/降下喂料导板（等待缝合）。

上卷机操作过程：启动上卷机小车的液压系统（按下启动按钮），将所要生产的卷材按开卷方向吊至鞍座上，并取下坯料打捆带，将上卷小车开到卷材下方，升起小车，操作手应确保开卷机心轴收缩和涨大并对中，卷材小车正好位于卷材下面运行，升起卷材小车托起卷材前行到开卷机，将卷材小车停在开卷机心轴前。

升起卷材小车到适当高度并移到机列的中心线上，抬起喂料导板并伸出以协助卷材处于心轴中间的位置。然后涨大心轴，落下卷材小车并移出上卷机位置。卷材装入上卷机时将压辊落下压在卷材上，避免卷材料头落下。伸出喂料导板并升高适当位置，点动上卷机，将带材送到夹送辊，接着闭合夹送辊，缩回喂料板并落下，抬起压辊。操作手点动开卷机和夹送辊并将卷材输送到缝合机位置，等待缝合。

思 考 题

上卷机的操作程序是什么？

2.3 缝 合

带材缝合主要是通过机械冲压方法在垂直带材的方向对前后两带材的头尾进行缝合，使生产连续化。带材缝合的作业要求：

1. 缝合必须迅速，以保证工艺段正常运行。如果超过缝合时间（缝合时间根据生产线活套塔贮料量而定），活套塔内储存的料将放空，造成生产线停车，停车后带材在烘烤炉停留的时间较长，涂层表面就会产生漏涂、过烧、擦划伤等缺陷。

2. 后一带材比前一带材宽 100mm 时要进行修剪，修剪从料头开始平缓过渡。修剪后的前后带材受力均匀，避免缝合头在生产线上分开产生断带。

3. 对厚度≤0.4mm 薄带材缝合时要加入垫片，防止薄带材在缝合时承受不住缝合压力，把带材压裂。一般情况下垫片加在缝合处带材的上下方。垫片宽度与生产卷的宽度应一致。

4. 后一带材的头部应放在前一卷材的尾部上方，避免后一带材的料头撞伤道路和辊子。

5. 缝合时，料头尾粘附的胶带、脏物等异物应清除干净。避免异物带入道路损坏辊子及产生印痕、擦划伤等缺陷。

6. 缝合时必须要做到前后带材中心线一致，缝合头应牢固不易分开。

思 考 题

带材缝合的作业要求有哪些？

2.4 牵引带准备

牵引带就是要把进行涂敷的坯料引入涂层生产线的带材。操作手必须要掌握牵引带的相关规定和质量要求，这样才有利于正确选择和使用牵引带，避免在生产线上产生断带和污染道路。

牵引带必须符合以下要求：

1. 牵引带与涂层坯料之间的厚度差不能超过 0.33mm，避免前后带材张力不一致，产生断带。牵引带选择要匹配。

2. 使用后的牵引带，应在卷上注明合金、规格及卷内情况，不得宽窄混合。下次使用时便于选择与涂层坯料的规格相同或相近。

3. 牵引带与涂层坯料的宽度应一致，不得超过 100mm，若带宽超过 100mm 时要进行修剪，修剪从料头开始平缓过渡。

4. 牵引带必须是光卷，不能使用涂层卷。涂层卷在炉内烘烤后，表面涂层部分易脱落，影响道路卫生，表面产生印痕等缺陷。

5. 牵引带内不能有缝合头，缝合头重复在生产线上运行易产生折痕，造成在生产线上断带。

6. 牵引带不能有明显的折痕、裙边、裂边、波浪等明显缺陷，以防止在生产线上划伤或断带，造成停车漏涂。

7. 牵引带必须存放到指定位置，便于查找和吊运。

8. 牵引带在卷取时必须切除缝合头，下次使用时就不需要再切除缝合头，可以提高缝合的速度。

9. 牵引带的长度必须大于整个生产线的长度，这样才能穿过生产线。

思考题

牵引带的质量要求有哪些？

第3章 预 处 理

为了把金属表面所附着的各种异物（如油污、锈蚀、灰尘、氧化物等）去除，提供适合于涂装要求的良好基底，以保证涂膜具有良好的防腐蚀性能、装饰性能及某些特种功能，在涂装之前对金属表面必须进行处理。人们把进行这种处理所做的工作，统称为涂装前（表面）处理或（表面）前处理或（表面）预处理。

3.1 配置清洗剂、转化剂

1. 卷材涂层除油方法

除油方法的选择取决于油污的性质、污染程度、被清洗物的材质及生产方式、可采用的工艺手段、涂装所要求的清洁度等。常用的除油（脱脂）方法有：酸碱清洗法、表面活性剂清洗法、有机溶剂清洗法、电化学脱脂法和超声波除油法等。除油（脱脂）工艺主要是利用各种化学物质的溶解、皂化、乳化、湿润、渗透和机械等作用除去物体表面的油污。

卷材涂层的材料常用的是钢卷和铝卷，两类材料的轧制润滑油主要为矿物油。一般的矿物油是以石油的重馏分经减压蒸馏并脱蜡精制而成，非极性分子对金属表面吸附不牢，较易除去。常用的除油（脱脂）方法为碱液除油法，高镁铝合金以酸液除油为主，因为碱液与镁合金反应生成氢氧化镁沉淀，影响除油效果和槽液质量。碱液除油主要是借助碱的化学作用清除金属表面的油脂和轻微锈蚀，达到表面净化的目的。

2. 酸、碱槽材质的特点

根据不同的清洗剂种类必须选择相应的材质。酸液除油槽液温度一般在50～70℃，对金属腐蚀能力强，一般材质难以达到要求，必须使用耐温、耐酸腐蚀能力强的材质，通常采用3004L的不锈钢作为槽液材质。碱液除油槽液温度一般在50～70℃，对有色金属的腐蚀力相对较弱，一般采用低碳钢作为槽液材质。

3. 计量泵、循环泵的操作知识

（1）计量泵

酸、碱计量泵属于薄片自吸卧式泵，根据槽液浓度检测结果，向槽体补充适量的酸碱原液。

（2）循环泵

酸碱槽的循环泵属于立式离心泵，酸泵为不锈钢体、不锈钢叶片和轴；碱泵为铸铁泵体、不锈钢叶片和轴；化学转化剂泵属于卧式离心泵，不锈钢体、不锈钢叶片和轴。主要目的是从酸碱槽和化学转化剂槽向喷淋槽或浸泡槽以及化学涂层机槽液盘供给酸碱清洗液和转化剂。

（3）计量泵、循环泵的操作

计量泵、循环泵均通过按钮实现泵的开启，一般设计在一个控制面板上，以便于操作。

4. 常用化学品安全要求

清洗剂、转化剂具有极高的腐蚀性和毒性，因此在生产中应严格按照相应的安全操作规程执行，同时了解和掌握常用安全知识和安全措施。

（1）采用敞开式全浸型脱脂、酸洗、中和、表面调整、磷化、钝化、清洗等化学前处理作业场所，适用于敞开式建筑物，若与其他非涂装车间合用一个建筑物，应将此作业场所布置在建筑物的靠外墙一侧。车间前面和地坪应采用防腐材料，涂装设备和其他电气设备宜采用防潮、防腐型。

（2）敞开式全浸型化学前处理应配置专业的起重设备和调装工具，严禁作业人员直接用手搬运。

（3）全浸型有挥发性化学液和加热要求的化学槽，应设置局部排风系统，加热方式应符合安全要求。

（4）各化学槽配置槽液时应先注入水，后注入化学液，对挥发性较强的化学槽配制后宜施覆盖层或抑制剂。

（5）各类化学原液和添加剂的容器应加盖严封，并有醒目标签。

（6）采用氢氟酸作业场所，应设置具有明显标记的事故喷淋装置和防护面具。

（7）采用全喷淋型的各种前处理设备应为全封闭或半封闭式，带材出入口应设置防喷淋液飞溅的屏幕室，该室用挡帘隔开，并设置独立的排风系统。

5. 槽液溢流控制

通过开启水清洗槽的槽液供水阀直至槽液溢流，将供水阀调小确保溢流。

思 考 题

1. 如何选择槽子及槽液类型？
2. 卷材涂层除油方法？

3.2 温度及压力控制

1. 涂装前表面预处理的工艺

涂装前表面预处理工艺流程较多，可根据具体情况，如厂房条件、共建材质、共建表面、所选用涂料品种、选用施工方法、生产批量、质量要求等选择或组合。表2-3-1为不同金属材料的不同用途表面处理典型工艺。

表 2-3-1 不同金属材料的不同用途表面处理典型工艺

金属材料	钢 板		铝 板
用 途	一般涂装	防 锈	涂 装
除油	○	○	○
除锈	○	○	×
水洗	×	○	○
表面调整	×	○	×
磷化（或氧化）	×	○	○
水洗	×	○	○
去离子水洗	×	×	○
后处理	×	×	×
干燥	×	○	○

注：○为需要，×为不需要。

2. 读取温度、压力仪表数据

温度、压力仪表一般采用圆盘式带指针刻度的仪表，可以通过指针对应的刻度直接读数。通常温度单位用“℃”表示，如图 2-3-1 所示。压力单位用“bar”或“MPa”表示，如图 2-3-2 所示。

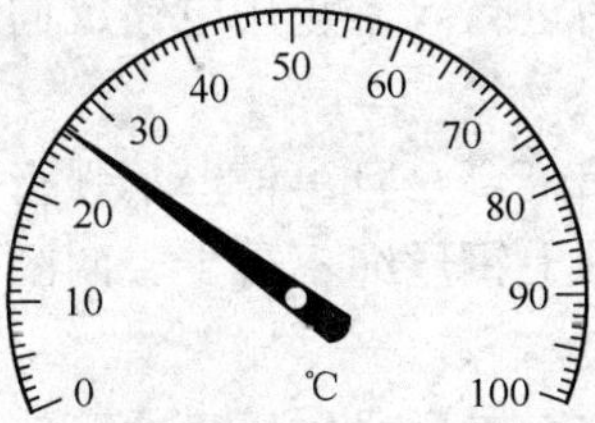

图 2-3-1 温度表

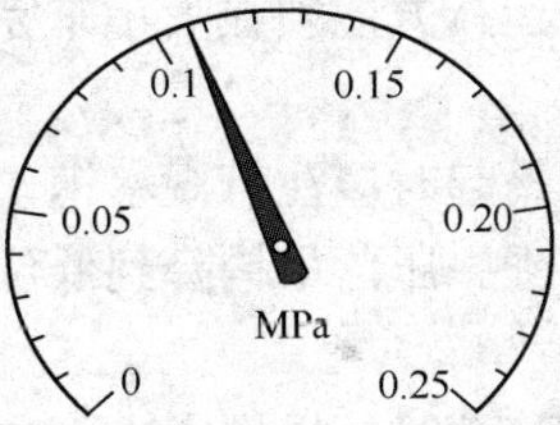

图 2-3-2 压力表

3. 开启蒸汽阀加热

蒸汽阀一般采用球阀。一般来说，把手与管路平行为关闭，把手与管路垂直为开启。

4. 开启及调整喷淋阀

喷淋阀一般采用蝶阀，可以通过压力表数据显示来调节蝶阀的开启刻度。

思 考 题

1. 温度、压力仪表数据读取方法是什么？
2. 掌握开启蒸汽阀加热、开启及调整喷淋阀的方法。

3.3 更换辊子

1. 吊运工具的使用方法

辊子的更换通常采用电动葫芦吊和手动葫芦吊。

（1）电动葫芦吊

电动葫芦吊有一个控制线路板，有无线控制板和有线控制板两种。控制板上的按钮分别控制大车的前进与后退、小车的来回运动以及吊钩的升降等功能，只要熟悉按钮的相应功能和安全使用知识就会使用。

（2）手动葫芦吊

手动葫芦吊采用大小齿轮原理实现吊钩的升降功能。上吊钩一般挂在横梁上的移动挂钩上，通过人工拉动实现手动葫芦吊的滑动功能，下吊钩悬挂被吊物，两端分别为连在一起的升降铁链子，通过手动拉动升降链子使被吊物升降。

2. 吊运安全知识

电动葫芦吊的安全使用规程：

（1）严禁超负荷起吊。

（2）起吊前检查制动情况，开车者要和挂钩者配合，并听从挂钩者指挥；钢丝绳损坏、打结等不得使用，起吊时吊钩与所吊物件必须垂直，不得斜吊。

（3）操作吊车各机构开动不得同时进行两个动作，起吊时先轻轻点动，当各绳索物件吃劲吊稳后才能起吊。停止搭车行走时，应在短时间内按几次停车按钮，确保操作可靠。

（4）变更运行方向须在大小车完全停止后进行，禁止用电钮反向操作方法来刹车制动。

（5）操作吊起时应注意观察钢丝绳是否窜槽，一旦窜槽严禁强行使用，立即通知设备部门处理。压落吊钩降到低位时，卷轴上钢丝绳不得少于两圈，否则应通知设备部门处理。

（6）大车移动时，操作者应面向行驶方向，走到吊钩后面，不使用吊车时，应将吊钩升到不能撞到人或不影响通道的位置。

（7）大小车不能开动时，应立即通知维护人员处理。不允许将操作用的电缆和按钮作为受力件。

3. 挤干辊转动灵活的判断方法

挤干辊转动灵活的判断方法为：挤干辊在抬起状态下（未压靠）用手转动挤干辊，若挤干辊能自由转动则视为转动灵活，若转动有阻塞或无法转动则视为转动不灵活，需要及时处理。

4. 更换挤干辊、化学涂辊程序

（1）旧辊的换下

用内六方、扳手及铁棒拆掉挤干辊、化学涂辊传动侧的固定部位，然后用专用吊具把辊子吊运至换辊小车上，推到辊子储备间放在规定的位置。

（2）新涂辊的换上

1）认真查看磨削记录，了解辊子质量情况。

2）在涂辊储备间按涂覆要求和涂辊的验收方法选定已磨削好的化学涂辊。

3）用专用吊具把辊子吊运至涂辊小车上，推到现场。

4）装辊时，旋下辊子两端轴承盖上固定螺栓，翻开轴承盖，将从辊子存放间用专用涂辊小车运送，用吊绳或其他吊具将所要吊入辊子放到轴承座上，盖上轴承盖再扭紧固定螺栓，更换好辊子后，调整辊间、辊与带材的间隙，使辊面间隙保持一致。

5）撕掉包覆辊子的牛皮纸，用破布沾丁酮清洗辊子。

6）认真填写辊子更换记录表。

思 考 题

1. 吊运工具的使用方法有哪些？
2. 怎样更换挤干辊、化学涂辊？
3. 吊运安全知识有哪些？

3.4 操作化学涂层机

1. 化学涂层机操作规程

（1）启动涂层机电源，开空车观察化学涂层机的运转，重点观察各工作涂辊的运转（正转、反转）、涂层机能否正常升降等。

（2）清洗化学涂辊、带料辊，检查表面质量，同时清洗槽液盘。

（3）启动槽液泵将配好的化学槽液泵入槽液盘，同时开启槽液回流开关。

（4）升高槽液盘使槽液浸没化学带料辊 1/3。

（5）设定化学涂辊、带料辊转动按钮，正转或反转，并分别开启运转按钮。

（6）在主控制面板上选择相应的参数，设定化学涂辊、带料辊的辊速。

（7）通过辊间距调节旋转手柄，调整化学涂辊的带料辊距离到适当位置。

（8）启动化学涂层机升降按钮，分别使上、下涂辊接触带材，同时手动微调。

（9）带材运行时进行化学涂层，根据表面进一步调整辊间距。

2. 化学涂辊转动方向的设定

化学涂辊转动方向分为正转和反转，正转表示转动方向与带材运行方向相同，反转表示转动方向与带材运行方向相反。正转和反转的设置通过化学涂层机上的正转和反转选择开关实现。一般化学涂层的涂覆方式有顺涂和逆涂两种。顺涂表示涂辊的转动方向与带材运行方向一致，逆涂表示涂辊的转动方向与带材运行方向相反，如图 2-3-3 和图 2-3-4 所示。为了获得均匀、致密的转化膜通常采用逆涂方式。

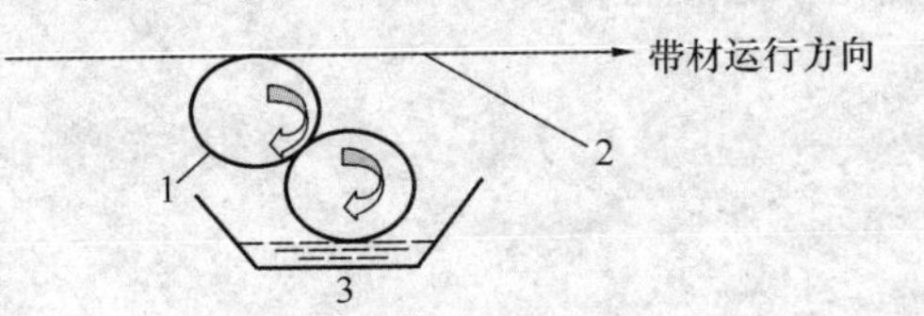

图 2-3-3 化学涂覆方式（顺涂）

1—化学涂辊（转动方向为正转）；2—化学带料辊（转动方向为正转）；3—槽液盘

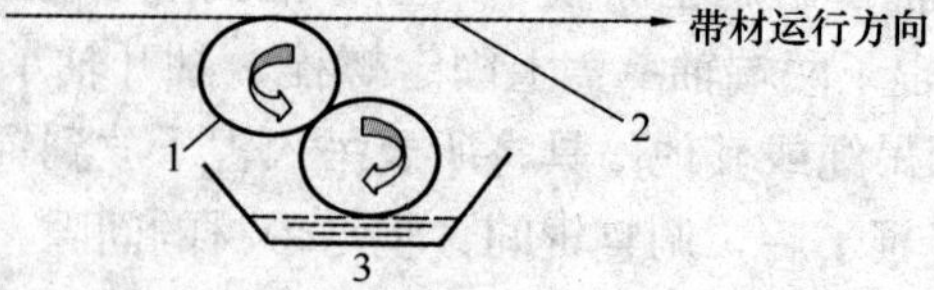

图 2-3-4　化学涂覆方式（逆涂）

1—化学涂辊（转动方向为反转）；2—化学带料辊（转动方向为正转）；3—槽液盘

思　考　题

1. 怎样操作化学涂层机？
2. 怎样设定化学涂辊转动方向？

第4章 涂层作业

4.1 配制涂料

1. 铝卷材用涂料分类

铝卷材涂料是由卷钢涂料发展起来的，相对于卷钢涂料，卷铝涂料在涂层表面要求装饰性强，涂膜更加均匀致密。涂料的品种较多，从卷铝少层产品来看，应用面更广，涉及工业和民用建筑、家电、运输、食品包装等方面。

自20世纪中期卷材涂料发展到现在，卷材涂料以辊涂料为主，根据习惯，卷材涂料有以下几种分类方法：

（1）按涂料形态分：溶剂性涂料、水性涂料等。

（2）按用途分：工业与民用建筑涂料、家电用涂料、运输用涂料、食品包装用涂料等。

（3）按涂膜工序分：底漆、背漆、面漆、罩光漆等。

（4）按涂膜物质分：氟碳树脂、聚酯树脂、环氧树脂、丙烯酸树脂、乙烯基树脂、聚氨酯树脂等。

2. 涂料的适应性

国内涂装行业近几年发展迅猛，目前已有200条以上的涂装生产线，其装备和生产工艺情况差异较大，这就要求涂料的施工性能要有针对性和适用性，主要应满足涂装线的以下特点：

（1）机列运行速度：涂料流平性、分散性、稳定性适应机列运行速度的要求，使涂装表面光滑、均匀，无明显缺陷。

（2）固化温度、时间：针对不同的机列装备和不同的产品特点，涂料的固化温度、时间不一样，对涂料固化温度和时间有严格的要求，使涂膜性能最终达到要求。

（3）涂料黏度：根据机列线不同，涂料黏度差异较大，一般情况下，运行速度较快的涂装线，涂料黏度较高，涂层机采用三辊涂装的黏度高于二辊涂装方式，最终目的是保证涂层表面质量及性能满足要求。

（4）涂辊：辊涂方式一般有钢涂辊和胶涂辊之分，由于辊面弹性差异，涂膜厚度不一样，因而对涂料的要求就不一致。

除了涂料的适应性外，涂料的保存和使用温度也十分重要，一般来讲，采用密封桶装的涂料应存放在阴凉迎风的库房，存放温度以室温为宜，未开封涂料在室温下一般存放周期为6～12个月，如存放环境较差，涂料存放时间过久，则会影响涂料品质，在此条件下，涂装厂应尽快使涂料上线作业，保证涂层生产要求，同时，对于已上线使用过、已加过稀释剂的涂料，存放时间会缩短，更应加快使用。图2-4-1为涂料仓库。

图 2-4-1 涂料仓库

3. 涂料的搅拌

（1）涂料在上线前，操作人员首先要打开涂料桶密封盖，观察桶中涂料有无异常，包括颜色与标志是否一致，有无受到污染等。

（2）一般在涂料库有用于搅拌及稀释涂料的区域或准备间，涂料将被操作人员运送到此，将叶片搅拌器浸入涂料桶中进行搅拌，由于涂料为各组分混合物，能否搅拌充分使涂料中各组分分散均匀，将直接影响到涂装产品质量，因此应保证足够的搅拌时间，尤其在冬季，对于存放涂料库房温度偏低、存放时间较长的涂料，可能在涂料桶中有颜料沉淀或分层较明显，搅拌涂料的时间会更长一些，所以根据涂料特性和实践经验可以得出搅拌时间：冬季长于其他季节，金属粉涂料长于素色涂料，树脂含量高的涂料要长于树脂含量较低的涂料，一般情况下，搅拌时间在15～30min。

（3）搅拌器主要有电动和气动两种类型。采用电动搅拌器的功率相对较大，主要用于涂料上线前快速搅拌均匀。由于涂料中溶剂挥发性强且溶剂闪点较低，搅拌器电机须采用防爆电机，接地性要好，避免电火花或静电效应而产生火灾爆炸伤人事故。

气动搅拌器主要用于在线涂料搅拌，目的是使涂料保持均匀、稳定的状态。此类搅拌器动力为压缩空气，压缩空气通过管道接入涂层室，经过软管两端的快速接头分别与压缩空气出口接头和搅拌器上接头相连，转动搅拌器上的控制旋钮即可调整搅拌器旋转速度。

以上两种搅拌器的特点不同，在实际应用中的作用也不同，见表 2-4-1。

表 2-4-1 搅拌器特点及作用

搅拌器类型	体 积	功 率	作 用	安全性
电动搅拌器	较大	较大	生产前准备	采用防爆电机，接地防静电
气动搅拌器	较小	较小	生产中保持涂料稳定	操作安全、方便

电动搅拌器如图 2-4-2 所示，气动搅拌器如图 2-4-3 所示。

图 2-4-2 电动搅拌器

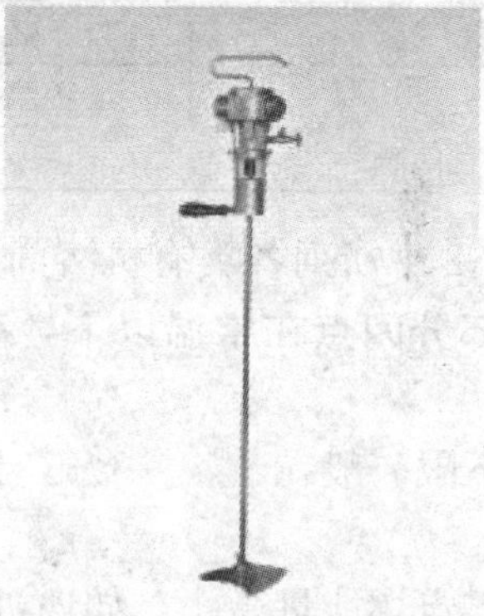

图 2-4-3 气动搅拌器

4. 涂料黏度的测量

为满足涂装过程中涂料的流动性能在要求的涂膜范围内达到表面光滑均匀，无明显流平纹的效果（是涂料施工性能的一项重要指标），需使用专用涂料黏度计来测量液态涂料流动的阻力（即黏度）。

测量黏度一般以 25 为标准温度，对搅拌均匀的涂料用 FORD-4 号杯（涂-4）测量，黏度杯容积 100mL。测试时，杯保持水平，杯中涂料液面与杯口边缘水平，涂料自杯中呈线状流出，当流出的涂料断线时所需时间秒数代表涂料黏度（秒数），通常情况下，原装涂料黏度略高于涂装施工黏度，需用稀释剂进行稀释，再经黏度杯测定，达到施工范围后就可用于上线使用。

测量涂料的黏度有多种器具和方法，但在实际生产现场主要采用黏度杯，而以福特 4 号杯最为常用，其特点是可测黏度在 150～160 以下的涂料，基本覆盖了涂料上线作业的施工黏度范围。

5. 涂料的安全使用须知

辊涂所用涂料、稀释涂料的溶剂及涂料中的添加剂，大部分都是易燃、易爆和有毒物质且挥发性极强，在涂装过程中挥发出的气体与空气混合集聚到一定浓度时，一旦接触明火，极易引起火灾或爆炸。同时，由于涂料本身的有害物质被操作人员长期接触或吸入体内，会引起慢性中毒，若未经处理，排放到室外会引起大气污染，造成环境公害。

（1）常见的有机溶剂类型（表 2-4-2）

一般在涂装行业中所讲的有机溶剂指涂料在涂装过程中的挥发部分：催干剂、助溶剂、稀释剂及各类有挥发性的添加剂。

表 2-4-2 常见有机溶剂类型

溶剂类型	广泛使用	次要使用
煤焦溶剂	甲苯、二甲苯、混合二甲苯	重质苯、混苯煤焦溶剂
醇　类	正丁醇	乙醇、丙醇
酯　类	乙酸乙酯、乙酸丁酯	乙酸溶纤剂
酮　类	丙酮、环乙酮（异氟二酮）	甲乙酮、甲基乙丁酮
乙二醇醚	乙基溶纤剂	丁基溶纤剂

表 2-4-2 中所列各类有机溶剂大部分含危险物质，其特点如下：

①大部分闪点在常温以下，有的还在 8℃以下，如丙酮基在－19℃，故易燃性高。

爆炸下限一般在 1%～3%，且爆炸范围大，一般在 6%～20%，爆炸危险性较高。

②所需点燃能量微小，如遇机械火花、电火花放电甚至静电放电等微小能源，均可能点燃。

③在涂料搅拌泵入涂料盘中时，由于涂料可能喷溅，流动时出现带电过程，有静电积聚导致燃烧爆炸的危险性。

④在夏季涂料存放使用中，随温度升高，易燃易爆的危险性也可能递增。

（2）安全生产基本要求

针对涂装作业的危险性和有毒性，目前国家出台了有关清洁生产的法律法规，涂装行业出版发行了有关涂装作业安全技术方面的书籍，各厂家也逐步重视安全生产，加强涂装生产中对员工的安全防护，减少对人员的伤害，规范涂料在使用中危险性的预防措施，减少了涂装作业产生废弃物对环境的影响。

通过多年的实践经验，涂装现场需做好以下安全防范，杜绝突发性危险事故的发生。

①涂料应存放在室温、通风清洁的库房中，配有自动或手动灭火器。

②在搅拌和使用涂料时，所用的搅拌器、涂料泵应有防爆、防静电功能，接地性好，集中搅拌的地方应有抽风装置。

③严禁在涂料库、涂层室内打电话，操作人员的劳保服装、鞋帽要防静电，不能穿化纤类服装及带铁钉的皮鞋。

④涂层室是溶剂挥发集聚的地方，应通风良好，且涂层室抽出的气体不能直接

排放，一些涂装线已采取将涂层室抽出的气体进入焚烧炉加热后作为固化炉热空气的一部分，有效地解决了直接排放造成的空气污染。

⑤出于对员工健康的考虑，涂层室通常配备有防护口罩、眼镜、手套，减少有毒性物质的影响。

⑥对涂装作业后的废弃物，一般采用桶装后送专业环保单位焚烧回收。

操作步骤：

①按生产任务单要求，找出对应的涂料。

②将涂料运至搅拌位置，对包装黏度涂料进行搅拌3～5min，测量其黏度，通常包装黏度较高，这时，须逐步加入少量配套稀释剂将涂料搅拌均匀，要注意不要一次加入过量稀释剂使涂料黏度过低而影响涂装，一定要逐步加入且充分搅拌15～30min。

③涂料混合均匀后，操作人员手提带手柄的涂料黏度杯插入涂料中，提起装满涂料的黏度杯，保持杯口水平，待杯口与杯中涂料液面水平、涂料从杯下端孔流出时，用秒表测量记录涂料的流完时间，涂料黏度值在工艺范围内为合格。如黏度高了，再重复上述过程；如黏度低了，则须加入包装涂料混合搅拌进行调整。

④用涂料运送装置将涂料运至涂层室，准备涂装作业。

4.2 操作涂层机

涂装作业的核心工作内容就是在涂层室完成的，通过对已搅拌的涂料由专用涂料泵抽到涂料盘中，再由转动的带料辊、涂料辊传递到带材表面即完成涂膜工作。涂层产品是多种材料的复合产品，从基板、清洗、涂装、固化涉及各种学科知识，涂层室操作涉及生产设备、涂层机配置、涂膜质量及性能要求等综合因素，直接关系到产品质量的高低，所以，高水平的涂层室操作人员需经过多年的工作经验积累和培训。

1. 涂装作业准备

铝带材涂层板因其装饰性要求较高，对涂层板表面要求高，所以对涂层室卫生要求十分严格，应做到：

(1) 设备、涂料桶、地面清洁，无灰尘、油污、杂物等。作为涂装作业的一项基本要求，涂层室内良好的卫生状况有助于保证涂装质量的稳定，减少产品缺陷的产生，这就要求涂层室要保持清洁状态，操作人员要有良好的职业习惯，每次生产前要检查室内卫生，生产后要及时清除室内脏物。

(2) 涂层室通风状况良好。一是供风清洁，最好是经过过滤处理的，以减少空气中的杂质、尘埃。二是抽风无堵塞，在室内形成良好的空气循环，不形成室内溶剂积聚，以保证安全作业。同时，许多生产厂家采用通风设施对涂层室进行温度控制。因为各地特别是冬夏季，白天、夜晚的温差较大，而涂装作业中涂层室内温度的恒定直接影响到涂料黏度的变化，一般情况而言，室内温度每变化1℃，涂料黏度就会变化3～5s，最终影响涂膜厚度和表面质量，因此，必须控制好涂层室的温度。

（3）关闭涂层室门窗。任何时候都应使涂层室处于关闭状态，一是保证室内卫生的要求，二是生产中保持室内温度相对恒定；任何人员进出涂层室都要做到随手关门。涂层室门窗一般都采用透明材料做成，以便于观察和处理室内生产和安全情况。

2. 涂层机配置

按辊子数量配置分二辊涂层和三辊涂层，按工作方式分顺涂和逆涂。

（1）顺涂和逆涂

顺涂指涂辊的转动方向与带材的运行方向在涂辊与带材接触时的方向一致，逆涂则指在接触时的方向相反。

图2-4-4为两辊顺涂，图2-4-5为两辊逆涂。

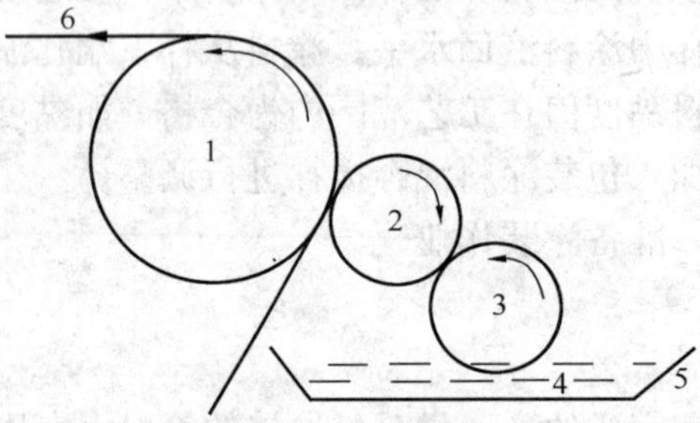

图2-4-4 两辊顺涂

1—支撑辊；2—涂辊；3—带料辊；4—涂料；5—涂料盘；6—带材

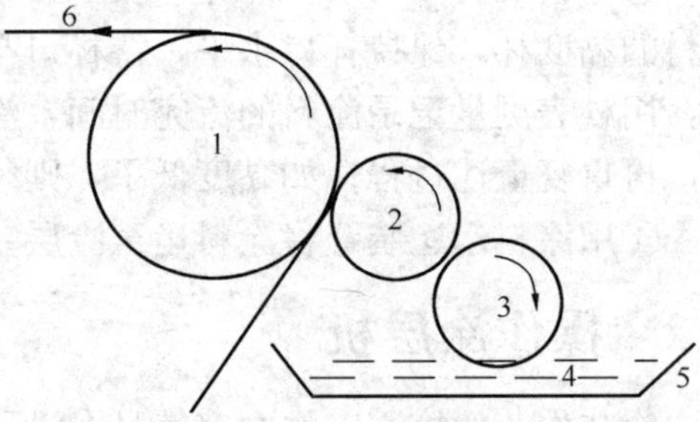

图2-4-5 两辊逆涂

1—支撑辊；2—涂辊；3—带料辊；4—涂料；5—涂料盘；6—带材

二辊逆涂的特点：

①适用于底漆、背漆及面漆膜厚较薄的涂层。

②比较顺涂，逆涂较易伤涂辊，换辊频率较高。

③涂层表面质量优于顺涂方式。

④涂膜厚度大于顺涂方式。

二辊顺涂的特点：

①适用于底漆及膜厚较厚的涂层。

②比较而言，顺涂不易伤辊。

③涂装时，涂辊易带出涂料。

④涂层表面质量不如逆涂方式。

⑤涂膜厚度小于逆涂方式。

（2）三辊涂层

三辊涂层按辊子排列方式分为三辊直线排列和三辊V型排列。图2-4-6为逆顺式三辊涂。

图示中，2、3、4 辊三辊圆心相连，呈“V”型，通称三辊“V”型排列。同样，如该三辊圆心相连为直线，就称为三辊直线排列。

三辊涂层与两辊涂层相比有以下特点：

①增加了计量辊，涂料分散更均匀。

②涂料传递比例更大，涂膜厚，适用于氟碳涂料和溶胶等高黏度的涂层。

③辊间剪切力大，对辊子损伤较大。

④辊子安装、清洗及换辊较为复杂。

⑤涂膜范围较大

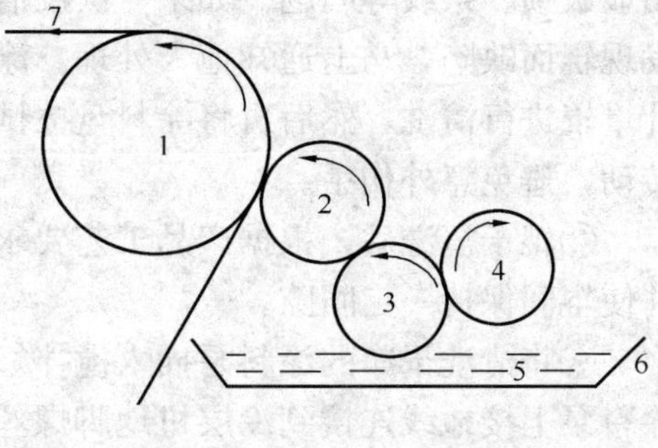

图 2-4-6 逆顺式三辊涂

(2) 安全操作须知

涂层室安全操作涉及人的安全、设备的安全、涂料的安全使用以及消防器材的配备等方面，以保证安全生产合格产品。

1) 人的安全要求

①涂装厂须制定严格的安全操作规程，要求从业人员熟悉掌握国家、行业、工厂的相关安全规定及涂料使用和消防知识，形成自觉的安全操作意识。

②工作前操作人员必须穿戴好劳保用品和防护用品。

③清洗涂辊时，涂层机必须处于清洗状态下，才能进行工作，操作人员须沿辊子转动方向逆向清洗。

④开机装涂生产前，操作人员必须将涂层机紧急（自动）停机按钮（操作杆）及火火器（系统）处于完好状态。

⑤严禁无关人员随意进入涂层室。

⑥涂层室严禁使用手机和带打火机等火种进入。

2) 设备的安全要求

①液压系统无泄漏。

②设备通风系统完好。

③电机和液压电机、吊具、照明灯等具有防火防爆功能，并正常运行。

④设备安全防护装置完好到位。

3) 涂料的安全使用

①涂层室内只能放置少量使用的涂料和稀释剂、清洗剂，不允许放置过多的涂料等。

②清洗后的废液、废布等易燃品必须装桶运出涂层室。

③涂料泵必须接地后再进行操作。

④进入涂料盘过滤网目数要选择适当，避免目数过小而爆裂。

⑤涂料及稀释剂、清洗剂溅入口、眼中须马上用清水冲洗。

4) 操作步骤

①生产前，按清洗操作模式先转动涂辊，操作人员用手将浸湿了清洗剂的布块压在涂辊一端，然后逐步向辊子另一端移动，同时，用眼、手检查辊面清洁及有无明显破损、条纹等问题。如果一次没清洗干净，则须重复做，直到清洗干净；如果发现辊面缺陷，马上通知他人处理。涂辊清洗完后，按同样方法先后转动挂料辊及计量辊进行清洗，然后再将涂料盘擦拭干净。应注意，必须将辊子设定为清洗模式转动，避免意外伤手。

②辊子清洗后，根据产品工艺要求，启动涂辊控制开关，设定辊子转动方向，并使辊间保持一定间隙。

③将清洗干净的涂料泵插入搅拌好的涂料桶中，接上压缩空气快速接头，并将涂料泵上接地线连接到涂层机地脚螺丝后，拧开涂料泵开关，将涂料缓慢泵入涂料盘，待盘中涂料液面升高接触到挂料辊时，转动挂料辊移动手柄，将带上涂料的挂料辊轻靠上涂辊。如有计量辊，则转动计量辊移动手柄，将计量辊轻靠上带上涂料的挂料辊。

④生产准备时，打开涂层室供风（或空调）和抽风，按规定要求设定供风（或空调）温度并保持温度恒定。生产中要关好涂层室门窗。

4.3 更换涂辊

涂辊作为涂装的一个重要工具，主要作用是将涂料辊涂于铝带表面形成涂料湿膜，因而，涂辊的选择、质量的高低以及涂辊的配置等因素，直接关系到产品表面涂覆质量的优劣。

1. 涂辊介绍

目前，国内涂装行业普遍采用胶涂辊和钢涂辊两种。胶涂辊主要由钢芯和胶层组成，其胶层主要采用聚氨酯（人造橡胶）材料，胶层厚度一般要求大于20mm，以保证胶层弹性及辊面磨削余量。钢涂辊主要由钢辊表面镀铬而成，表面光泽为10以上，$Ra<0.2$，表面硬度较高。

胶涂辊和钢涂辊在涂装上各有其特点，见表2-4-3。

表2-4-3 胶涂辊和钢涂辊的涂装特点

项目＼辊类	胶涂辊	钢涂辊
涂膜厚度	调整范围较大	调整范围较小，漆胶较薄
生产效率	适用于高、低速机列	适用于低速机列
漆膜表面质量	漆膜表面饱满	表面细腻易产生缺陷
使用周期	更换频次较短，易损伤	更换频次较长，不易损伤
存放条件	存放要求较高	一般存放
修复条件	磨削	镀铬
基板要求	对基板适应范围较大	对基板要求较高

（1）由于胶涂辊表面采用橡胶材料，胶层有一定的弹性范围，在涂装时与带材、带料辊的压力及间隙调整范围大于钢涂辊生产方式，因而在带材表面形成的漆膜厚度范围较大。

（2）采用胶涂辊时，带料辊可采用陶瓷辊、钢辊配置，胶涂辊涂料传递量较大，一般可适用于生产速度较快的涂装线，避免了采用钢涂辊在涂装时易产生带材边部漏涂的现象，从而提高了生产效率和成品率。

（3）胶涂辊涂装作业时，由于辊间压力较大，使涂料分散较为均匀，从而使涂装表面较为饱满，钢涂辊作业一般在生产速度较低的情况下进行，其特点是涂层表面均匀细腻。

（4）由于辊间压力较大及与金属带长期接触，胶涂辊表面较钢涂辊易损伤，导致换辊较频繁，同时，在采用胶涂辊涂装时，应安排先宽后窄的带材顺序生产，延长涂辊使用周期。

（5）由于橡胶材料的特性，胶涂辊应存放在室温环境并要定期转动，避免静态存放过久而使辊面胶层变形，从而影响使用的可能。

（6）胶涂辊表面损伤后应在涂辊磨床磨削掉表层损伤部分，这对磨削精度和辊面质量有严格要求，精度一般要求$<3\mu m$，辊面不允许有磨辊纹路、条纹等影响涂装的缺陷。钢涂辊经长期使用后，表面镀铬层也会受带材影响造成辊面损伤，需重新镀铬。

（7）涂层产品质量的高低，很大程度取决于带材板基质量，板基的板型、波浪、表面质量会对涂装作业产生重要影响，严重的缺陷会导致不能生产。相对而言，胶涂辊由于弹性范围较大、材质较软，对板基的适应能力强于钢涂辊，重要的是板基质量要适应涂层产品的要求。

2. 辊子构成

涂层机上的辊子有涂辊、挂料辊或计量辊，经过涂装后根据要求都会更换，特别是涂辊因长久接触金属带材导致损伤，更是需要更换。

原始涂辊、挂料辊、计量辊，其规格、尺寸相同，而涂辊、计量辊在三辊涂层中均是胶辊，在实际应用中互换使用，经多次磨削后，辊径逐渐减小，当胶层厚度$<10mm$时，因胶层过薄，材料连续生产的稳定性不好，通常应报废，重新刮胶。

（1）辊子配置

辊涂涂辊、挂料辊、计量辊由辊身和辊颈构成，通过辊子、辊颈固定在涂层机两侧的轴承座上，轴承座由固定螺栓、轴承盖构成。图2-4-7为两辊方式，图2-4-8为三辊方式。

（2）吊运须知

涂层室吊辊起重装置通常采用气动或手动葫芦作为起重吊具，避免电火花或静电可能造成的危险。

吊绳应采用清洁的尼龙绳或专用绳具，避免油污或脏物对涂层机的污染。

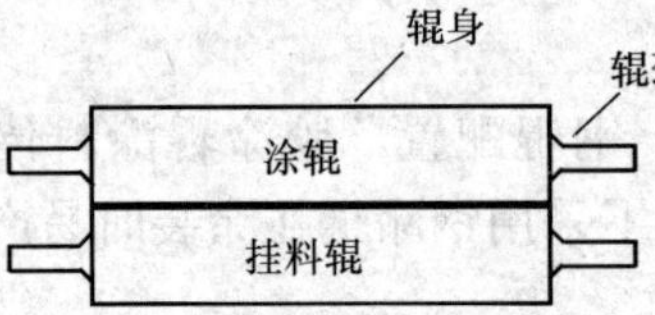

图 2-4-7 两辊方式

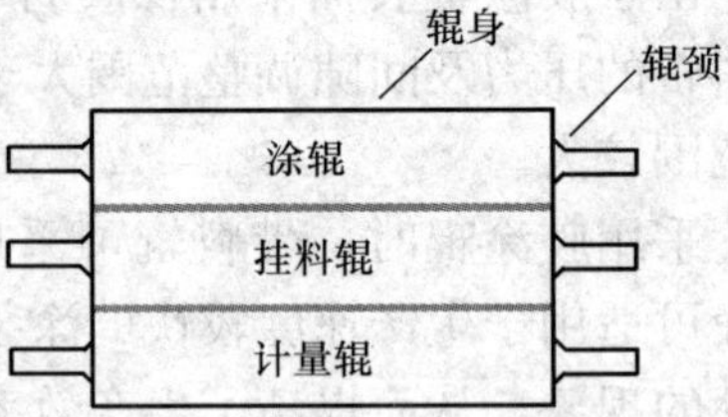

图 2-4-8 三辊方式

吊辊时，应注意平稳吊动，防止辊子在吊运中碰撞辊面而影响使用。

吊下的辊子应悬放在专用小车上，防止对辊面造成损伤。

3. 操作步骤

（1）装辊、换辊前，先将涂辊从辊子存放间存放架上用吊具将尼龙绳吊在所选辊子两端轴颈部位，吊放到专用涂辊小车上，运送至涂层机旁。旋下涂层机辊子两端轴承盖上固定螺栓，翻开轴承盖，用吊绳或其他吊具将所要吊入辊子放到轴承座上，盖上轴承盖再拧紧固定螺栓。更换好辊子后，调整辊间、辊与带材的间隙，使辊面间隙保持一致。

（2）卸辊时，转动涂层机上调整螺杆，移开辊子间距，旋下辊子上固定螺栓，翻开轴承盖，用吊绳或其他吊具将所需吊出的辊子吊放到涂辊小车上，运送到待磨削存放区域。

应注意，吊辊时，要平稳吊起辊子，避免碰伤辊面，并不要让吊具勒伤辊面。

思 考 题

1. 涂料搅拌的作用是什么？
2. 涂料黏度的测定方法是什么？
3. 两辊涂层与三辊涂层各有什么特点？
4. 为什么要保持涂层室通风良好？
5. 更换涂辊时有什么注意事项？

第5章 固 化

5.1 温度设定和检测

1. 固化炉操作规程

(1) 固化炉准备作业程序

1) 打开废热锅炉底部排放阀，排污水10min。

2) 打开天然气阀，观察天然气表上读数正常。

3) 打开蒸汽阀，观察锅炉水位计显示正常。

4) 打开水急冷的压缩空气，检查水急冷水箱水位正常。

5) 启动炉子控制柜上的主排风机，涂层室供气风机，炉子供气风机，初、精涂循环风机，干燥炉供气风机。

(2) 固化炉开机作业程序

1) 点燃烧嘴。

2) 在计算机上按“ALT-F1”进入主菜单，选择备用方案。

3) 当焚烧炉预热到80℃时，点燃焚烧炉1#、2#烧嘴。

4) 焚烧炉温度高于300℃时，“ALT-F4”进入生产状态，并按“ALT-D”进入生产方案。

5) 根据产品规格、工艺段速度以及所涂涂料的PMT，按固化炉各区温度控制参数表中的规定设置各区温度。

6) 待干燥炉、固化炉温度达到工艺要求的温度时，通知相关岗位进行生产。

7) 设定水急冷的压力及流量，确保带材温度低于50℃。

8) 生产过程中，操作人员要随时观察设备运行情况及各区温度的变化情况，要特别注意废热锅炉的水位、水急冷水位和炉内气流平衡情况，如有异常，应立即通知维护人员和技术人员处理。

9) 当出现任何报警情况，必须立即处理，不得延误。

10) 废热锅炉每运行4h，工作人员应观察孔里的水位是否正常，每运行6h，其底部排放阀应打开大约20s。

(3) 固化炉关机作业程序

1) 生产完后，先退出生产状态。按“ALT-F1”进入主菜单，选择关机方案。按“ALT-D”退出生产方案。

2) 当焚烧炉的设定温度下降到300℃时，关闭焚烧炉烧嘴。

3）当固化炉各区温度下降到200℃以下时，关闭空气吹扫风机、排气风机、稀释空气风机。

4）当固化炉各区温度下降到100℃以下时，关闭各区循环风机。

5）当所有的循环风机都停止后，关掉S、A、S主控制柜上的烧嘴。

6）在炉子所有循环风机都关掉后，保持主排风机运转4h后才能停止。

7）涂层室的供气风机和排气风机应一直保持运转，以提供涂层室的通风。

8）在炉子冷却过程中，不能打开炉门。

9）认真填写生产卡片、生产记录和交接班记录，如实记载生产中出现的问题。

2. 固化炉点火升温和关闭操作

分别启动初、精涂炉的烧嘴按钮进行点火升温，并在计算机上输入各区的设定温度以及风门的大小。

3. 在计算机上录入工艺参数

在计算机上录入固化炉每个区的温度设定值、供气风机风门开启数值、稀释风机风门开启数值以及焚烧炉的相关数据。固化炉的数据录入显示屏幕如图2-5-1所示。

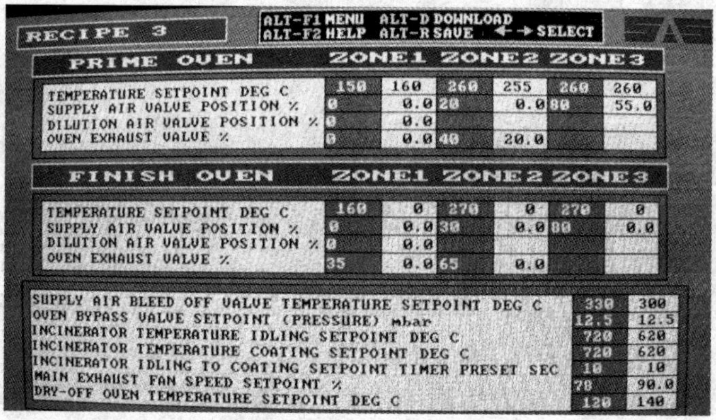

图2-5-1 固化炉的数据录入显示屏幕

4. 带材温度的测量方法

带材温度的测量方法通常有炉温跟踪仪、红外线测温仪和测温纸等。炉温跟踪仪可以准确测量带材在炉内的温度变化情况以及炉内气体的温度变化，通过软件处理可以得出炉温跟踪曲线。炉温跟踪仪虽然准确，但价格昂贵、操作复杂，一般在对固化炉校正时采用。红外线测温仪操作方便，价格适中，随时可以测量带材的温度。但它不能检测带材的PMT（金属的峰值温度），因为带材在炉里无法进行测量，它可以测量进炉口或出炉口带材的温度以及置于炉外带材的温度，如带材经风冷或水冷后的温度等。测温纸在生产中比较常用，操作方便、成本低。它可以测量带材在炉内的最高温度，可选择测量带材左中右位置的温度。但测温纸不能精确测量带材的温度，一般是一个温度区间值，如224～234℃或241～249℃。

5. 选择测温纸测量带材温度

测温纸有不同的型号，如图2-5-2所示，根据不同的测量温度范围进行划分。如“THERMAX®”测温纸的型号有E、H、I等，其中E型的温度范围为204～260℃；H型的温度范围为216～249℃；I型的温度范围为249～290℃。测量方法：根据涂料的PMT选择相应的测温纸型号，如氟碳涂料的PMT为214～249℃，可以选择“THERMAX®”测温纸的E型号，然后撕下一条测温纸贴在带材上，带材通过固化炉，测温纸出炉后即可读数，观察测温纸变黑的最高位置对应的温度值，即为带材的最高温度（PMT）。图2-5-2为不同型号的测温纸。

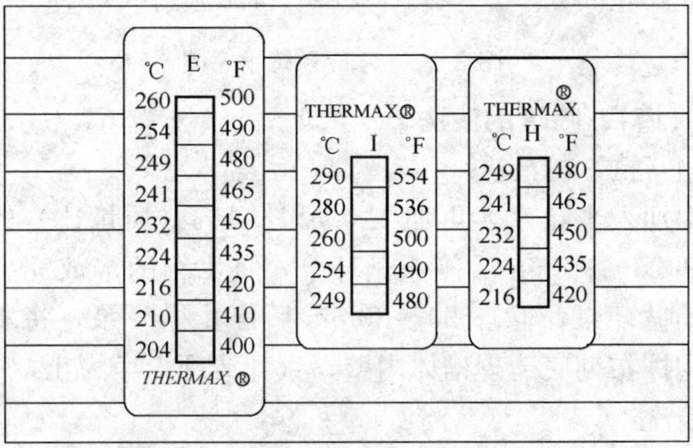

图2 5 2 不同型号的测温纸

思 考 题

1. 熟悉固化炉的点火升温和关闭操作。
2. 带材温度测量有哪些方法？
3. 怎样用测温纸测量带材温度？

5.2 冷却处理

1. 冷却系统的操作方法

冷却系统包括空气冷却系统和水冷系统，其目的是将固化炉出来的带材温度冷却到50℃以下，使涂膜冷却、变硬、成型，不致于产生压斑、粘连、划伤、掉漆等表面缺陷。当带材厚度小于0.3mm时，可以单独使用空气冷却系统，即可将带材温度降至50℃以下；带材厚度大于0.3mm时，通常情况下先使用空气冷却系统，把带材温度降至150℃左右，再使用水冷系统将带材温度降至50℃以下。

（1）空气冷却系统

空气冷却系统包括风扇或风机以及风道等设施，通过风机将车间的空气直接或通过风嘴吹在带材上，起散热降温作用。

（2）水冷系统

水冷系统包括循环泵、热交换器、喷淋杆及管路等设施。循环泵将蓄水箱的水通过热交换器泵入喷淋箱，将水直接喷淋到带材上降低带材温度。图 2-5-3 为水冷系统示意图。

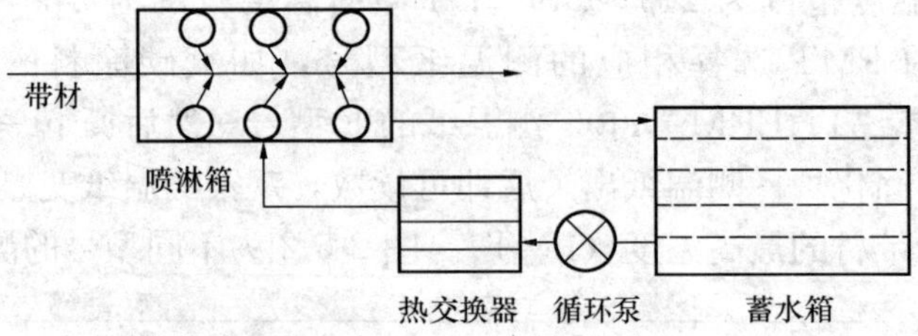

图 2-5-3 水冷系统示意图

2. 水急冷箱（槽）、喷嘴的清洗

（1）水急冷箱（槽）的清洗

先往蓄水箱中加入半箱水，再加入 0.5%～1%（质量比）的碱液，启动水急冷箱循环泵，循环 20～30min 后停止循环泵，将水箱的水放完。另外加入半箱去离子水，再次启动循环泵，循环 20～30min 后停止循环泵，将水箱的水放完。然后，人进入槽体用抹布彻底清理槽体内壁，直到清理干净为止。

（2）喷嘴的清洗

将每根喷淋杆取下清洗，取下每个喷嘴逐个清洗，同时用自来水冲洗喷淋杆。清洗完毕后将喷嘴安好并调节喷嘴方向。确认后将喷淋杆安装回喷淋箱。

思 考 题

1. 掌握冷却系统的操作方法。
2. 能对水急冷箱（槽）、喷嘴进行清洗。

5.3 废热锅炉使用

1. 废热锅炉的用途

废热锅炉的主要用途：一方面利用焚烧炉燃烧涂料溶剂产生的热量加热锅炉，锅炉产生的蒸汽输送到预处理段，加热槽液温度，节约能源。另一方面吸收焚烧炉的余热。

2. 废热锅炉用水的要求

锅炉的水处理是保证锅炉安全、经济运行的重要环节，是防止锅炉事故、节约燃料和促进生产的重要措施。

在天然水中通常含有三种杂质：悬浮杂质（泥沙、油污等）、胶体杂质（铁、铝、硅的氢氧化物等）及溶解杂质（溶解气体和溶解盐类等）。这些杂质可以使锅炉产生水垢和水渣，腐蚀锅炉的金属表面，引起锅水发泡、汽水共腾、蒸汽带水、污染蒸汽，有时还可使过热器沉盐结垢，造成过热爆管。特别是水垢的形成，不但浪费燃烧，损坏受热面，还能破坏水循环，缩短锅炉的使用寿命。在锅炉中形成水垢的原因是水在加热过程中，某些钙、镁盐发生化学反应生成难溶物质析出；且这些钙、镁盐的溶解度随水温升高而下降，达到饱和浓度后析出；锅水不断蒸发浓缩后，难溶盐类形成沉淀。

水质指标是表示水的质量好坏的技术指标，根据用水要求和杂质的特性制定。锅炉用水的水质指标主要有：

悬浮物：在规定的试验条件下，将水过滤分离得到的不溶于水的物质的含量。

含盐量：溶于水中全部盐类的总含量；常用溶解固形物的总量代替。

硬度：水中溶解的钙镁盐的总含量。硬度又有暂时硬度和永久硬度之分。暂时硬度是水中钙镁的重碳酸盐含量。永久硬度是水中非碳酸盐硬度，包括钙、镁的硫酸盐和氯化物等。

pH 值：水中氢离子含量的负对数。

碱度：水中由于离解或者水解而使氢氧根浓度增加的物质总含量。

相对碱度：锅水中所含氢氧根碱度与含盐量的比值。

工业上根据硬度将水分为软水（硬度在 8 度以下的水，每升水中含 10mg 的氧化钙为 1 度）、中等硬水（硬度在 8～16 之间）、硬水（硬度在 16～28 之间）和超硬水（硬度大于 28 度）四类。

水质标准是水质指标要求达到的合格范围，由锅炉蒸发量、工作压力、蒸汽温度、水处理工艺等多方面情况制定。

3. 锅炉安全知识

（1）锅炉安全管理制度

1）常压热水锅炉的使用单位要遵守《小型和常压热水锅炉安全监察规定》，建立健全锅炉房的各项规章制度，指定锅炉房专（兼）职负责人进行管理。

2）接班前按规定巡视检查各种设备，包括：水位表、压力表、温度计等运行情况，交接班时要核对运行记录、清点用具并详细了解锅炉运行情况。

3）严格执行各项规章制度，认真学习锅炉有关方面的专业知识，不断提高水平，确保锅炉安全经济运行。

4）使用锅炉单位要配备专职或兼职锅炉安全管理人员，管理人员要经过考核，取得“锅炉管理人员资格证书”，方能从事锅炉管理工作。

5）接班人员按规定班次和规定时间提前到锅炉房做好接班准备工作，并了解锅炉运行情况。

6）交接班者提前做好准备工作，进行认真全面的检查和调查，保持锅炉正常。

7）交接班时，如果接班人员没有到达现场，交班人员不得离开工作岗位。

8）交班人员应向接班人员介绍设备运行、水质化验和锅炉排污等方面有关问题，没有办理交接手续，交接人员不得离开工作岗位。

（2）设备维护保养制度

1）锅炉安装前，使用单位应写出申请报告，持锅炉有关资料到当地质量技术监督局办理安全审批手续，未经许可，不得施工。

2）应由具有锅炉安装资格的单位进行锅炉安装、修理和改造。锅炉安装必须接受当地锅炉安全检查部门的监督，经验收合格后，由当地质量技术监督局发给使用登记证，方可使用。

3）为确保锅炉安全运行，延长其使用寿命，必须坚持每天对锅炉、管道和附属设备进行日常维护、保养和检修。

4）常压热水锅炉投入使用后，使用单位不得擅自改变锅炉结构、阀门和管路系统。

5）锅炉设备是在不停炉的状况下进行经常性的保养，运行的常压锅炉实行定期内外部检验。

6）跑、冒、滴、漏的阀门要及时检修或更换。

7）锅炉运行时保持锅炉本体清洁，无污垢、渗漏，无锈和腐蚀，认真详细地填写设备维修保养记录。

（3）锅炉房安全、卫生制度

1）锅炉房是使用锅炉单位的要害部门之一，除锅炉房工作人员、有关领导及安全、保卫、生产管理人员外，其他人员未经许可不准入内。

2）当班人员要坚守岗位，提高警惕，严格执行安全技术操作规程。

3）禁止锅炉房存放易燃易爆或其他杂物，所需装用少量润滑油、清洗油的油桶和油壶，要存放在指定地点，并注意检查燃烧中是否有爆炸物。

4）锅炉在运行或压火期间，房门不许锁住或拴住，压火期间要有人监视。

5）锅炉房要配有灭火器材，认真管理，不要随便移动或挪为他用。

6）锅炉房地面、墙壁、门窗经常保持清洁卫生。

4. 供、排水阀等阀门的操作

阀门是安装在锅炉及其管路上，用以控制和调节水系统的附件。

（1）给水阀

主要是用来调节锅炉给水流量和切断给水通路。常用的给水阀有闸阀和截止阀两种。给水阀应装在便于操作的地方。

（2）排水阀

热水锅炉每一个回路的最高处及锅筒最高处或出水管上都应装设公称直径不小于 20mm 的排水阀。

（3）安全阀

安全阀是锅炉三大安全附件（安全阀、压力表、水位表）之一，其作用是保证锅炉排水时，由人工抬起，以排除或吸入空气。蒸汽锅炉采用全启式安全阀，热水锅炉既可采用全启式又可采用微启式安全阀，在一定工作压力下安全运行。如果锅炉超过允许规定时，安全阀一方面产生较大声响，引起操作人员警觉，及时采取措施，另一方面起排气、减压作用，使锅炉压力迅速降低，保证锅炉安全。同时，锅炉在没有空气阀的情况下，安全阀可在冷炉进水时生火及无压排水时由人工抬起，以排除或吸入空气。

（4）排污及放水装置

锅筒及每个回路下集箱的最低处都应装设排污阀或放水阀。排污阀或放水阀宜采用闸阀或直流式截止阀。

5. 锅炉水位观察

锅炉水位是通过观察水位表里水的位置所对应的读数，一般规定有最高水位和最低水位，若水位达到或高于最高水位时应停止供水，水位低于最低水位时应及时给锅炉加水。

水位表是锅炉主要安全附件之一，是利用液体连通各部位水面均在同一平面上的原理，监视锅筒（或锅壳）内水位的一种安全装置。通过水位表显示水位的高低，以指示锅炉内水面的位置，司炉人员依此进行正确操作，保证锅炉安全运转。

中小型锅炉常用的水位表有玻璃管式水位表和玻璃板式水位表两种。

玻璃管式水位表，由气旋塞，接气连管的法兰、玻璃管，接水连管法兰、水旋塞、放水旋塞和放水管构成。玻璃管是用耐热玻璃制作，公称直径通常有 15mm 和 20mm 两种，一般使用于工作压力小于 1.25MPa 的小型锅炉上。

玻璃板式水位表，它与玻璃管式水位表的不同点在于由玻璃板代替了玻璃管，并具有安装玻璃板的金属框盒和压盖，平板玻璃嵌在金属框盒中，玻璃板与框盒之间垫有石棉橡胶板，同时用螺钉将压盖紧压在框盒中，使框盒、玻璃板、压盖三者严密配合不漏气。平板玻璃表面开有垂直的三棱形沟槽，由于光线在沟槽内的折射作用，水位表的蒸汽部分便显示银白色，而有水的部分则颜色阴暗，使气、水分界线非常明显。此种水位表应用广泛。

思 考 题

1. 废热锅炉的用途是什么？
2. 废热锅炉的水质要求有哪些？
3. 熟悉废热锅炉各供、排水等阀门的操作。

第6章　收　　卷

收卷就是把被涂层后的带材卷取或卷绕成卷的过程。收卷主要是通过涂层生产线上的卷取机和助卷器来完成。收卷的方式一般为手动助卷和机械助卷。

6.1　卸卷的操作过程

根据生产卡片要求准备好所需的纸芯、钢芯，并检查其表面是否光滑，将准备好的纸芯、钢芯套在卷取机上，将料头用透明及双面粘胶带贴在纸芯和钢芯上，随着出口段的运转，操作人员把卷取小车移到卷取机心轴下方的位置上等候卸卷。当卷材缝合头接近出口段时，卷取机将会自动降低速度，缝合头继续运转到出口剪时出口段和卷取机将会自动停机，这时出口段的带材会自动储存在出口活套塔中，保证涂层生产线工艺段的正常运行，这时操作人员要做到卸卷迅速，活套塔充满后将会造成生产线停车。操作手将剪刀调到单循环并操作剪切按钮，剪切缝合头，操作手点动卷取机向前转动，直到所有带材卷在卷取机上。用胶带粘住带卷并升起卷材小车托起卷材，操作手就按下自动卸卷按钮，卷取小车自动将其移出到卷材的卸台处。卸完卷后，操作手必须按要求对卷材的规格、批号、颜色、品种等相关内容进行标志。

图 2-6-1　卷取机操作台

6.2　套筒的装卸

当卷取机停止运转，为了将空套筒送到卷轴上，缩小卷轴，卷材小车移到卸台区域，下降小车接纳套筒，当空套筒滚上卸台支臂时，升起卷材小车拖起套筒送入卷轴上并涨大卷轴。套筒装卸完毕后，操作人员应对套筒表面的脏物进行清理，避免污染涂层表面和产生印痕。一般套筒的规格为：$\phi605$、$\phi505$，可根据不同的产品结构进行选择。

思　考　题

收卷的方式有哪些？

第 7 章　氧化上色制品装卸挂

7.1　氧化上色制品装挂

1. 制品装挂方法

（1）氧化上色制品装挂方法

装挂是把待氧化上色制品按工艺要求固定或编排在挂具、导电杆上，使制品能顺利进行氧化上色工艺操作。在铝及铝合金氧化上色工艺中，制品装挂对产品质量有着较大的影响，装挂方法不当会使制品发生脱落、电灼伤、气滞、氧化膜厚度不均匀、色差等，达不到预期的氧化上色效果。由于在阳极氧化过程中要进行通电处理，所以制品装挂的基本要求是牢固并且导电接触良好。装挂方法要根据制品形状以及氧化上色具体目的而定，对于体积较小、数量多、质量要求不高的制品，如铝灯头、铆钉等，可以采用筐篮与桶式阳极氧化法（见图 2-7-1），即小零件直接装入带孔的筐篮或桶中作为阳极进行阳极氧化，导电杆插入制品中间，相互接触形成导电通路，也可以把筐篮或桶直接与电源正极相接。有利用挂具材料的弹性或制品自身的弹性进行装挂的，如瓶盖，这种方法主要的优点是能把电接触点选择在制品的非装饰面上，以保证其装饰性外观（见图 2-7-2）。

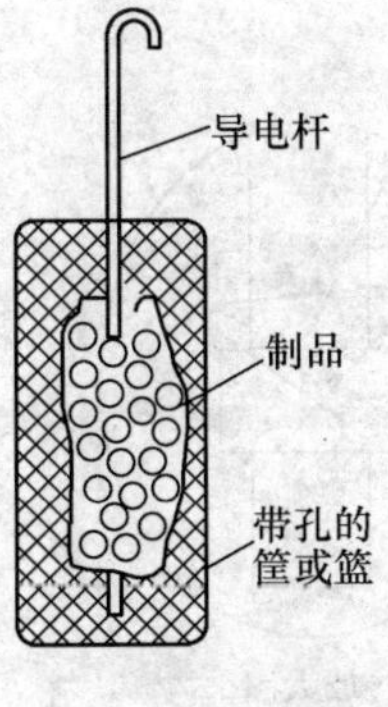

图 2-7-1　筐篮式

还有直接用螺栓紧固的方法装挂，如铝板片或加工有螺丝孔的零件，见图2-7-3。

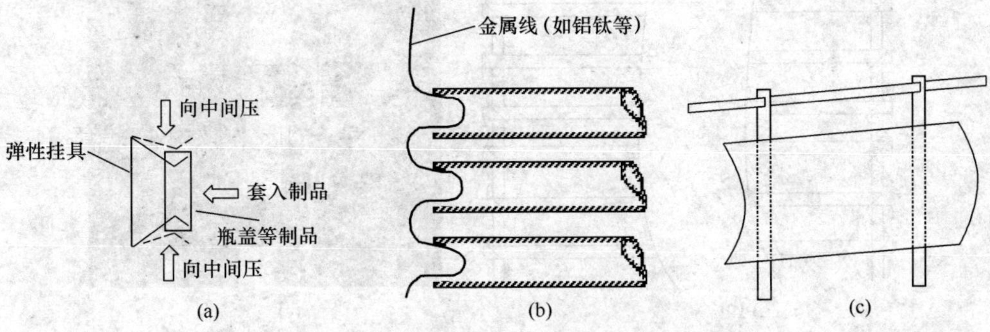

图 2-7-2　弹性装挂

（a）弹性挂具；（b）弹性金属线；（c）制品自身弹性

建筑铝型材氧化上色一般用专用夹具夹持或铝丝、铝带捆扎等方法装挂（见图 2-7-4）。

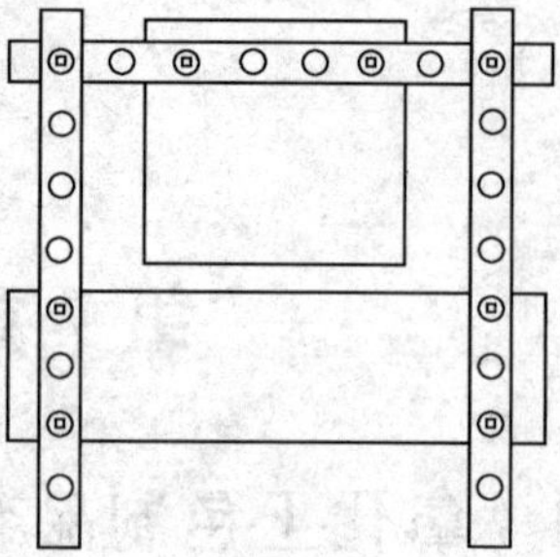

图 2-7-3 用铝制螺丝紧固制品

制品应均匀装挂在导电杆上，当用铝丝捆扎制品时，还需用刚性垫片对料挂进行加固，或用钳子把铝丝拧紧，以保证导电良好。对容易弯曲变形的较长制品，应在其中部加衬，以保证制品不变形，不脱落。制品与导电杆接触的点作为电流的通路，在阳极氧化过程中不能产生氧化膜，也无法上色，若经历酸、碱清洗，接触点周围的狭小缝隙内还会残留碱渣等污物，所以装挂制品时，要尽量将导电接触点选择在制品边角、内腔等

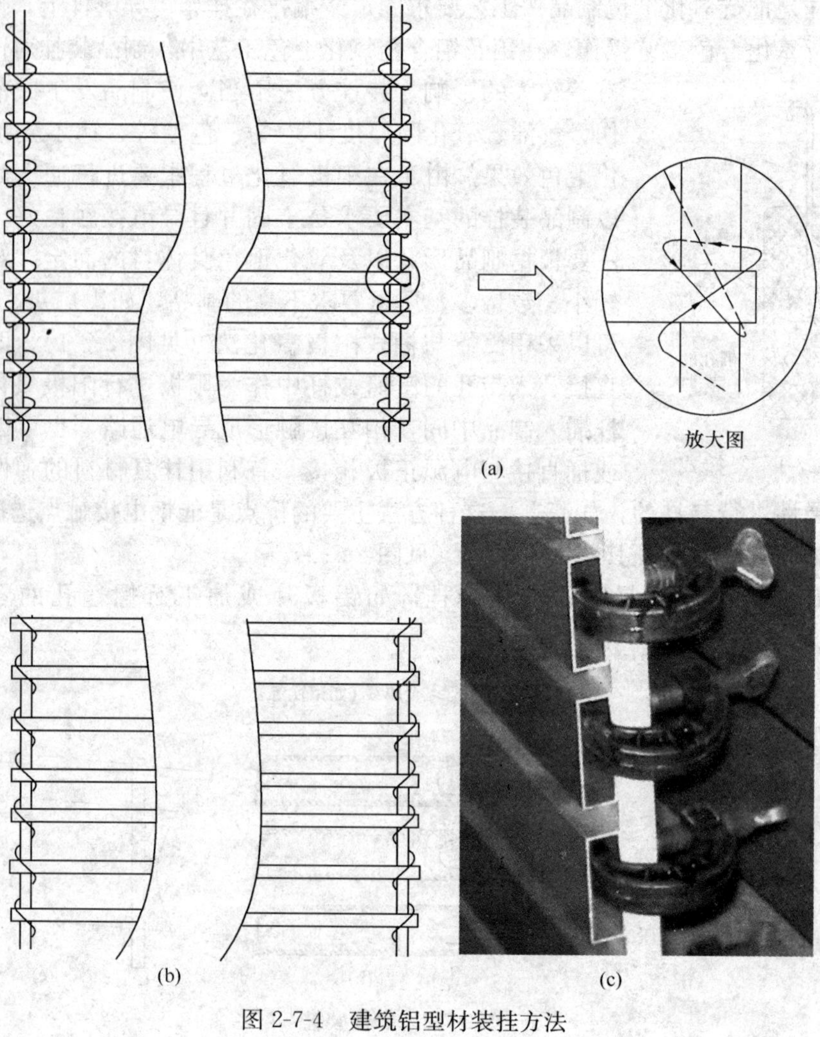

图 2-7-4 建筑铝型材装挂方法

（a）十字形捆扎；（b）单线捆扎；（c）夹具夹持

外观质量要求不高的地方。在经历阳极氧化后，导电杆上也会生成氧化膜，使导电接触点的电阻大大升高，再次装挂使用前必须对导电接触点进行处理。因为阳极氧化是低电压高电流的工作方式，过高的电阻会消耗电流在接触点发热，减少了用于生成氧化膜的电流，氧化质量受到影响。用化学清洗的办法可以把导电杆上的氧化膜清洗掉，比如铝型材氧化中所用的铝制导电杆，浸入碱洗脱膜槽就能洗掉氧化膜；还可以用物理打磨的方法除去氧化膜，如用粗锉刀、钢丝刷、角向磨光机等工具打磨电接触点。要求打磨后的表面完全露出金属光亮，也可用电池和小电珠组成测验回路，根据电珠能否正常发光判断打磨后的效果。

导电通路中其他接触点也需要打磨，以降低电阻，提高电流效率。与整流器输出端连接的母线、汇流排等线路中，如果有机械连接的地方在安装时必须打磨干净，去除接触点处金属氧化层，涂抹导电膏，再紧固螺丝。氧化槽的导电端子到制品之间的导电通路，因装挂方式不同，电接触点的数量也不同。对于小零件的氧化，制品直接就接在端子上，对于大型工件如建筑型材，制品先与导电杆接触，导电杆再固定在导电梁上，导电梁再从槽的端子上获取电流。这些接触点在生产中经常变动、磨损，所以在生产中必须经常性打磨。

导电膏又称电力负荷脂，稳定性较好，能导电，耐酸碱，耐腐蚀，耐潮湿。在导体接触面上，即使螺栓连接很紧固，也会存在肉眼根本无法看到的“坑”，这些坑的存在产生了间隙，会阻碍电流的通过。而导电膏则可以消除这种间隙，改善连接点接触面的导电性能，增大接触面积，使接触更加紧密。导电膏对连接点处还可以起到散热和油封作用，减少空气氧化和腐蚀性气体、尘埃、水分对导电体的腐蚀，因此在电气设备连接点处，尽可能涂抹使用导电膏。涂抹导电膏前，要对导电体连接部位进行打磨清除氧化层及油污，然后用无水酒精擦洗、晾干。用干净毛刷将导电膏均匀涂抹在导电体连接的两个接触面上，只需薄薄一层，太厚了反而增大电阻。紧固螺丝使两个接触面紧密接触。阳极氧化槽的汇流排或母线在接头处就需要涂抹导电膏。

(2) 电泳制品装挂方法

电泳制品装挂方法与阳极氧化基本相同，但由于电泳后，导电杆上也会生成电泳膜，经固化处理的电泳漆膜在碱洗、中和、阳极氧化等工序均难以去除，使导电杆的电接触点处于不导电状态，再次装挂使用前必须对导电接触点进行处理。去除该层漆膜可以用化学清洗法和物理打磨法。化学清洗法常用的有：用有机溶剂溶解去除和用浓硫酸浸泡去除；物理打磨的方法与除去氧化膜的方法一致，可用粗锉刀、钢丝刷、角向磨光机等工具打磨电接触点至导电良好为止。

装挂工序有如下质量要求：

1）装挂前，根据生产计划要求准备好足够数量的工件，工件的力学性能、尺寸公差、表面质量等应经检验合格。

2）装挂前，应检查料挂的导电杆与导电梁螺丝连接是否紧固，导电杆截面是否过细及弯曲度是否过大，装挂前须先清除导电杆表面的电泳漆膜及氧化膜。

3）装挂时，应根据工件规格，确定每挂合适的装挂根数。

4）严格按工艺要求上料，操作时不磕碰，装挂时应开口朝下，并注意倾斜度。

5）装挂时，应尽量把相同或相近尺寸的型材装在同一挂上，工件间应保持均匀的间距。

6）装挂时，必须两人抬料，以防止磕碰发生局部硬弯和表面划伤。

7）装挂后应仔细检查，工件间不应相互接触，保证工件在处理时不露出液面，避免距离太近或接触。

8）认真填写上料工艺卡片，做到记录齐全、清晰，数据反映真实。

阳极电泳涂料是国外于20世纪60年代投入工业应用的涂料新品种。成膜物质是带羧基的阴离子型聚合物，用碱性物质中和而赋予其离子性和水溶性而分散于水中，常用的中和剂主要为有机胺及无机碱。电泳涂膜的成膜经过电泳、电解、电沉积、电渗四个过程，在铝合金表面形成含水率极低、绝缘性相当高的致密涂膜。

阳极电泳涂料的特点为：涂膜均匀、光滑、平整。附着力强；在棱边、焊缝、凹槽等不规则处都可形成均匀的涂膜，防腐蚀性能好；槽液固体成分含量低，槽液黏性小，工件表面带出漆液量少，涂料的利用率高；涂料以水作为分散介质，节约资源，降低环境污染，消除了发生火灾的危险性，改善了作业环境；涂料涂覆率高，特别适合大批量流水线作业。

阳极电泳涂料的好坏主要取决于涂料的稳定性、涂料的泳透力和库仑效率、涂膜的性能这三大方面，从这三个方面可以综合评判阳极电泳涂料性能的优劣。涂料的稳定性包括原漆储存稳定性、槽液存放稳定性及槽液连续使用的稳定性。阳极电泳涂料的泳透力是指在阳极工件的内表面、凹面及缝隙内等背离或远离阴极的部位上电沉积时涂料的涂覆能力，泳透力的好坏直接影响到这些部位的防腐性能。泳透力与涂料中树脂的品种、树脂的交联程度及涂料的配方有关，同时亦跟电沉积电压、电沉积时间相关。若电泳涂料的破坏电压高，工件电压可相应进行提高，从而使其泳透力升高。库仑效率是指电泳涂料在电沉积时消耗单位电量能够沉积析出的涂膜当量，它表征涂料沉积时的电流效率或能量消耗水平，一般阳极电泳涂料的库仑效率为每库仑15～20mg。电泳涂料涂膜的性能除了要求涂膜厚薄均匀、光滑平整、与基材结合力好、耐磨等基本特性外，更主要的是要求有一定的防腐蚀性能，其防腐蚀性受到树脂特性和电泳特性的影响。

阳极电泳涂料按照其树脂种类的不同可分为马来化油及马来化油改性阳极电泳涂料、醇酸阳极电泳涂料、环氧脂阳极电泳涂料、纯酚醛树脂阳极电泳涂料、聚丁二烯阳极电泳涂料和丙烯酸阳极电泳涂料等。

1）马来化油及改性马来化油阳极电泳涂料。马来化油电泳涂料的基料是马来化油与马来酸酐热加合而赋予其水溶性。这类涂料的涂膜较软，耐水性和耐腐蚀性差，需要用环氧树脂、酚醛树脂等进行改性，或用不饱和单体来改性。通过改性的马来化油其涂膜的耐腐蚀性和泳透力得到提高，而耐溶剂性有所下降，并且高温烘烤时容易发黄，涂膜必须在150℃烘烤1h。

2）醇酸阳极电泳涂料。醇酸阳极电泳涂料有铁红醇酸电泳涂料，商品名称为3020。由于其脂链的耐碱性能差，储存稳定性差、槽液的使用寿命亦很短，只有10d左右，且泳透力低，电解剧烈，气泡多，涂膜的表面粗糙并且有针孔等缺陷，导致其防腐蚀性能差，目前这类涂料很少使用。

3）环氧脂阳极电泳涂料。环氧脂阳极电泳涂料是环氧树脂和不饱和油酸脂化形成环氧脂，再与马来酸酐加合而接上羧基，经胺中和后而赋予其水溶性。这样制得的涂料其泳透力较低，为了提高其泳透力，需把基料中的酸酐再与环氧树脂部分脂化。该类涂料的定型产品有H08-1、H08-2环氧脂阳极电泳涂料，其涂膜的耐腐蚀性较佳，但耐候性差，不宜用于户外产品。

4）纯酚醛树脂阳极电泳涂料。该类涂料的槽液稳定性及电沉积性良好，涂膜平整光滑，但耐蚀性能有限。

5）聚丁二烯阳极电泳涂料。这种涂料是由聚丁二烯树脂和马来酸酐加合并经碱中和而具有水溶性。有较高的泳透力，有较强的耐腐蚀性，价格低廉，因而获得较广泛的应用。它作为第二代阳极电泳涂料已代替第一代的马来化油、环氧脂及酚醛树脂阳极电泳涂料。其涂膜通过氧化聚合交联，干燥速度快，但涂膜易泛黄，一般作为底漆应用。

6）丙烯酸阳极电泳涂料。这类涂料的基料是由甲基丙烯酸脂、含梭基丙烯酸脂和丙烯酸单体共聚形成相对分子质量大、相对分子质量分布范围窄的带羟基和羧基的树脂。用水溶性适宜的氨基树脂作交联剂，在电泳涂装时，能按比例沉积析出，在烘干固化时丙烯酸的羟基与氨基树脂交联，形成耐候性能和防腐蚀性能优良的电泳涂膜，这类涂料作为清漆时，涂膜无色透明，亦可配制成白色漆或色漆，可用于铝合金材料表面的装饰和保护，目前在建筑铝合金型材表面处理上获得大量的应用。建筑铝型材丙烯酸阳极电泳涂装部分工艺参数及涂层的主要性能指标见《铝合金建筑型材　第3部分：电泳涂漆型材》（GB 5237.3—2008）。

2. 制品的型号规格和标志规定

在表面处理工厂，需要氧化上色的制品在种类、合金状态、规格等方面都不相同，所执行的标准和对氧化上色的质量要求也不相同。如建筑型材，每个工厂都有成百上千种规格，用户和产品标准的要求也有所差异。为避免加工错误，制品必须有明确的标志才能在工序间流转，通常使用挂标牌的形式对制品进行标志，标志上最起码要注明制品的规格和批号。操作人员在制品装挂前要认真识别待氧化上色制品的标志，核对作业要求卡片（通知单）与制品标志的规格、批号是否一致。确认无误后，按照作业要求卡片（通知单）的具体要求或相关规程选择辅助材料、电接触点位置、装挂方法等进行装挂。

3. 工艺随行卡的填写要求

工艺随行卡是制品氧化上色加工的指令性文件，应具有计划任务量、产品技术标准、作业要求等内容。卡片与制品应同步在各工序流转，使操作人员能从卡片上读取计划指令并按要求操作。根据质量的可追溯性原则，只要制品经过的工序就必须在工艺随行卡上填写相应内容，作为质量记录，填写的各项内容必须字迹清晰、工整、规范，不能乱写、乱涂，所填写的内容需要改正时，不能涂改，只能杠改，即将原来错误的内容打“/”，再在其旁边写上正确的内容。若是指令性内容更改时，必须签改动者的名字和改动日期。氧化上色各工序的操作人员，在工艺随行卡上记录实际生产情况，要填入工艺随行卡的内容一般为生产统计数据和工艺质量数据。生产统计数据包括：装卸挂的班次、挂数、面积、重量、支数等。工艺质量数据包括各处理工序的实际工艺参数以及所发生的质量问题记录。氧化上色工序要记录的有槽液温度、处理时间、电压、电流、时间等工艺参数；电泳工序则需在工艺随行卡上填写电泳槽的槽液温度、槽液、电泳时间、电压以及固化温度、时间等工艺参数。各工序人员还应将本工序加工过程中所发现的不合格制品的数量及原因记录到工艺随行卡上，以便于成品率的分析、统计及质量问题的追踪和处理。

思 考 题

1. 氧化上色制品装挂的基本要求是什么？
2. 常用制品装挂的方法有哪些？
3. 为什么要打磨电接触点？
4. 制品的标志有什么作用？
5. 工艺随行卡片有什么填写要求？

7.2 氧化上色制品卸挂与包装

1. 制品卸挂、包装方法

（1）氧化上色制品的卸挂、包装

卸挂是指拆除装挂制品时所用的辅助材料，把制品从导电杆上取下的过程。卸挂顺序一般是与装挂顺序相反。制品卸挂后应整齐摆放在无腐蚀性的干燥环境中。经检查合格的制品要进行包装，包装目的是避免制品在储存、搬运、运输过程中，发生腐蚀、磕碰伤、摩擦伤、污染等损坏氧化膜的情况，确保制品的使用寿命。阳极氧化膜的主要成分是Al_2O_3，具有很高的硬度和耐磨性，但制品之间发生较重的碰撞或持续的摩擦，氧化膜仍然容易被损伤，尤其是在长途运输过程中，若防护措施不当，制品之间发生反复摩擦，摩擦处的氧化膜会起粉脱落，严重时会伤及金属基底。正确的包装方法能杜绝制品间的摩擦，比如用柔软的材料对制品进行隔垫。在建筑铝型材的生产中，制品应按规格、批次进行包装，制品的包装过程由贴膜、叠垛、缠纸三个程序构成。首先在制品的装饰面（平面）上贴尺寸适合的 PE、

PVC 保护膜，或者在相互接触的装饰面之间垫纸（若能保证制品捆包不松动，不发生摩擦，也可以不贴 PE 保护膜，目前国内大部分氧化上色制品没有选择贴膜），然后把多支制品根据结构特点进行叠垛，叠垛出的形状要求结构稳定，一般接近正方形的叠垛较为稳定，如图 2-7-5 所示。

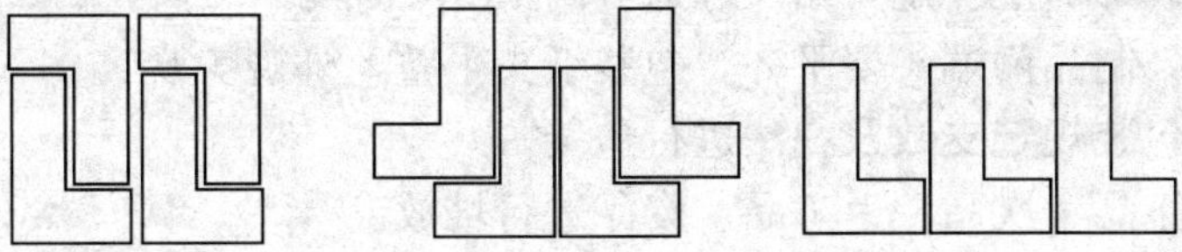

(a)　(b)

图 2-7-5　制品叠垛结构示意图

（a）稳固的叠垛形状；（b）不稳固的叠垛形状

叠垛好的制品再用包装机进行缠纸，包装机要调整好缠纸速度与制品输送速度及包装纸的张力，保证包装纸能均匀地缠绕在制品上并捆紧制品。当制品是单支叠垛时，也可以用人工方式进行缠纸。包装好的制品应按规格、批号、长度、用户等类别整齐堆码，每捆包装好的制品端头还要贴上合格证。

（2）电泳制品的卸挂、包装

电泳制品是由氧化膜和电泳漆膜组成的复合膜，电泳漆膜的铅笔硬度一般只有 2H～5H，很容易被刮伤，若制品之间发生轻微的碰撞或持续的摩擦，除了表面的漆膜会被刮伤外，氧化膜也容易出现膜裂。该工序中的任何不规范动作，对于漆膜的装饰作用都是有害的。同时漆膜表面的防护也是至关重要的，尤其是需长途运输的制品。若防护措施不当，制品之间发生反复碰撞、摩擦，破坏了电泳复合膜的完整性，使电泳材的耐蚀性和装饰效果急剧下降。在电泳铝型材的生产中，制品的装饰面上一定要贴尺寸适合的 PE 保护膜或 PVC 保护膜，确保制品的使用寿命。但是，由于漆膜具有毛细孔的特性，具有渗透功能，当用热塑包装时，由于密封较好，水分不易排出，会发生漆膜与基材之间存在水珠的现象，虽然不影响型材的使用，但向客户解释时显得很勉强，所以最好避免使用热塑包装。

2. 制品的质量要求

（1）氧化上色制品

待制品冷却至室温、完全干燥后，操作人员才能卸挂。刚氧化上色处理完的制品表面具有很强的吸附性，极易吸附汗渍、灰尘等污物，在氧化膜表面形成斑痕，腐蚀将首先从这些地方开始。所以卸挂时人员必须戴干净手套，避免用手直接触摸制品表面，卸料时应轻拿轻放，整齐堆放，挂好标志。制品不能接触地面或其他污染源。

（2）电泳制品

①制品经固化处理后温度很高，必须待制品冷却至室温后，操作人员才能卸

挂。卸料时应轻拿轻放，整齐堆放，制品不能接触地面或其他污染源。

②卸料解铝线，剪线时防止划伤型材漆膜。

③应防止磕碰伤，严禁对型材进行撞击或敲打。

（3）包装工序的质量要求

①制品的装饰面上一定要贴尺寸适合的PE保护膜。

②包装时，制品两端头要平齐，包装纸头平整，外观美观。

③严格按包装规定支数及叠法进行包装。

④严格按正品、次品、返工品、废品进行堆放。

⑤正品料堆放必须保持一端平整，防止倒塌。

⑥搬运时小心堆放，严禁撬料，损伤电泳漆膜。

⑦按同一规格、断面堆放成垛。

⑧在卸料过程中，要对制品生产进行自检，防止不合格产品的漏检。

思 考 题

1. 制品包装的目的是什么？
2. 包装中对制品进行贴膜有什么作用？
3. 制品卸挂时，有什么质量要求？

第 8 章 氧 化 上 色

经过多年发展，氧化上色工艺已经形成各种各样的前、后处理工艺，有多种电解液成分以及工作方式不同的电源，不同的表面处理要求也对应不同的工艺流程。建筑铝型材的阳极氧化工艺是较典型的成熟的工艺，其工艺流程一般为：

制品装挂→除油→水洗→碱蚀→水洗→水洗→中和→水洗→水洗→阳极氧化→纯水洗→纯水洗→上色→纯水洗→纯水洗→封孔→纯水洗→热纯水洗→烘干→卸挂

对于银白色制品，则不需经过上色工序，每一个工序就是一个或几个槽子。以阳极氧化为中心，工艺过程可分为前处理、阳极氧化、后处理三个部分。

前处理：除油→水洗→碱蚀→水洗→水洗→中和→水洗→水洗

阳极氧化：阳极氧化→纯水洗→纯水洗

后处理：上色→纯水洗→纯水洗→封孔→纯水洗→热纯水洗→烘干

在工艺操作中，制品按工艺流程依次浸入各个槽子并在槽中保持工艺规定的时间。根据生产线转运设备的配置，人员操作转运设备运行的区间，一般把前处理和阳极氧化作为一个运行区间，即从除油槽到阳极氧化槽，属于阳极氧化工艺操作范围。后处理作为另一个运行区间，即从上色槽、封孔槽到烘干槽属于后处理工艺操作范围。

8.1 阳极氧化工艺操作

阳极氧化工艺操作中，操作人员操纵转运设备吊运装挂好的制品依次浸入除油槽、清洗水槽、碱蚀槽、清洗水槽、中和槽、清洗水槽、阳极氧化槽、清洗水槽，并让制品在各槽中浸泡工艺规程规定的时间。工艺操作人员要会操纵转运设备吊运制品料挂，要会识读和使用仪表，会操作整流器。

1. 仪表的使用方法

在铝合金制品氧化上色工艺中，各工艺槽的温度是工艺控制的关键，温度发生变化则制品的处理工艺也要改变。对于较简易的小型氧化上色生产线，槽液温度可直接用温度计测量，因为槽子的体积较小，通过加热或降温来调整槽液温度的速度也较快。但对于处理大型制品的自动化程度较高的氧化上色生产线，其槽子体积达到几十立方米，要使槽液温度有较大的变化就需要花费很长时间，槽液温度一般都是用仪表自动控制，使之维持在设定值左右，设定值即为工艺所需要的温度。仪表通常会显示设定温度和实际槽液温度，当槽液温度达不到工艺要求时，如实际槽液温度高于或低于设定温度时，仪表会发出信号自动控制管路上电磁阀打开或关闭，对工艺槽液进行加热或降温处理。在生产中操作者要时刻注意观察温度仪表，并根据设定温度和实际温度情况检查电磁阀是否正常工作。以槽液的蒸汽加热控制为例，当实际温度低于设定温度时，加热管路上安装的电磁阀应当处于开启状态，蒸汽通过加热管对槽液加热。仪表的显示部分应有两个数字，一个是槽液的实际温度，另一个是仪表的设定温度（可以按键或拔动调整）。当实际温度低于设定温度的瞬间时，电磁阀的线圈得电打开阀门，此时会听到阀芯碰撞的“嗒”的一声，电磁阀后面的加热管路应随后发热，回水管路会有回水流出，这也是判断电磁阀和仪表是否工作正常的方法之一。当实际温度逐渐升高至高于设定温度时，电磁阀应及时关闭，切断蒸汽加热通路。氧化上色中所用的温度仪表一般由显示仪表和温度测量元件组成，热电阻和热电偶是常用测温元件。热电阻测温是基于金属导体的电阻值随温度的增加而增加这一特性来进行温度测量的，热电阻大都由纯金属材料铂和铜制成。热电偶则利用热电效应进行测温，当两种不同材料的导体或半导体焊接起来，构成一个闭合回路，导体之间存在温差时，便产生电动势并在回路中形成电流，这种现象称为热电效应。在有些进口仪表上，标有两种温度单位，华氏温度（℉）和摄氏温度（℃），读取仪表的显示数值时要注意区分和转换。

华氏温标（℉）规定：在标准大气压下，冰的熔点为 32 华氏度，水的沸点为 212 华氏度，中间划分 180 等份，每等份为 1 华氏度，符号为℉。

摄氏温度（℃）规定：在标准大气压下，冰的熔点为 0 摄氏度，水的沸点为 100 摄氏度，中间划分 100 等份，每等份为 1 摄氏度，符号为℃。

两者的转换关系为：摄氏度℃＝（华氏温度℉－32）×5/9

或华氏温度℉＝摄氏度℃×9/5＋32

2. 转运设备操作方法

随着生产规模的不断扩大，制品转运已经从手工作业向机械化、自动化流水作业方向发展。转运制品的设备在吊运重量和数量上要与氧化上色槽组数量、制品的尺寸、重量、产量要求等相匹配。对于处理小型工件的氧化上色生产线，因料挂较轻，所以基本都是手工作业，即操作人员直接用手提起料挂进出槽。而对于处理大型工件的氧化上色生产线，如建筑型材，每挂制品可达数百公斤，就必需操纵转运设备来转移制品，一般采用天车或龙门吊车等类型的起重机。转运设备的操作方式分为全自动、半自动和手动。全自动操作的转运设备对开机条件有较高要求，比如设备的起始位置或状态、制品装卸挂的时间范围、各工艺槽的处理时间等都应预先设定或输入控制中心，操作人员在生产中对自动运行的转运设备进行监视，及时排除生产中发生的任何意外，否则设备不能正常运行。全自动操作方式的产品质量均一，外观质量的重现性好。在国内大多数建筑型材生产厂家中，转运设备多为半自动或手动操作，半自动操作一般是关闭了部分全自动控制程序或功能，因在各工艺槽相应位置都安装了行程开关，转运设备执行控制程序可以准确地自动到位。操作时，转运设备的前进、后退以及吊料小车的升降分别对应操作手柄或键盘上、下、左、右四个方向。操作人员还可根据生产中的实际情况，调整行进和升降速度，比如制品空腔较大，在出入工艺槽时，受到的浮力或阻力很大，此时就必须选择慢速升降，防止工作梁脱钩或制品脱落。在开动机器设备前，操作人员应先点动操作手柄，检查转运设备前后行进和升降是否正常动作。手动操作对操作人员的经验要求较高，操作人员要熟悉转运设备的工作状况，操作必须要时刻注意设备的运行，选择好起落的位置和时机，以避免料挂碰撞到槽子或其他物体。

3. 整流器操作方法

铝合金制品氧化上色工艺中要使用电源的工序有阳极氧化、电解着色、电泳涂装。阳极氧化电源是直流电源，是把交流电经过整流作用转变为直流电的装置，所以也叫整流器，目前使用得最多的是硅整流器和可控硅整流器两种。

硅整流器的结构简单，操作维修方便，但输出电流不容易准确调节，对于处理较单一制品时比较适用，因为制品单一，每挂制品的数量和表面积基本相同，所需要的电流也基本相同，故阳极氧化时不需要进行大的调整。而处理结构差异较大的制品时，每挂制品的表面积有较大差距，阳极氧化时所需要的电流也有很大差距，用硅整流器使氧化膜的厚度不容易控制在同一水平。

可控硅整流器的稳压稳流效果好，生产中可选择稳压或稳流输出工作方式，稳压工作时整流器的输出电压稳定，输出电流随负载变化而变化。稳流工作时整流器的输出电流稳定，输出电压随负载变化而变化。整流器在工作时要产生热量，需要进行冷却处理，冷却方式分自冷式、风冷式、水冷式、油冷式等。目前，大型氧化上色生产线所用整流器基本都是可控硅整流器。

（1）氧化上色整流器操作方法

操作时应先启动整流器的冷却泵或冷却风扇，并检查水冷却管路是否有泄漏。整流器的操作面板上一般有时间、电压、电流、速率四个调节器以及稳压/稳流切换开关和电源总开关。有些生产线为方便操作，在操作人员的工作位置安装控制箱，把开关和调节器移到控制箱上，控制箱则连接到整流器的控制回路上，相当于把控制面板换了个位置，操作方式是相同的。制品吊入氧化槽后，首先选择稳压或稳流工作方式，再设定好氧化时间和速率调节器的值。速率调节器的作用是设定一段时间，使电压或电流在这段时间内匀速地从零升至需要值。控制送电速率可以防止大电流冲击，延长设备寿命，保证氧化膜的质量，这段时间一般应控制在0.5～1min。各调节器设置好后，启动可控硅整流器的电源开关，观察电流或电压表读数，通过旋转电流或电压调节器使制品的槽电流或槽电压达到需要值。当氧化时间到达后，时间继电器会发出声光报警，需要停电后才能将制品吊出槽，关闭整流器的正确操作方法为先将电流或电压归零后，再关闭整流器电源开关。制品进出槽时，整流器要处于关闭状态，因为一挂型材的电流往往可以达到几千上万安培，若带电吊运，料挂和导电端子之间会产生电弧放电，轻则损坏导电端子，重则引起整流器跳闸。当班生产完后关闭整流器的电源总开关、冷却泵或冷却风扇。

（2）电泳整流器操作方法

电泳涂装原理中的电泳、电解、电沉积、电渗四个过程中所需动力均需要靠直流电源装置来提供。因此，电源装置是电泳的驱动力，该装置的参数设置直接影响着电泳过程，与电泳涂层的质量密切相关。直流电源装置必须具备过流、缺相、输出短路、设备超温等故障自动检测和保护系统，以确保设备的安全运行。其主要参数有电压、电流以及纹波因素。当电压太小时，不能提供足够的动力而使成膜速度减慢，甚至会使成膜速率低于溶解速率而无法成膜，但如果电压太高，则容易击穿涂层而产生针孔、表面粗糙等缺陷。一般在丙烯酸体系的阳极电泳涂装中电压在80～200V之间。纹波因素在直流电源设备中是一个重要参数，表征直流成分的纯净程度。纹波因素大，则提供的电流中含交流成分多，交流成分太多则影响成膜速度及成膜质量从而导致涂层薄、涂层表面粗糙、容易产生针孔等。从原理上讲，纹波因素越小越好，但这时设备结构复杂、庞大，投资增加。一般来说纹波因素不大于6%就能满足工艺要求，至于电流的选择，则根据每次处理工件的面积来选择，一般设计以电流密度15A/m^2为宜。

思　考　题

1. 如何判断槽液控温仪表是否正常工作?
2. 为什么有时操作转运设备要调整升降速度?
3. 可控硅整流器和硅整流器相比有什么优点?
4. 氧化上色可控硅整流器停送电的操作顺序有什么要求?
5. 电泳整流器的纹波因素对产品质量有什么影响?

8.2　后处理工艺操作

后处理工艺操作是操纵转运设备将制品料挂依次浸入上色槽（化学染色或电解着色)、清洗水槽、封孔槽（电泳槽)、清洗水槽、干燥槽（固化炉)。经过后处理工艺操作，制品表面形成具有耐蚀、耐磨、耐候、装饰等功能的氧化膜、电泳漆膜。

1. 电泳涂漆固化操作

电泳漆属高温交联固化型涂料，其烘干过程主要经历湿膜干燥、熔融流平及固化成型三个阶段。烘干反应机理，实质上是树脂的交联热硬化，由烯烃变成链状烷烃反应，其反应式如下：

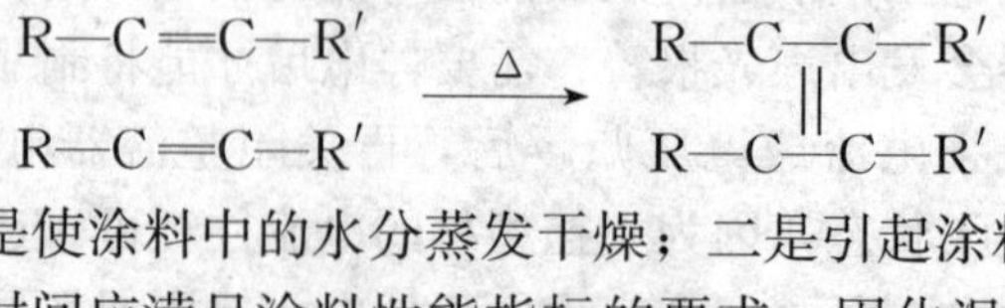

固化的作用，一是使涂料中的水分蒸发干燥；二是引起涂料的交联反应，使涂层硬化。因此温度与时间应满足涂料性能指标的要求，固化温度与时间控制不当，会使漆膜固化不完全，造成复合膜耐碱性不合格。

（1）常见电泳生产线用固化炉的几种型式

①进料单边出料式。其特点为集中进行烘烤，占用空间小，但要求生产节奏控制水平高，否则能耗相对较高，同时由于丙烯酸树脂的特点，频繁开炉盖造成烘烤过程中温度波动非常大，对漆膜性能造成直接影响，并且对传输链性能及自动化要求高。

②整体进料→整体烘烤→整体出料式。其特点为集中进料、集中烘烤、集中出料。这可解决行车频繁起吊，由于大部分采用了顶部排废气方式，可有效地对生产空间进行隔断，避免了烘烤过程中产生烟雾扩散从而引起“雾斑”等缺陷的产生。但占用空间大，如采用自动化生产方式，控制上存在较大困难且能耗较大，易产生批量报废的缺陷。

③单挂单炉烘烤式。其特点为单挂单炉进行烘烤，这是目前最普遍采用的方式，由于各个炉体间相对独立，克服了以上两种炉型由于检修必须停产的缺陷并且能保证料挂在炉腔中温度波动小，其缺陷是占地空间大，热损失大。

（2）影响电泳漆膜固化的主要因素

①湿膜表面状况：一般湿膜表面应不附有水珠、砂粒等。带水滴的湿膜进入高温烘烤后会因水滴的暴沸而形成水痕，而砂粒等杂质在烘烤过程中，与流平的涂料层固化在一起，形成庇点等缺陷。因此电泳形成湿膜要有沥水工序，并注意防止外界污染。

②烘干温度：一般控制在180±15℃，烘烤温度太高，会造成涂膜失光变黄，温度太低，会造成烘烤不够。

③烘烤时间：电泳漆膜需要一定时间烘烤才能固化完全。烘烤温度低，固化时间要长一些；温度高，固化时间可短一些，烘烤温度与时间的关系见表2-8-1。

表 2-8-1 烘烤温度与时间

烘烤温度（工件表面温度）	烘烤时间	烘烤温度（工件表面温度）	烘烤时间
160℃	40min	180℃	25min
170℃	30min		

注：工艺上采用180℃烘烤30min。

④升温速度：一般升温速度为20℃/min，对厚壁工件，热滞后性大，升温速度要提高，对薄壁工件，热滞后性小，升温速度要降低。

2. 制品干燥方法

制品若是采用电泳涂漆进行封孔；经过高温烘烤，漆膜固化，吊运至卸料区时表面已经完全干燥，只需等制品冷却至室温即可卸挂。制品若是采用金属盐封孔工艺进行封孔，则还需要经历一至两次纯水洗，表面会完全被水润湿，卸挂前必须对制品进行干燥处理，以防止表面被污染腐蚀。干燥的方法就是蒸发掉制品表面的水。水蒸发的速度决定于温度、表面积及空气流动三个条件，并有如下规律：温度越高蒸发越快；表面积越大蒸发越快；空气流动越快蒸发越快。故干燥处理一般有烘干、吹干、晾干等物理方法。有的生产线建有烘干槽，在槽的一端或两端安装散热器，采用电或蒸汽等方法进行加热，然后用风机让烘干槽的空气循环起来，空气与散热器发生热交换，使经过散热器区域的空气温度升高，温度较高的流动空气能让制品快速干燥。操作时只需将料挂吊运至烘干槽中，待完全烘干后，吊运至卸料区卸挂。但由于氧化膜的热膨胀系数很低，温度过高，铝材的膨胀大于氧化膜的膨胀，会导致氧化膜涨破，失去防护作用，所以烘干的温度不能超过70℃。还可以用吹压缩空气的方法干燥制品，高速流动的气流也能使水快速蒸发，所使用的压缩空气应干燥无油。当制品较小或局部仍有水时，在包装前可以将制品倾斜着摆放在通风较好的地方晾干。

操作人员能直观地看到制品表面的干燥状况，如料挂倾斜吊起时是否有水滴落，制品表面是否存在水膜，若制品的沟槽中有水，在光线的作用下沟槽会显得比干燥的部位明亮。

思 考 题

1. 制品干燥有哪些方法?
2. 如何让制品尽快干燥?
3. 制品的烘干温度为什么不能过高?

8.3 槽液管理

1. 化学品的安全使用知识

氧化上色生产中要用到多种化学试剂，有强腐蚀性的硫酸、硝酸、烧碱等，也有毒害性很大的氟化物、重金属盐类等，均属于危险化学品。氟化物对人的骨骼有侵害作用，重金属盐会使人中毒。操作人员在配制和添加这些化学试剂时，应严格按要求进行劳保着装，要配戴护目镜、口罩、耐酸手套，穿好耐酸服或耐酸皮裙、耐酸皮靴等防护用品，避免化学试剂直接接触皮肤尤其是伤口。

氧化上色作业中所用硫酸、硝酸、烧碱是腐蚀物品，具有以下危险特性：

①对人体有腐蚀作用，造成化学灼伤。

②对物品有腐蚀作用，与金属、布匹、木材、建筑物等发生化学反应使其遭受腐蚀破坏。

③有毒性，有的有剧毒。

④有的有易燃性，有机腐蚀品遇明火大多易燃烧。

⑤有的具有氧化性，无机酸性腐蚀品遇到有机物易氧化发热引起燃烧。有的遇还原剂、高热等会发生爆炸。

（1）酸性腐蚀物品

1）硫酸

①分子式：H_2SO_4 分子量：98.08

②理化性质：纯品是无色透明液体，通常的含量在98%以下，由于杂质情况不同，色泽可从无色变为有色甚至发黑。硫酸能与很多金属化合生成盐，同时发生氢气，能与水任意混合，同时发热。具有强腐蚀性，溅及皮肤立即灼伤。有毒。比重随含量变化而不同，100%的硫酸相对密度为1.8305（20℃）。

③危险特性：硫酸遇H发孔剂能立即燃烧，遇氰化物会产生剧毒气体，遇木屑、稻草等可燃物、有机物能引起炭化，甚至燃烧。遇水大量放热，不宜将水倒入硫酸中，防止硫酸沸溅。

④灭火剂：干砂、二氧化碳。禁用柱状水，防止飞溅。

⑤泄漏处理方法：以沙、土或惰性吸收剂围住泄漏区域。少量泄漏时，用沙、土吸收硫酸并搅拌形成稀泥状物，盛入适当容器，用水清洗泄漏区域地面。大量泄漏时，应避免让其流入下水道或狭隘的地方，并联系消防队或专业机构进行处理。

⑥急救措施。

皮肤接触：用大量流动温水冲洗20～30min，就医。

眼睛接触：立即提起眼睑，用大量流动温水冲洗20～30min，可能情况下使用生理盐水冲洗，避免清洗水进入未受影响的眼睛。就医。

吸入：迅速脱离现场至空气新鲜处，保持呼吸道畅通。如呼吸困难，应输氧；如呼吸停止立即进行人工呼吸。就医。

食入：用水漱口，不得催吐，喝240～300mL水，若有牛奶，喝水后再喝牛奶。就医。

⑦安全注意事项：硫酸有储罐存放、坛装、瓶装、塑料瓶装等方式。一般可露天或棚下堆放，下垫砂土。储罐可用铁制。

2）硝酸

①分子式：HNO_3 分子量：63.01

②理化性质：无色透明发烟液体，露天久储或遇有机物色泽变黄或发黑。能与水以任意比例相混合。遇乙醇分解。有强腐蚀性及氧化性。比重：1.41（68%）；1.502（无水）。

③危险特性：强氧化剂，遇H发孔剂，松节油立即燃烧。遇木屑剧烈氧化以致起火燃烧。遇氰化物则产生剧毒气体。

④灭火剂：沙土、二氧化碳、雾状水。禁止用柱状水，以防飞溅伤人。

⑤泄漏处理方法：以沙、土或其他不与硝酸反应的物质围住泄漏区域。少量泄漏时，用不和硝酸反应的物质吸收，或用大量的水进行稀释，用水清洗泄漏区域地面。大量泄漏时，应避免让其流入下水道、水沟或密闭的空间，并联系消防队或专业机构进行处理。

⑥急救措施。

皮肤接触：用大量流动温水冲洗20～30min。就医。

眼睛接触：立即提起眼睑，用大量流动温水冲洗20～30min，就医。

吸入：迅速脱离现场至空气新鲜处，保持呼吸道畅通。如呼吸困难，应输氧；如呼吸停止立即进行人工呼吸。就医。

食入：用水漱口，不得催吐，喝240～300mL水，若有牛奶，喝水后再喝牛奶。就医。

⑦安全注意事项：储存于铝罐或陶瓷坛、玻璃瓶中，可堆放于露天或棚下，下垫砂土，上盖钵斗。堆放场所通风要良好。

（2）碱性腐蚀物品

烧碱。学名：氢氧化钠

①分子式：$NaOH$ 分子量：40.01

②理化性质：白色易潮解固体，有片状、块状、棒状、粒状等几种，质脆。能溶于水，溶解时大量放热。水溶液呈强碱性，能破坏有机组织，伤害皮肤和毛织物。能自空气中吸收二氧化碳而变质。比重：2.12（20℃）。

③危险特性：不会燃烧，遇水和水蒸气放热，并成为腐蚀性液体。遇酸发生中和并发热。

④灭火剂：水、黄砂。

⑤泄漏处理方法：用大量水冲洗，收集冲洗水放入废水系统进行处理。

⑥急救措施。

皮肤接触：脱去污染的衣着，用大量流动水冲洗至少15min。就医。

眼睛接触：立即提起眼睑，用大量流动水或生理盐水冲洗至少15min，或用3%硼酸溶液冲洗。就医。

吸入：迅速脱离现场至空气新鲜处，保持呼吸道畅通。如呼吸困难，应输氧；如呼吸停止立即进行人工呼吸。就医。

食入：用水漱口，饮大量水，不得催吐，服稀释的醋或柠檬汁。就医。

⑦安全注意事项：储存于干燥的仓库或货棚内，防止雨水浸入。堆放场所应远离易燃、可燃物及酸类。

2. 试剂添加方法

（1）氧化上色槽液试剂的添加

槽液浓度是氧化上色工艺中的重要参数，槽液浓度越恒定，产品质量越稳定。随着制品处理量的增加，槽液浓度会发生变化，有的成分因为与制品反应而消耗，其浓度将逐渐降低，而有的成分因为是化学反应的产物，浓度将会逐渐升高。为了维持槽液的均一性，就需要对槽液进行及时的调整，向各工艺槽中添加相应化学试剂，把槽液浓度维持在一定的水平。在生产实际中槽液浓度应是在一定的工艺范围内波动，浓度波动的范围越窄对产品质量的控制越有利，但添加频次就越高。由于向工艺槽中添加试剂后，需要搅拌一段时间，使槽液充分均匀，比如向阳极氧化槽中添加硫酸，不但局部的浓度高，而且局部温度也有变化，所以槽液在添加和搅拌时不能处理制品。若在生产进行中添加试剂会影响生产效率，对于制品处理量大的生产线一般都在每班生产前对工艺槽液进行添加试剂和调整，对于处理量较少的生产线则可以选择每天或更长的周期对槽液进行添加试剂和调整。各工艺槽所需要的化学试剂应以液体溶液的形式添加，添加方法可以用计量泵抽入槽中，也可以用能准确度量体积的容器盛取试剂倒入槽子中。

（2）电泳漆添加方法

电泳槽液随着生产的不断进行，槽液的固体分也在下降，其固体分、中和剂、有机溶剂的含量均会有所变化，这时应根据电泳通过面积和实际测定结果进行补加。补加电泳漆时，先向乳化罐中加入生产槽液，开启搅拌，再向其中加入电泳漆，按1份电泳漆（50%固体分）与4份槽液配比，或1份电泳漆（60%固体分）与5份槽液配比。充分搅拌20min后，打入辅槽。

3. 泵的使用方法

在槽液管理工作中，潜水泵是必不可少的工具，主要作用是转移槽液。使用潜水泵时先要识别泵的额定电压、流量、出口管径、所抽液体最高温度等参数。再检查所用电源是否适合、泵的插头和插座是否匹配，选择合适内径的胶管与泵出口连接好。若使用额定电压380V的潜水泵，应使用空气开关并保证可靠接地。接好电源线后应先点动开关，检查叶轮转动方向是否正确，在潜水泵壳上应有明确的转动方向的标志，叶轮一般是顺时针转动，若叶轮倒转，则需调换电缆三相线中任意两相的接线，否则出水少或不出水。抽取槽液时，应先将泵放槽液中，再接通电源，抽完后也应先切断泵的电源，再把泵移出槽液，若在泵通电的情况下进出槽液，高速转动的叶轮打击液面很容易被损坏。在抽槽液过程中不要让其露出液面，槽液可以冷却潜水泵电机的温度。若电机部分露出液面工作，长时间发热会烧坏电机。槽液具有很强的腐蚀性，所以抽完槽液后一定要用清水清洗潜水泵。潜水泵不用时应放于干燥无腐蚀的地方，以保证电机定子绕组不受潮。有的泵具有单独的进口管道，在使用前还要从灌水口将进水管道灌满水，以排除泵及进水管内的空气，泵才能正常工作抽取槽液。

思考题

1. 硫酸、硝酸发生泄漏后应如何处理？
2. 危险化学品对人体的伤害可分为几种形式？
3. 向槽液中添加试剂的目的是什么？
4. 使用潜水泵时有哪些注意事项？

第9章 喷涂前处理及成品包装

9.1 喷涂制品装挂

1. 制品装挂方法

前处理和喷涂工序分别在两条生产线进行时，制品就要进行两次装挂，首先是前处理装挂，把制品编排在前处理专用工具上，制品进行完工艺操作后需要卸挂，然后是喷涂装挂，把制品挂在喷涂的专用挂具的挂点上。铝合金制品喷涂前处理一般采用化学氧化（铬化或磷-铬化）或阳极氧化的方法。当采用阳极氧化法时，制品装挂方法与氧化上色一样，采用铝丝捆扎或夹具夹持的方式进行装挂。采用化学氧化法时，制品的处理过程是依次在各工艺槽中浸泡一定的时间，处理过程中不需要制品进行通电，所以装挂时一般是把制品摆放在料架或特制的料筐中，然后吊运料架或料筐进行工艺操作，如图 2-9-1 所示。

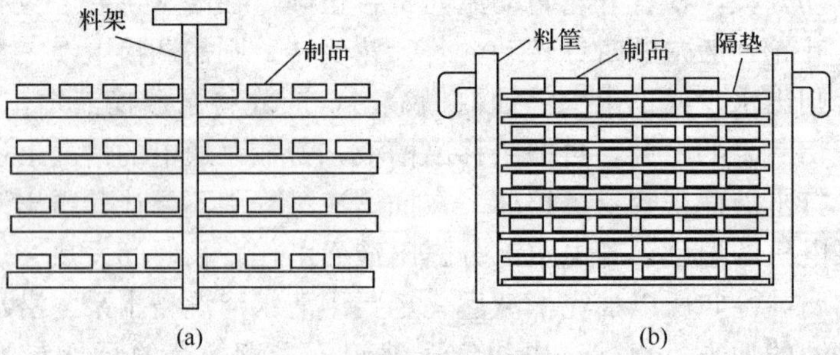

图 2-9-1 化学氧化制品装挂方法
（a）料架式；（b）料筐式

前处理合格的制品，卸挂转运至喷涂生产线，进行第二次装挂（也就是喷涂装挂）后再进行喷涂工艺操作。制品装挂对喷涂产品质量有较大的影响，装挂方法不当会使制品发生脱落、上粉（漆）率低、附着力差、涂膜厚度不均匀、色差、漏底等缺陷。在高压静电喷涂中，制品和整个设备都要求接地，设备在安装时已经进行了可靠接地处理，制品要保证接地就必须与专用挂具接触良好。所以喷涂制品装挂的基本要求与氧化上色制品装挂一样，同样要求牢固并且导电良好。喷涂装挂的方法要根据制品形状及质量要求而定，因为是高压静电喷涂，静电压达数万伏，所以制品与挂具点接触即可获得足够的电位。装挂方式如图 2-9-2 所示。

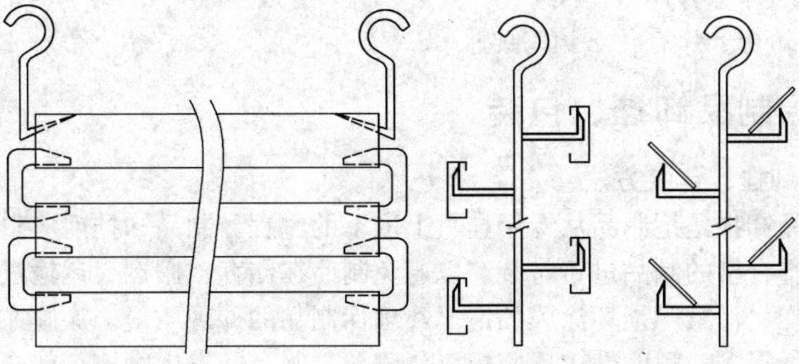

图 2-9-2　喷涂制品装挂方式

(a) 用"C"形钩装挂带空腔制品；(b) 用鱼刺形挂具装挂制品

喷涂的专用挂具和制品同时经历喷粉，也会在表面和挂点处形成高绝缘性的涂膜，使制品接地效果不好，上粉率将会降低。再次装挂使用前必须对挂具的挂点(与制品的电接触点）进行处理，可以用粗锉刀打磨的方法除去挂点的涂层。制品是否接地良好，还可以用万用表测量制品的对地电阻，小于 200 欧姆可符合要求。

2. 制品的型号规格和标志规定

喷涂制品前处理的标志不但要注明制品的规格和批号，还应注明所要喷涂的颜色代码。因为按喷涂工艺要求，制品前处理完后应立即进行喷涂，存放时间越长涂膜附着力越差。为了防止多种颜色代码的制品同时前处理后，因颜色不对而使有的制品存放时间过长，在装挂前要认真识别待氧化上色制品的标志，核对作业要求卡片（通知单）与制品标志的规格、批号、色号是否一致。确认无误后，集中相同颜色代码的制品，按照作业要求卡片（通知单）的具体要求或相关规程选择辅助材料、电接触点位置、装挂方法等进行装挂。

3. 工艺随行卡的填写要求

喷涂制品的颜色很多，不像氧化上色那样只生产较为单一的颜色，一旦质量上和数量上有差错，补救起来比较困难，所以在各工序对数量的记录尤其重要。在制品喷涂加工的各工序中，装卸挂人员记录装卸挂及包装的情况，要填入工艺随行卡的内容一般包括装卸挂的班次、挂数、面积、重量、支数等。喷涂前处理工艺操作人员则对主要工艺参数进行记录，如：槽液温度、处理时间、操作者等。喷涂、固化工艺操作人员要记录的参数有：链速、喷涂电压或电流、喷涂气压或气流量、供粉（漆）比例、固化温度等。各工序人员还应对本工序加工过程中所发现的不合格制品的数量及原因记录到工艺随行卡上，以便于成品率的分析、统计和制品的追踪。

思　考　题

1. 喷涂制品的装挂要求有哪些?

2. 制品的标志有什么作用？

3. 工艺随行卡片有什么填写要求？

9.2 喷涂制品卸挂、包装

1. 制品卸挂、包装方法

喷涂制品卸挂是把制品从专用挂具上取下的过程。制品卸挂后应整齐摆放在料筐中。经检查合格的制品进行包装，以避免制品在储存、搬运、运输过程中发生磕碰伤、摩擦伤、污染等损坏涂膜的情况，确保制品的外观质量。涂膜在硬度上要比阳极氧化膜低得多，耐磨性也比阳极氧化膜差，制品间发生摩擦，就会使涂膜失去光泽而影响制品外观质量，高光泽表面尤其严重，所以喷涂制品之间也不能发生损伤涂膜的碰撞和摩擦。其包装方法与氧化上色制品一样，包装程序为贴膜、叠垛、缠纸。首先在制品的装饰面（平面）上贴尺寸适合的 PE 保护膜或在相互接触的装饰面之间垫纸，然后根据制品结构特点叠垛，再用包装机对叠垛好的制品缠纸，包装机要调整好缠纸与制品移动的速度及包装纸的张力，保证包装纸能均匀地缠绕在制品上并捆紧制品。包装好的制品按规格、批号、长度、用户、颜色等类别整齐堆码，每捆包装好的制品端头还要贴上合格证。

2. 制品的质量要求

卸挂时操作人员必须戴干净手套，从挂具上取下制品，轻拿轻放，防止制品相互碰撞和摩擦，整齐堆码，不能接触地面或其他污染源。

思 考 题

1. 为什么要对喷涂制品进行贴膜、包装？

2. 制品卸挂时有什么要求？

9.3 工艺操作

1. 仪表的使用方法（参见 8.1）

2. 转运设备操作方法（参见 8.1）

3. 前处理工艺操作规程

铝合金制品表面具有疏松的天然氧化膜（厚度为 0.005～0.015μm），还可能有油脂或其他污染物，不但耐蚀性差，而且有机涂层不能紧密地附着在制品表面上，所以喷涂前必须对制品进行前处理。喷涂前处理目的是对铝合金制品表面进行加工处理，使制品表面洁净、干燥并覆着一层氧化膜（也称转化膜），以提高基体与涂膜的附着力，达到喷涂的工艺要求。喷涂前处理工艺为制品经除油，去除天然氧化膜，然后再生成一定厚度、结构致密的化学氧化膜或阳极氧化膜，其厚度应比天然氧化膜高数百倍，抗蚀性能、与粉末涂层的接合力也大高于天然氧化膜。喷涂制品前处理的质量对涂膜外观、附着力、耐腐蚀、耐冲击、抗弯曲等性能有重要的影响。铝合金制品的喷涂前处理方法一般为化学氧化和阳极氧化，化学氧化中铬化或磷铬化是目前使用最广泛的工艺方法，其优点是工艺简单，成本较低，铬化转化膜耐蚀性好，涂膜的附着力好；缺点是铬是强致癌物质，对人体毒害性大，三废不易处理，对环境有较大污染。阳极氧化方法工艺相对复杂，成本高，但三废的处理简单，对人的毒害性小，对环境的污染也小。制品可以经过机械加工后再进行喷涂前处理，如用喷砂或抛丸方法去除毛刺和调整表面状态，增加表面的粗糙度，以提高制品外观质量和附着力。工艺流程一般为：装挂→除油→水洗→（碱蚀→水洗→中和→水洗）→铬化→水洗→烘干→卸挂。可根据制品表面的具体情况选择其他工序，若制品表面油污多，甚至形成油垢，仅用除油工序不能彻底清洗干净，就需要用碱蚀时产生的氢气泡冲刷才能把油垢完全去除。为了控制喷涂前处理的质量，前处理要形成工艺操作规程，对各工序的参数及操作作出要求及控制标准。

4. 建筑铝型材喷涂前处理工艺操作规程

（1）化学氧化方式

1）开机条件确认。检查转运设备、各槽仪表、槽液温度、液面高度等是否正常或符合工艺要求，若不符合，必须进行调整合格后，才能开机。

2）装挂。按生产随行卡片或作业通知单的要求，核对制品规格、批号、表面处理方式等无误后，装挂制品，装挂时将制品整齐摆放在料挂上，要保持制品间不接触、有一定的倾斜角度。

3）除油。分碱性和酸性除油两种工艺方法。

①碱性除油

槽液成分及浓度：

碳酸钠：40～50g/L；

磷酸三钠：40～60g/L；

硅酸钠：20～30g/L；

表面活性剂：1～2g/L；

温度：60～80℃；

时间：1～20min。

②酸性除油

槽液成分及浓度：

硫酸：10％～20％（可用阳极氧化的废槽液）；

温度：70～90℃；

时间：5～30min。

4）水洗两次。室温1～2min。

5）化学氧化。可生成厚度为0.5～4μm的化学氧化膜，有较好的吸附力，是喷涂的良好底层。常用方法也分碱性溶液和酸性溶液。

①碱性溶液化学氧化法

溶液成分及浓度：

无水碳酸钠（g/L）	40～60
铬酸钠（g/L）	10～20
氢氧化钠（g/L）	2～3
槽液温度（℃）	80～100
氧化时间（min）	10～20

经过处理后，铝合金制品表面形成的化学氧化膜质软、疏松，需立即用水冲洗，再在20g/L的铬酸溶液中浸泡5～15s，进行钝化，清洗干燥后喷涂。

②酸性溶液化学氧化法

a. 铬化

溶液成分及浓度：

铬酐（g/L）	3～6
重铬酸钠（g/L）	3～4
氟化钠（g/L）	1～1.5
槽液温度（℃）	室温
氧化时间（min）	3～6

所获得的氧化膜外观为黄色或棕色，厚度为1～4μm。

b. 磷-铬化

溶液成分及浓度：

磷酸（g/L）	50～60
铬酐（g/L）	10～20
氟化钠（g/L）	3～3.5
硼酸（g/L）	1～1.5
槽液温度（℃）	室温
氧化时间（min）	3～6

所获得的氧化膜外观为无色或彩虹色，厚度为1～4μm。为提高氧化膜的抗蚀性能，可以进行钝化处理。用50g/L$Na_2Cr_2O_7$溶液，90～98℃处理10min。

由于铝合金制品在化学氧化后就进行喷涂处理，表面所覆盖的有机涂层具有极强的耐腐蚀性，所以生产中一般不用对化学氧化膜再进行钝化处理。

6）纯水洗。1～2min。

7）热纯水洗。50～60℃ 2～3min。

8）烘干。碱性溶液氧化法所得的膜需在50℃以下条件烘干，酸性溶液氧化法所得的膜需在60℃以下条件烘干。在制品烘干前，可以先用压缩空气吹表面，减少水量，加快烘干速度。

9）卸挂。操作人员按要求对制品卸挂装筐，并尽快将前处理完的制品转移至喷涂生产线。

（2）阳极氧化方式

目的是在制品表面生成 2～5μm 的阳极氧化膜，作为喷涂的底层。工艺流程与氧化上色大致相同，为：制品装挂→除油→水洗→碱蚀→水洗→中和→水洗→阳极氧化→水洗→烘干→卸挂，阳极氧化后不需要封孔。具体的工艺处理方法中除阳极氧化工序与氧化上色有区别外，其他工序都相同。

1）开机条件确认。检查转运设备、各槽仪表、槽液温度、液面高度等是否正常或符合工艺要求，若不符合，必须调整合格后再开机。

2）装挂。按生产随行卡片或作业通知单的要求，核对制品规格、批号、表面处理方式等无误后，装挂制品，装挂要控制好制品的料间距和倾斜角度，尽量减小制品的导电接触点。

3）除油。与化学氧化的除油工序相同。

4）水洗。室温 1～2min

5）碱蚀。槽液成分及浓度：

氢氧化钠（g/L）	50～100
葡萄糖酸钠或柠檬酸钠（g/L）	2～3
槽液温度（℃）	50～70
处理时间（min）	3～20

6）水洗两次。40～50℃的自来水和室温下的自来水，各 1～2min。

7）中和。槽液成分及浓度：

硝酸或硫酸（g/L）	100～400
槽液温度（℃）	室温
处理时间（min）	1～20

8）水洗两次。各 1～2min。

9）阳极氧化。槽液成分及浓度：

硫酸（g/L）	180～220
槽液温度（℃）	20～28
电流密度（A/dm^2）	1.0～2.0
氧化时间（min）	5～10

10）水洗三次。室温下的纯水洗两次，各 1～2min。50～70℃的纯水洗一次，2～3min。

11）烘干。70℃以内，烘干为止。

思　考　题

1. 仪表如何实现自动控制槽液温度？

2. 喷涂前处理的目的是什么？

3. 采用化学氧化作为喷涂前处理有什么优缺点？

第10章　静电粉末喷涂

10.1　喷涂固化操作

1. 制品清洁方法

制品在前处理车间先进行化学转化后，再转运到喷涂车间进行喷涂处理，从制品前处理完到把涂料喷涂到制品表面有一段间隔时间，这段时间里制品要经过装筐、转运、重新装挂等过程才能进行喷涂。在这些过程中，制品曝露在空气中，不可避免地会吸附一些灰尘，停放时间越长，所吸附的灰尘也越多，由于灰尘的存在，涂膜固化后会出现凸起的小颗粒而影响外观质量，严重的使涂膜与基材分离，涂膜附着力大大降低。所以制品在进入喷涂室前，必须要进行清洁处理，以减少表面的灰尘。通常的办法是用干燥、洁净的压缩空气对制品表面进行吹扫。吹扫的方向应背离喷房，以免把灰尘吹入喷房混入粉末涂料中。为提高清洁效果，还可把压缩空气的出口减小以增大气流的速度。减少制品表面灰尘附着的最根本的方法是消除和减少灰尘的来源，所以制品前处理和喷涂的工作环境要保持清洁的状态，有些工厂在地面铺塑胶，地面还经常保持湿润或用水冲洗。若不是在线进行前处理后立即喷涂，制品在转运途中和等待喷涂的这段时间里，要避免接触水、灰尘等污染物，所以一般要求制品前处理后应在4～8h内进行喷涂，否则制品表面将会因吸附过多的灰尘而影响涂膜的附着力。

2. 加粉及喷枪操作方法

静电喷涂的制品颜色多样，比氧化上色的装饰性更强。喷涂设备在生产不同颜色的制品时，必须要进行换粉操作。换粉后的喷涂各系统应是洁净的，不残留前次喷涂的粉末涂料。操作人员在接受生产指令后，首先要向喷涂系统中添加粉末涂料。添加粉末涂料可以在启动喷涂设备前，也可以在喷涂生产过程。一般初次生产和开班前是在启动喷涂设备前进行添加，添加时直接将粉末涂料倒入粉桶中即可，因为粉末涂料在粉桶中要发生流化，体积会大大增加，所以添加的粉末量不应超过粉桶有效容积的2/3。大多数情况下是在生产中进行添加，粉桶中通常会有一个粉末位置的探测装置，探测器感知粉末流化时的压力，当粉末量少于极限位置时，探测器没有感知到粉末的流化压力时，就会发出声光报警，提醒操作人员及时向粉桶中加粉。探测器的高度可调，通过对其位置的适当调整，使之在发出缺粉报警后，粉桶内还应具有一定量的粉末涂料，能保持正常供粉几分钟。操作人员则应在这段时间内向粉桶加粉。加粉时，操作人员应先停止粉筛的振动泵，因为在生产进行当中，从喷粉室各处回收的粉末，在气流的作用下被传输到粉筛，振动泵使粉筛发生振动，粉末在振动下过筛后落回到粉桶中去。因此在回收粉末的同时打开粉桶的盖子，粉末会大量溢出，对操作环境和人身健康造成较大影响。停止振动泵后，打开加粉盖子，将粉末涂料缓慢倒入桶中，盖好盖子，启动振动泵。

每班生产时，在喷涂制品前应先操作喷枪试喷。试喷的目的是通过观察喷枪所喷出来的粉末气雾，检查每把喷枪的工作状况。操作的方法为：向粉桶加完粉后，启动喷粉室的控制电源开关。压缩空气进入粉桶底部。粉桶底部的陶瓷流化板具有微孔结构，使压缩空气转变微小体积的气泡进入粉桶，粉末颗粒与这些微小体积的气泡结合，形成像液体流动的状态（流化）。粉末涂料在粉桶中的流化效果对制品的喷涂质量有重要影响，因为只有粉末流化充分时，才能保证文丘里泵虹吸出恒定浓度的粉末，持续提供给喷枪，喷枪才能喷射出形状稳定、气雾浓度均匀的粉末，制品表面所形成的涂膜厚度就会更均匀。通过调整粉桶的预流化和流化压力，让粉桶中的粉末涂料流化充分。设定好参数并启动喷枪，让处于流化状态的粉末涂料进入粉管，从喷枪喷出。通过调整所喷出的粉末气雾的形状，使喷枪达到工作状态，试喷操作结束。停枪等待制品运行到喷粉室后再进行喷涂操作。

思　考　题

1. 为什么制品喷涂前要进行清洁表面？如何清洁？
2. 如何向粉桶中加粉？
3. 喷枪试喷有什么作用？

10.2　换粉操作

1. 基本组件清洁方法

在换粉操作时，彻底清理喷涂设备。由于高压静电粉末喷涂所用的自动或手动喷枪是几个部件组装而成，在换粉操作时，要进行拆卸，对每个部件进行彻底清理。典型的高压静电喷枪如图 2-10-1 所示。

图 2-10-1　高压静电喷枪

换粉操作时，要对高压静电喷枪进行拆卸，清洁其组件。先取下喷枪后端的电缆线、供粉管、三次气管，再拆卸喷枪前端的枪套、喷嘴、电极针、连接环等，这些组件上都会有粉末附着。枪体部分属于密闭结构，粉末不会进入其内部，所以不用拆卸。喷枪组件的清洁方法是用高压压缩空气进行吹扫，将粉末彻底吹掉。这种吹扫的方法也是换粉操作中最主要的清洁方式之一。其他体积小或管径细的组件如：粉管、文丘里泵、喉管、粉筛等，用吹扫的方式能够较快地清洁干净，如图 2-10-2 所示。

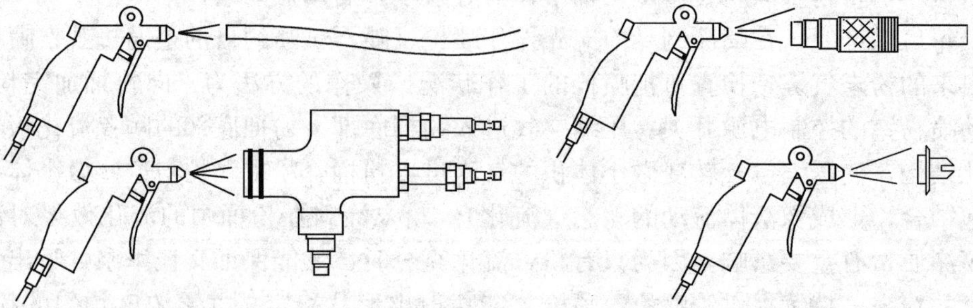

图 2-10-2 压缩空气洗各组件

由于粉管管路较长，会有部分粉末粘在管壁上，不能被压缩空气吹走，此时可以用小块海绵塞入粉管，再用高压压缩空气将海绵强行从另一端吹出，反复数次，利用海绵的擦刷作用将粉管清洁干净。

粉桶中的液化板、喷粉室中的液化槽，都是具有微细孔洞的陶瓷板。清洁这两处时，要注意不能用湿润的抹布擦。因为吸湿的粉末容易堵塞孔洞，影响流化质量，所以通常是使用吸尘器进行清理。

喷粉室的壁板、回收系统等处的清洁基本上是采用人工擦拭的方法。面积较大的平面（喷粉室内壁）还可以用橡胶刮板进行清理。

二级回收系统中，滤芯的清理是最重要的。滤芯的作用是对空气进行物理过滤，使粉末被滤芯外表面阻挡下来。因为粉末体积细小，极易沉积在滤芯外表面上，造成空气通过滤芯的阻力增加，使喷粉室中抽风的力度降低，严重时会引起粉尘外泄。滤芯多为纸质且具有很多皱折，容易损坏，一旦滤芯有破损，粉尘就会直接被排入大气中，所以清洁时，宜使用毛刷或木棍轻轻刷动或敲击滤芯，使粘在滤芯外表面的粉末脱落下来。清理时，还要将滤芯的内腔堵住，防止粉末进入内腔表面，因为进入滤芯内腔的空气就是排放到大气中的。

2. 回收装置的结构及工作原理

粉末涂料从喷枪中喷出，在静电场和气流的作用下，约有 50%～70%的粉末附着于制品表面，还有 30%～50%的粉末飞扬在喷粉室中或散落到喷粉室底面。没有附着到制品表面的这一部分粉末必须通过回收装置收集，经过筛后送回粉桶，重新用于喷涂制品。否则，不仅浪费粉末涂料，还会污染环境，危害操作人员的身体健康。粉末回收装置的种类较多，按粉末的状态可分为湿法回收和干法回收。湿法回收就是让带有粉末的气流通过装有液体的容器，进行过滤，被润湿的粉末经过干燥处理再重复利用。干法回收是将喷粉室中的粉末气流进行物理分离，收集粉末后直接进行重复利用，其运用更广泛。粉末与气流分离的方式有：重力沉降式、惯性分离式、旋风分离式等。在实际生产中，往往采用多级回收装置，不同粒度的粉末涂料被逐级分离出来，回收利用真正有使用价值的那部分粉末。如在建筑铝型材粉末喷涂生产线，多数采用两级回收装置，第一级是小旋风回收系统，回收粒度较大的粉末涂料，并被输送回粉桶。而体积小于 5μm 的粉末涂料因充电效果差和重量轻等原因，很难被喷到型材表面上，因此进入第二级回收系统，不再重复利用。实际生产中效果较好的回收装置是旋风布袋两级回收装置。该装置主要包括第一级回收的旋风分离器和第二级回收的布袋除尘器，如图 2-10-3所示。

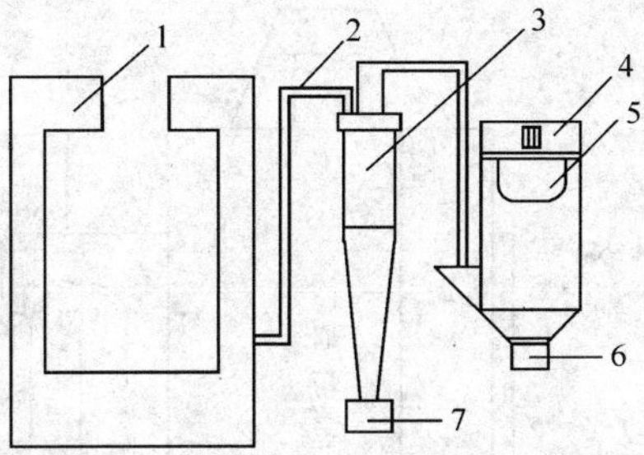

图 2-10-3　旋风布袋二级回收装置
1—喷粉室；2—管道；3—旋风分离器；4—风机；5—布袋除尘器；6—粉末回收器；7—粉桶

该回收装置第一级的旋风分离器与喷粉室相连接，能收集大部分粉末，占全部回收量的 70%～90%；第二级的布袋回收器起到帮助旋风分离器提高回收率的作用，同时将第一级回收除不掉的细粉全部回收，两级回收器的总除尘效率可达 99%以上。对旋风分离器和布袋除尘器底部粉末的处理，或是利用活动式粉斗回收，或是借助于压缩空气造成粉末呈紊流状态，然后被气流吸走回到粉桶。

随着建筑铝型材静电粉末喷涂技术的发展，回收装置也在不断地进行优化，以适应生产、工艺的要求。这种两级回收装置演变为第一级的列管式小旋风回收器和第二级的脉冲滤芯式回收器，如图 2-10-4 所示。

列管式小旋风回收器的工作原理是让粉尘气流高速进入分离器，随导向管道向下旋转流动，因为它的外形是圆锥形的，所以气流往下旋转的速度变得越来越快，气流中的粉末因离心作用被抛到管道内壁上，在重力作用下滑落至下方的可移动式回收粉斗中。列管式小旋风回收器结构简单，由若干个口径较小的单元小旋风回收器组合而成，粉末的回收率大大提高。粉末清理也十分方便，只需很短时间就能将回收器内的粉末清理干净。

脉冲滤芯式回收器采用羊皮纸做的滤芯，并配以 5MPa 以上的脉冲反冲装置，滤芯中的羊皮纸做成皱折形，增大了通风面积，其通风面积可达 800m³/h。每个滤芯顶端有一个连通储气罐的喷气口，储气罐里的压缩空气通过脉冲控制器对每个滤芯进行高压空气瞬间反吹，而且反吹过程中，喷气口会不断变换角度，对滤芯的各个方位进行反吹。这样就能保证清除附在滤芯外表面的积粉，使之保持畅通的回收能力。从滤芯上被反吹下来的粉末，落到下方的抽屉式接粉盘中。由于建筑铝型材静电粉末喷涂生产中，会有多种粉末交替使用，且进入第二级回收器中粉末因体积较小，无重复使用价值，所以第二级回收装置所回收的粉末一般是各种粉末的混合物。生产中应定期清理接粉盘，以防止粉末堆积过高而掩埋滤芯，并不需要在每次

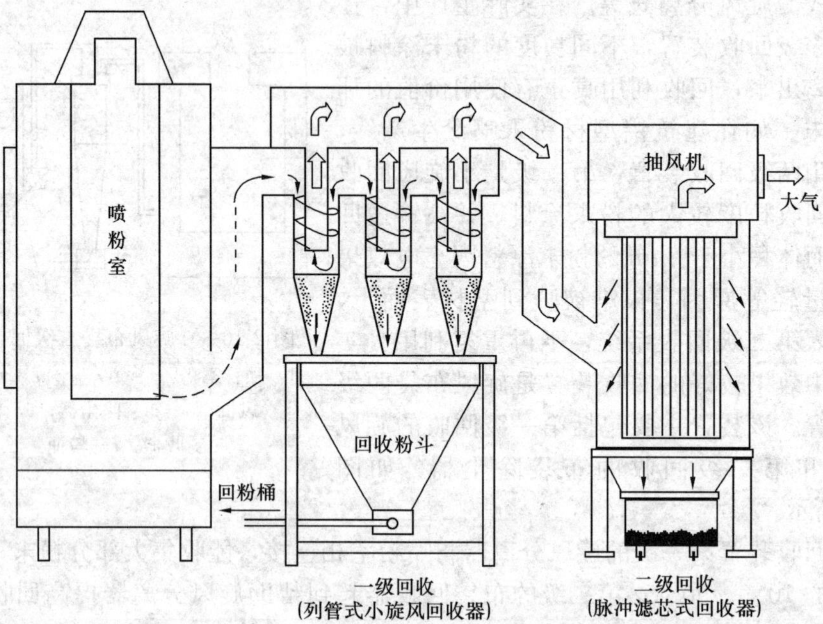

图 2-10-4　静电粉末喷涂回收装置示意图

换粉时进行清理。除了回收细粉，第二级回收装置的意义更多应该体现在对气流的净化和排放，从第二级回收装置所排放的废气，其含尘量不能超过 $3mg/m^3$。

思　考　题

1. 喷枪组件的常用清洁方法是什么？
2. 清洁具有微孔结构的陶瓷流化板时有什么注意事项？
3. 如何清洁滤芯？
4. 列管式小旋风回收器的工作原理是什么？

第11章　液态喷涂

液态喷涂的涂料是一种流体或液态物质，将其涂布在基材的表面上，经过烘烤处理后，就会形成有附着力的漆膜。涂料的主成分有：树脂，它是一种形成漆膜的高分子聚合物；颜料，加入颜料可以增加色彩和提高遮盖力；溶剂，溶剂是为了使涂料溶解并控制涂布过程。颜料和树脂是涂料的固体成分，它们形成坚硬的漆膜，并提供所需要的性能。溶剂通常在涂布完成后全部蒸发掉，溶剂以及少量的化学反应副产物（除去水分之外）构成了挥发性有机物的含量（VOC），它是有关环保方面的数值。

液态静电涂装具有喷涂效率高、涂层均匀、污染少等特点，并适应大规模自动化作业，已逐渐成为大生产中广泛采用的涂装工艺方法之一，普遍应用于汽车、仪器仪表、玩具、建筑门窗、家电产品、日用五金等工业领域。近年来，随着电子和微电子技术的发展，液态静电喷涂设备，包括喷枪结构、自动控制等，在可靠性和设备结构的轻型化方面取得显著成果，为液态静电涂装工艺的发展提供了广阔的空间。

液态静电涂料常用的有聚氨酯涂料、有机硅丙烯酸涂料、氟碳涂料。在铝合金材料方面，尤其是在建筑用铝合金型材方面，随着我国经济的不断发展，建筑界对铝合金型材的涂装工艺要求越来越高，作为高档的室外装饰手段的氟碳静电喷涂技术越来越受到各界的重视。氟碳涂层具有优异的抗褪色性、抗起霜性、抗酸雨侵蚀性、抗紫外光、抗裂性，这些性能是常规涂料所不能比拟的，因此氟碳喷涂在幕墙等高档建筑铝型材的表面处理工程中应用逐渐增加。

11.1　液态喷涂操作

1. 制品清洁方法

机械零件及金属材料在加工过程中，不可避免地接触各种油污，而使进一步进行表面处理产生很大困难。因此，在金属表面涂装前，必须进行清洁处理，以满足金属表面涂装的需要。涂装前制品表面的清洁，既是涂装的基础，又是涂装不可缺少的重要工序和提高涂膜附着力、耐蚀性的关键环节。因而，涂装前制品清洁质量的高低，直接关系到涂装质量的优劣、涂装产品寿命的长短和市场竞争力的大小，甚至关系到涂装产品价值的高低。涂装前制品表面清洁处理的目的有：

（1）提供清洁表面。

（2）能显著提高涂膜附着力。

（3）能成倍提高涂膜耐蚀性。

涂装前制品表面清洁处理的方法主要是脱脂处理。脱脂处理也叫除油处理，其目的是除去制品表面的工艺润滑油及其他污物，以保证制品在后道工序中腐蚀均匀，形成均匀的化学转化膜，保证涂膜有良好的附着力，从而提高涂装制品质量。

在选择除油方法时，首先要了解油污的性质和种类，如果选择不当，将直接影响清洗效果。金属表面上的油污主要有矿物油，动、植物油，脂肪酸或合成的极性化合物，石蜡，天然蜡或树脂，石墨，氧化铝，二氧化钼等固体润滑剂或磨光添加剂以及各种防锈添加剂。除油方法有下列几类：有机溶剂除油、化学除油、电化学除油和水基清洗除油等，此外还有机械除油。根据油污的性质及工件的材料、形式和生产方式的不同而采用不同的方法。

选择清洗剂一般按这样的原则：（1）金属工件表面的油污是矿物油、植物油、细金属屑、磁性墨水时，用汽油、三氯乙烯清洗；（2）金属工件表面被抛光膏、研磨膏污染时，用三氯乙烯、热煤油清洗；（3）清洗工序为腐蚀工序做准备时，用电化学或化学方法除油；（4）清洗工序为喷涂金属、喷涂油漆、胶接工序做准备时，一般用有机溶剂清洗，工件表面有大量油污时，应先用煤油清洗，然后再用三氯乙烯或二甲苯清洗；（5）金属工件表面油污较少，而下道工序为机械加工工序，可采用水剂清洗；（6）当金属工件所需清洗质量要求特别高时，联合几种清洗方法，采用特种清洗剂。

近年来国内外大力开发以表面活性剂为主要成分的水基清洗除油剂。这类清洗除油剂不仅能除去油污，同时也能除去手汗、无机盐等污垢，还具有不燃、无毒以及良好的缓蚀防腐性能，节约能源，减少环境污染，适合机械化、自动化生产等优点，因此近年来发展较快。

常用的清洗方法有：（1）浸渍法。把金属工件淹没在清洗剂中，油污溶解或乳化，固体颗粒松软，达到清洗之目的；（2）擦拭法。在大型金属工件局部污染或易使金属工件部分损伤时采用，常用汽油、煤油、酒精、三氯乙烷等有机溶剂；（3）喷淋法。把清洗剂增压喷射到金属工件表面上，使油污去除。在采用喷淋法除油清洗时，要特别注意清洗剂中表面活性剂所带来的泡沫问题。泡沫是衡量除油清洗能力的标志之一。泡沫太少，除油效果差；泡沫太多，即使消失速度快，也会大量积累溢出，使生产无法进行。无泡沫的表面活性剂几乎没有除油能力，因此，对于喷淋用的清洗剂，既要保持高效的除油清洗效果，又要抑制泡沫的大量产生。

铝制品属两性金属，可用碱性、中性、酸性溶液脱脂，要根据工件沾附油脂的性质、油污程度选择一种或几种方法并用。典型的碱性溶液脱脂工艺如下：

温度：40～60℃

时间：5～15min

碱性除油剂含量：20～50g/L

控制与调整：每天检查液位3～4次并调整，槽液每周分析一次，并根据化验数据添加，当槽液浓度低于25g/L时，添加一份碱性除油剂，每批次生产前化验一次并调整。

除油效果好坏，关键在槽液管理。槽液使用时间过长，温度过低或处理时间不够，都会引起除油、除污不净，直接影响制品涂装表面质量，造成报废，在实际生产中应引起操作的重视。制品清洁不够表现为铬化膜无光泽或有斑块不上色，在固化工序油斑受热爆出造成起泡甚至涂层脱落。

制品除油处理后经铬化、烘干处理，就可以上件待喷涂。经前处理过的制品应该尽早喷涂（最好是当天）。如果达不到，必须保证免受湿气、油脂、蜡或其他污染物等带来的污染。表面上任何外来的物质均会对喷涂质量产生不良影响。装卸经前处理过的制品必须戴干净的无绒手套，以防止由皮肤上的油脂带来的污染。上件时必须认真清理工件表面附着物并自检，上件后检查表面清理情况，最后必须用压缩空气吹掉工件表面尘屑。

化学除油：利用热碱溶液等物质通过化学反应进行除油称化学除油。热碱溶液一般使用烧碱（NaOH）、纯碱（Na_2CO_3）、磷酸三钠（$Na_3PO_4 \cdot 12H_2O$）等热溶液，这类水溶液具有极强的碱性。而动植物油的主要成分是脂肪酸甘油脂，它能与碱性溶液发生皂化反应，使油污成为水溶性脂肪酸钠皂和甘油，溶解分散在清洗液中，如下式所示：

$$\underset{\text{油脂肪}}{(RCOO)_3C_3H_5} + \underset{\text{碱}}{3NaOH} \longrightarrow \underset{\text{肥皂}}{3RCOONa} + \underset{\text{甘油}}{C_3H_5(OH)_3}$$

当某些矿物油中含有羧酸基和硫酸基时，也能产生同样的现象；而中性矿物油则不能与碱起化学作用，所以在清洗中性矿物油时，碱液中应加入清洗助剂，如硅酸盐、多聚磷酸盐这样的胶体性物质，依靠强碱促使油污从金属表面上解离，随后解离的油污靠胶体物质安定地分散。碱液清洗法是一种传统的清洗方法，目前仍有使用，在使用热碱溶液清洗时应注意各种碱性物质对金属的浸蚀，表2-11-1是各种金属耐碱性的极限值。

表2-11-1 各种金属耐碱性的极限值（pH值）

金属	极限值（pH值）	金属	极限值（pH值）	金属	极限值（pH值）
锌	10	锡	11	硅铁	13.0
铝	10	黄铜	11.5	钢铁	无极限

还必须注意的是碱性溶液清洗后的水洗，因为碱性物质对洁净金属表面的吸附力较强，若水洗不净，将会给后续的涂装工作带来一系列影响。

2. 喷枪操作方法

（1）运行准备

1）打开送排风系统、水帘及压缩空气源。

2）确认喷房内、升降机附近无物体，无操作人员。

3）将控制盘的各电源开关及电路保护装置置于ON位置。

4）将控制盘的主电源开关置于ON位置。

5）确认喷涂机无异常表示。有异常的场合，请查明原因并排除异常。

6）确认控制盘内的“悬链联锁装置”开关置于“入”位置。

（2）涂料的准备

1）准备好涂料罐、溶剂罐及废液罐。

2）确认喷枪前端有无喷嘴。

3）“运行准备”置于ON的位置。

4）涂料泵置于ON的位置。

5）控制面板开关“涂料泵高速”置于ON的位置，并将涂料泵高速回转。注意，涂料泵不得空转，涂料泵空转是涂料泵故障发生的原因之一。

6）在涂料管内有溶剂的情况下，将吸入一侧及返回一侧的吸管举过溶剂罐，使溶剂从管内流出。

7）将吸入一侧的吸管放入涂料罐中，使涂料吸入。

8）确认返回一侧的吸管有涂料出来后，将返回一侧的吸管放入涂料罐中。

9）将“涂料泵高速”置于OFF的位置，停止涂料泵高速回转。

10）将涂料充填至喷枪前端，并选择“清洗换色”画面。

11）雾化空气开关置于ON。

12）涂料开关阀置于ON，在确认喷枪前端吐出涂料后置于OFF位置。

13）雾化空气置于OFF位置。

（3）自动运行

1）将GP画面置于自动运行（操作）模式。

2）确认“运行准备”（盘面开关）是否为“入”位置。

3）确认喷房内及升降机附近无人。

4）将自动运行开关置ON位置，并设置相应工艺条件，包括：上限切割、扩缩方式、油漆吐出量切换模式、升降机速度、纵切割模式、框形切割模式等。至此自动运行准备完毕。

雾化压力：0.6～1.6kg/cm^2；

成形压力：0.7～2.0kg/cm^2；

升降机速度：40～67m/min；

高电压值：60～90kV；

油漆吐出量：底漆80～180cc/min、面漆80～200cc/min、清漆80～180cc/min；

链速：1.2～2.0m/min。

5）运行结束，将自动运行开关置OFF位置。

（4）涂装开始时的操作顺序

1）将手动运行模式置雾化空气 ON 位置，调整空气压力，确认后置于 OFF 位置。

2）升降机置于 ON 位置，高压开关置于 ON 的位置，确认高压值、电流值正常后置于 OFF 位置。

3）升降机台车为手动时，须确认喷枪前端与工件的距离（涂装距离）。

3. 液态涂料黏度的测量

（1）黏度杯

黏度是测量流体运动阻力大小的数值。建议生产上使用 ZAHN 杯，需准备 2#、3#、4# 杯测量常规的和高固含量涂料的黏度。由于黏度杯与测试者测量技巧的差异，黏度杯的测量误差大约为±7s。但同一人使用同一个黏度杯的测量误差应在±2s 以内（量程为 0～60s）。

（2）温度计

温度对涂料的黏度有直接的影响，只有知道了温度，黏度的测量才有意义。建议使用金属指针式温度计测量温度。

（3）黏度的测量

涂料黏度愈高，则雾化性能愈差，对喷涂效率产生不利影响。但从涂层质量因素考虑，则希望黏度尽可能高些，以增加涂料的固体分，使涂层有较好的光泽和丰满度。原漆相对黏度更高，通常使用 4# ZAHN 杯测量黏度，生产线上使用 2# ZAHN 杯测量施工黏度。一般原漆黏度在 17～23s 4# ZAHN 杯（25℃），喷涂状态下的油漆黏度在 11～16s（25℃）。测量时，根据黏度杯使用说明进行操作。同一人使用同一个黏度杯连续测量三次，误差在±2s 内，则可认为测量结果是准确的，取三次测量结果的平均值，即为该油漆在当前温度下的黏度。为了黏度结果的可比性，应将当前温度下的黏度根据温度-黏度换算表（曲线）换算成 25℃时的黏度值。

思 考 题

1. 涂装前制品表面清洁处理的目的是什么？
2. 选择清洗剂一般的原则是什么？
3. 常用的清洗方法有哪些？
4. 液态涂料黏度怎样测量？
5. 怎样操作喷枪？

11.2 换漆操作

1. 液相静电喷枪的工作原理

液相静电喷涂是对喷枪施加负高压，对被涂工件做接地处理，使之在工件与喷枪之间形成一高压静电场。当电场强度（E_0）足够高时，喷枪针尖端的电子便有足够的动能，它冲击枪口附近的空气，使空气分子电离产生新的离子和电子，空气的绝缘性产生局部破坏，离子化的空气在电场力的作用下产生电晕放电，当液相涂料粒子通过喷枪口时便带上电荷变成带电粒子，在通过电晕放电区时，进一步与离子化的空气结合而再次带电，带电的涂料液滴受同性相斥的作用被充分雾化，并在高压静电场的作用下，向极性相反的被涂工件方向运动并沉积于工件表面而形成均匀的涂层。液相静电涂装示意如图 2-11-1 所示。

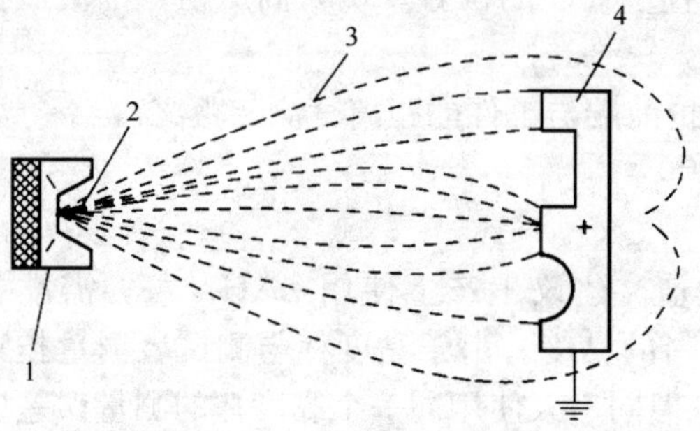

图 2-11-1　液相静电涂装示意图

1—静电喷枪；2—负高压电极；3—电力线；4—被涂工件

当电场强度继续增强超过极限（E_{max}）时，枪口与工件之间的空气层完全电离并被击穿而形成火花放电，这时很容易产生火灾。因此，在静电喷涂作业时，电场强度 E 应选择在 $E_0 \sim E_{max}$ 之间，在实际生产中，E 为 $-60 \sim -90$kV。静电喷涂也可采用对喷枪施加正高压，即采用正极性电晕放电。但其电晕放电的起始电压比负极性电晕放电的起始电压要高，且电晕放电的电压范围较窄，容易击穿而产生火花放电。因此实际应用中多为负极性静电喷涂。

静电喷枪有三个系统即空气系统、油漆系统和高压系统。

（1）空气系统：用空气雾化油漆和对空气进行整形，形成适合喷涂的漆雾。

（2）油漆系统：由油漆喷嘴、油漆管等组成，是喷枪输出油漆的系统。

（3）高压系统：在油漆雾化喷涂的过程中，对油漆施加高压的装置。在工作时，油漆在雾化空气的作用下雾化，在成形空气作用下形成适合喷涂的形状，并在此过程中对涂料施加高电压，喷出涂装工艺所需要的带静电漆雾。

2. 静电喷枪的结构

侧喷式静电涂装方式常用的喷枪有两种：旋杯枪和静电喷枪。它们的主要区别在于雾化方式不同。

静电喷枪是利用空气压力与静电电离来雾化涂料，并使之带上静电。空气雾化静电喷枪有压缩空气辅助输送涂料的作用，可以有效地克服静电的法拉第效应，提高喷涂的均匀性，减少色差。

旋杯枪是用旋杯高速旋转的离心力雾化涂料，并使之带上静电。旋杯枪静电效果强，上漆率高，但由于静电效应会出现色差现象。旋杯式静电喷枪结构原理如图 2-11-2 所示，因枪口为一旋转的杯状结构而得名。当高电压施于旋杯时，其表面的电荷分布与表面曲率有关，旋杯表面曲率越大，则电荷密度越高，所以旋杯一般都是锐边型的。旋杯的转速一般在 2000r/mim 以上，最高可达 6000r/min。旋杯的驱动形式有电动式的，其转速较低；新型旋杯多采用气动电机驱动，其转速较高，更

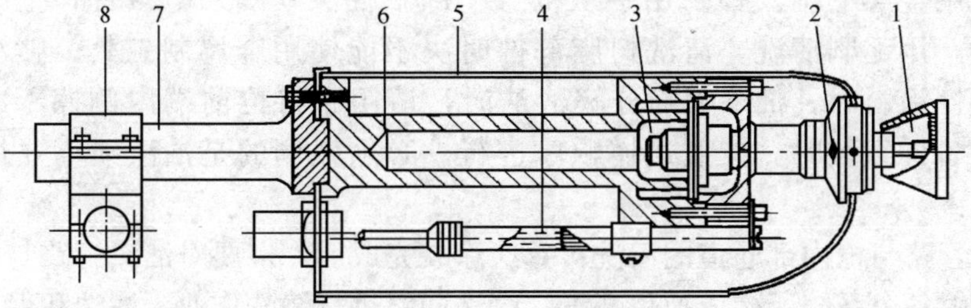

图 2-11-2 旋杯式静电喷枪结构原理

1—旋杯；2—涂料入口；3—空气马达；4—高压电缆；
5—绝缘罩壳；6—绝缘支架；7—悬臂；8—支座

有利于漆液的雾化。

静电喷涂供漆系统是通过变频器控制油漆的吐出量来实现定量供漆的。其工作原理是防爆电机驱动主动齿轮，带动从动齿轮同轴上的齿轮泵转动，齿轮泵（K泵）每转动一周输出 1.5cc 或 3.0cc 的油漆，这样就可以通过控制变频电机的运转转速实现定量向喷枪提供油漆。供漆系统的供漆量的单位是以毫升/分（mL/min）为计量单位，以表示每分钟的实际油漆吐出量。供漆齿轮泵（K 泵）常用的规格有 1.5mL/r 和 3.0mL/r，3.0mL 的泵吐漆量比 1.5mL 的泵每转大 1 倍，所以在喷涂油漆吐出量大的场合，推荐使用 3.0mL/r 的齿轮泵，这样可以延长泵的使用寿命，降低成本。

静电喷枪喷涂是采用由空气控制的三路阀（亦称三位阀或三通阀）进行油漆开关控制的。三路阀有一个油漆进口，两个油漆出口，并有一个信号空气进口。信号空气由此进入阀门的气缸。其工作原理是在开启油漆开关时，进入气缸的空气压力大于机械弹簧的压力，将气缸的活塞推到油漆通路开启的一侧，阀门活塞同轴的阀芯关闭油漆回流通路，这时油漆经三路阀的油漆输出口输送给喷枪，当信号空气关闭时，弹簧的压力将活塞同轴的阀芯推到油漆回流口开启的一侧，同时关闭了油漆输出口，油漆经三路阀从加流口流回油漆桶。

3. 静电喷枪的保养

（1）喷枪的保养

要高效率使用喷枪，保持枪的清洁是非常重要的。枪的绝缘体必须经常保持没有油漆堆积的清洁状态。空气喷嘴如果被油漆污染的话，将影响雾化及成形空气的形状。

清洗喷枪时须准备好以下工具：与使用涂料相适应的溶剂和容器、专用毛刷和布、油漆喷嘴专用扳手。

1）枪的清洁。切断高电压后，先把空气喷嘴从枪身上取下。注意，不先取下喷嘴的话可能会损坏喷嘴。换上备用的喷嘴，用毛刷仔细除去喷嘴的污物。

请不要使用金属毛刷及针。用手从枪身上卸下油漆喷嘴、电极针，把电极从喷嘴处取出，用毛刷清洗。清洗树脂部件时决不能使用金属制工具。喷涂完银粉漆、导电性涂料时，油漆喷嘴分解清洁时，请用布将枪前端内侧擦干净。清洗后部件或备件组装时，按上述逆顺序进行。必须强调的是油漆喷嘴要用专用扳手旋紧。

油漆管路与枪内部通道的清洗：每次涂装完成后一定要对油漆管路与枪内部进行清洗。由各个系统所构成换色装置、清洗回路进行清洗作业。清洗和保养静电喷枪时一定要在停车、关闭高压静电的情况下进行。

喷枪表面上的污染要随时清洁，尤其是金属漆的污染，残存在枪外表会造成高电压的漏电，还容易因此产生放电火花。清洗时要用干净的溶剂反复擦拭，有的型号喷枪内部装有电阻，要经常检查电阻的接点有无烧蚀、氧化，有的喷枪内部装有高压发生器，保养时喷枪不得浸泡或使稀释剂进入高压部分。

2）空气喷嘴的保养。空气喷嘴有雾化空气喷出孔和成形空气喷出孔，要保持这些孔的流畅。如有堵塞，可用稀释剂浸泡后用毛刷疏通（严重时可用针），每次喷涂结束时均要用软毛刷清扫表面。

3）油漆喷嘴的保养。每次喷涂结束时，要用稀释剂清洗整个回路，在拆装油漆喷嘴时注意不碰伤电极针。安装时要用专用扳手轻轻地紧固，油漆喷嘴是用塑料、尼龙等材料制成的，用力过紧会伤及螺纹，造成密封破坏。

4）电极针的保养。电极针是和高压电缆连接的，安装时电极针要与高压接点连接牢固，电极针弯曲时，用手轻轻地调直。

5）齿轮泵的清洗和保养。在工作完成后要清洗齿轮泵。清洗时，一定要将泵内残漆清洗干净。泵高速时，避免在无稀释剂的情况下运转。泵在使用稀释剂类水介质时，泵的磨损大于普通油漆，金属漆由于油漆中含有金属颗粒，泵的磨损也大于普通油漆。在使用中尽可能减少泵的空运转时间，在开关漆泵时，尽量将泵的转速从低速向高速调速，避免直接高速开启，以缓解泵的磨损。

（2）静电喷漆室

静电喷漆室由室体、通风装置、安全装置等构成，室体根据形式可分为敞开式、通过式以及Ω式（Ω式静电喷漆室是利用高速旋转的圆盘将油漆雾化，在静电场的作用下，漆雾飞向工件，当工件通过Ω轨道一程后，在圆盘上下运动的过程中，将工件中的各个部位均匀地涂上漆膜）。其选择依据工件大小、形状、生产批量、吊挂方式等来确定。室体的长、宽、高参数由工件大小以及高压静电喷枪与室壁之间的安全距离要求确定，室体的设计应考虑尽量防止漆雾飞散。通风装置将室内的有机溶剂及时排出室外。随着环保要求的提高，应对排放废气进行处理，可采用水帘式、文氏管式或水旋式等漆雾处理技术。目前普遍采用水帘式处理方式。室体内还需设置安全装置以防因过流而产生火花放电时引起火灾，室内电器配件必须采用防爆型电器。

思 考 题

1. 液相静电喷枪的工作原理是什么？
2. 旋杯枪和静电喷枪在结构上有什么区别？
3. 怎样进行静电喷枪的保养？

第12章 废水处理与纯水制备

对于金属材涂层生产线，无论是卷材涂层还是铝型材氧化上色、电泳以及喷涂前处理，都需要大量的水用于配制槽液和清洗制品。各个处理工序对水质有不同的要求。比如有些工艺槽和水槽可以直接用自来水配制槽液，如除油槽和碱蚀槽，而有的工艺槽就必须用蒸馏水、纯水或是电渗析水来配制槽液，如电解着色槽、电泳涂漆槽、封孔槽。通常工厂所使用的水是工业用水，水中有较多的泥沙和铁锈，向生产线输送前必须进行水质的净化，以达到各工艺槽配制槽液的要求，这就需要一套水净化的装置。生产所消耗的水量，除少量蒸发气化外，其余的就是废水产生的量。废水的来源主要是废弃的工艺槽液和清洗制品的漂洗水，废水中的主要有害物质有酸、碱、氢氧化铝、氟离子、某些重金属离子（镍、铬等），如不处理会引起环境的污染，必须用相应的废水处理装置对废水进行有效的处理，去除水中的有害物质后，才能排放出厂。水作为资源，在金属材涂层生产线上所用的量是非常大的，从可持续发展和清洁生产的要求，把水在工厂内进行闭路化循环，可给工厂带来巨大的经济效益和社会效益。

12.1 废水处理

1. 中和剂和絮凝剂的配制方法

废水处理的主要工作是调节废水的酸碱度，使金属离子以氢氧化物沉淀的形式与水分离，这个过程中，需要向废水中添加中和剂和絮凝剂。中和剂一般是硫酸和烧碱，但不能直接向废水中添加浓硫酸和固体烧碱，这样不容易控制反应结果，也不符合安全操作。中和剂应该是具有一定浓度的硫酸和氢氧化钠溶液，硫酸溶液的配制就是稀释浓硫酸。浓硫酸溶于水时，能与水按任意比例互溶并生成水合物，同时也产生大量的热，因此稀释浓硫酸时会放出大量的热。在进行稀释浓硫酸的操作时，一定不能将水倒入浓硫酸中，若将水倒入浓硫酸中，由于水的密度小于浓硫酸，水会浮在浓硫酸的表面，接触面积大，在水和浓硫酸的接触面处发生溶解和水合反应，所放出的大量热量，难以及时扩散，使温度迅速达到酸液的沸点，液体沸腾时四处飞溅，易发生伤害事故。若将浓硫酸慢慢倒入水中，浓硫酸与水的接触面积较小，水的比热较大，加之搅拌，热量可迅速扩散，避免发生危险。因此，在稀释浓硫酸时，具体配制操作方法为：先在容器内装入大半体积的水，然后边搅拌边打开浓硫酸的管路阀门，使浓硫酸缓慢流入水中，避免剧烈搅拌和浓硫酸快速加入，否则也会使酸液溅出。氢氧化钠溶液的配制就是固体的溶解，因为工业用的氢氧化钠都是固体桶装烧碱或固体片状烧碱，配制操作的方法是：向水中加入固体碱，搅拌至全部溶解为止。配制氢氧化钠溶液时还要注意，因氢氧化钠固体溶解时也会释放大量的热，使溶液温度升高，溶解度就更大，如果不进行稀释就将饱和溶液装入容器，随着温度下降溶解度的降低，氢氧化钠会从溶液中结晶析出，导致管路堵塞。中和剂的浓度不要求十分精确，但也不能过高或过低，浓度过高时添加稍过量就会超出所要控制的 pH 值范围；浓度过低时调节 pH 值的速度太慢，尤其是连续处理废水时，废水已经流出反应池，pH 值可能还未调节到终点。所以应该根据废水的酸碱度来决定中和剂的浓度，一般废弃的阳极氧化槽液可直接作中和剂使用，与此对应，氢氧化钠作中和剂其溶液的浓度就应在 200～300g/L。

絮凝剂在废水处理中的作用是使细小的固体颗粒凝聚成体积大的固体团块，从而能顺利地在水中发生沉淀反应。絮凝剂可分为无机盐类和有机高分子化合物两大类，常用的絮凝剂有碱式氯化铝、聚合硫酸铁、聚丙烯酰胺等。废水处理时对絮凝剂的投放量要求准确，所以配制絮凝剂溶液时要严格控制浓度。操作时应先在絮凝剂溶液桶中放入 2/3 体积的水，再将固体或浓缩液、胶体形式的絮凝剂定量加入，再补水到标准体积，控制好搅拌强度，不能过于剧烈，防止破坏高聚物的长链分子结构。聚丙烯酰胺（PAM）是废水处理中最常用的絮凝剂，分子量很高（103～107），水溶性强，能够进行多种化学反应。若 PAM 为固体粉末，配制溶液时先在溶解槽中加定量水，再定量加入 PAM，以 60～120r/min 的速度搅拌，适当加热、加入少许氢氧化钠能加速其溶解和水解，但不能超过 40℃。此溶解过程可达数小时。若 PAM 为不完全水解的胶体时，配制时只需加入水中搅拌至完全溶解即可，通常固含量为 4%～8%的 PAM 需溶解 30～60min。

2. pH 试纸使用方法

试纸是化学分析中的基本检验工具，是把某些化学物质附着到滤纸上，当与被检测物接触后，化学物质变色或因发生化学反应而显色，可根据试纸的颜色变化和深浅来分析判断被检测物性质。常用试纸主要有：pH 试纸、蓝色石蕊试纸、红色石蕊试纸、酚酞试纸、碘化钾试纸等。pH 试纸是用来测定溶液酸碱度的；蓝色石蕊试纸是用来检验酸性气体和溶液的；红色石蕊试纸和酚酞试纸是用来检验碱性气体和溶液的；碘化钾淀粉试纸是用来检验氯气的。在废水处理过程中要测量废水的酸碱度，需要用附着有酸碱指示剂的 pH 试纸。pH 试纸有广泛 pH 试纸和精密 pH 试纸两类。广泛 pH 试纸的测量范围是 1～14，最小 pH 单位是 1，而精密 pH 试纸的测量范围一般在 5 个 pH 单位左右，最小的 pH 单位是 0.5，所以其准确性高于广泛 pH 试纸。可根据废水的具体情况来选用试纸，通常是用广泛 pH 试纸。pH 试纸遇到酸碱性强弱不同的溶液时，显示出不同的颜色，每本 pH 试纸都配有标准比色卡，用以对照确定溶液的 pH 值。标准比色卡的颜色与 pH 值的对应关系为：赤（pH=1 或 2）、橙（pH=3 或 4）、黄（pH=5 或 6）、绿（pH=7 或 8）、青（pH=9 或 10）、蓝（pH=11 或 12）、紫（pH=13 或 14）。用 pH 试纸可以检测气体或溶液的 pH 值，当检测气体物质时，操作方法为：先用少许蒸馏水将试纸润湿，并使其粘贴在洁净玻璃棒的一端或用镊子夹住，然后靠近待检气体。如果是检测溶液，其操作方法为：用洁净的玻璃棒或类似物沾取待检溶液后滴到试纸的中部，待试纸变色后，立即与标准比色卡比较来确定溶液的 pH 值。也可以将试纸浸入被测水样中，半秒钟后取出，与标准色板比较，记取相应的 pH 值，但试纸浸入溶液时间稍长，就会脱色，使测量结果不准确。测量溶液 pH 值时，试纸不可事先用蒸馏水润湿，因为润湿试纸相当于稀释被检验的溶液，也会导致测量不准确。

因 pH 试纸上附着有化学物质，在日光下和空气中以及大的湿度或遇酸碱性气体，都能使它变质，所以还未使用的 pH 试纸应避光保存在塑料袋或容器里，以免被酸碱气体污染失效，并注意保持存放环境干燥。

3. 酸碱指示剂

一类在特定的 pH 值范围内，随着溶液 pH 值的改变而显现不同颜色的有机化合物。石蕊和酚酞都是酸碱指示剂，在酸性溶液里，石蕊会变为红色，而酚酞则无色；在碱性溶液里，石蕊会变为蓝色，而酚酞则呈红色。

4. 中和反应的原理

铝合金制品表面处理工艺中要用到强酸和强碱，如硫酸、硝酸、氢氧化钠等。所以所产生的废水也具有明显的酸性或碱性，当调整更换工艺槽槽液时，废水中的酸、碱可能达到每升几十克的浓度。在废水处理过程中首先需要对废水进行中和处理，就是向废水中投放酸、碱等中和剂，把废水调节成中性。酸和碱作用生成盐和水的反应称为中和反应。例如，盐酸、稀硫酸等酸与氢氧化钠溶液、氢氧化钙溶液的反应，其反应的实质是酸溶液中的 H^+ 与碱溶液中的 OH^- 结合生成水的过程。反应方程式如下：

$$H^+ + OH^- \longrightarrow H_2O$$

思　考　题

1. 如何稀释浓硫酸？
2. 废水处理中所使用的絮凝剂起什么作用？
3. 怎样用 pH 试纸检测废水的酸碱性？
4. 怎样进行废水的中和处理？

12.2　纯水制备

金属材涂层生产线应配备纯水制备装置，目的是提纯工业自来水，以供金属材涂层生产线配制槽液和清洗用水。必须用纯水的工艺槽有：阳极氧化槽、电解着色槽、化学染色槽、封孔槽、电泳涂漆槽、部分清洗槽。工业自来水所含杂质较多，不能满足工艺对水质的要求。从表 2-12-1 可以看出工业自来水和所需要的水质之间的差异。

表 2-12-1　水质差异对比

项　目	工艺要求的水质	工业自来水的水质
Cl^-	＜0.10g/L	1.75g/L
SO_4^{2-}	＜0.10g/L	5.0g/L
电导率	＜20μs/cm	300μs/cm
pH 值	5.8～6.6	7.0

水质对金属材涂层的产品质量的影响很大，如电解液的 Cl^- 超过 0.10g/L 时，将会使阳极氧化制品的氧化膜层孔隙率增加，表面粗糙疏松，严重时还会发生点蚀，甚至穿孔现象。

Ca^{2+}、Mg^{2+} 的存在会使制品封孔质量无法保证，同时也使封孔槽液的自然损耗增加。在制品进主要工艺槽前的水洗工序若使用自来水，也会因带入过多的杂质而对工艺槽液产生污染，加快槽液报废或更换周期。

(1) 纯水的生产

纯水的生产方法主要有三种：蒸馏法、电渗析法、离子交换法。通常认为蒸馏水是最好最满意的水，但蒸馏水的生产所需要的设备较庞大，成本较高，同时所得水质纯度也较低。电渗析法生产纯水，成本也较高。用离子交换树脂生产纯水，设备少，工艺简单，投资少，所得纯水的质量超过蒸馏水，所以目前普遍使用该方法生产纯水。表 2-12-2 是几种水质的对比。

表 2-12-2　水质对比表

水质＼离子含量	Mg^{2+}	Al^{3+}	Fe^{2+}	Cu^{2+}	Cr^{3+}	Zn^{2+}	SO_4^{2-}	Cl^-	O_2	电导率
自来水	17.0	0.032	0.12	0.03	0.028	0.26	5.0	1.75	0.01	300
二次蒸馏水	0.18	0.036	0.014	0.005	0.018	0.0016	1.0	0.08	7.47	50
去离子水	0.018	0.0053	0.0066	0.001	0.005	0.005	0.02	0.1	8.04	20

(2) 纯水装置及配套设施

离子交换法是采用离子交换树脂对工业自来水进行处理。利用树脂的活性基团吸附的作用，将工业自来水中的各种杂质离子全部除去的一种处理方法。纯水装置一般由离子交换柱和再生溶液配制容器组成，由于工业自来水中的氯离子能使离子交换树脂“中毒”而减少寿命，泥沙也会使树脂的交换能力大大降低，所以在原水进入离子交换柱之前，就应尽量去除氯离子和泥沙。在离子交换柱前分别安装石英砂机械过滤器和活性碳机械过滤器，前者的作用是除泥沙，后者则是除对离子交换树脂有危害的物质，如余氯及有机化学物质。离子交换树脂生产纯水的装置有复床和混合床两种，其中混合床最优。有的企业选用的是复床和混合床共用，这样所得的水质纯度是最高的。其电导率可小于 10μs 以下，见图 2-12-1。

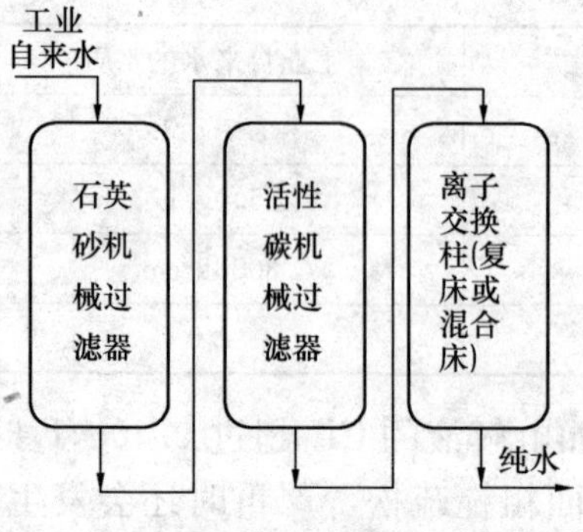

图 2-12-1　纯水制取流程示意图

1. 再生液浓度要求

离子交换树脂在交换过程中，树脂的活性基团吸附水中的阴、阳离子，吸附的杂质离子达到饱和状态时，树脂就失去交换能力，需要通过一定的方法使失效的树脂恢复交换能力，这种处理过程叫“再生”。树脂再生所用的酸、碱溶液称为再生液，酸再生液用于阳离子交换柱的再生，通常采用 HCl 或 H_2SO_4，碱再生液用于阴离子交换柱的再生，一般采用 NaOH。再生液的浓度是非常重要的指标，决定树脂的再生程度，即树脂能重新获得多少交换能力。配制再生剂所用的酸、碱要求纯度高，杂质含量少。对阳离子交换柱来说，盐酸的再生效果优于硫酸，但硫酸再生成本低，且废液处理简便。再生液的浓度通常为：盐酸 3%～5%或硫酸 2%～4%用于阳离子交换柱；氢氧化钠 2%～4%用于阴离子交换柱。如果再生液是靠水射流所产生的负压而虹吸进入离子交换柱时，再生液的配制浓度就要调高，因为这种操作方法是再生液与水同时进入离子交换柱，那么就需要计算水流与再生剂的流量比例，也就是管路断面积之比，即为再生剂浓度调高的倍数。相当于所配制的再生液虹吸入离子交换柱后，被水稀释到规定的再生浓度。配制再生液时，要测量浓度，可以用化学分析的办法，也可以用密度（比重）计测量溶液密度，再进行换算。因为盛装再生液的容器一般来说是固定的，配制过程是先向容器内加水，再添加化学试剂。可以在容器上作出水位线标记和定溶线标记，两条线之间为化学试剂的添加量。配制再生液最好是用纯水，杂质少，离子交换柱使用寿命长，可以在离子交换柱正常工作时先将纯水注入容器中，为配制再生液做好准备。

2. 离子交换系统反洗的操作方法

当确定水质已经达不到要求时，应停止供水。离子交换柱再生过程分为三步：离子交换柱反洗、再生、淋洗至水质合格。反洗是指当树脂吸附一定量的钙镁离子失去交换能力后，进行再生之前先用水从离子交换柱自下而上地进行清洗。反洗的目的一是使树脂层松动，再生时有利于树脂充分接触再生液；二是将树脂表层积累的泥沙等悬浮物或是一些因破碎而体积变小的树脂颗粒冲洗出去。离子交换系统反洗的操作对再生质量有重要影响。

(1) 单离子交换柱的反洗

对于单离子交换柱（图 2-12-2），反洗时打开反洗进水和排水阀门，关闭交换柱的其他阀门。从离子交换柱底部注入清洗水，此时

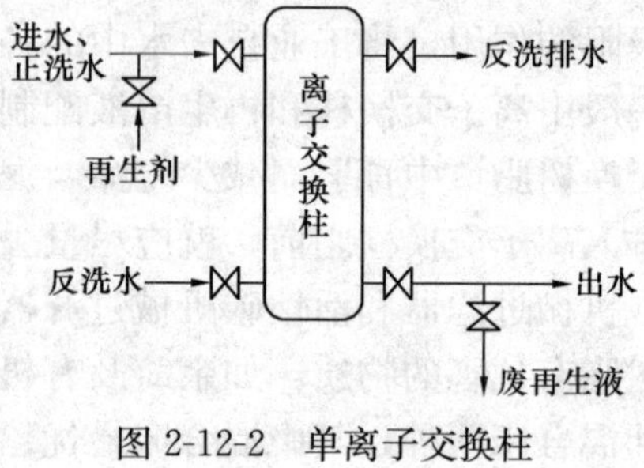

图 2-12-2　单离子交换柱工作原理示意图

阴、阳离子交换柱都处于反洗工作状态。反洗水流量要先大后小，目的是使树脂充分疏松。但水流量不能过大，以免把树脂冲出。反洗操作应持续 15～20min。

（2）混合离子交换柱的反洗

对于混合离子交换柱（图 2-12-3），若是复床和混合床串联使用的，则先使混合离子交换柱前面的阴离子交换柱处于工作状态，混合离子交换柱处于反洗工作状态。用阴离子交换柱的出水反洗混合柱，水流量也要先大后小，同时打开压缩空气进气阀门，对树脂进行搅拌，使树脂充分疏松，反洗操作应持续 10～15min。然后再对树脂进行反洗分层操作，向交换柱内注水，使液面高于树脂层高度约 20～40cm。关闭进出水管阀门，打开压缩空气阀门，压力逐渐减小至零，由于阴阳离子树脂密度不同，所以在沉降过程中发生分离，从观察窗处可以检查是否分层完全。使树脂分层是使用不同性质的再生液对两种树脂进行再生的需要。

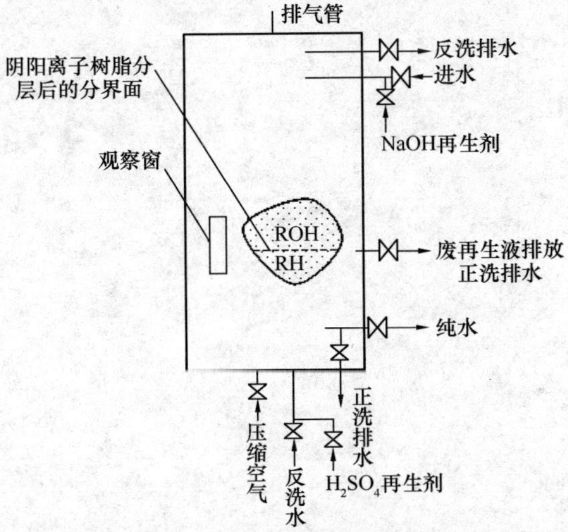

图 2-12-3　混合离子交换柱工作原理示意图

3. 纯水电导率、pH 值检测方法及合格指标

电导率是物质传送电流的能力，是电阻率的倒数。在液体中常以电导率来衡量其导电能力的大小。纯水的电导率是衡量水质的一个很重要的指标。它能反映出水中存在电解质的多少的状况。电导率越高说明水中的电解质离子越多，水质越差。对于铝合金制品表面处理用纯水，其电导率应不大于 20μs/cm。有的纯水装置上带有电导率仪，能直接读数。纯水的电导率可用电导率仪进行测量，若是用电阻率来衡量纯水水质，则应不小于 0.05cm/μΩ 才合格。另外还可以用 pH 试纸来检验纯水，一般水质合格的纯水，其 pH 值略小于 7，约为 5.8～6.6。而随着纯水 pH 值的上升，水逐渐变差，因试纸的检测结果太过于粗略，要得到准确的纯水 pH 值只能用 pH 计测量。但纯水的 pH 值测量存在重复性差的问题，这是由于水样的导电性差，以及吸收 CO_2 等因素引起的，所以测试时电极尽量放在烧杯底部，这样可以最大程度地不受吸收 CO_2 的影响。

思 考 题

1. 为什么工业自来水要进行处理后才能用于工艺槽组？
2. 纯水生产有哪些方法？
3. 什么是离子交换法？
4. 离子交换系统反洗怎样操作？

第 13 章　设备维护与故障处理

13.1　设备保养

涂层工应经过培训持证操作涂层设备，并按设备操作规程正确操作。操作者每天上班时，应先根据点检卡要求，通过目视、耳听、手摸或必要的工具，仪器等手段对设备进行逐项检查、加油和调整，确保铸造设备没有故障才能操作。下班之前必须按照有关维护保养要求或出厂使用说明书，对涂层设备及其随机工装进行维护和保养。

设备的保养除日常维护保养工作外，定期的维护保养通常分为一级保养和二级保养。

1. 一级保养

设备的一级保养是以操作工人为主、维修工人配合进行的保养，一般规定设备每运转 500h 要进行一次一级保养。常用涂层设备的一级保养的内容是：

（1）根据设备的使用情况，对部分零件进行拆卸、清洗、修复。

（2）对设备的各部件配合间隙进行适当调整。

（3）清洗油毡、油线、滤油器；清理油路、管路；加足润滑油。

（4）清除设备的“黄袍”及油污。

（5）清扫电气箱、电动机，做到电气装置固定整齐，安全防护装置牢靠，操纵机械、开关等灵敏可靠。

2. 二级保养

设备的二级保养是以维修工人为主、操作工人配合进行的保养，一般规定设备每运转一年（两班制）进行一次二级保养。常用涂层设备的二级保养的内容是：

（1）除全面执行一级保养内容外，根据设备的使用情况，对部分或全部零部件进行拆卸，检查和保养工作。

（2）对已磨损降低精度的零件，应按照设备的精度要求或根据生产工艺要求进行修复。

（3）根据实际情况，更换或修复所有磨损零件，并为下次二级保养或大修做好备件的准备工作。

（4）对油箱、水箱进行彻底清洗，换油或换水。

（5）对于电气箱，配电线路以及操作控制部位，要全面检查、清洗和整理，达到整洁灵敏，安全好用。

13.2 设备维护

任何一台机械都具有一定的性能，并符合一定的技术要求，能满足某些方面的使用需要。但当它作为一个整体投入使用后，因各部件受到不同因素的影响，会使机械的技术性能和技术状况不断下降，逐步偏离其理想应用状态。当偏离达到一定程度后，它就不再能满足使用要求了，具体表现就是发生了故障。虽然维修工作需要多种专业知识，但都是围绕着故障问题而展开的，都是通过机械故障的现象，运用机械的结构、原理及零件的磨损、断裂、变形、腐蚀、疲劳等理论，分析各零部件（缸、泵、阀、齿轮、轴承、密封件、紧固件、轴类件等）故障发生的微观过程及内在原因和外部影响，从故障的发生、发展到形成的全过程，找出内在和外在的规律性。因为，只有维修人员深入了解机械发生故障的机理规律和影响因素，才能科学地运用维修技术，才能有效地排除故障并预防同样故障再次出现，保持和恢复机械在使用过程中的良好技术状况。

维修工作是一项复杂而又细致的工作，能否正确地检查和分析故障是维修工作的关键。有了先进的维修设备和检测仪器，可以有效地减少维修工作量，提高维修质量和故障的诊断效率。但是，大部分工程机械的使用单位的维修设备和检测仪器很少也比较落后，机械故障的诊断主要靠眼看、手摸、耳听、鼻嗅等直觉经验，维修只局限于机械能恢复运转。这些宝贵经验是在长期的实际工作中慢慢地积累起来的。但是，我们不能认为维修工作仅仅是操作技术，因为随着科学技术的进步，维修思想也在不断地发展，现已有一个更合理、更科学的维修思想，这就是以可靠性为中心的维修思想。修理人员的责任就在于通过机械可靠性影响因素的分析，控制可靠性。合理的维修能保证和恢复可靠性，不合理的维修反而会使可靠性下降。要做到合理维修，维修人员就必须熟悉和掌握机械的结构、性能，零部件的作用，零部件之间的相互作用、相互关系，以及零件的材料性能。开展对机构故障诊断技术的研究，就是研究故障的分析、判断方法和检查程序。虽然故障的检查判断方法是多种多样的，但是有时不可能定期地进行测试，这就需要维修人员用简单的测试手段和直觉经验对机械进行检查、分析和诊断。对机械进行检查、分析、诊断和判断就需要有一定的程序和方法。

1. 了解故障现象和发生的过程

要认真听取故障发生的经过，了解故障的现象。因为不清楚故障的发生、发展及相关情况就不能做出准确的诊断，诊断不准确就不能彻底地排除故障。因此，要想方设法获得最全面、最真实的故障的经过现象。在没有仔细检查和分析每一个环节前，这些现象传递的信息对故障的判断起着很重要的作用。当然有些故障现象不十分明显，有些现象是假象，还有些故障比较特殊，故障现象虽相似，却不是同样的故障，因此还要认识到故障的特殊性，不了解特殊性所做出的结论也是不能彻底排除故障的。要全面了解故障就必须收集故障机械在使用过程中的有关资料。

2. 收集机械使用、保养、维修资料

（1）机械的使用情况

①机械的使用时间。

②故障发生前机械有无异常现象。

③油压、油温、水温是否正常。

④机油、燃油、水的消耗是否正常。

⑤机械运转是否平稳，有无振动和异响。

⑥机械起步、加速、减速、停止是否灵敏可靠。

⑦机械本身功率损耗有无增大，作业时功率有无下降。

⑧机械在什么样的工况下作业。

⑨机械出现故障时是空载、轻载，还是重载。

⑩故障发生后是否立即停机。

（2）机械的保养、维修资料

机械是否不按规定保养和在保养维修中，由于操作人员对机械的结构、零件的作用及技术要求不熟，很容易造成人为机械故障，所以也要仔细地收集和了解这方面的情况。

①机械是否定期保养，更换的各种油料是否与规定的牌号相符。

②最后一次保养都做了哪些工作更换哪些零件，到发生故障时机械工作多长时间。

③更换机油和清洗滤芯时，有无发现机油过脏、变质和金属异物。

④以前机械是否发生过故障，什么原因、拆卸过哪些零部件。

⑤近期是否进行过检修，更换过什么零件，如何进行安装调整。

3. 对机械进行外观检查和运转测试，根据收集的资料结合机械的有关知识进行分析确定对机械进行局部或全面检查

（1）机械有无渗漏油、水和高温痕迹。

（2）各皮带松紧度是否标准。

（3）各部分零件有无松动，是否齐全。

（4）各部分油、水是否在标准范围内，有无变质。检查时要注意观察是否有机械在使用中因缺油或缺水造成内部零件损坏后，操作者再加油、水的现象；通过资料和检查的结果，经过分析确认机械启动运转不会增加零件的损坏和扩大故障，方可对机械进行运转检查和测试。

（5）听、看机械运转时有无异响，运转是否平稳，有无振动，机械本身功率消耗有无增加。

（6）测试各部油压是否稳定正常。

（7）检查各部的温度变化，对无温度指示器的部位，用温度计或手感的方法进行判断，可参考下列温度对手的感觉变化：40℃感觉发热；50～60℃感觉烫手但能接触 1～2min；80～90℃一触烫得不能忍受。

（8）对一些看不清和不能直接看到的渗漏部位，可用涂显法和贴印法进行检查：涂显法是将机组停止运转，用清洗液将渗漏部位清洗干净，用粉笔涂在渗漏部位上，启动机组后就可以看清渗漏点。这种方法适用于铸件和模糊不清的渗漏点检查。贴印法是将机组停止运转，清洗干净渗漏部位，用一张吸水纸或纸巾贴在渗漏处，启动机组后根据机组转速和渗漏量决定取下纸巾的时间、纸巾上的印油点对应零件的部位就是渗漏点。这种方法多用于不能直接看到的部位。

思 考 题

1. 常用设备保养主要有哪两种方式？
2. 机械故障的诊断有哪些主要直觉经验？

第3篇

金属材涂层工（中级工）

第1章 准备工作

1. 设备的构造及性能

本书所介绍的表面处理工艺包括卷材涂层、氧化上色、电泳涂漆、粉末喷涂、液态喷涂等生产机列，操作人员应了解这些机列的基本性能和结构特点。

（1）卷材涂层：生产线的产能、预处理段槽组的尺寸及结构、涂层机的结构、涂辊的配置、固化炉的长度及固化方式、所能处理的材料最大宽度和厚度。

（2）氧化上色：生产线的产能、槽组的尺寸、整流器的最大输出电流、冷冻机的功率、所能处理的制品最大重量或外形。

（3）电泳涂漆：电泳槽的尺寸、电泳漆回收净化系统的工作能力、电源的输出功率、固化炉的大小及温控方式、所能处理的制品最大重量或外形。

（4）粉末喷涂与液态喷涂：喷枪的数量、喷枪的行程、喷涂室及回收系统的尺寸构造、固化炉的长度与控温方式、传输器的传输方式与长度、所能处理的制品最大重量或外形等。

2. 技能要求

（1）交接班

1）能对交接班情况进行现场确认

接班后，根据上班交班的实际情况，包括口头交班，对存在的问题进行确认，并对可能未反映出的问题进行确认。

2）能对遗留问题提出处理建议

接班根据设备运行、产品质量、生产现场等的实际确认情况，结合本班的控制重点，能对存在的问题或需重视的问题针对性提出处理建议、控制要求等。其目的是能维持设备良好的运行，保证质量优质，产量高效。

（2）准备工具、器具

1）能判断工具、器具是否完好

如游标卡尺，使用前必须进行校零，检查其是否能回到零位；卷尺：使用前检查其是否有折弯、断裂等损伤；钢丝绳、尼龙绳：使用前检查其表面是否有打结、磨损等损伤；检查其额定承受重量是否满足本班吊运要求。

2）能对工具、器具进行一般的维护

能对当班所使用的工具、器具进行简单的处理，如更换某些工具是已经磨损的器件，使之能继续发挥其功能。角向磨光机上的砂轮片、钢丝刷就需要经常更换。

（3）设备运行前准备

1）能对设备性能进行检查，判断设备是否正常

通过各种方法对设备进行检查后，根据设备是否有异常响声、异常气味、跑冒滴漏、外壳发烫、操作不灵敏、不动作等现象判断设备是否正常工作。

2）能处理一般的设备故障

能处理一些简单的设备故障，比如紧固松动的螺丝。

思 考 题

1. 表面处理生产线设备的基本性能含有哪些指标？
2. 设备运行前准备工作有哪些？

第2章 开 卷

2.1 上 卷

为了保证上卷机运行的稳定，若张力过小，易出现松卷及跑偏引起擦伤和折伤等缺陷，而张力过大可能引起断带、打滑，二者均导致停机，因此必须控制好上卷机的张力，保证生产线的正常稳定运行。对开卷机的张力要求如下：

工艺范围：360～1850kg。

根据不同的宽度和厚度，调整其张力系数，保证张力在一定范围内，使带材张紧，见表3-2-1。

表3-2-1 开卷厚度与设定范围

开卷厚度（mm）	设定范围（kg）	开卷厚度（mm）	设定范围（kg）
0.18～0.35	360～500	0.71～1.0	500～700
0.36～0.70	400～600	1.1～1.60	600～900

检查和清擦与带材接触的道路，用湿布、清洗油及带手柄的专用工具进行擦拭，保证导路及辊面光滑清洁且运转灵活，在生产过程中不产生本工序油污、印痕、擦划伤等缺陷。为了保证安全，带材在运行过程中不能擦拭。

思 考 题

上卷机的张力设定范围是多少？

2.2 缝 合

带材缝合的方式一般分为：焊接、粘结、机械缝合。常见的缝合方式是机械缝合。操作工在带材缝合过程中必须要做到迅速，以保证工艺段的正常运行，否则会造成生产线停车，产品会漏涂过烧，操作工在操作前必须要熟悉缝合机的操作程序。

1. 带材缝合机操作作业程序

选择开卷机→点动下线使前一卷料尾到缝合位置→点动上线使后一卷料头到缝合位置→前后带材中心对齐→调整缝合压力→按启动键缝合→按自动键启动入口段→缝合头经碾平辊压平。

2. 带材的缝合过程

带材在缝合前必须按要求对带材的表面、宽度进行处理，处理合格后点动缝合机上的控制按钮，使后一带材的头部对准前一带材的尾部并重叠，这时操作工要注意决不能让前一带材的尾部通过缝合机，避免重新穿带。将带材送入缝合机进行缝合，对厚度较薄的带材（厚度≤0.4mm）在缝合机上缝合两次，保证缝合头在工艺段内不分开，避免断带。带材缝合后，操作手在碾平机上按下自动启动按钮，建立张力，入口段自动和工艺段保持正常运行。图 3-2-1 为缝合机外观图

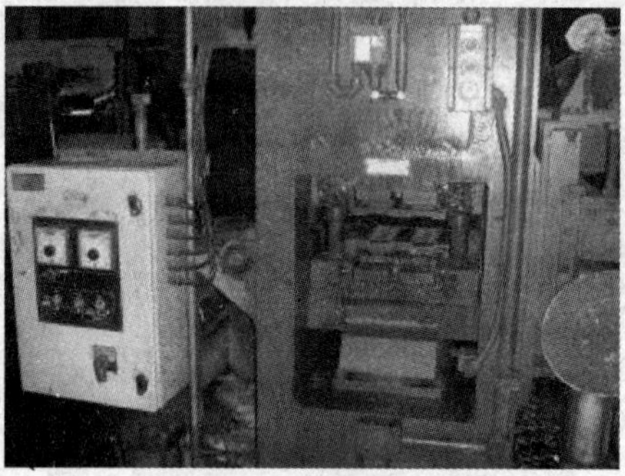

图 3-2-1 缝合机外观图

3. 缝合工艺的优化

目前，一般采用的生产线系连续涂层生产线，铝卷与铝卷之间使用缝合方式连接，以保证生产线连续运行，表 3-2-2 里列出了经过实验得到的各种厚度带材缝合产生的最大张力，数据表明张力与基材厚度成正比的关系。

表 3-2-2 缝合张力与基材厚度的关系

基材厚度（mm）	0.20	0.25	0.30	0.40	0.46
缝合张力（N）	4900	6125	7350	9800	11270
基材厚度（mm）	0.50	0.70	1.00	1.50	
缝合张力（N）	12250	17150	24500	36750	

图 3-2-2 为不同厚度下缝合张力曲线。可以看出，在 0.20～0.30mm 厚度范围内缝合张力与机列运行要求最大张力之差为 0～1470N，由于张力差别小，生产中经常出现缝合头被拉断的现象，因此对缝合工艺进行了如下改进：在接头的上方和下方各垫一块 0.30mm 厚度的与带材宽度相同的铝板，再进行缝合，提高了缝合张力，可满足机列对缝合头张力的要求。采取这种措施后，完全消除了断带。

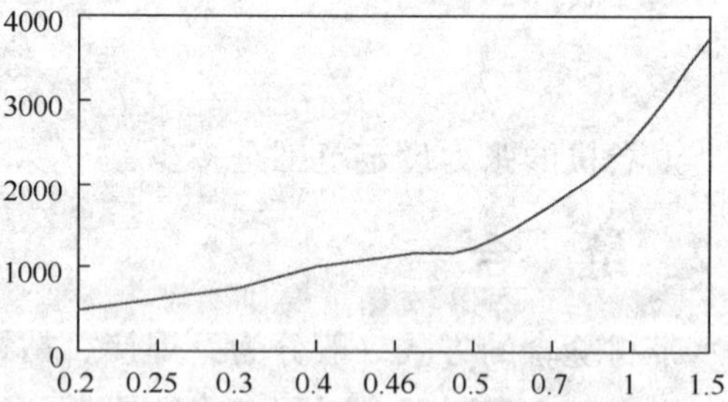

图 3-2-2 不同厚度下缝合张力曲线

思 考 题

缝合机的作业程序是怎样的？

2.3 机列运行速度选择

一般情况下，生产速度根据不同的规格和涂料品种来选定，通常情况下采用以下的基本原则：

①根据基材的厚度而定。薄料（0.2mm以下）的带材，在生产过程中速度过快易产生折（扭）伤，采用低速度生产；厚料（1.0mm以上）的带材，在生产过程中易断带，且生产时间相对较短，缝合和收卷的时间较紧，会造成生产线停车，采用低速度生产。

②根据烘烤炉的长短而定。通常情况下，烘烤炉的长度越长，生产速度就越快，反之就越慢。

③根据涂料的品种而定。一般情况下，聚酯和环氧树脂在涂料盘内流动性能较好，表面不易产生橘皮、条纹、亮条等缺陷，可采用较快生产速度；氟碳涂料在涂料盘内流动性能较差，表面易产生橘皮、条纹、亮条等缺陷，可采用较慢的生产速度。

④根据基材的宽度而定。一般情况下，带材宽度大于涂辊宽度×0.9（宽带材）的带材，采用较慢的生产速度；带材宽度小于涂辊宽度×0.9（宽带材）的带材，采用较快的生产速度。

⑤在生产过程中同一颜色，相近带材厚度，不同带材宽度，采用相同的机列速度，机列速度以最宽的为准。

⑥不同生产批次中，同一用户同一颜色，相近带材厚度原则上采用相同的机列速度。

⑦在生产过程中，生产人员可根据生产现场的具体情况来调整，满足产品的质量。

⑧机列速度有冲突的以较低的生产速度为准。

⑨未作特殊要求的原则上采用设备设计的正常生产速度。

思 考 题

选择生产速度的基本原则有哪些？

第3章 预 处 理

3.1 配置清洗剂、转化剂

1. 槽液的配置和调整方法

（1）预处理槽液配制作业规程

①配制前应彻底打扫生产时需用的所有槽子，清理管道及喷淋杆、喷嘴中的污物，调整喷嘴的角度，使喷嘴与带材方向呈约45°角。

②将各级槽中注入洁净水并将供应阀与相应的喷淋阀相通，启动各级工作泵，冲洗槽子并检查所有喷嘴，确保所有喷嘴无堵塞。

③保证1、4、5级使用同种酸或碱。若1、4、5级中碱槽部分因故无法投入使用时，可以用相应的酸槽来配制碱液，但1、4、5级中的酸槽部分因故无法投入使用时，不能用相应的碱槽代替酸槽。

④配制酸液时，用手动方式打开用于酸的1、4、5级部门，关闭相应的碱槽阀门，配制碱液时，打开碱槽阀门，关闭相应的酸阀门。

⑤将水加到离溢流口约100mm处，再加入酸或碱达到规定的浓度。

⑥将2、3、6、7、8级清洗槽用水（2、3级用自来水，6、7、8级用去离子水）加到最高液位处。

⑦操作手应保证所有槽子中的蒸汽加热器被水浸没，然后打开蒸汽阀，将槽子中的水和溶液加热到设定的温度。

⑧操作手将酸槽中的氟离子、导电率控制器或碱槽中的导电率控制器调到手动或自动控制，把槽液浓度控制在工艺要求的范围内（以化验人员的检测结果为准）。在自动状态下，通过Eurotherm818控制器上的设定值自动控制酸槽或碱槽的浓度；不能自动控制时，操作手应根据化验人员的检测结果把槽液浓度控制在工艺要求的范围内。

⑨闭合各级挤干辊。

⑩启动循环泵。

⑪启动清洗段排气系统。

（2）铝材化学槽液配置的作业规程

先用自来水洗净槽子、管道系统，继续用去离子水冲洗两次，根据生产需要，加适量的去离子水于槽内，按一定比例加入铝材用转化剂，搅拌、化验、补正到［Cr^{6+}］要求的点数。

2. 水电导率检测方法

水电导率检测的目的是测量去离子的水质，电导率高表示水质差，电导率越低水质越好。水电导率是通过电导率仪来检测的，如 LIDA 电导率仪，如图 3-3-1 所示。

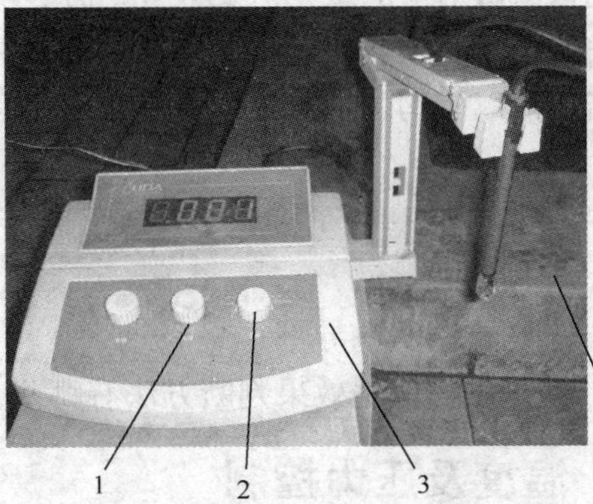

图 3-3-1 LIDA 电导率仪
1—常数设置旋钮；2—校正旋钮；
3—量程选择旋钮；4—电极

LIDA 电导率仪使用步骤：

①用常数设置旋钮选择常数系数。

②量程选择旋钮选择量程范围。

③将校正旋钮旋至校正位置，用去离子水清洗电极，然后将装有去离子水的杯子进行校正。

④将校正旋钮旋至检测位置，进行测量。

3. 基材表面清洗效果判断方法

（1）白纸擦拭法

白纸擦拭法便于生产操作，可以定性判断清洗效果。具体方法：生产时每隔半小时用白色纸巾、中等力度在带材横向来回擦拭 3～4 次，纸巾不发黑为清洗干净。

（2）刷水法

按酒精和水的不同比例来滴定清洗后的带材，通过水的流线情况来判断清洗质量（等级）。具体方法：

1）刷水试验液等级（表 3-3-1）

表 3-3-1 刷水试验液等级

级 别	蒸馏水（%）	酒精（%）	级 别	蒸馏水（%）	酒精（%）
G	40	60	C-1	75	25
F-1	45	55	C	80	20
F	50	50	B-1	85	15
E-1	55	45	B	90	10
E	60	40	A-1	95	5
D-1	65	35	A	100	0
D	70	30			

2）试验方法

将清洗后的带材拉成与水平方向呈 30°～45°角，用滴管将备好的试验液沿带材宽度方向单滴滴在带材表面（根据带材的宽度滴 3～5 滴），观察试液在带材表面的流动情况。

3）判断方法

试液在带材表面呈线性流状，且润湿面积不收缩时，则被检带材的刷水试验级别达到该试液对应的级别（见表3-2-3）。反之，若试液在带材表面不呈线性流状或润湿表面不断收缩，表示被检带材的刷水级别达不到该试液对应的级别。连续流线状是指试液以较均匀的速度，宽度很少变化的流动状态。

思 考 题

1. 怎样配置槽液？
2. 怎样检测水电导率？
3. 基材表面清洗效果判断方法有哪些？

3.2 温度及压力控制

1. 温度控制方法

槽液温度通常采用蒸汽热交换来加热，槽液温度的控制通过调节蒸汽阀的大小来控制。槽液温度低开大蒸汽阀，反之关小蒸汽阀。可以采用人工调节，也可通过温控系统自动调节蒸汽阀的大小来控制温度。

2. 压力控制方法

喷淋压力的控制主要根据压力表的显示值来调节喷淋阀的大小。喷淋压力大关小喷淋阀，反之开大喷淋阀。

思 考 题

1. 怎样控制温度？
2. 怎样控制压力？

3.3 更换辊子

1. 挤干辊质量要求

（1）挤干辊包覆层材质为氯丁橡胶，邵氏硬度为60～70度。

（2）挤干辊轴承转动灵活。

（3）要求表面均匀，不得有严重划伤、碰伤、辊面锥度、胶层缺损等影响挤水效果的缺陷。

（4）胶层厚度≥10mm。

2. 化学涂辊质量要求

（1）化学涂辊包覆层材质为聚氨酯橡胶，邵氏硬度为50～60度。

（2）化学涂辊轴承转动灵活。

（3）要求表面光滑均匀，不得有划伤、碰伤、胶瘤、鼓包、夹渣、砂眼、缩孔、辊面锥度、胶层缺损等影响涂层表面的缺陷。

（4）胶层厚度≥10mm。

3. 化学涂辊表面缺陷产生原因

化学涂辊常见表面缺陷有：条纹粗（走刀纹路）、砂轮印、横向辊印、划伤等。

各缺陷产生原因如下：

条纹粗（走刀纹路）：在磨削时由于横向走刀速度过快或砂轮目数选择过小。

砂轮印：砂轮在修磨时未修磨好。

横向辊印：化学涂辊存放不当（未定期转动存放方向）导致涂辊胶层变形或涂辊长期被化学带料辊挤压变形，产生横线纹路。

划伤：指化学涂辊被带材划伤或被其他尖锐物划伤。

鼓包：指化学涂辊包覆层局部膨胀凸起。

4. 检查挤干辊、化学涂辊质量缺陷方法

（1）缺陷的种类

主要有划伤、碰伤、夹渣、砂眼、缩孔、辊面锥度、鼓包、辊面不均匀等。

（2）缺陷的辨认方法

直观检查法：在适当的灯光下如手照明用目视、放大镜等方法检查辊身，查找缺陷。

水沾湿法：用湿布沾水擦拭辊面，在湿状态下检查辊面缺陷。

5. 挤水效果判断方法

挤干辊挤水效果的判断直接采用目视观察法，观察带材表面水的情况。若带材表面目视无任何水痕，则表明挤水效果非常好。若带材表面目视可见带状、条状水痕或边部有水痕，说明挤水效果差，有水痕的部位表明挤干辊表面有缺陷或挤干辊不水平或存在其他问题。

6. 挤干辊、化学涂辊硬度检测

挤干辊、化学涂辊硬度通常采用邵氏硬度计来测量。

邵氏硬度计的使用方法为：用手拿住邵氏硬度计，将硬度计下端的针尖放在挤干辊或化学涂辊包覆层上，用力压平针尖，硬度计的指针旋转至一刻度值。当指针稳定时指针对应的刻度值即为辊子的硬度。

思 考 题

1. 挤干辊、化学涂辊质量要求有哪些？
2. 怎样检测挤干辊、化学涂辊质量？
3. 怎样判断挤水效果？
4. 如何使用邵氏硬度计？

3.4 操作化学涂层机

1. 化学涂层机构造

化学涂层机结构图如图 3-3-2 所示，化学涂层机主操作面板如图 3-3-3 所示。

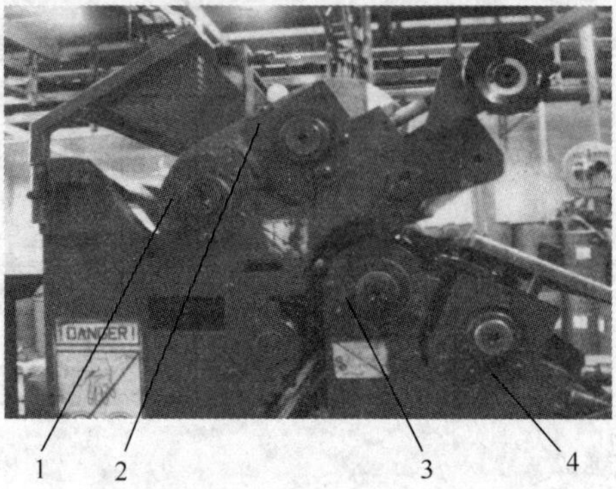

图 3-3-2 化学涂层机结构示意图

1—上化学带料辊；2—上化学涂辊；
3—下化学涂辊；4—下化学带料辊

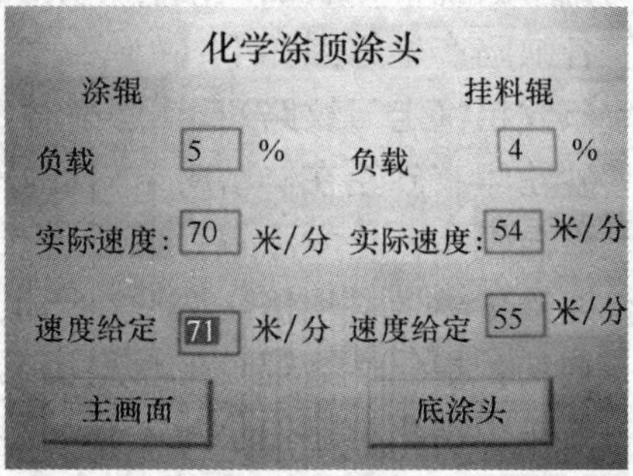

图 3-3-3 化学涂层机主操作面板

2. 辊间间隙调整

辊间间隙的调整主要通过调整辊间压力来实现，转动化学涂层机上涂辊和带料辊的手动摇柄来调节辊间距离。顺时针摇动表示减小辊间间隙，逆时针摇动表示增加辊间间隙。

一般情况是在带材表面漆膜厚度与表面质量发生变化时，要对辊间间隙进行调整，在漆膜厚度偏低时，可适当加大辊间间隙减少辊间压力，主要调整涂辊与带材间间隙，调整量应适当，否则间隙过大会使漆膜表面产生流平纹或厚度不均，在漆膜厚度偏高时，应适当减少辊间间隙，加大辊间压力。

3. 化学涂头升降

升降化学涂头的目的是为了实现涂头与带材接触或脱开，一般升涂头表示接触带材，降涂头表示脱开带材。它是通过控制面板上的升降按钮来实现其功能，按升降按钮即可操作。

4. 喷淋杆堵塞检查

启动循环泵，打开喷淋槽盖直接观察喷淋杆的喷淋情况，若每个喷嘴喷射均匀，表明未堵塞，若发现有喷嘴不喷射药液或不均匀表明嘴喷有堵塞。

思 考 题

1. 了解化学涂层机构造。
2. 怎样调节辊间间隙？

第4章 涂层作业

4.1 调配涂料

涂料是各组分的混合体，各组分的比重各不相同，尽管涂料在涂料厂制作过程中经过严格的工序搅拌均匀后经检测合格后再装入涂料桶中发往涂装厂，在这个过程中随着运输所需的时间及气候温度的变化，在涂料进入涂装线时，仍存在分层现象或不均匀，尤其是涂料厂为保证涂装单位生产的连续和质量稳定，通常会储备一些常规涂料，这些涂料会因为储备时间较长使其中的颜料粉有沉淀现象，特别是在一些含金属粉的涂料中更易产生。

1. 涂料黏度的特点

辊涂产品是由背漆、底漆、面漆、罩光漆等多层漆膜的不同组合而成，各层漆膜受产品成本的要求而采用的涂料性质存在差异，使不同涂料的施工黏度各有特点。

（1）背漆的特点

铝板带涂装中，背漆一般应用于非装饰面或使用面表面质量要求不严格，主要是为了保证涂装产品的防腐性，因此通常采用一次单层涂装，漆膜厚度较薄，一般涂 4～10μm 即可，故而要求涂料黏度较低，以 4 号 FORD 杯（后同）施工黏度在 30～70s 范围内即可满足不同涂装线生产要求，目前随着市场的发展，部分装饰产品的背涂也采用多层涂装，使铝板带正、背两面均作为装饰面，对涂装质量提出了更高的要求。

通常情况下，背漆涂料类型有聚酯和环氧树脂等。

（2）底漆的特点

底漆在涂装作业中主要的作用是增加与板基和面漆的结合力，涂膜厚度要求不高，通常 4～7μm 即可，有时为了最终涂装质量要求，也可略高一些，因此，涂料黏度要求也较低，通常 40～70s 范围。

常用底漆类型有聚酯、聚氨酯、丙烯酸、环氧树脂等。

（3）面漆的特点

面漆和涂装质量作为产品质量的最终表现，其涂装表面质量漆膜厚度与涂料黏度有很大关系。

面漆主要有聚酯涂料和氟碳涂料两种，聚酯面涂漆膜一般要求厚度＞10μm，涂料黏度通常在 60～100s 内调整，由于面涂表面质量要求较高，因而各不同涂装线的施工黏度不相同，这与涂装速度及固化时间有关。要注意的是，涂料施工黏度调整较低，铝带涂装表面易产生条纹等缺陷；施工黏度较高，铝带涂装表面易产生橘皮等缺陷。

氟碳面涂，氟碳涂料涂装的特点是漆膜较厚，一般应＞18μm，故其涂料施工黏度要求较高，常在90～130s范围调整，黏度范围与各涂装线采用的涂料类型有关，因为采用不同系列的氟碳涂料在涂装作业中其流动性差异较大，实践证明，素色氟碳涂料的流动性优于金属粉涂料，而对涂料黏度进行适当调整可使涂料更好地适应于施工的要求，获得优质表面效果。

2. 涂料黏度的调整与控制

各涂装线经过多年的实践，各自均制定有不同类型涂料涂装作业施工黏度要求，但对施工黏度调整是一致的，本部分结合多年的经验，对涂料包装黏度调整和施工过程控制进行说明，并介绍涂料黏度与温度变化的关系。

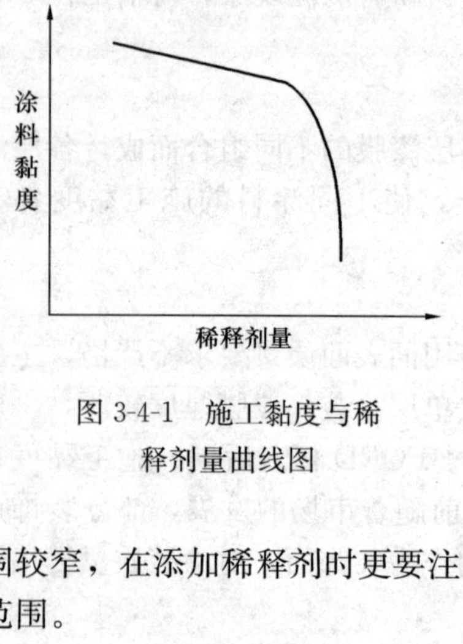

图3-4-1　施工黏度与稀释剂量曲线图

（1）涂料包装黏度的调整

通常情况下，涂料的包装黏度要高于施工黏度，在生产前搅拌涂料时，在包装黏度涂料中加入相应适量的稀释剂对涂料进行稀释，降低涂料黏度，使其达到施工黏度要求。稀释剂完全融合于涂料中，一些涂料刚开始加入时，涂料黏度也许会变化不大，但切忌过快大量添加，否则超过一定比例涂料黏度会急剧下降，超出施工黏度范围，见图3-4-1。

这就要求在加入稀释剂后，要搅拌充分后再测量黏度，避免测量误差，一些涂料施工黏度范围较窄，在添加稀释剂时更要注意，尽量缓慢加入稀释剂，使其渐渐达到施工黏度范围。

（2）涂装过程中对施工黏度的控制

涂装作业过程中，涂料黏度存在变化：其一，涂料中溶剂的大量挥发，使涂料黏度有上升趋势，因而在有条件的情况下可盖上涂料桶，减少生产作业中溶剂的挥发，其二，涂料受涂辊、带料辊剪切力的作用伴随涂料温度升高，使涂料黏度有所下降，如采用胶涂辊则现象更明显。因此在涂装作业过程中，涂层室人员要定时测涂料黏度，根据黏度的变化，不断往涂料桶中补充新鲜涂料，保持涂料的稳定性，最终保证涂装质量稳定。

操作步骤：

1）生产前按工艺要求对经过配置送到涂层室的涂料不断进行搅拌，用黏度杯检测黏度。通常，由于涂料搅拌间与涂层室存在一定温差，使涂料黏度也有些偏差，如检测涂料黏度偏高，可少量加入稀释剂充分搅拌，使黏度达到涂装工艺要求；如检测涂料黏度偏低，可加入部分包装黏度涂料充分搅拌，达到涂装工艺要求。这一过程要求：加入稀释剂一定要少量、逐步进行，避免稀释过量。

2）生产中，控制涂料搅拌速度，以涂料中不产生气泡为准，一般应缓慢搅拌。每1～2h检测一次涂料黏度，防止黏度变化对涂装质量的影响。

3）经常性查看涂层室温度显示，温度有异常变化时，应及时设定、调整温度值，满足涂装作业要求，防止由于温度变化而影响涂料黏度的变化。

4.2 操作涂层机

1. 涂层机主要工艺参数及说明

主要参数包括：涂料黏度、涂头辊速比、涂辊质量以及辊间压力的确定等。本部分主要结合涂层机辊速比的配置及操作进行说明。图3-4-2为涂层机配置图。

图3-4-2 涂层机配置图

（1）涂层机各辊速的配置原则

辊速的设定根据各类涂层机的特点，分为相对速度设定和绝对速度设定，相对速度设定即在涂装线运行速度一定的条件下，涂层机各辊子转速按百分比自动设定，见图3-4-3。

绝对速度设定即根据涂装线运行速度，由操作人员手动设定涂层机各辊子转速比，见图3-4-4。

控制辊速比目的要保证涂层湿膜厚度达到要求来保证干膜厚度，以要使带材表面质量满足产品外观要求，在其他参数确定后，涂层湿膜厚度主要是通过调节涂辊与挂料辊的转速来控制，涂辊挂料辊转速越快，单位时间内涂料涂敷量越大，涂层湿膜就越厚，反之越薄。

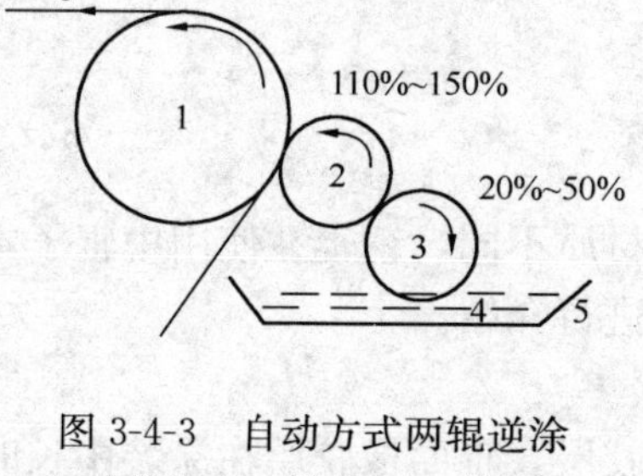

图3-4-3 自动方式两辊逆涂
1—支撑辊；2—涂辊；3—带料辊；
4—涂料；5—涂料盘；6—带材

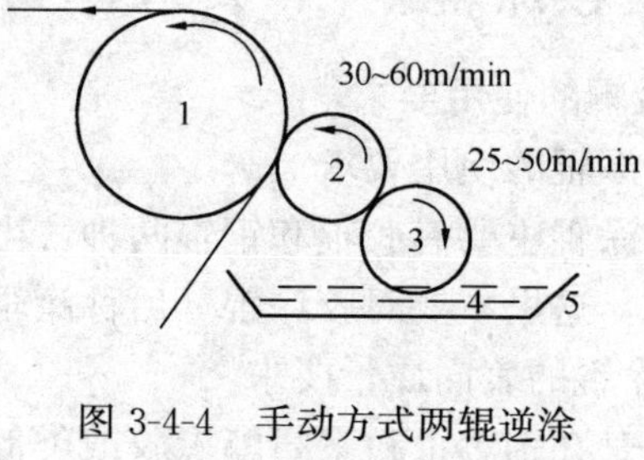

图3-4-4 手动方式两辊逆涂
1—支撑辊；2—涂辊；3—带料辊；
4—涂料；5—涂料盘；6—带材

由于涂辊、挂料辊转速范围较大，各涂装线的工艺制度会有所差异，通常情况下，对于聚酯涂料涂装由于其含量较高，涂辊转速一般在110%～130%，挂料辊转速30%～40%范围内，对于氟碳涂料涂装，其因含量低于聚酯，涂辊转速略高，一般在130%～150%，挂料辊在30%～50%范围内。

（2）过滤网的选择

涂料从涂料桶泵入涂料盘时，应安装过滤网或过滤芯，鉴于涂料类型各种各样，主要有金属粉涂料、素色涂料以及清漆和透明涂料，使得涂料的颜料粒度不一样，这其中以金属粉中颜料粒度最大，素色涂料次之，而清漆和透明涂料中几乎不含颜料。为了保证涂装质量稳定，杜绝涂料中微粒及涂装生产过程中有杂质经涂料中带入辊上，在漆膜上产生线条影响产品质量，涂料在泵入涂料盘时应安装过滤网或过滤器。

考虑到前述不同涂料的特点，选用的过滤网、过滤器要保证涂料的正常流动，如选用过滤网的目数过高或过滤芯的粒度过低，则会使涂料流动受阻，造成涂料在过滤网中堵集引起过滤网爆裂或过滤芯堵塞无法向涂料盘中供应涂料，影响生产进行；反之，过滤网目数过低或过滤芯的粒度过高，则达不到过滤杂质的作用。各涂装厂广泛采用过滤网方式过滤涂料，对于金属粉涂料应选择过滤网目数较低，可在75～120目中选择，素色涂料一般选择150目左右过滤网，清漆及透明漆一般选择200左右的过滤网。

2. 操作步骤

（1）按工艺要求输入涂层机各辊子转速比参数，启动各辊子控制按钮，使各辊子按要求方向转动。

（2）检查辊面有无影响涂装生产的缺陷。

（3）目视检查并调整辊面上涂料的均匀性，转动辊子移动手柄，调整辊间间隙，使各辊保持平直接触。

（4）根据所用涂料类型选择过滤网（芯）。涂料盘中泵入涂料前，先将过滤网固定在涂料泵入涂料盘中的出口端或者在涂料过滤泵上装相应的滤网芯。

4.3 更换涂辊

1. 涂辊的使用要求

（1）涂辊的使用要求

常用涂辊主要有胶辊和钢辊两种，由于材质不同，钢辊在使用中辊子本身消耗损伤较小，这里主要对胶涂辊（后称涂辊）进行介绍。

1）涂辊的表面质量要求

涂辊是在钢芯上衬聚氨酯橡胶或类似的胶层，辊面橡胶层在涂装中长时间接触挂料辊及带材的压力而易受磨损，并同时受涂料中溶剂的长期渗透浸泡会产生一定变形，而胶层接触铝材会受到铝材边部对其造成损伤，因此，涂辊经一段时间的工作后需重新磨削。

涂辊的磨削主要保证辊子的平直度、不圆度、表面均匀细腻，无砂轮印、起泡等缺陷，通常新辊进厂也要进行检测和磨削，合格才能上线涂装。

涂辊作为主要涂装工具，其质量好坏能直接反应在带材表面，如磨削后的涂辊，如辊径大小不一、不圆，辊面存在痕迹，针孔等问题，均会在涂装时使带材表面产生纵横向条纹、点状或不均匀发花等质量缺陷，故而在涂辊上机前要严格检查辊子质量，涂装过程中要随时观察辊子的变化以确保产品质量。一般情况下涂辊平直度要求$<2\mu m$，不圆度$<3\mu m$。

2）涂辊的保存

用过换下的涂辊因受溶剂的渗透，在磨削前应停放24h，待溶剂充分挥发后方能进行磨削，以保证涂辊质量稳定。

涂辊表面材质为橡胶，存放环境温度应以室温为宜，避免因存放温度过高而发生老化的可能，延长涂辊使用寿命。

涂辊如长期存放，应尽量立放或斜放在专用辊架上，尽量避免涂辊水平放置而变形影响使用，同时，对于长期存放的辊子应每隔一周期转动一次，减少辊子变形，可间隔一周转一次。

（2）涂辊质量的检查

涂辊质量检查可分为上机涂装前的检查和涂装过程中的检查。

1）上机涂装前检查

①选择涂辊可用目视及手感，也可通过外界光源按要求检查涂辊表面质量。

②涂辊上机拿干净布或毛巾用清洗剂清洗涂辊表面。

③转动涂辊观察触摸表面合格后使涂辊带上涂料再观察，如辊面无缺陷即可进行试涂作业。

2）涂装作业中检查

①检查涂辊表面湿膜的稳定性及均匀性。

②检查带材主要是带材边部对涂辊有无损伤。

③检查涂料或环境中杂物有无附着在涂辊上或损伤涂辊。

涂辊的作业环境要求较高，就要求操作人员精心操作，正常使用涂辊涂装中要细心观察涂料和带材的变化情况，减少涂辊损伤，提高涂辊使用周期，减少换辊磨辊次数，延长涂辊寿命，但当涂辊损伤而影响涂装时，要及时换辊。

2. 操作步骤

见上述“涂辊质量的检查”。

4.4 涂层表面控制

1. 湿膜测厚仪的构造及使用

在辊涂涂装作业中，通常采用转轮式湿膜测厚仪来测量铝带上湿膜的厚度，使湿膜经固化后的干膜厚度达到质量要求并稳定。

湿膜测厚仪的量程可根据涂装的产品特点来进行配置，主要有 25μm、50μm、125μm、250μm 等不同量程范围的湿膜测厚仪，通常采用较多的是 50μm 及 125μm 量程范围测厚仪，基本能满足常规产品的生产要求。

（1）湿膜测厚仪的构造

图 3-4-5 为常用湿膜测厚仪外观示意图，测厚仪两侧各有一个直径为 50mm 的支撑轮，中央是偏心轮，支撑轮中心的旋转轴的两端各有一个固定用旋钮。

图 3-4-5　常用湿膜测厚仪外观示意图

（2）湿膜测厚仪的使用

使用测厚仪测湿膜时，操作人员手指拿住测厚仪固定旋钮两侧，将测厚仪平稳地接触到运行的正涂铝带表面，使测厚仪旋转，中央的偏心轮与基材间的距离会发生变化，偏心轮基材上涂料层表面接触，涂料开始附着位置的刻度，对应在支撑轮侧面的数值，即表示涂料层的湿膜厚度。

操作注意事项：

①测量应在试涂带或带材头部测量。

②涂装过程中，如干膜有波动，可在带材边部测量湿膜变化情况，尽量少测。

③测量时，必须同时测带材两边，使表面漆膜厚度保持均匀。

④测量发现漆膜厚度变化或不均匀，要及时调整，调整量不易过大以防引起其他性能变化。

⑤测厚仪使用后，要及时擦净测厚仪上的涂料，以保证下次测量准确。

2. 涂装室产品质量控制

（1）不同产品的质量要求

1）建材产品作为目前工业及民用装饰类中主档产品，广泛应用于建筑的室内外装饰，其表面质量要求高，这与涂装室操作人员控制水平有很大关系，与操作有关的产品的质量特点主要有：

①表面色泽均匀一致，无明显橘皮、条纹、色差、划伤、斑点等目视可见缺陷。

②漆膜厚度均匀，漆膜涂层性能符合质量要求，保证其使用寿命。

2）食品类产品主要用于食品包装，与操作人员控制有关的质量特点有：

①漆膜厚度稳定，漆膜性能要满足高温水煮等理化指标检测。

②漆膜表面无明显色差、擦划伤、漏涂等可见缺陷。

(2) 涂装室质量控制要求

①保持涂料在盘中的均匀流动，无涂料聚集，无大量气泡产生。

②涂料盘及涂辊、挂料辊上无异物、杂质存在。

③添加新涂料及正常生产时，涂料黏度始终保持稳定。

④涂装过程中，漆膜表面状态稳定，无明显条纹、橘皮、发花及点状周期性缺陷。

⑤出现常见缺陷，能通过调整辊速，辊间压力及改变涂料流动等方式来保证漆膜质量。

⑥当涂辊工作面出现影响品质的缺陷，应及时停机换辊。

操作步骤如下：

①针对涂膜厚度选择相应量程湿膜测厚仪，按文中介绍的方法，在成品生产前进行试涂时测量涂膜厚度，通过调整涂料黏度、辊速比及辊间间隙使膜厚达到规定要求。生产中，如在线检测发现涂膜过厚或过薄，涂层室操作人员应及时调整膜厚并用湿膜测厚仪测量涂膜厚度，值得注意的是，这时应在带材边部测膜厚，尽量减少测量次数，以减少对涂膜表面的损伤。

②生产中，操作人员要不断观察各辊子辊面状况、湿膜均匀性、带材表面情况以及涂料流动等方面情况，发现影响涂层表面质量的情况做到及时处理，避免产生大量缺陷使产品报废，造成经济损失。

思 考 题

1. 涂装中，涂料黏度发生变化的原因是什么？
2. 金属粉涂料和素色涂料对过滤网的选择有什么要求？
3. 涂辊磨削主要有哪些质量要求？为何要存放 24h 再磨削？
4. 生产中，为何要减少湿膜测量次数？

第5章 固 化

5.1 温度设定和检测

1. 固化工艺

涂膜在固化炉内的整个固化过程中，带材的温度随着时间而变化，通常分为升温、保温和冷却三个阶段，温度与时间的关系即涂膜固化温度曲线如图3-5-1所示。

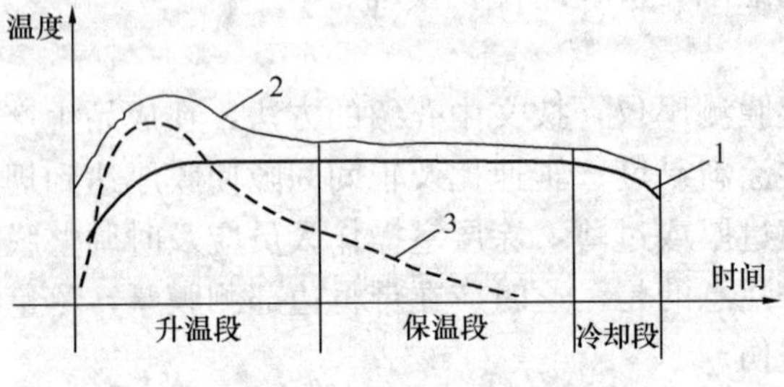

图3-5-1 涂膜固化温度曲线

1—带材温度；2—固化炉空气温度；3—溶剂挥发率

固化工艺与涂料的固化温度、带材厚度、生产速度等因素相关，表3-5-1列举了常用的固化工艺参数。

2. 固化炉安全知识

在点燃固化炉之前必须先启动炉子控制柜上的主排风机，涂层室供气风机，炉子供气风机，初、精涂循环风机。

表3-5-1 铝材固化工艺参数表

带材厚度（mm）	机列速度（m/min）	PMT224～232℃			PMT241～249℃		
		一区	二区	三区	一区	二区	三区
0.2	35	150	235	240	150	245	250
0.3	35	150	240	245	155	250	250
0.45	35	160	250	250	160	260	260
0.6	35	165	265	270	175	290	290
1.0	25	190	280	280	200	300	300
1.2	20	300	300	300	210	320	320
0.6	40	190	330	330	200	350	350
0.7	40	200	340	340	210	360	60

涂层从室温升至所需要的烘干温度为升温阶段，所需的时间为升温时间。在这段时间里，需要大量的热量来加热带材，而大部分溶剂在此时段迅速挥发，容易达到浓度爆炸极限，因此特别需要在此段加强通风，一边排出溶剂蒸汽，一边补充新

鲜空气。升温时间根据涂料溶剂沸点进行选择，沸点高，水温时间宜短（即升温速度较快）以加速溶剂挥发。但升温速度过快，溶剂挥发不均匀，涂层面可能出现气泡等缺陷。一般涂层内 90%的溶剂在升温阶段逸出。

涂层达到所要求的烘干温度后，延续的时间称为保温阶段，所需的时间为保温时间（即烘干时间）。在这阶段时间里，主要是使涂层起化学作用而成膜，但也有少量溶剂蒸发，所以不但需要热量，还需要进行通风并补充新鲜空气。

涂层温度从烘干温度下降，这段时间称为固化炉的冷却时间，一般指固化炉的出口段区域。在这阶段时间里，带材温度开始下降，基本无溶剂蒸发，不需要抽排气，需要热量低。

为了保证涂层室和车间的安全，不允许固化炉的炉气进入涂层室和车间，因此炉内气流设计成负压（即车间气压大于炉内气压）。在生产中固化炉的循环风机、主排风机不允许停止。因此，为了防止排气风机出现故障时，炉内热气流涌向涂层室，要求固化炉的进出口处必须安装防火挡板。风机停止时，防火挡板自动或手动关闭，从而阻挡炉内热流涌出炉外。

3. 根据炉温检测结果判断炉温设定是否合格

在生产中通常采用测温纸，测量带材的 PMT。PMT 达到涂料的固化温度为合格，若 PMT 温度未达到或超过涂料的固化温度，就需要增加或降低设定温度。

4. 炉温变化对产品性能的影响

固化的目的是让涂料溶剂挥发和发生化学交联反应，形成致密的膜。卷材涂料属于高温烘烤型涂料，温度的高低直接影响涂膜的性能，如耐溶剂性（MEK）、附着力、硬度、T 弯等性能。随着温度的升高，耐溶剂性越好、硬度越高，附着力、T 弯性能也越好，但温度超过 PMT 后，附着力、T 弯性能就会降低。

5. 炉子高低水位报警器

其作用是：当锅炉内的水位高于最高安全水位或低于最低安全水位时，高低水位报警器就自动发出报警声响，提醒司炉人员迅速采取措施，防止发生事故。因此为了保证锅炉水位正常，对额定蒸发量大于或等于 2t/h 的锅炉，除装设水位表外，还应装设高低水位报警器。

思 考 题

1. 掌握常见固化工艺。
2. 能分析炉温变化对产品性能的影响关系。

5.2 冷却处理

1. 冷却水质要求

冷却水的目的是将带材温度冷却到 50℃以下。要获得好的装饰表面的涂膜对冷却水的要求非常高，不允许有油污、悬浮物、硬度低以及电导率低等指标，通常情况下采用去离子水或蒸馏水。从喷淋箱回到蓄水箱的水需经过滤系统后再回蓄水箱，以保证水质。采用目视法观察水箱里是否有悬浮物、油污。采用电导率仪器测量水的电导率，判断水的质量。

2. 冷却温度要求

冷却温度指带材经过冷却后带材表面的温度，要求冷却后带材的温度低于50℃。

3. 挤干辊挤水效果检查

挤干辊挤水效果的判断直接采用目视观察法，观察带材表面水的情况。若带材表面目视无任何水痕，则表明挤水效果非常好。若带材表面目视可见带状、条状水痕或边部有水痕，说明差，有水痕的部位表明挤干辊表面有缺陷或挤干辊不水平或其他问题。

4. 冷却效果检查

冷却效果指带材经过风冷和水冷后表面的温度大小。要求冷却后带材的温度低于50℃，可以用红外线测温仪准确测量带材的温度，但为了操作方便，节约成本，一般生产中通过手触摸的方式来判断带材温度的高低，方法：用手背触摸带材，根据皮肤感温情况来判断。若手能长时间放在带材上，说明带材温度合格；若手不能长时间放在带材上，表明带材温度超标。

思 考 题

1. 冷却水质、冷却温度要求有哪些？
2. 挤干辊挤水效果检查方法是什么？
3. 冷却效果检查方法是什么？

5.3 废热锅炉使用

1. 废热锅炉安全操作规程

（1）操作前的准备工作

1）检查电源是否正常，电源开关应合上，电压正常。

2）查看上一班的运行记录，了解锅炉运行状态，如果是停炉，应了解停炉原因和时间。

3）打开供水阀检查自来水压力是否正常（应是0.55MPa左右），锅炉补水箱的水位不应超过玻璃液位计的一半。

4）检查各压力表阀是否打开，各压力表是否灵敏准确，烟囱风门是否打开。

5）检查管道煤气阀门启闭是否正确，管道气压力应在380Pa左右。

（2）启动热水炉供应热水

1）合上配电开关箱内的开关，给锅炉送电。时间继电器开关拨至ON位置。

2）将锅炉电控箱面板上的温度控制旋钮设置到70℃。

3）按锅炉电控箱面板上的开关到ON位置启动锅炉，此时电源指示灯（红）亮，锅炉的风机应该运行，约45s，燃烧器点火，此时指示灯亮（绿），完成启动过程。

4）打开与启动的锅炉相对应的热交换器一次循环水泵管道上的阀门（只启动一台锅炉的情况，则关闭另一台热交换器的冷水阀）。

5）将一次循环泵的转换开关转到“自动”位置，启动与锅炉相对应的水泵。

6）检查热水罐上的温控器是否设定在60～65℃。

7）打开回水泵管道上的阀门，按电钮，启动任意一台回水泵。

(3）运行管理及注意事项

1）经常检查自来水压力、锅炉补水箱水位、石油气压力、锅炉内和热水罐内的水温。以上参数应符合下列要求：

自来水压力0.5～0.55MPa；

补水箱水位不超过玻璃水位计的一半；

锅炉内水温70～80℃；

热水罐内水温60～65℃；

石油气压力280～380Pa。

2）经常检查锅炉和水泵的运行状态。发现锅炉故障指示灯（红）和超温指示灯（红）亮时，要及时排除故障，重新启动。发现水泵有异常声音或严重漏水，必须立即停泵维修。

3）在一次循环水泵运行情况下，热交换器冷水出口温度应超过60℃，如温度低于55℃，则要检查原因，如果是热交换器结垢，则需要清洗处理。

4）两台锅炉应轮流使用，使两台累计运行时间大致相同。

5）接班后，交班前必须记录设备运行状态（参数），平时每两小时记录一次。

6）如需锅炉自动定时启、停，则将时间继电器调至所需的启、停时间，开关拨到“AUTO”（自动）位置。此时应关掉相应的一次循环水泵，待锅炉启动时，再启动循环水泵。

7）如锅炉内或热水罐内的水放干净，重新加水后，必须将管道内的空气排干净，否则循环泵或回水泵不能工作。

(4）停炉操作

1）按锅炉电控箱面板上开关到“OFF”位置，锅炉即停止运行。

2）将一次循环水泵转换开关转至“停止”位置。

3）如用户不需要供应热水，则停止回水泵运行；如用户继续用热水，则回水泵继续运行。

4）关闭石油气阀门。

5）打扫锅炉房卫生。

(5）设备维护和保养

1）如果连续停炉超过三天，则重新启动需将供水系统（包括热水罐）内的剩余水排放干净，重新灌入新鲜的自来水。

2）锅炉内的一次循环水三个月更换一次（注意：任何时候锅炉内必须充满水）。

3）一般情况下，一年用高级除垢剂清洗一次板式热交换器。如结垢严重，影响热交换，则随时进行清洗。

4）如发现锅炉内结垢严重（具体反映在排烟温度明显升高和每小时用煤气量明显增加），则请厂家技术人员指导清洗锅炉（清洗剂对金属应无腐蚀性）。

5）系统的压力表和温度计每年要送技监部门校验一次或更换新表。

6）石油气系统出现故障，不是紧急情况一般不要自行修理，应及时通知燃气公司来处理。

7）操作人员除熟悉本规程外，还要熟悉本供热系统设备（如锅炉、水泵、热水压力罐等）的结构、性能和维护、保养要求。按设备的使用说明书的指引进行维护保养。

2. 废热锅炉压力、温度控制

（1）压力表

锅炉上使用的压力表是测量锅炉气压或水压大小的仪表。司炉人员可通过压力表的指示值，控制锅炉的气压升高或降低，对热水锅炉可了解循环水压力的波动，以保证锅炉在允许工作压力下安全运行。

下列位置需装设压力表：

1）热水锅炉的进水阀出口和出水阀进口。

2）热水锅炉循环水泵的进水管和出水管上。

3）蒸汽锅炉给水调节阀前。

4）可分式省煤器出口。

5）蒸汽锅炉过热器出口和主气阀之间。

6）燃油锅炉油泵进口，出口。

7）燃气锅炉气源入口。

（2）温度表

温度是热力系统的重要状态参数之一。蒸汽锅炉生产的蒸汽、热水锅炉热水出口温度、烟气温度是否满足要求以及风机和水泵等设备运行时温升是否在许可的范围内，都依靠温度仪表对温度的测量来进行监视。

锅炉上常用的温度仪表有：膨胀温度计、光学温度计和热电偶温度计。

1）膨胀温度计，是根据液体体积随温度变化而变化的物理特性制成的。一般用水银、酒精等作为工作液体。在锅炉上使用最多的是玻璃管水银温度计，因为它的测量范围大，精度较高，构造简单，价格便宜。

2）光学温度计，通常被用来测量炉膛温度。

3）热电偶温度计，两种不同的导体接触构成回路时，回路中将产生电势，这种电势的大小直接与两个接点之间的温度差有关，这种现象称为热电效应。利用热电效应制成的感温元件就是热电偶，利用作为感温元件组成的温度计就是热电偶温度计。热电偶温度计测量精度高，测量范围广，构造简单，使用方便。

思 考 题

1. 掌握废热锅炉的操作。
2. 能控制废热锅炉的温度、压力。

第6章 收 卷

6.1 卷取机的工作原理

把被涂层后的带材卷取或卷绕成卷的装置或机器称为卷取机。在涂层生产线上常用的卷取机是带张力卷筒的卷取机。这种卷取机通常是在冷状态下，带有张力的情况下卷取涂层带材用的。这种卷筒能够使涂层带材在卷取过程中保持张力，因而使涂层带材在卷取过程中板面平直，方向稳定，不抖动。为了便于卸下板卷，带张力卷筒的卷取机大都做成悬臂式的，或者设有可移动的支柱。这种活动支柱在卷取带材时，支持着卷筒的自由端，在卸卷时，则移向旁边放倒，不妨碍卸卷。张力卷筒是卷取机的主要组成部分，在构造上一般应能保证两个动作，一是开始时卷取能夹紧板头，二是当卸卷时，卷取机的卷筒能缩小自身的直径，以便于使涂层卷从卷筒上脱落。

在开始卷取时，为了使片头易于绕在卷取机的卷筒上，常采用一种专用的辅助装置，一般称为助卷器。在新式涂层生产线的卷取机上都装有助卷器，用它将通过涂层带材的端头顺利可靠地缠绕在卷取机的卷筒上。助卷器的结构一般由液压缸、导辊、框架和助卷片带等部件组成。助卷器的工作原理为：当带材的料头通过卷取机的卷筒时，液压油缸先将助卷器推向卷取机的卷取轴，并用助卷片带将卷取轴紧紧包住，包角一般为200°～250°。涂层带材的料头从助卷片带和卷取轴之间的缝隙中通过，借助卷取机时旋转而将板带料头紧紧缠绕在卷取轴上，当板带在卷取轴上缠绕一定圈数后（一般缠绕3～6圈），料头已牢固地缠绕在卷取轴上，并可建立卷取所必须的前张力。而料头不能松动时，即可将助卷器皮带松开，使助卷器退回原位，卷取机可正常工作。

6.2 卷取、助卷作业程序

（1）卷取操作作业程序

释放出口段张力→关闭剪刀夹送辊→出口剪钥匙扭至剪切位置→降下废料导板→联动出口段送料至剪刀位置→剪去缝合头→联动出口段将料头送过卷取夹送辊（等待助卷）。

（2）助卷操作作业程序

①自动助卷程序

点动卷取机→缩小卷轴→用卷取小车将卷卸至卷座→小车开到套筒斜台中心→

伸出套筒斜台臂→翻出套筒→升起小车→缩回套筒斜台臂→将套筒送至卷轴→涨大卷轴→卷轴对中→降下小车→启动自动助卷器助卷。

②手动助卷程序

抬起喂料导板→将料头送至卷轴位置→带材对中/纸芯对中→涨大卷轴→用胶带粘稳料头→降下喂料导板→点动出口段（绕卷轴3～6圈）→建立出口段张力→启动出口段运行。

6.3 卷取的操作过程

卷取操作过程主要由卸卷、套筒的装卸和自动卷取三部分组成。操作手将带材的料头输送到卷轴后，建立出口段张力，喂料板落下，涨大卷轴，卷材小车将移出到斜台处，对中和助卷器选定为自动状态。这时操作手就可以操作自动卷取机按钮，喂料导板将抬开，皮带助卷器框架将张开并移出卷轴，皮带助卷器支架将闭合，卷取机卷轴在穿带速度下开始旋转，并且皮带助卷器的定时器开始计时。随着张紧辊和夹送辊自动将带材送进皮带助卷器，机列开始以穿带速度运行。当带材在卷轴上缠绕3～6圈后，卷材将拉紧。卷取机将自动加速到生产线上的正常速度，皮带助卷器支架将松开和离开。

6.4 卷取机张力的设定

为了保证卷取机的正常运行，不产生断带、抖动，不松层，特对卷取机的张力作如下要求：

工艺范围：360～3300kg。

根据不同的宽度和厚度，调整其张力系数，保证张力在一定范围内，使带材张紧，见表3-6-1。

表3-6-1 开卷厚度与设定范围

开卷厚度（mm）	设定范围（kg）	开卷厚度（mm）	设定范围（kg）
0.18～0.35	650～900	0.71～1.60	950～1500
0.36～0.70	800～1200		

机列线应按要求在切取成品后切取试样，规格为300mm×料宽，用蜡笔在试样上注明批卷号、合金状态及规格，放在固定位置。

思 考 题

卷取张力的设定范围是多少？

第7章　氧化上色制品装卸挂

7.1　氧化上色制品装挂

制品在装挂前要进行表面检查，对符合氧化上色工艺规范的制品按工艺要求进行装挂。有表面缺陷的制品应根据缺陷的原因分类处理，对有不可修复的缺陷如磕碰伤、擦划伤等机械损伤类的制品应报废或返回上工序处理；对制品表面附着异物类的，如蜡笔划痕、石墨痕迹、严重的油污、金属碎屑、毛刺等，属于可修复的缺陷，在装挂前就应挑出进行相应处理，以保证所有制品具有相同的外观表面状态，否则这些缺陷会导致不良的氧化上色效果，或形成制品间氧化上色后的外观差异。在阳极氧化过程中，制品作阳极通直流电，会释放出大量的热量（导体通直流电所产生的热量 $Q=I^2RT$），槽液温度会快速升高。而铝制品阳极氧化要求在低温（20℃左右）下进行，所以配备有槽液的降温和循环系统。故制品阳极氧化时需要电解液在阳极区能较好的流动，带走制品阳极氧化时所释放出的热量，这就要求制品不能相互紧挨着装挂，制品间要有一定的距离，即料间距。料间距还能使阳极与阴极之间所形成的电场更均匀地分部，减少边缘效应和屏蔽效应，制品各个面上的氧化膜可以更均匀地生成。从生产效率、阳极氧化槽的阴极分部状况、制品的结构特点等角度考虑，每种制品的料间距都应有一个较适合的数值，一般来说，制品的水平宽度的1～2倍就是料间距的大小。制品装挂中另一项需要重点控制的是制品与水平面的夹角，即料的倾斜角度。在阳极氧化过程中制品表面有氧气生成，若制品装挂不当，制品某个面的气体不能立即离开表面，就会阻碍阳极反应造成膜厚不够或形成色差，严重时气体聚集在制品的局部形成“气滞”，该处的电解液被排开，氧化上色不能正常进行。因气体在电解液中总是会向上浮出液面的，所以倾斜角的意义就是排气。制品装挂的倾斜角一般为3°～5°。为防止气滞的产生，装挂时还应避免制品沟槽向下，若无法避免，则要加大倾斜角。制品吊出槽后，倾斜角度的存在还能减少槽液带出量，尤其是有空腔的制品，可减少工艺槽液的损失和对下工序的污染，加快制品烘干速度。

思　考　题

1. 制品在装挂前进行表面检查的目的是什么？
2. 制品装挂时的料距有什么意义？
3. 制品装挂时的倾斜角度有什么意义？

7.2　氧化上色制品卸挂与包装

操作人员在卸挂时要定期对制品外观表面质量进行自检，将外观质量不合格的制品选出。自检可以依据产品标准，也可以依据用户的具体要求。一般氧化上色外观缺陷有：电烧伤、氧化膜脱落、花斑、气滞、彩虹膜、磕碰伤等。电泳漆膜外观缺陷有：针孔、皱折、流痕、剥落、严重失光、阴阳面等。选出的不合格制品应分类存放，并标注出不合格的原因为下一步处理提供依据。建筑铝型材丙烯酸阳极电泳涂装部分工艺参数及涂层的主要性能指标见《铝合金建筑型材　第3部分：电泳涂漆型材》(GB 5237.3.2008)。阳极氧化电泳复合膜的外观应均匀、平整，不允许有皱纹、裂纹、气泡、流痕、夹杂、发黏和漆膜脱落等缺陷。

思　考　题

1. 制品在卸挂时进行表面检查的目的是什么？
2. 通常氧化上色外观缺陷有哪些？
3. 电泳漆膜及阳极氧化电泳复合膜的外观缺陷有哪些？

第8章　氧 化 上 色

8.1　阳极氧化工艺操作

1. 槽组辅助系统的操作知识

（1）氧化上色槽组辅助系统的操作知识

氧化上色工艺槽组的辅助系统包括槽液循环、槽液搅拌、酸碱雾净化、槽液添加、温控系统、冷冻循环系统等。生产前要依次启动或使用这些系统，使槽液达到工艺要求。具体操作程序如下：

1）首先启动酸碱雾净化器，用于净化阳极氧化槽、蚀洗槽、中和槽、封孔槽在生产中散发出的有毒有害废气，降低生产作业现场中有害气体对操作人员的毒害。其净化原理为，废气通过一个装有过滤球或过滤网的空间内，用水淋洗，废气中的酸和碱溶解于水中，净化后的废气排放至大气中。所使用的过滤球或过滤网应该具有较大的表面积，这样可以增加废气与淋洗水接触的机会和时间，使净化更加完全。操作酸碱雾净化器时，应先开淋洗水阀门并调节好流量，再启动抽风机。

2）启动槽液循环和槽液搅拌系统，使槽液温度和浓度均匀，并能反应出槽液的真实温度。槽液循环是通过循环泵实现的，操作时先打开循环管路上的阀门，再启动循环泵。

槽液搅拌系统一般是将空压机产生的压缩空气通入槽液中，气泡在槽液中上浮，随着槽液对它的压力的不断减小，气泡的体积也逐渐膨胀，上浮至液面时发生破裂，气泡在整个上浮过程中使槽液处于翻滚沸腾状态，实现搅拌的目的。操作时先打开空压机进出气口阀门，再启动空压机，调节槽边阀门开启角度，控制气体的流量，使槽液搅拌的强度达到工艺要求。

3）操作槽液添加系统、温控系统、冷冻循环系统，用于调整槽液液面高度、浓度、温度等达到工艺要求。槽液添加系统主要是由化学试剂输送管路、阀门以及计量泵等构成。温控系统则由加热、降温介质流动的管道及阀门和仪表组成。操作时根据槽液的实际情况设定仪表定温或开关相应的阀门即可。冷冻循环系统主要是提供低温冷冻水，用于槽液的热交换，如阳极氧化槽。它由冷冻机、泵、换热器、冷却塔组成。操作冷冻循环系统时，先要向冷却塔加水，使水位处于要求位置；再打开冷却管道上的阀门，启动冷却泵使冷却水在冷却塔与冷冻机间循环；启动冷冻机；启动冷冻泵，使冷冻水在冷冻机与热交换器间循环；启动冷却塔风机，将冷却水中的热量散发到空气中。

（2）电泳槽组辅助系统的操作知识

1）精制设备。在生产过程中，电泳槽液会逐渐受到杂质离子的污染，其污染源来自：

①工件从前道工序带来杂质离子；

②空气中飘浮的碱雾、酸雾溶解在槽液中；

③电泳过程中漆液本身的电解产物。

随着电泳涂装过程的延续，杂质离子不断积聚，使得槽液电导率增大，pH 值上升，进而影响涂层表面质量。

为了有效去除这些杂质离子，则需使用电泳漆精制设备。其原理是用离子交换树脂法把杂质去除，并对槽液 pH 值进行调整。在精制设备中最关键的是精制用离子交换树脂。由于电泳涂料中含有有机溶剂，所以对离子交换树脂的要求较高：

①原材料的纯度要高，不含机械杂质如重金属等。

②要求树脂有较高的机械强度，尤其是阳离子交换树脂，因为精制后的清洗过程中要用氨水，而再生过程则用盐酸，在酸碱溶液的交替冲击下，一般树脂很容易破碎而被清洗水冲走。

③要求树脂基材耐溶剂性好，在溶剂中不产生溶胀。

④阳、阴离子交换树脂的交换容量要匹配，以免破坏电泳漆中应有的各种阴、阳离子的平衡，以保持槽液的稳定性。

另外，在精制树脂的再生过程中，必须注意再生剂的质量，尽量避免再生剂本身的杂质离子影响到离子交换树脂的使用寿命以及污染电泳槽液。精制过程的流程示意如图 3-8-1 所示。

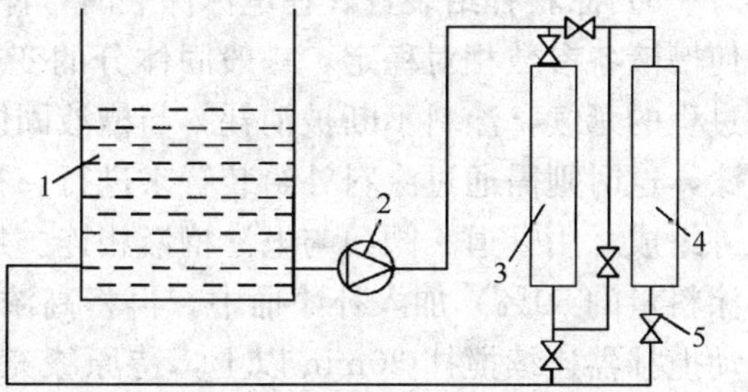

图 3-8-1　精制过程流程示意图

1—槽液；2—输送泵；3—阴离子交换塔；4—阳离子交换塔；5—阀门

2）回收设备。在丙烯酸系的阳极电泳涂装过程中，采用 RO 法（即反渗透法）回收装置对漆液进行回收是行之有效的方法，其作用有：

①降低漆液的损耗。使用 RO 回收设备，可以使漆液的利用率达到 98%以上，如果没有回收设备，则漆液利用率只有 60%左右。

②稳定槽液及电泳后水洗槽的各成分。因为 RO 电泳漆回收是在闭路循环状态下进行的，如图 3-8-2 所示，其回收透过液送至电泳后第二道水洗槽，然后由第二道水洗槽通过液位差送至电泳后第一道水洗槽，再到电泳槽，这样使得这三个槽子的成分保持动态平衡，不会产生波动，从而稳定水洗质量进而稳定产品的表面质量。

③不产生漆液污染，保护环境，无需增加环保设备，节省投资。回收设备中的

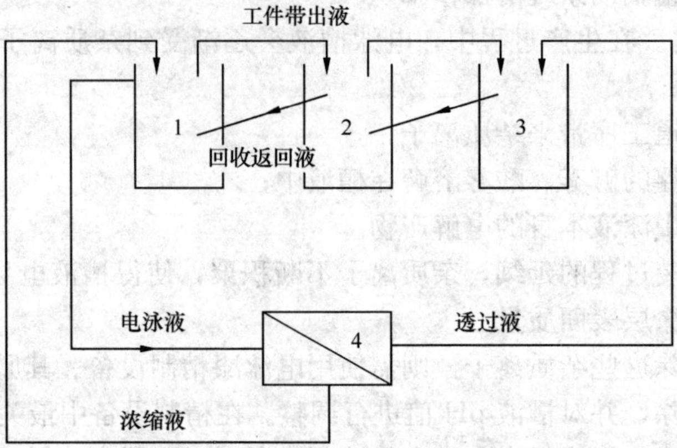

图 3-8-2　RO循环水洗系统原理

1—电泳槽；2—RO循环水洗1槽；3—RO循环水洗2槽；4—回收设备

关键部件是RO膜。选用RO膜必须充分考虑到漆液的黏度、极性、平均分子量、分子量的分散系数、所含辅剂的种类特性等条件。如果选用不当，将使透过液流量不足或引起RO膜因堵塞而报废。

3）涂料补给装置。在电泳涂装时，漆液的固体分应保持在一定的范围之内以使槽液各参数相对稳定，一般固体分的变化控制在1%～2%以内。随着电泳涂装过程的延续，涂料不断被消耗，当槽液固体分下降到一定值时需要及时进行补充原漆，这时则需通过涂料补给装置来进行。补给装置由补漆桶、电动搅拌器及输液泵等组成，用管道、阀门与电泳槽液相连。加料时，需先将原电泳槽漆液（约占补充涂料量的50%）加入补漆桶中，再将高浓度的电泳原漆输送到补漆桶中，开动电动搅拌器连续搅拌30min以上，待原漆充分乳化后，用输漆泵将漆液徐徐输入电泳副槽中。

4）温度控制系统。一般丙烯酸系阳极电泳涂装温度在20～26℃，在气温较高或连续生产时漆液温度会明显上升。为保证涂层质量，需对漆液进行冷却，一般可采用地下水冷却或用冷冻机强制冷却。在气候寒冷的冬季则需要对电泳漆液进行升温，热交换器有蛇形管或平板式等多种，需要特别注意的是，加热介质的温度不宜过高以免引起电泳漆液的老化或焦化。

2. 制品表面质量检查要求

制品经过除油、碱蚀、中和、水洗等工艺操作后，在进入阳极氧化槽前，要对表面进行检查。此时制品的表面应清洁、被水完全浸润，用滤纸擦拭局部表面，滤纸上应无黑灰。当制品表面仍有黑灰、斑痕、条纹等问题时，需要更改前处理工艺条件进行重复前处理，以确定产生的原因是工艺处理上的还是制品材料本身的问题。

制品在前处理过程中，要进出工艺槽、水槽数次，槽液对制品的作用力以及碱蚀时制品尺寸上的减少，使制品料挂与装挂时相比发生了一些变化，所以在制品进入阳极氧化槽前，还应对制品的装挂质量进行检查，检查制品是否有松动、移位的现象，对松动移位的制品要进行紧固处理。如在建筑型材生产中，如果是用铝丝捆扎的方法装挂制品，在进入阳极氧化槽前，要用钳子逐根拧紧捆料的铝丝，以保证制品与导电杆接触良好，在阳极氧化过程中能正常通电氧化。

由于电泳漆膜是透明的，氧化膜所有的表观缺陷，如油斑、焊缝、打磨砂痕等，在电泳后都会一览无余。因此，制品经过除油、碱蚀、中和等工艺操作后，在进入阳极氧化槽前，要对表面进行检查，进电泳槽前还应检查氧化膜是否有电烧伤、氧化膜泛黄、着色不均等缺陷，如有，应返工处理及时去除，否则电泳后无法返工。

3. 阳极氧化、电泳原理

(1) 阳极氧化原理

电化学氧化膜的生成是两种化学反应同时进行的结果。一种是生成氧化膜的电化学反应，铝作阳极与表面析出的氧作用生成 Al_2O_3，构成氧化膜的主要成分；另一种是溶解氧化膜的化学反应，电解液将 Al_2O_3 不断地溶解。只有当生成速度大于溶解速度时，氧化膜才能生长，厚度持续增加。铝的阳极氧化原理，实质上就是电解水。在硫酸电解液中，铝作阳极与电源正级相接，而惰性材料如铅板作阴极与电源负极相接，直流电通过时，电解液中的阴离子向阳极泳动，OH^- 比 SO_4^{2-} 优先发生电极反应，而 H^+ 向阴极泳动并发生电极反应。电极反应为：

阴极反应 $2H^+ + 2e^- \longrightarrow H_2\uparrow$ ①

阳极反应 $4OH^- - 4e^- \longrightarrow 2H_2O + O_2\uparrow$ ②

在铝表面析出的氧，有分子（O_2）形态的也有原子（O）形态和离子（O^{2-}）形态的，在反应式中通常以分子形态 O_2 表示，相当于有部分氧与铝表面发生氧化反应生成氧化膜，也有一部分氧气释放。

$2Al_3^+ + 3O_2^- \longrightarrow Al_2O_3 +$ 热量　氧化膜生成 ③

$Al_2O_3 + 3H_2SO_4 \longrightarrow Al_2(SO_4)_3 + 3H_2O$　氧化膜溶解 ④

当反应②和③发生时，制品表面在很短的时间内生成一层极薄、致密无孔的氧化膜，阻碍了电流通路。由于反应④的发生，氧化膜局部溶解形成大量孔隙，即原生氧化中心，使基底金属能与进入孔隙的电解液接触，直流电得以继续导通，孔底继续发生铝的氧化反应，新生成的氧化膜以孔底为中心而展开，最后汇合，在旧膜与金属之间形成一层新膜，使局部溶解的旧膜被抬高。随着氧化时间的延长，溶解与生成不断交替进行使氧化反应向纵深发展，氧化膜的厚度也持续增长。最终制品表面生成的氧化膜可分为内层和外层，内层又称为阻挡层、价电层、活性层，薄而致密，其厚度在整个阳极氧化过程中基本不变，位置却不断向深处推移；外层因厚而多孔，故称为多孔层。氧化膜生成过程见图 3-8-3。

(2) 电泳原理

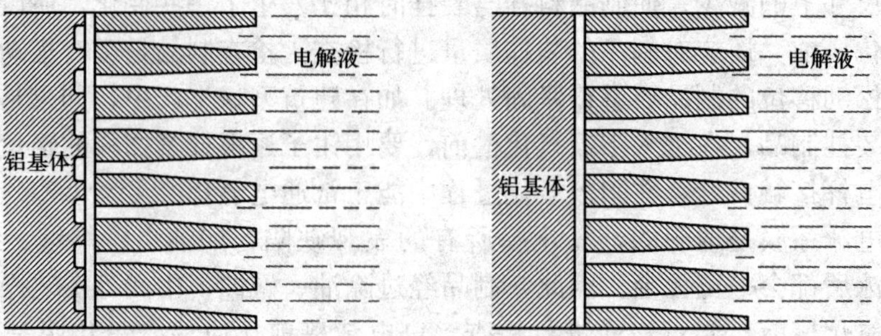

图 3-8-3　氧化膜生长示意图

阳极电泳涂装用的水溶性树脂是一种高酸价的羧酸铵盐，当溶解于水中后，即在水中发生离解反应：$RCOONH_4 = RCOO^- + NH_4^+$。在直流电场的作用下，带电离子即向相反电性方向的电极移动，带正电荷的 NH_4^+ 阳离子向阴极移动，并在阴极上吸收电子还原成氨（氨气），同时，带负电荷的水溶性树脂 $RCOO^-$ 阴离子向作为阳极的被涂工件移动，并与在阳极上电解生成的 H^+ 产生中和反应而沉积于阳极从而在工件表面形成一层均匀的疏水性涂膜，这一过程是相当复杂的电化学过程，主要包括电泳、电解、电沉积和电渗四个同时进行的过程。

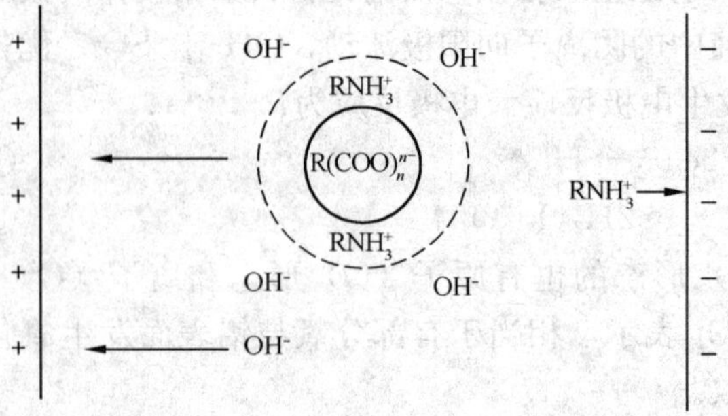

图 3-8-4　阳极电泳涂料胶粒模型

1）电泳。在电泳漆这种胶体溶液中，分散在水介质中的带电胶体粒子在直流电场作用下向着异种电荷的电极方向移动，由于胶体粒子在运动过程中受到水介质的阻力相对于真溶液在电场中离子迁移的阻力要大得多，故而其移动速度较慢，犹如在水介质中泳动，因而称为电泳，其胶粒模型如图 3-8-4 所示。

从图 3-8-4 中可以看出 $R(COO)_n^{n-}$ 带负电荷树脂表面吸附 RNH_3^+ 形成吸附层，吸附层带有正电荷，它又吸附水介质中的 OH^- 负离子形成扩散层而呈双电层结构，其泳动的速度公式为：

$$V = \frac{E\xi\varepsilon}{k\pi\eta}$$

式中　V——泳动速度；

E——电场强度；

ξ——双电层介面电位；

ε——分散介质介电常数；

η——体系赫度；

k——胶粒形状系数，当胶粒为圆柱状时 $k=4$，当胶粒为球状时 $k=6$。

从泳动公式中可以看出，带电胶体粒子的泳动速度与电场强度、双电层介面电位、分散介质的介电常数成正比，与体系的黏度成反比。其中电场强度、分散介质的介电常数、体系的黏度为电泳漆的外部条件，可通过选择设备和溶液介质来得到调整，例如溶液介质选用高纯水以增加其泳动速度。对电泳漆而言，其胶粒的电泳速度取决于树脂分散时的双电层结构特性。

2）电解。当直流电场施加于含电解质的水溶液时，水在电场中便发生电解，在阳极区析出氧气，在阴极区析出氢气。其反应过程为：

$$H_2O = H^+ + OH^-$$

$$2OH^- = O_2\uparrow + 2H^+ + 4e \text{（在阳极的反应）}$$

$$2H^+ + 2e^- = H_2\uparrow \text{（在阴极的反应）}$$

这一过程包括水的电解、OH^- 的放电反应及 H^+ 的氧化反应。在一般情况下，电泳涂装体系中杂质离子含量愈高，即体系的电导率愈高，水的电解作用愈剧烈。过于剧烈的电解反应将导致大量氧气在作为阳极的工件表面逸出，使树脂沉积时夹杂气体导致涂层产生针孔以及表面粗糙等缺陷。因此，在电泳涂装过程中应尽量防止杂质离子进入电泳液中以保持电泳液的洁净。

3）电沉积。在阳极电泳涂装过程中，由于水的电解产生的氢氧根离子在阳极产生放电反应：

$$2OH^- - 4e = O_2\uparrow + 2H^+$$

反应的结果使被涂工件周围 H^+ 积聚，局部 pH 值降低，这时带负电荷的水溶性树脂粒子在电场作用下到达作为阳极的被涂工件上时，H^+ 即与 $RCOO^-$ 树脂阴离子产生中和反应，使树脂析出而沉积在被涂工件上，这一过程称为电沉积。其化学过程为：

$$RCOO^- + H^+ = RCOOH\downarrow$$

4）电渗。分散介质向着电泳粒子泳动相反方向运动的现象称为电渗。在电泳涂装过程中的电渗作用是由于吸附于阳极上涂层中的水化正离子，在阳极电场的作用下，产生向负极运动的内渗力，而使其穿透沉积的涂层，使沉积涂层中的含水量显著减少，可直接进行烘烤而得到结构致密、平整光滑的涂层。

在电泳涂装过程中，由于直流电的存在，除了上述的电化学反应外，还伴随着阳极氧化膜厚阻挡层的生成反应，如果电泳涂装是在电解着色膜上进行，则还会发生着色膜孔中沉积金属的阳极溶解反应，这种反应的存在将导致着色膜的颜色变浅，必须引起注意。

综上所述，电泳涂装过程的电泳膜形成的机理可以概述为：

①阳极氧化膜厚阻挡层的生成反应；

②在氧化膜孔中发生的水的电解反应；

③$RCOO^-$ 与 H^+ 的中和反应；

④如果电泳涂装是在电解着色膜上进行，则还会发生着色膜孔中沉积金属的阳

极溶解反应。

虽然电泳膜是通过在阳极施加了电压而形成，但电泳膜不是由阳极反应而是由中和反应形成的，尽管其形成过程与阳极反应有关。

4. 槽液搅拌对导电的影响

控制槽液搅拌强度，实际上就是控制压缩空气的气压或进入槽液的流量。若槽液搅拌强度过高，槽液就处于剧烈的翻滚沸腾状态。制品料挂在进入槽液时，所受到的浮力也大大增加，容易造成制品松动甚至脱落，无法进行正常的阳极氧化处理。装挂空腔较大制品的料挂在入槽时操作太快，还会因气体来不及从空腔排出就浸入槽液中，巨大的浮力会使料挂发生上浮而脱离转运设备的挂钩，造成翻车事故。阳极氧化槽搅拌的主要作用是使槽液温度均匀，使制品氧化时所发出的热量能迅速分散到整个槽液中，避免阳极区过热。制品浸入阳极氧化槽后进行通电氧化的过程中，若槽液搅拌强度过于强烈，制品在流动槽液的作用下，不停地晃动，容易造成电接触点松动。松动的制品氧化时，因电接触点的电阻过高，电流达不到额定值，氧化膜厚度不合格，而多余的电流作用到其他电接触良好的制品上，引起该制品氧化膜厚度过厚。若料挂中发生松动的制品过多，则电流会因电阻而强烈发热，致使整挂制品电烧伤。所以用铝丝捆扎的制品或者较软制品的料挂进入阳极氧化槽前，应将槽液搅拌强度适当降低；而对于用夹具装挂的制品料挂，槽液搅拌强度可适当放大。

5. 表面积和电流的计算方法

（1）制品表面积的计算方法

在理论上，制品阳极氧化时，制品的外表面与阴极形成电场，电极反应也只在外表面上发生，故氧化膜只在外表面生成。所以在计算制品的表面积时，只计算外表面，空腔中的内表面则不计算。

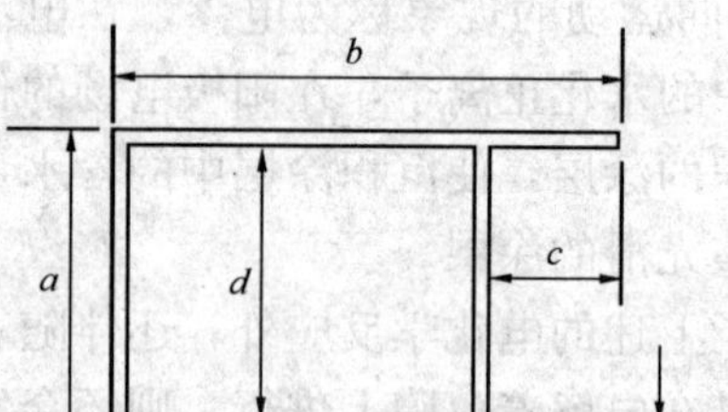

图 3-8-5 某型材截面图

电泳制品表面积的计算方法与阳极氧化相同。表面积的计算对电泳涂装尤为重要。通过计算累积通过面积，可以预测电泳槽中电泳漆的固含量，对原漆的补充管路有指导作用。

【例 3-8-1】 如图 3-8-5 所示，该型材阳极氧化时，用于计算槽总面积的单位面积参数是多少？

【解】 型材的单位面积是指单位长度的制品有多少表面积（m^2/m），由于阳极氧化只发生在制品外表面，所以型材的单位面积就是其截面图形的外表面周长。

$$S_0 = a + b + e + c + d + c + e + b \ (m^2/m)$$

（2）制品电流的计算方法

对于制品恒电流阳极氧化，在氧化之前应根据制品的表面积和给定的电流密度计算电流值。

每挂制品的电流值＝每挂制品的总面积×电流密度

每挂制品的总面积＝料挂中每一个制品表面积之和

同一挂制品都是相同的规格时，

总面积＝装挂数量×单支制品表面积

【例 3-8-2】 某规格的铝型材阳极氧化时，每槽装挂制品 20 支，定尺为 5m，单位面积为 0.5m^2/m。问槽面积应是多少？

【解】 槽面积＝制品支数×定尺×单位面积＝20×5×0.5＝50（m^2）

在建筑型材的阳极氧化中，还要考虑制品的结构特性，即实际生成氧化膜的制品表面与理论表面积之间是有差距的。比如某些制品具有空腔，而空腔内不要求有氧化膜，其理论表面积就只是制品的外表面，但在阳极氧化过程中，电场会一定程度地进入空腔，空腔内的部分表面也会有电流通过，仍会有部分内表面生成了氧化膜，主要是靠近制品端头的空腔内表面，所生成的氧化膜厚度比正常部位要低，且沿空腔越向里氧化膜越薄，直至无膜。实际生成氧化膜的表面偏大，若按理论表面积来计算电流值，电流值结果则偏小，造成制品实际的电流密度低于标准值。所以对具有空腔的制品，根据空腔大小，在计算表面积时，应增加300～600mm 长的一段内表面面积。还有一类制品，非装饰面上带有深凹槽，凹槽内同样无氧化膜厚度要求，但也会生成一层氧化膜，其厚度则比外表面要低，也就是说在相同的阳极氧化条件下，凹槽内所分配的电流密度要低于外表面的电流密度。此种制品的理论表面积包括全部凹槽内表面，用来计算电流值时，会使外表面的实际电流密度偏大。这种情况下，凹槽内表面积应根据开口大小和装挂时的朝向折算为原面积的 50％～100％。图 3-8-6 中的制品就应属于这种情况。阳极氧化计算电流时，虚线部分的表面应进行折算，折算的比例应根据制品外表面的实际膜厚来确定。

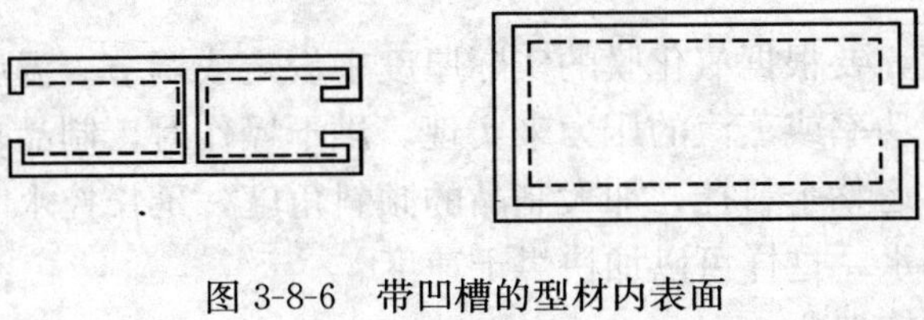

图 3-8-6 带凹槽的型材内表面

思 考 题

1. 氧化上色工艺槽组主要有哪些辅助系统？各起什么作用？
2. 电泳槽组有哪些辅助系统？各起什么作用？
3. 怎样检查和判断制品进入阳极氧化槽前的表面质量？
4. 铝的阳极氧化原理的实质是什么？所形成的氧化膜呈什么样的结构？

5. 阳极电泳涂装是由哪几个过程组成的？

6. 槽液搅拌强度对产品质量有什么影响？

7. 制品阳极氧化时计算表面积的原则是什么？

8.2　后处理工艺操作

1. 槽子的基本构造

（1）烘干槽构造

烘干槽与其他工艺槽的构造不一样，它实际上是一个制品烘干的区域，在槽子的两个端头安装有散热器，采用电或蒸汽加热方式进行加热，然后用风机使烘干槽的空气循环起来，空气与散热器发生热交换，使经过散热器区域的空气温度升高，温度较高的流动空气能使制品快速干燥。在散热器外边还应有导风装置，以调整热风的吹出方向。由于热风比冷空气要轻，若出风的方向不当，热风往往吹到槽子中部时，就已经飘出烘干槽，没有作用到制品表面上。当制品尺寸较长时，如建筑型材的长度定尺为6m甚至更长，装挂时保持了一定的倾斜角度，制品清洗并放入烘干槽后，表面或空腔里的水会逐渐流到低端，所以热风就应重点吹到制品料挂的低端，而且出风口要稍微向下倾斜，这样可以让热风吹到更大的制品表面。

阳极氧化膜的硬度很高，具有明显的脆性，常温封孔后烘干的温度不能过高，因为铝材在受热膨胀时，其变形的速度和变形量要远大于氧化膜，会导致氧化膜被拉裂，而且氧化膜越厚，其热膨胀就越低，更容易开裂。对于小于10μm厚的氧化膜，烘干温度一般控制在70℃以内，对于氧化膜厚度超过30μm时的烘干温度就只能在40～50℃，并且烘干前的热纯水洗的温度也不能超过40～50℃，防止在水洗中氧化膜就被拉裂。当然高温封孔的氧化膜不会有这样的开裂趋向，因为氧化膜是在95℃高温的纯水中浸泡了很长一段时间，氧化膜充分吸水膨胀，氧化膜上所产生的裂缝也得到弥合。只要不受到高于95℃的水洗或烘烤，这类高温封孔的氧化膜是不会开裂的。

烘干槽的温度，要根据氧化膜的实际厚度来设定或调节。温度的控制可以通过调节加热器的输出功率或蒸汽的压力来实现。烘干操作时，制品在进入烘干槽前用转运设备倾斜着吊运整个料挂，加大制品的倾斜角度，延长控水时间，尽量减少制品表面和空腔内的水，这样可以加快烘干速度。

（2）电泳槽的构造

电泳槽是涂装线上的主要装置。电泳槽体通常由电泳主槽和电泳副槽组成。电泳副槽的作用是控制主槽内液面高度，排除漆液表面的泡沫，保证工件出入槽时液面没有泡沫。副槽一般用不锈钢制作，在结构上设置有消泡装置以消除电泳过程中极板上产生的气泡及电泳液流动时带入的空气，在容量上应保证漆液的正常循环并要考虑对漆液进行精制操作时漆液的减少量，一般副槽的体积为主槽的1/5～1/3为宜，当主槽较大时，取小值；主槽较小时则取大值。电泳主槽的制作材料有两种：一种是钢筋混凝土，其特点是投资小，缺点是壁面平整度差，不可搬迁；另一种是钢结构，其特点是壁面平整，可以搬迁，能再利用，缺点是初期投资较大。这两种槽体表面都需要进行防腐处理，其防腐蚀材料常用硬质 PVC 或环氧玻璃钢，从施工质量和使用寿命方面来看，以环氧玻璃钢为好。当使用环氧玻璃钢时，必须注意玻璃纤维布的选择以及玻璃纤维布的脱蜡处理以确保施工质量。在玻璃纤维布的选择上应尽量选用无碱或中碱玻璃纤维布，避免选用高碱型。因为高碱型玻璃纤维布容易吸附水分而使玻璃纤维与环氧树脂的黏结力减弱进而影响环氧玻璃钢的强度和耐溶剂性。在电泳主槽槽体的结构上，要保证槽内流速的均匀性，避免死角造成漆液沉淀，一般槽的底部采用圆弧过渡或通过回液管的回液口水流方向的合理布置以防止漆液沉淀，槽面需采取双边溢流使槽液流速均匀并去除槽面的气泡。

2. 膜厚检测方法

铝制品的阳极氧化膜厚可以通过多种方法测量，而电泳材的膜厚分为氧化膜厚和复合膜厚。在电泳漆膜表面测得的膜厚是复合膜厚。用小刀轻轻刮去电泳漆膜至氧化膜表面，此时所测得的膜厚为氧化膜厚。复合膜厚度减去氧化膜厚即为电泳漆膜厚。

氧化膜厚度的测量方法有以下几种：

（1）重量法

原理：先计算出试样覆盖氧化膜的面积 S，并称量出试样的质量 W_1，然后将试样放入能溶解氧化膜且对铝基体无明显侵蚀作用的溶液中，将氧化膜溶解后，再称取试样的质量 W_2 并计算出重量损失。再由重量损失、氧化膜的面积 S、氧化膜的密度计算出氧化膜厚度。

1）仪器及试剂

分析天平：精度为 0.1mg；

烧杯；

加热器；

退膜液：磷酸(ρ=1.7g/mL)35mL；结晶三氧化铬 20g，用蒸馏水溶解并加至 1L。

2）试验步骤

①用有机溶剂将试样表面擦拭干净。计算试样的表面积，一般应控制在 1dm^2 左右。称取试样的质量 W_1。

②将试样浸泡于 100℃的退膜液中 10min。取出后用蒸馏水洗净、干燥后，称取质量 W_2。

③计算

$$\delta = \frac{W_1 - W_2}{\rho S \times 100}$$

式中 δ——氧化膜平均厚度（μm）；

ρ——氧化膜密度（g/cm^3）；

W_1——氧化膜溶解前的试样质量（g）；

W_2——氧化膜溶解后的试样质量（g）；

S——覆盖有氧化膜的试样面积（dm^2）。

新配制的退膜液，一般在 10min 内能使氧化膜全部溶解。随着溶液使用时间的延长，退膜能力降低，1L 溶液大约能溶液 12g 氧化膜。

氧化膜的厚度取决于合金成分、阳极化工艺及封孔工艺。在正常工艺条件下，氧化膜的密度在 2.3～3g/cm³。不含铜的铝合金在 20℃的硫酸溶液中，通直流电进行阳极氧化，所生成的氧化膜封孔后的密度约为 2.6g/cm³，未封孔的氧化膜密度约为 2.4g/cm³。

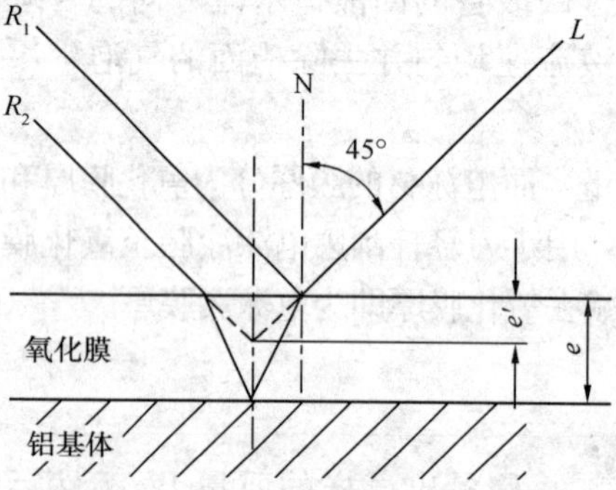

图 3-8-7 分光束显微镜法测量原理图

重量法测得的氧化膜厚度为近似值，当氧化膜厚度小于或等于 10μm 时，结果比较准确。一般用于测量厚度小于 5μm 的阳极氧化膜。

（2）分光束显微法

原理（图 3-8-7）：在分光束显微镜中，一束狭长平行光线（L）倾斜地入射氧化膜表面，入射角取 45°。

光束的一部分在氧化膜的外表面发生反射 R_1，另一部分光束穿过氧化膜并在金属与氧化膜的交界面发生反射 R_2，R_2 经历了两次折射。R_1 和 R_2 为两条平行光线，它们之间的距离正比于氧化膜厚度和放大倍数。氧化膜折射率一般在 1.59～1.62 之间。当入射角及测量仪器的物镜光轴与试样表面均为 45°时，氧化膜厚度计算公式如下：

$$e = e' \sqrt{2n^2 - 1} = 2.04e'$$

式中 e——氧化膜的真实厚度（μm）；

e'——仪器测量厚度（μm）；

n——氧化膜折射率（1.59～1.62）。

（3）横截面显微法

横截面显微法又称为金相法，是用金相显微镜对氧化膜进行观察测量，其绝对精度可达 0.8μm。原理为：对试样横截面进行适当的研磨、机械抛光和氢氟酸浸蚀，使氧化膜与金属基体之间能观察到暗细而清晰的界面线，再用标尺测量氧化膜横截面的厚度。横截面显微法是测量氧化膜厚度的仲裁方法，即当用各种方法测量氧化膜厚度时，若测量结果有差异，则以此方法所测量的结果为准。由于操作方法复杂且对操作过程要求很高，所以在生产中一般用于工艺研究、校定标准、仲裁检测等方面。当用横截面显微法测量小于 5μm 的氧化膜时，如果操作过程控制不好，测量结果的准确性和再现性较差，所以氧化膜厚度等于或大于 5μm 时，用横截面显微法作为仲裁方法，而要较准确测量小于 5μm 的氧化膜厚度时，一般用重量法进行测量。

（4）涡流法

涡流法是实际生产中运用最广泛的氧化膜测量方法，尤其是在建筑型材生产厂，用涡流测厚仪可以快速、无损地测量制品表面上的氧化膜厚度，便于在线检测制品，对产品质量控制十分有利。

涡流法的原理是测厚仪的测头装置放在金属导体上瞬时所产生的高频电磁场，使导体产生涡流，其振幅和相位是导体与测头之间距离的函数，这个距离就是阳极氧化膜（非导电覆盖层）的厚度。

使用涂层测厚仪检测时，结果能直接读数，因此特别适于在线检测阳极氧化膜厚度。测厚仪的精度受以下因素影响：

1）氧化膜厚度。测厚仪单次测量，绝对误差至少为 0.5μm，氧化膜大于 25μm 时，其误差与氧化膜厚度成正比。若测量 5μm 以下的氧化膜厚度时，应取多次测量的平均值。测量 3μm 以下的，结果可能不真实。

2）边缘效应。涡流测厚仪对制品表面形状的陡变敏感。靠近制品边缘或转角等处进行测量的结果是不可靠的，所以制品边角附近不应作为测量膜厚的部位。

3）曲率。制品表面的曲率对测量有影响，曲率半径越小影响就越大，因此弯曲表面上的测量结果也是不可靠的。

4）表面粗糙度。基体金属和氧化膜的表面粗糙度对测量结果有影响，粗糙度越大，影响越严重。测量时，可采用多次测量取平均值的方法来减少这种影响，或者先测量粗糙表面的金属基体，掌握测厚仪在这种无氧化膜表面上的读数，在测量氧化膜厚度时减去前面的读数，得到较为准确的氧化膜厚度。

5）附着物。用测厚仪测量氧化膜厚度时，要求测头必须与测试表面直接接触，所以测头和氧化膜表面应保持清洁，有任何附着物如尘土、油脂、腐蚀物等，都会影响测量结果的准确性。

6）测头的使用。测头放在制品表面上时所施加的压力要保持恒定。测量时，测头与制品表面应保持垂直，发生歪斜后，测量结果会偏大。

在《铝合金建筑型材　第 2 部分：阳极氧化型材》中（GB 5237.2—2008），对制品阳极氧化膜厚度的检测进行了相关规定。铝合金型材的氧化膜厚度用局部膜厚和平均膜厚来表示，局部膜厚是指在型材装饰面上某个面积不大于 1cm² 的考查面内，做若干次（不少于 3 次）膜厚测量所得的测量值的平均值。平均膜厚是指在型材装饰面上测出的若干个（不少于 5 处）局部膜厚的平均值。

测量应在制品的有效表面进行，导电接触点及其周围不进行检测。

图 3-8-8 所示是一个典型试样上合适测量点的实例。

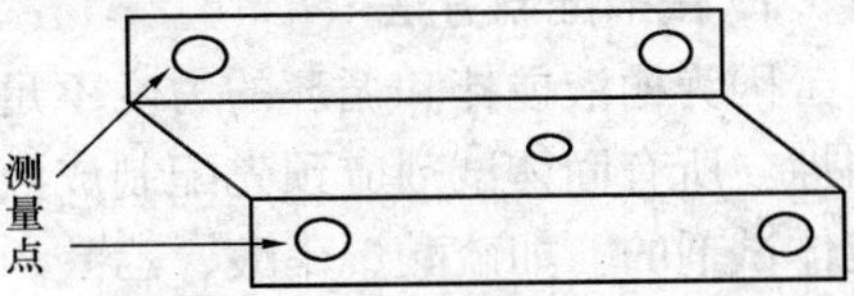

图 3-8-8　典型试样的合适测量点

注意，图 3-8-8 中圆圈处是测量点（每点进行 3～5 次读数）。

铝型材阳极氧化膜厚度分级，见表 3-8-1。

表 3-8-1 氧化膜厚度分级

级　别	单件平均膜厚（μm），不小于	单件局部膜厚（μm），不小于
AA10	10	8
AA15	15	12
AA20	20	16
AA25	25	20

由表 3-8-1 可知，局部膜厚是平均膜厚的 80%。

【例 3-8-3】 按国家标准所规定的阳极氧化厚度级别 AA20 的要求，判断下列试样的测量值是否合格。

①局部厚度测量值（μm）：20、22、23、21、20

②局部厚度测量值（μm）：20、23、22、22、18

③局部厚度测量值（μm）：18、20、19、20、18

④局部厚度测量值（μm）：20、24、22、22、15

【解】 按照规定，AA20 是指平均膜厚应不小于 20μm，局部膜厚应不小于 16μm。第①组局部厚度测量值的平均值为 21.2μm，大于 20μm，且局部膜厚都大于 16μm。该试样合格。

第②组局部厚度测量值的平均值为 21μm，大于 20μm，且局部膜厚都大于 16μm。该试样合格。

第③组局部厚度测量值的平均值为 19μm，小于 20μm，该试样不合格。

第④组局部厚度测量值的平均值为 20.6μm，大于 20μm，但有一个局部膜厚为 15μm，小于 16μm，该试样不合格。

思 考 题

1. 阳极氧化膜烘干时要注意什么？
2. 氧化膜厚度有哪些检测方法？
3. 用涡流法测量氧化膜厚度，哪些因素对测量结果有较大影响？

8.3 槽液管理

1. 试剂配制方法

因为槽液搅拌和循环的力度不足以快速溶解固体试剂，为了使槽液有良好的均匀性，所有固体试剂应预先配制成液体试剂后才能添加入工艺槽中。对于本身就是液体试剂的，如硫酸、硝酸、乙酸、液态添加剂等无需配制，可直接向工艺槽中定量添加。而固体试剂，如烧碱、固态添加剂、氟化铵、氟化氢铵、硫酸亚锡、硫酸镍等就需要先溶解后再向工艺槽中添加，其中烧碱、固体的除油剂、碱添加剂、着色剂、封孔剂等化学试剂，因为用量较大和溶解时间长的原因，一般是预先溶解并储存在试剂桶中，以便可以随时向工艺槽中添加。为了使试剂添加量的准确，此类试剂应配制成具有固定浓度的溶液。配制过程为：先在试剂储存桶中放入适当体积的水，再加入固体试剂，搅拌溶解并定溶。配制好的化学试剂溶液应该是不饱和溶液，若达到了饱和状态，稍有温度的变化，就会有试剂从溶液中析出，浓度也会发生变化，不易进行准确添加和质量换算。氢氧化钠在夏天气温高的时候，可以溶解配制成400～500g/L的溶液，而到气温较低的冬季时，就只能配制成300～400g/L的溶液，以防止氢氧化钠重新从溶液中析出堵塞管路和阀门。有的化学试剂，如氟化铵、氟化氢铵、硫酸镍等溶解度较大且不易发生水解的试剂，则可以用相应槽液对试剂进行溶解，溶解完后直接倒入槽中。硫酸亚锡的配制方法相对要求较高，因为硫酸亚锡具有较强的还原性，在空气中容易与氧气发生反应，在弱酸性的水中也很容易发生水解反应，这些反应都会使硫酸亚锡变质，在电解着色过程中失去着色的功能，所以在配制时要避免发生硫酸亚锡氧化和水解反应。首先向电解着色槽中加入分析纯硫酸，使溶液酸度增强，抑制水解；然后把着色添加剂充分溶解后加入槽中；因为着色添加剂中的物质具有络合和还原的作用，能与亚锡离子形成较稳定的络离子。从而避免亚锡离子发生氧化和水解反应，最后再用槽液来溶解硫酸亚锡并加入。不能用压缩空气搅拌，只能用循环泵对槽液进行充分循环。硫酸亚锡的包装应是真空密封的，到溶解时才能开封并立即倒入溶液里，这样方可最大限度地减少在空气中被氧化的可能性。

2. 槽液工艺参数的控制范围

氧化上色工艺中，每个工序都有着具体的工艺作用和要求，这种工艺作用和要求通过槽液的工艺参数体现出来，最终使制品表面达到处理目的。氧化上色生产线的所有槽子根据槽液成分可以分为水槽和工艺槽两类，其工艺要求也不相同。

（1）水槽

在氧化上色生产线上，水槽的数量通常要比工艺槽多，可见在工艺上制品清洗的重要性。水槽的作用是清洗掉制品表面的工艺槽液，防止对下道工序的工艺槽液产生污染，因为这种污染对工艺槽液的工艺作用有严重的危害性。比如碱蚀槽的碱液若过多地带入了中和槽，则中和槽的硝酸浓度会大幅下降；而阳极氧化槽液若过多地带入到电泳涂漆槽和封孔槽中，则会使漆膜的针孔度增加或氧化膜的封孔质量不合格。这种传递还能使后工序工艺槽液的活性降低，提前发生“老化”，加快了槽液的更换周期，使生产和三废处理成本增加。这就要求控制好各种化学试剂在工序间的传递，也就是控制水槽的水质和溶质浓度。水槽中的溶质是上道工序的槽液成分，其浓度是不断升高的，若每挂制品所带出的槽液量为V_0，某工艺槽液中一种试剂的浓度为C，则每清洗一挂制品就有$V_0 \times C$的溶质进入下道次的水槽（设

体积为 V_1），该溶质向再下一道次的每挂传递量为：$V_0 \times \frac{V_0 \times C}{V_1}$，所以溶质从前向后的传递是必然发生的，由于 V_1 远远大于 V_0，这种传递在两次有效清洗后，溶质浓度的数量级应该降低到对下工序无影响的程度，但必须控制清洗水中的溶质浓度。方法为在生产中水槽进行搅拌并保持溢流状态。若水槽中的水在生产中不流动，清洗 n 挂制品后，将有 $n \times V_0 \times C$ 的溶质进入水槽，则向下工序传递的溶质会成倍增加。保持溢流可以排出溶质，抑制水槽中溶质浓度的增长。水槽的溢流量理论上是越大越好，但从成本和工艺要求的角度，只要溢流量能使水槽中溶质的浓度稳定在一定范围内不持续升高即可。因此可以对水槽中的溶质进行化学分析，通过结果进行控制。如碱蚀后水槽中的氢氧化钠和铝离子浓度；中和后水槽中的硝酸浓度；阳极氧化后水槽中的硫酸和铝离子浓度等。测量水槽的 pH 值是便于现场操作和快速判断的方法之一。碱蚀后第一次水洗槽的 pH 值应小于 13，第二次水洗槽的 pH 值应小于 11；中和槽或阳极氧化槽后第一次水洗槽 pH 值应大于 2，第二次水洗槽 pH 值应大于 4；尤其是阳极氧化后，最好应设置第三次水洗，pH 值应为 5～6，这样对电泳涂漆和封孔的影响才最小。对于 pH 值超标的水槽，应该及时进行更换或加大溢流量，或加入适量的中和剂，将 pH 值调节到工艺要求的范围。氧化上色前处理水槽用的是经过机械过滤的自来水，阳极氧化及后处理水槽用纯水，对于纯水槽还应直接观察水的清洁程度，因为当水中的溶质是有机类物质或强酸强碱盐，溶液仍会呈中性，此时 pH 值就不能显现出水质的状况。一般纯水槽水质应该清澈透明，甚至可以看见槽底，若发生混浊则应进行调整。保持水槽处于较清洁的状态，能够保证产品质量，降低消耗。一旦清洗系统出现问题，会扰乱整个工艺处理系统，各工艺条件都会被改变，也会发生许多异常的现象。

（2）工艺槽

氧化上色工艺中，对生产线上的各工艺槽都有严格的要求，包括槽液成分及浓度范围，处理温度及处理时间。表 3-8-2 为建筑铝型材常规氧化上色电泳工艺参数控制表。

表 3-8-2　工艺参数表

工序名称	槽液温度（℃）	槽液成分	槽液浓度
除油（碱性）	60～80	工业洗涤剂	2%～5%
碱蚀	50～70	氢氧化钠	4%～10%
中和	室温	硝酸	10%～50%
阳极氧化	16～24	硫酸	10%～20%
电解着色	15～35	硫酸亚锡（或硫酸镍）	0.5%～2.5%（1%～3%）
电泳涂漆	18～25	水溶性丙烯酸（固体分）	8%～15%
		pH	7.5～8.5
		导电率	550～1200μs/cm

续表

工序名称	槽液温度（℃）	槽液成分	槽液浓度
常温封孔	25～35	Ni^{2+}	0.5～1.2
		F^-	0.3～0.8
		pH	5.5～6.5

在生产过程中，要依据表3-8-2中的参数范围对槽液进行管理。槽液温度可以从仪表直接读数并判断是否符合工艺要求。槽液成分及浓度可由化验报告结果来判断。

3. 倒槽清洗与更换槽液方法

（1）氧化上色槽液的倒槽与更换

倒槽操作是将一个工艺槽的槽液转移到另一个槽子中，目的是对工艺槽的槽体及内部设施进行清洗或检修。倒槽的程序是：首先根据工艺要求确定要倒的槽子，然后选择与之邻近的水槽，开启底阀把水排干，清洗干净水槽的槽壁和槽底，关闭水槽的底阀。用潜水泵将工艺槽液抽入水槽中，然后对工艺槽进行清洗和检修。处理完后，再用潜水泵将槽液抽回，添加水和试剂补足槽液液面高度，清洗盛放过工艺槽液的水槽并放水装满。倒槽操作时若要排放多个水槽中的水时，可根据水的酸碱性进行组合排放，这样可以使酸性水和碱性水预先发生中和反应，减少了废水处理过程中的化学试剂用量。

更换槽液是淘汰部分或全部槽液，以使槽液活性或功能达到工艺要求。当水槽的水质差时，可更换掉整个水槽的水。对于工艺槽液，除非是槽液发生重大污染，已无法挽救时，才整槽报废。从成本和产品质量控制的角度，工艺槽液一般是部分更换，使杂质的含量降低，达到工艺控制的要求。更换量要依据槽液的具体情况而定，比如当阳极氧化槽液中的铝离子浓度达到20g/L时，要将其降低到15g/L，则需要淘汰四分之一体积的槽液。可以用潜水泵直接抽走四分之一体积槽液，也可以与倒槽操作合并进行，最后倒回四分之三体积的槽液。后一种方法对槽液活性的提高更有利，因为在抽取槽液前，可以让槽液静置一段时间，使部分杂质沉淀至槽子的底部，抽走上层槽液后，淘汰槽液的下层部分，这样能把相对更多的杂质排放出槽。

（2）电泳槽倒槽步骤

1）停产后用热水洗槽中的热水彻底冲洗热水槽管路，卸下搅拌管。用刷子、铲子清洗热水洗槽中的附着物，再用高纯水清洗，然后用乙二醇丁醚清洗，最后用高纯水清洗，并用高纯水冲洗热水洗槽管路；用高纯水清洗倒槽用的附加管路，再用乙二醇丁醚清洗，最后用高纯水清洗；卸电泳槽极板，检查消泡袋，可再用的放入高纯水中浸泡。用高纯水清洗倒槽用的刷子、铲子、布、雨靴、楼梯等工具，再用乙二醇丁醚清洗，最后用高纯水清洗。

2）关闭并清洗RO系统。

3）关闭ED循环，安装倒槽管路，将ED槽及辅槽倒入热水洗槽。取出辅槽中的不锈钢滤网、挡板，用刷子和铲子清洗不锈钢滤网、挡板及辅槽槽体。用刷子和铲子清洗ED槽及母排、滴水斗的附着物、沉淀物，再用乙二醇丁醚清洗，最后用高纯水清洗。同时钳工更换ED槽主循环管路。完成后将热水槽的槽液倒回，卸除倒槽管路，加高纯水调节液位，主循环管路安装完成后重新循环。

4）关闭RO1循环，安装倒槽管路，RO1槽倒入热水洗槽。用刷子、铲子清洗RO1槽及滴水斗的附着物、沉淀物，再用乙二醇丁醚清洗，最后用高纯水清洗。同时更换RO1槽循环管路。完成后将热水洗槽的槽液倒回，卸除倒槽管路，加高纯水调节液位，循环管路安装完成后重新循环。

5）关闭RO2循环，安装倒槽管路，RO2槽倒入热水洗槽。用刷子、铲子清洗RO2槽及滴水斗的附着物、沉淀物，再用乙二醇丁醚清洗，最后用高纯水清洗。同时更换RO2槽循环管路。完成后将热水洗槽的槽液倒回，卸除倒槽管路，加高纯水调节液位，循环管路安装完成后重新循环。

6）用刷子、铲子清洗热水洗槽附着物，再用高纯水清洗，然后用乙二醇丁醚清洗，最后用高纯水清洗，并用高纯水冲洗热水洗槽管路，安装搅拌管；用高纯水清洗倒槽用的附加管路，再用乙二醇丁醚清洗，最后用高纯水清洗；安装电泳槽极板及消泡袋；清洗倒槽用的刷子、铲子、布、雨靴、楼梯；运行RO系统。

整个过程力争在36h内完成。

思 考 题

1. 配制锡盐电解着色槽液时，化学试剂以什么样的顺序添加？
2. 氧化上色生产线上的清洗水槽的作用是什么？
3. 如何调整不符合工艺要求的清洗水槽pH值？
4. 工艺槽倒槽的目的是什么？倒槽的程序如何？

第 9 章　前处理及成品包装

9.1　喷涂制品装挂

1. 前处理装挂

制品在装挂前要进行表面检查，有表面缺陷的制品应根据缺陷的原因分类处理，对不可修复的缺陷如磕碰伤、擦划伤等机械损伤类的制品应报废或返回上工序处理；对制品表面附着异物类的，如蜡笔划痕、石墨痕迹、严重的油污、金属碎屑、毛刺等，属于可修复的缺陷，在装挂前就应挑出进行相应处理，以保证所有制品具有相同的表面处理状态，否则这些缺陷会导致表面生成不良的化学转化膜。前处理工艺无论是采用化学氧化还是阳极氧化，制品装挂时都要有一定的距离，即料间距。在化学氧化时，料间距的作用是让制品的各个面都能与槽液发生接触，生成完整均匀的化学转化膜。在阳极氧化时，料间距的作用是使阳极与阴极之间所形成的电场均匀地分部，减少边缘效应和屏蔽效应，制品各个面上才得以生成均匀的氧化膜。考虑制品前处理后所形成转化膜厚度或重量的要求以及装挂方式，两种前处理工艺对料间距的要求有所区别。化学氧化方式所要求的料间距较小，只要制品间不相互接触即可，当然也要避免液体的表面张力使制品表面粘连的情况发生；阳极氧化方式要求的料间距相对要大一些，一般来说，制品的水平宽度的 1 倍左右就是料间距的大小。制品装挂中另一个需要重点控制的是制品与水平面的夹角，即倾斜度。若制品装挂不当，制品进入氧化槽后，某些凹槽处的气体会滞留在制品表面形成“气袋”，使该处无法与槽液接触，阻碍了氧化反应。因气体在电解液中总是会向上浮的，所以倾斜角的意义就是排气。制品装挂的倾斜角一般为 3°～5°。为防止气袋的产生，装挂时还应避免制品沟槽向下，若无法避免，则要加大倾斜角。制品吊出槽后，倾斜角度的存在能加快控干槽液，尤其是制品空腔内的槽液，可以减少工艺槽液的损失和对下工序的污染，还可以加快制品烘干速度。

2. 喷涂制品装挂

将电路中某一点与大地相连，以保证电气设备在正常或事故情况下可靠地工作，这种接地称为工作接地。电气设备的金属外壳或构架与大地相连，以保护人身的安全，这种接地称为保护接地。高压静电喷涂工艺要求制品为工作接地。喷涂时，制品要求作正极接地，所以要保证制品与装挂用的挂具导电接触良好。装挂的制品表面上不允许有水、灰尘、金属屑、油污、酸碱液、粉笔和蜡笔划痕等污物，这些物质会在粉末涂膜与制品表面之间形成夹层，极大地影响了涂膜的附着力和外观质量。

思 考 题

1. 喷涂前处理装挂时，要挑选出制品的哪些表面缺陷？
2. 制品的料间距和倾斜角在制品装挂中有什么意义？
3. 什么是工作接地？怎样保证喷涂制品工作接地？

9.2 喷涂制品卸挂、包装

1. 前处理卸挂

制品前处理后，表面应干燥、洁净，化学转化膜或阳极氧化膜应完整、不粉化、不脱落。

卸挂时，操作人员应戴干净手套，轻拿轻放，按批整齐装筐。为减少空气中尘埃落到制品表面上，制品前处理完后，应迅速转移到粉末喷涂生产线进行下一步处理。停放的时间越长，制品表面吸附的灰尘越多，涂膜的附着力越差。

2. 喷涂制品卸挂、包装

制品经喷涂固化后，装饰面上的涂膜应平滑、均匀，不允许有皱纹、流痕、鼓泡、裂纹、发粘等缺陷。卸挂时，操作人员应戴干净手套，轻拿轻放，整齐装筐。

喷涂制品之间若发生碰撞或持续摩擦，会引起局部的光泽变化，使人感觉在颜色上存在差异。尤其是长途运输过程中，若防护措施不当，制品之间发生反复碰撞、摩擦，会严重影响涂膜的装饰效果，所以喷涂制品要在装饰面或相互接触的面上贴尺寸适合的PE保护膜或PVC保护膜，然后再进行叠垛、缠纸包装。

思 考 题

1. 喷涂制品前处理后，制品表面应达到什么要求？
2. 制品经喷涂固化后，制品表面有什么质量要求？
3. 为什么要对制品进行贴膜保护？

9.3 工艺操作

1. 槽组辅助系统的操作知识

在制品前处理工艺中，槽液温度是控制的关键。图3-9-1为槽液温度控制示意图。槽液的温度控制系统由仪表、温度传感器、电磁阀、加热管路构成。操作时，首先按工艺要求对仪表进行定温；开启回水阀门；当浸入槽液中的传感器所探测的温度低于仪表定温时，仪表会向电磁线圈输出电流，将电磁阀打开，蒸汽（或其他热介质）通过加热管路与槽液进行热交换；当槽液温度升高到仪表定温后，仪表停止向电磁线圈输出电流，将电磁阀关闭，切断蒸汽加热通路，停止加热。有时因为电磁阀发生故障，未能及时停止加热，槽液的温度会持续升高，超过工艺范围的要求，就要对槽液进行降温操作。槽液降温的管路通常是将自来水管与加热道路进行并联，通过转换管道，用自来水流过加热管使槽液降温。操作这种并联道路时，要注意管路的走向，开启正确的阀门，实现槽液的加热或降温。若阀门开关不当，会导致自来水与蒸汽在道路中混合。操作时先要弄清楚管路内流动的是什么物质，从哪个阀门流入，流经的管路，然后从哪个阀门流出，整个通路中是否有分支，如何控制等。

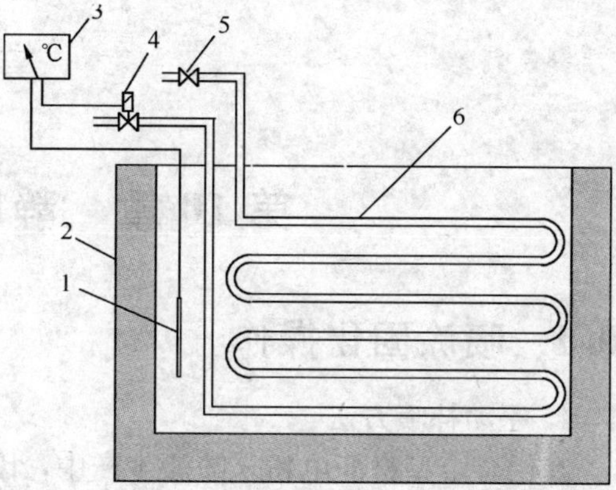

图 3-9-1　槽液温度控制示意图

1—温度传感器；2—槽体；3—控温仪表；4—电磁阀；5—回水阀；6—加热管

2. 制品表面质量检查要求

喷涂制品前处理的意义是使制品表面生成一层洁净的化学转化膜，以利于粉末涂膜的附着。通过检测膜重或膜厚能够判断前处理表面是否合格，另外有几种简单的检测方法可以在生产现场快速实施：

(1) 擦拭法

用白绸布、滤纸擦拭制品表面，若白绸布、滤纸保持洁白无污，说明制品表面质量合格，反之则不合格。

(2) 水湿润法

将制品或试样浸入水中，移出水面呈 45°倾斜，观察水膜情况，若水膜完整，说明制品表面质量合格，若存在水珠或无水情况，说明制品表面仍有油污。

(3) 呼气法

向制品表面呼气（或使用雾化器），清洁的表面有均匀的雾水，而不洁净的表面雾水不连续，局部没有或较少。

思　考　题

1. 操作槽液温度控制系统时，要注意什么？
2. 制品表面质量检查方法有哪些？

第 10 章 静电粉末喷涂

10.1 喷涂固化操作

1. 手动补喷方法

在铝合金型材静电粉末喷涂生产中，因为制品的表面积大，数量多，为得到符合标准的涂膜厚度，需要喷枪的喷粉量较高，所以实际生产中，一般是采用多把自动喷枪对制品进行喷涂。使用自动喷枪喷涂时，若调整好喷涂工艺参数，绝大多数情况能保证制品表面都覆盖上涂膜。但有时也会发生露底现象，比如制品结构特殊，具有深沟槽，因制品中部的挂具遮挡或抢粉，个别喷枪突然被堵或发生故障等情况，此时就要求操作人员及时操作手动喷枪对制品进行补喷。手动补喷操作时，先要把手动枪的参数设定好，自动喷涂时制品露底的原因往往是静电屏蔽效应，再加上已经附着在制品表面的涂膜还带有大量电子，会对带相同电性的粉末产生排斥作用，所以手动枪的喷涂电压应小于自动喷枪，供粉气压和供粉量应大于自动喷枪，喷涂距离可根据实际上粉情况进行远近调节。补喷时，操作人员手握喷枪，先扣动扳机，待从枪中喷出的粉末气雾形状恒定时，再对准露底处匀速地水平扫动或竖直扫动。喷枪不能对准局部一直喷，这样会导致局部涂膜过厚，固化时会产生流挂缺陷。

2. 喷涂设备操作方法

静电粉末喷涂设备是一个由多台设备构成的设备系统，包括空气压缩机、冷干机、储气罐、喷粉室、传输器、固化炉等主要设备。每一台单体设备都有严格的操作要求和注意事项。通常整个喷涂系统的操作可分为两部分，前半部分为空气压缩机、冷干机、储气罐、喷粉室的操作；后半部分是传输器和固化炉的操作。两部分可以分别单独操作，启动顺序应根据到达工作状态的时间长短来定。通常应先启动后半部分，因为固化炉升温需要的时间更长一些。

传输器和固化炉的操作顺序为：先启动传输器，再按固化炉操作规程启动固化炉。操作的注意事项是固化炉升温过程中，传输器（传输链条）应保持运动状态，并喷油润滑。若后启动传输器，则开始处于固化炉内的一段就会受热膨胀，并在轨道中伸长折叠，使整个传输器的张力发生改变，再启动传输器时，链条可能会被拉断。所以固化炉停机后，传输器还应保持运动，直到固化炉内温度降下来才停机。

前半部分的操作顺序为：

①开机前应检查空气压缩机、冷干机的油位是否正常；检查空气管道上的各个

阀门状态是否正确；检查喷粉室的各处粉管、气管的连接状况以及喷枪的位置、粉桶内涂料量等，确认达到开机要求。

②启动冷干机。

③启动空气压缩机。

④待储气缺罐中的空气压力达到恒定的工作压力后，打开喷粉室内的照明灯。检查喷粉室内清洁状况或是壁板上粉末附着情况。符合要求后，扳动控制柜上的送电手柄，给喷粉室送动力电。按动喷粉室启动钮，二级回收装置中的抽风机启动，回收系统开始工作，粉桶内粉末开始流化，室内的刮板开始工作。

⑤启动喷枪、升降机，调整和设定各个参数。进行试喷。制品运动至喷粉室后，喷枪正式喷涂。连续喷涂数小时后，要人工将顶壁上附着的粉末刮下来，以防止越聚越多，呈团掉落到制品表面，固化后形成流挂或粉瘤块。

⑥喷涂结束后，关闭喷枪、关升降机。

⑦按动大致清理按钮，对喷粉室内进行吹扫清洁，并将粉末回收到粉桶中。

⑧按动喷粉室停机钮，停止抽风机、刮板、粉桶流化。

⑨扳动控制柜上的送电手柄，停喷粉室动力电，关照明灯。

⑩开启储气罐底部的排水阀门，将压缩空气管道中的水排出，关空压机，关冷干机。

3. 固化炉的结构原理及操作方法

粉末静电喷涂工艺中，涂膜的固化是不可缺少的工序，也是最重要的工序。涂膜的固化要消耗大量的能量，因此，设计和选择合理的固化设备，能减少能耗，降低成本。粉末涂膜的固化温度为180～220℃，固化时间应视制品的复杂程度、材质、壁厚等因素确定。粉末涂料的品种、配方不同，固化温度与时间也会有所不同。

（1）固化炉的基本要求

1）温度均匀性要求。固化炉要求温度分布均匀，如果炉内温度不均匀，制品表面粉末涂膜固化效果不一样，处在温度较高处的粉末已经固化或固化过度，而处于温度低处的粉末尚未固化或固化不完全，这样制品的涂膜外观就会出现颜色和光泽的差异。一般要求制品通过同截面处的空间范围内，温度差不大于10℃，温度差越小，固化炉的工作效果越好。

2）升温速度要求。固化炉从室温升至固化温度所需的时间与制品固化温度之比称为升温速度。从室温升至固化温度的时间越短，则升温速度越快。升温速度主要影响生产准备时间，也影响其后的热响应时间。升温快的固化炉，热响应时间短，炉温波动幅度小。

3）节能要求。固化炉在升温和保温过程中，需要消耗大量的热量，这些热能除一部分被制品和粉末涂料固化时所吸收，还有相当一部分的热能消耗在加热固化炉内循环空气、炉体及表面的吸热和散热、炉门口的散热及烟道排出废气时带走热量等。设计合理的固化炉，从节能的角度，应具有以下特征：

①在满足制品能通过固化炉的前提下，炉体内腔体积应尽可能减少。

②保温层要具有足够的厚度，所用的保温材料的导热系数要小，炉体的两层壁板之间应填充石棉等隔热材料，尽量减少炉体的散热。

③当选用连续通过式固化炉时，双行程或多行程炉道节能效果显著，若采用直线式单行程固化炉时，则应在两端设置风幕机，阻止热空气外溢。

(2) 固化炉的结构

固化炉按作业方式可分为间歇式和连续通过式。

间歇式固化炉通常又称为烘箱或烘房，主要用于实验室或小型制品的批量生产。工作时，制品进入并停放在固化炉中，再进行升温和固化。相对生产效率较低，但炉温恒定均匀，热量损失小。

连续通过式固化炉工作时，制品从固化炉的入口进入，在炉中运行的过程中涂膜完成固化，再从出口离开固化炉。这种固化炉适用于连续生产，效率高。但炉内的温度受炉子的开口和制品的运动影响会有较大的波动。图 3-10-1 为几种形式的固化炉示意图。

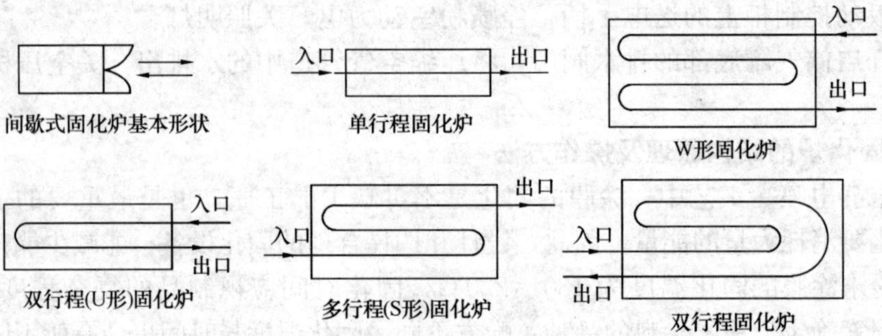

图 3-10-1 固化炉示意图

(3) 固化炉操作方法

以燃气式固化炉为例，如图 3-10-2 所示。

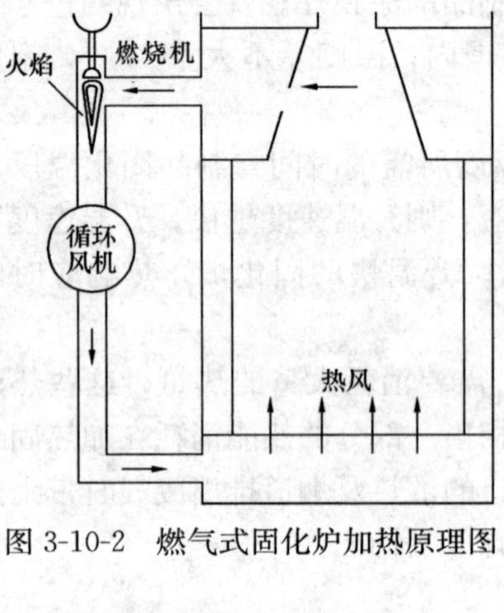

图 3-10-2 燃气式固化炉加热原理图

燃气式固化炉的工作原理为：循环风机将炉内空气抽出来，燃烧机对抽出的空气进行直接加热，加热后的空气又被循环风机送回固化炉内，形成炉气循环加热。这种固化炉的操作步骤为：

①检查确认固化炉各处无天然气泄漏；

②启动固化炉的废气排放风机；

③启动固化炉的循环风机；

④设定好仪表的温度；

⑤打开燃烧机的天然气供气阀门；

⑥启动固化炉的风幕机；

⑦启动燃烧机。

关机则按相反顺序进行操作。

4. 粉末涂料质量标准

在喷涂操作中，向粉桶中添加粉末时，除了要核对颜色代号，还要对粉末进行感观检查。粉末涂料在运输和储存过程中容易吸水而受潮，影响粉末涂料的电阻率和介电常数。如果粉末吸湿严重，粉末会结成团块，团块会导致喷涂中阻塞喷枪和管路，无法进行正常的喷涂操作。受潮的粉末涂料还会降低粉末的成膜性能，使涂膜的针孔度增加，附着力降低甚至起泡脱落。若粉末中有团块，加粉时或在粉末的包装袋外就能用手摸到。一个经验性检测粉末是否受潮的方法是：用手抓一把粉末并将其攥紧，然后松开手，若粉末形成一团，说明已经受潮；若松手后粉末立即散开，则还未受潮。

思　考　题

1. 静电粉末喷涂生产中，如何进行手动补喷？
2. 传输器与固化炉的启动有什么关联？
3. 固化炉有哪些基本要求？
4. 燃气式固化炉应按什么程序进行操作？
5. 用什么样的经验性方法可以检测粉末是否受潮？

10.2　换粉操作

1. 换粉的程序要求

对于静电粉末喷涂设备，换粉操作时要按一定的步骤进行，才能提高换粉的效率和速度，减少粉末涂料的消耗。

（1）首先应启动喷粉室大致清理的功能进行粉末回收。此时，回收系统的抽风机处于启动状态，小旋风回收的粉末仍流向粉桶；喷粉室内的自动刮板工作，将落在底板上的粉末刮入流化槽中，也输送回粉桶。

（2）大致清理进行约十分钟后，各处粉末基本回收完。停机，将粉桶、回收粉斗卸下，将粉末舀出装箱。

（3）再把回收粉斗装回，启动喷粉室彻底清理功能。此时不再回收粉末，回收系统仅抽风机处于启动状态，喷粉室内的自动刮板停止工作。先对喷枪、粉管、粉桶等部件进行清理；然后再对喷粉室内壁、小旋风系统进行清理；最后对回收粉斗进行清理，此时从回收粉斗清理出来的粉末可能会混入其他杂物，故应弃去。

（4）将各部件安装好，为下一次喷涂做好准备。

2. 部件组装知识

喷涂设备的部件组装相对较容易，主要是各种管路的连接，而且每种管路基本上只对应一处使用。这些组装和连接中，有两处值得重视。一处是粉筛的安装，粉

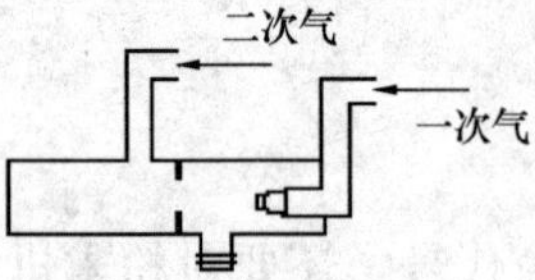

图 3-10-3　文丘里泵结构示意图

筛作用是对回收粉末进行过筛，筛出粉末中纤维、团块等杂物。它是由两层不同目数的筛网构成，安装时要区分两层筛网，目数多的网面应向上，这样在振动状态下，粉末能顺利过筛进入粉桶。若安装反了，目数少的网面向上，粉末通过此层筛网的速度快，而通过下面目数多的筛网速度慢，很容易使筛网堵塞，堵塞后的筛网振动也不起作用了，导致回收粉末不畅。另一处要重视的是文丘里泵与一次气管和二次气管的连接，如图 3-10-3 所示。

两支气管的连接要正确和牢固。一次气用于吸粉，二次气用于稀释和传输粉。若两支气管安装反了，由于一次气的气压大，它会在管路中抵消二次气压，导致无法虹吸粉桶中的粉末，喷枪不出粉。若其中一支气管松动，文丘里泵内仍能形成负压，粉末也会被抽入，但压力不稳定，此时喷枪喷出一团团粉末，像持续“吐粉”。

思 考 题

1. 换粉操作应按什么程序进行?
2. 粉筛的安装要注意什么?
3. 通过文丘里泵的一次气和二次气各有什么时候作用?

第11章 液态喷涂

11.1 液态喷涂操作

1. 水帘式喷漆室主要结构和特点

(1) 水帘式喷漆室为水帘加折流板处理式喷漆室，喷漆室主要由室体、水帘板(水帘为镜面不锈钢水幕帘保护)、折流板、贮水槽、输水泵、迷宫式漆雾捕捉室(水洗室)、循环水过滤装置、防爆照明装置、送风装置、抽排风装置、水循环装置(水量可调)等组成。

(2) 工件经悬挂输送链进入喷漆室内进行喷涂，可采用手动静电喷漆枪或静电自动喷漆枪(空气枪)对工件进行全方位喷漆，所飞散的漆雾由风机和水幕过滤处理后，再经气水分离装置(折流板)再次分离，将无漆雾气体排出室外，由水幕捕捉到的漆雾随水流入底部水槽过滤后通过水泵抽吸循环使用。为了使水槽中的水能正常循环使用，将凝聚剂加入水池内经化学处理后残漆凝聚成疏松团块浮于水面用盛器舀出，保持水质的清洁，从而完成漆雾净化过程。

(3) 室体由型钢和冷轧钢板制成，板与板之间采用焊接结构，内涂特种防腐材料。

(4) 水帘喷漆室采用二级过滤，淋幕过滤和折流板气水分离过滤漆雾，并将无污染的气体排出室体外。水循环系统采用槽内水供给。

(5) 喷漆操作室为全封闭，整个喷漆操作室充分考虑到安全性，送风系统采用上送风(风机进风)并采用无纺布过滤棉进行高效过滤，确保操作室送风质量，使其不含有其他杂质，从而不影响涂装表面质量，并通过高效离心风机从喷漆室侧底部进行排风，排风量每台喷漆室达32000m^3/h，风速≥0.4m/s，送风量一般比排风量偏大一点，使喷漆房内形成微正压，确保涂层质量。每套喷漆系统的送排风风机全部采用变频调速控制，进出风量可调，保证漆雾不外溢，确保操作者有良好的工作环境，室体内无涡流现象。

(6) 室体内顶部设置防爆日光灯(照明及排风装置均采用防爆措施)，室内照明度300lx。室体侧壁中部设有透明玻璃观察窗，以保证操作者有良好的工作环境，便于操作者操作。

(7) 水槽槽体上方操作位置设网格板，便于操作人员使用与维修，水幕帘下方位置不设网格板，便于清除槽内漆渣。

(8) 喷漆室与喷漆室间均设有洁净隔离棚(流平室)，喷漆室后侧面开门，便于清理。

2. 手动补喷方法

对于高装饰性工件的静电喷涂，涂层是否均匀细腻和有无色差应是考虑问题的主要方面。通过对喷枪的雾化压力、涂料吐出量、往复升降机的速度、输送链的速度等的自动控制，就可以保证在全自动化生产的条件下，完成工件的整个喷涂过程，尽可能避免手工补喷，排除人为因素的影响，人工的手工补喷仅是对异型材工件喷涂时的一种补充。手动补喷的方法与粉末静电喷涂类似，不同之处在于液态喷涂必须用足够的涂层次数（8 次以上）达到漆膜的均匀性，确保得到优质的漆膜。

首先进行工艺参数的调整，开动设备，预先用溶剂进行管路清洗（利用半自动快速清洗装置），然后根据要求调整升降机的速度，调整油漆吐出量，调整喷涂压力和图形，调整高压静电。

手补喷枪系统的构成：手补喷枪系统由静电手喷枪、静电手喷枪控制器和手喷枪供漆泵构成。

（1）静电手喷枪

技术参数：

最大吐出量：1000mL/min；

最大油漆压力：0.69MPa；

输入电压：220V；

输出电压：0～85kV 无级可调；

喷嘴口径：ϕ1.2mm；

输送效率：40%～80%。

（2）静电手喷枪控制器

功能：控制高压输出，检测工作电流、高压故障显示和电流超限关断与显示。

（3）手喷枪供漆泵

功能：输送油漆并能调整油漆吐出量及调整喷枪油漆雾化空气压力。

3. 喷漆设备操作方法

液态喷涂分为底漆喷涂、面漆喷涂和罩光漆喷涂。三层涂层喷涂设备大同小异，操作方法也差不多，主要区别在于三种涂层厚度不同，漆的黏度不同，三层涂层的功能也不同。下面分别对三种涂层喷漆设备操作方法进行描述。

（1）底漆涂层

作为封闭底材的底漆涂层，其作用在于提高涂层抗渗透能力，增强对底材的保护，稳定金属表面层，加强面漆与金属表层的附着能力，而且可以保证面漆涂层的颜色均匀性。

工艺参数：

涂层厚度：5～8μm；

底漆流平：约 5～8min；

底漆设备配置：2台高速升降机各配2套自动静电喷枪。

液态喷涂底漆一般要求膜厚5～8μm，底涂较薄，其目的主要是提高涂层的附着力，所以，底涂膜层的均匀性会直接影响到整个涂层的质量和附着力，底漆不均匀会导致面漆喷涂量增加，从而使涂装成本加大。

各种工件本身存在周边强电场及死角静电屏蔽的影响。由于静电旋杯枪受高电压磁场的引力作用，如此薄的底漆涂层，绝对难以保证其覆盖的均匀性。所以，推荐选用全自动空气雾化静电喷枪，配备一台行程为2000mm的侧喷机，升降机上装备2套全自动空气雾化静电喷枪。按生产线悬链速度$v=1.5$m/min，工件$h=$1800mm，底漆膜厚5～7.5μm计算。每套枪的吐出量约100cc/min以下，使用空气雾化压力0.9kg/cm^2。在如此低的空气压力下，配合高速升降机反复多次地来回喷涂，既可充分利用高压静电，提高油漆利用率，又能达到非常良好的雾化质量，从而达到均匀的涂层质量。

工作描述如下：

首先进行工艺参数的调整：开动设备，预先用溶剂进行管路清洗（利用半自动快速清洗装置），然后根据要求调整升降机的速度、调整油漆吐出量、调整喷涂压力和图形、调整高压静电。

工件经过前处理后上挂，先进行底漆喷涂（分析其单面喷涂时）。工件首先经过底漆喷房前的光电眼，光电眼自动测量出工件的长度、高度和厚度尺寸，并将相关数据反馈给控制柜；此时，与生产线悬挂链驱动轮相连的编码器已将生产线的速度转化成脉冲型信号反馈给控制柜；同样，升降机通过其电眼也将Z向位置、升降位置及速度等参数反馈给控制柜。当工件到达喷枪位置时，控制柜将独立控制每一把喷枪的喷涂位置和时间。也就是说，当工件到达第1支喷枪时，第1支喷枪自动开，及喷枪走到上下限位时，喷枪自动开关；当工件到达第2支喷枪时，第2支喷枪自动开，及喷枪走到上下限位时，喷枪自动开关。当工件过了第1支喷枪时，第1支喷枪自动关闭；当工件过了第2支喷枪时，第2支喷枪自动关闭。喷枪向上走时，喷枪自动向上倾斜，喷枪向下走时，喷枪自动向下倾斜（上下倾斜角度可以在0°～30°内调整）。由于三路阀的作用，喷枪在关闭时，油漆还是在油漆管路里面流动，没有油漆在喷涂开关之间因为油漆的停顿而造成突然喷涂时的大颗粒，保持了油漆吐出的均匀性。当油漆要求换色或喷涂操作完毕时，开动半自动快速清洗装置，1～2min即可完成清洗或换色。

(2) 面漆涂层

作为多层喷涂中最厚的一层面漆涂层，通常相对是最关键的一层，其作用在于提供所需的装饰颜色，使外观达到设计的要求，并且保护金属表面不受外界环境大气、酸雨污染的侵蚀，防止紫外线的穿透，大大增加抗老化能力。

工艺参数：

涂层厚度：20～25μm；

面漆流平：8～10min；

面漆设备配置：2 台高速升降机配 4 套全自动静电喷枪。两个面漆喷房共配置 2 台升降机，8 套自动静电喷枪。

液态喷涂面漆表现产品的装饰性，对颜色、光泽要求极高。面涂膜厚 20～25μm。所选用的氟碳涂料为 KYNAR500，KYNAR500 的喷涂工艺要求是非常严谨的，而且 KYNAR500 面漆更具有金属银粉的属性。由于银粉漆具有较强的导电性能，油漆粒子在静电场作用下有明显的排列规律。正是这一排列规律直接影响到产品表面喷涂质量，也就是产品颜色的色差问题。

工件的侧喷式静电喷涂方式现时有两种设备选择：旋杯枪和静电喷枪。它们的主要区别在于雾化方式的不同。旋杯枪是利用旋杯高速旋转的离心力雾化涂料并使之带上静电；带电粒子及工件形状所形成的磁场强弱，必然会造成表面涂膜的不均匀性和出现颜色色差的问题，银粉涂料尤为明显。采用全自动空气雾化静电喷枪 4 套。按膜厚 25μm 计算，每套枪吐出量约 110cc/min。空气雾化压力 1.1kg/cm^2，使面漆的膜层经 8～10 次反复喷涂而达到 25μm 的膜厚，而且全部喷涂过程完全靠自动静电喷枪完成，无需用人工补喷。

工作描述如下：

首先进行工艺参数的调整：开动设备，预先用溶剂进行管路清洗（利用半自动快速清洗装置），然后根据要求调整升降机的速度，调整油漆吐出量，调整喷涂压力和图形，调整高压静电。

工件进入面漆喷房。工件首先经过底漆喷房前的光电眼，光电眼自动测量出工件的长度、高度和厚度尺寸，并将相关数据反馈给控制柜；此时，与生产线悬挂链驱动轮相连的编码器已将生产线的速度转化成脉冲型信号反馈给控制柜；同样，升降机通过其电眼也将 Z 向位置、升降位置及速度等参数反馈给控制柜。当工件到达喷枪位置时，控制柜将独立控制每一把喷枪的喷涂位置和时间。也就是说，当工件到达第 1 支喷枪时，第 1 支喷枪自动开，及喷枪走到上下限位时，喷枪自动开关；当工件到达第 2 支喷枪时，第 2 支喷枪自动开，及喷枪走到上下限位时，喷枪自动开关；当工件到达第 3 支喷枪时，第 3 支喷枪自动开，及喷枪走到上下限位时，喷枪自动开关；当工件到达第 4 支喷枪时，第 4 支喷枪自动开，及喷枪走到上下限位时，喷枪自动开关。当工件过了第 1 支喷枪时，第 1 支喷枪自动关闭；当工件过了第 2 支喷枪时，第 2 支喷枪自动关闭；当工件过了第 3 支喷枪时，第 3 支喷枪自动关闭；当工件过了第 4 支喷枪时，第 4 支喷枪自动关闭。喷枪向上走时，喷枪自动向上倾斜，喷枪向下走时，喷枪自动向下倾斜（上下倾斜角度可以在 0°～30°内调整）。由于三路阀的作用，喷枪在关闭时，油漆还是在油漆管路里面流动，没有油漆在喷涂开关之间因为油漆的停顿而造成突然喷涂时的大颗粒及喷金属漆时的金属沉淀，保持了油漆吐出的均匀性。当油漆需要换色或喷涂操作完毕时，开动半自动快速清洗装置，1～2min 即可完成清洗或换色。

(3) 罩光漆涂层

罩面漆涂层可以更有效地增强面漆涂层抗外界侵蚀能力，保护面漆涂层不被氧化，增加面漆色彩的金属光泽，外观颜色更加鲜明，光彩夺目。

工艺参数：

涂层厚度：10～15μm；

罩光漆流平：8～10min；

罩光漆设备配置：2台高速升降机配4套自动静电喷枪。

液态喷涂罩光漆的作用主要是提高膜层的表面硬度，保护油漆膜及防日光紫外线。罩光漆的膜厚10～15μm。罩光漆主要是起保护漆膜的作用，而对色差的影响甚少。较为强调油漆的微粒化及静电效果，但当罩光漆含有珠光粉时，实际上也会影响表面涂层的色差，所以选用静电喷枪小吐量、低气压、反复多次来回喷漆，将会得到理想的涂层质量。

工作描述如下：

首先进行工艺参数的调整：开动设备，预先用溶剂进行管路清洗（利用半自动快速清洗装置），然后根据要求调整升降机的速度，调整油漆吐出量，调整喷涂压力和图形，调整高压静电。

工件进入罩光漆喷房。工件首先经过底漆喷房前的光电眼，光电眼自动测量出工件的长度、高度和厚度尺寸，并将相关数据反馈给控制柜；此时，与生产线悬挂链驱动轮相连的编码器已将生产线的速度转化成脉冲型信号反馈给控制柜；同样，升降机通过其电眼也将Z向位置、升降位置及速度等参数反馈给控制柜。当工件到达喷枪位置时，控制柜将独立控制每一把喷枪的喷涂位置和时间。也就是说，当工件到达第1支喷枪时，第1支喷枪自动开，及喷枪走到上下限位时，喷枪自动开关；当工件到达第2支喷枪时，第2支喷枪自动开，及喷枪走到上下限位时，喷枪自动开关。当工件过了第1支喷枪时，第1支喷枪自动关闭；当工件过了第2支喷枪时，第2支喷枪自动关闭。喷枪向上走时，喷枪自动向上倾斜，喷枪向下走时，喷枪自动向下倾斜（上下倾斜角度可以在0°～30°内调整）。由于三路阀的作用，喷漆在关闭时，油漆还是在油漆管路里面流动，没有油漆在喷涂开关之间因为油漆的停顿而造成突然喷涂时的大颗粒及喷金属漆时的金属沉淀，保持了油漆吐出的均匀性。当油漆换色或喷涂操作完毕时，开动半自动快速清洗装置，1～2min即可完成清洗或换色。

4. 喷漆房安全操作规程

(1) 操作前必须确保漆房地面及喷涂区域内所有工件、挂具、输送链、各种容器等接地完好。

(2) 火警探测系统、送排风系统在操作或清洗时必须开启。

(3) 操作人员要穿戴好劳保用品，在喷涂区内必须穿着导电鞋或革底鞋。

(4) 在使用静电手喷枪时，必须是空手或戴上手掌有洞的手套。

（5）当高压开关置于开时，所有人员（包括操作人员）应离开喷枪一定的安全距离，操作人员进入喷涂区域时必须切断高电压。

（6）关闭高压后，应用接地棒接触喷枪及其周围物品，以便将残余电荷除去。

（7）当使用导电漆时，必须遵循其相应操作标准。

（8）若使用涂料罐绝缘台，添加涂料、搅拌及涂装机的清理时，必须先切断高电压，同时要确保涂装机和涂料罐的接地。

（9）在喷涂作业中，要保证供漆齿轮泵在有涂料或溶剂的情况下工作。开关齿轮泵时尽量将泵的转速从低速向高速调速，避免直接高速开启。喷涂结束后，要将齿轮泵清洗干净。

（10）不能在漆房内滞溜不要的涂料、有机溶剂等可燃性物品。

（11）涂装机必须确保在良好状态下运行，当出现异常报警时，要先排除故障方可继续运行。

（12）安全运行的基本是不能发生电火花。漆房内禁止吸烟及明火，操作手必须掌握相应的消防知识，漆房及外围必须配备一定数量的消防设备。

（13）静电涂装机必须专人负责操作，未经严格培训，严禁他人操作。

5. 固化炉的结构原理及操作方法

喷好的工件经流平后，需进入固化炉进行固化处理。固化是涂料成膜的关键工序，对漆膜的物理化学性能影响极大。完全的烘烤包括烘烤时间和温度，它将决定所有漆膜的性能和特性。氟碳漆固化温度为230～240℃，固化时间为8～10min。但不同氟碳涂料厂家都会详细提供涂料的最佳固化温度和时间，具体工艺需在实践中掌握。

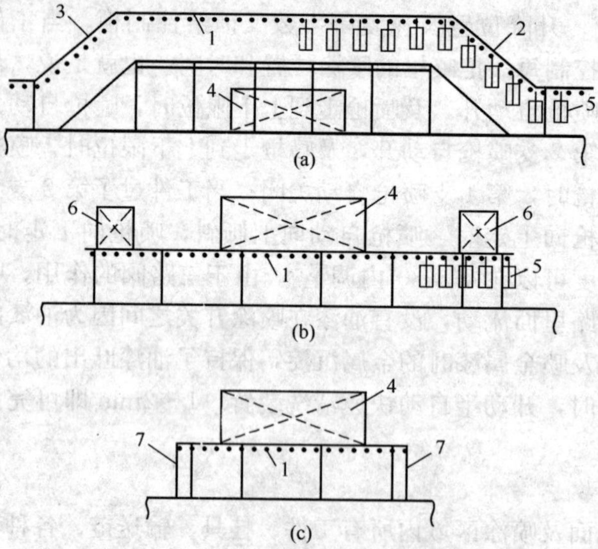

图 3-11-1　各种类型烘烤炉的形状和结构

（a）桥型；（b）隧道型；（c）箱型

1—传送带；2—上升；3—下降；4—热风发生炉；5—被涂物；6—空气封帘单元；7—门

固化设备有桥型、烘道通过型及烘箱型。烘道通过型亦称为隧道型。桥型和烘道通过型适用于自动化流水线连续涂装，而烘箱型则适用于间歇式的涂装。各种类型烘烤炉的形状和结构图如图 3-11-1 所示。

桥型烘烤炉，炉内热空气与炉外冷空气不易形成对流，被涂物进出烘烤炉时热量损失少，可节省能耗，但炉体占有空间较大，且不适合某些特殊形状的被涂物，被涂物悬挂间距太小时，当悬链上升或下降时往往会相互碰撞致伤。

隧道通过型烘烤炉占有空间较之桥型烘烤炉要小，但烘烤炉中的热空气与室外冷空气容易形成对流，热量损失较大。为了防止热量损失，常常在烘烤炉的进出口处设置空气封帘以节省能量，降低能耗。

加热方式也有热风对流式、远红外辐射式、红外加热风式等多种。热风对流式加热的优点是炉温度分布均匀，适用于各种形状的工件，缺点是被涂物受热是由表及里逐步传递升温的，固而升温速度慢。烘烤炉的热源有电加热、天然气、煤油或重油等的燃烧加热。在燃烧加热方式中，又分直接燃烧加热和通过热交换器进行热交换的间接加热两种方式。

通常煤油和重油都采用间接加热，被加热的空气是通过鼓风机进入烘烤炉中用过后，重新回经热交换器再次加热循环使用。

红外辐射加热，热源有红外灯，红外线管和红外线板等。这种烘烤炉利用辐射能加热，被涂物和涂膜同时受热，涂膜的升温速度快，同时还可避免鼓风时带入炉内的粉尘对涂膜的污染，其缺点是烘烤炉内温度分布不均匀，被涂物的受热程度取决于热源与被涂物之间的距离，因而它特别适合于板状、线状或圆筒状被涂物。在此，被涂物各部位都可被辐射到，使其得以迅速被加热。

通常红外线辐射材料的红外辐射转化率并不很高，除红外线以外，同时还有相当一部分是非辐射热能，为了充分利用热能，保证炉内温度分布均匀，常常在红外线炉中增加热风循环设备，称为红外线热风炉，这种烘烤炉集热风式加热炉与红外线加热炉之优点，较为理想。生产线上具体选用哪种烘烤炉，可根据生产及工艺需要进行配置。不论配置何种固化设备，都必须要确保涂料成膜所必须的温度与固化时间。

烘烤炉是涂装生产线中的重要组成部分，它性能的好坏直接影响着产品的质量。烘烤炉的性能指标中，其中两个重要的指标是炉温的均匀性和炉温的稳定性(反过来亦可称为炉温的波动性)。

(1) 炉温的均匀性

烘道内温度的均匀性与送风风量，风速的均匀性一一对应。要达到烘道内各处温度均匀，就要保证均匀送风。如能做到炉内任何角落均匀送风和等量回风，则可保证炉内温度均匀。炉温的均匀性可分为沿工件行进方向上的均匀性和烘道截面方向上的均匀性。

为了实现沿工件行进方向上的温度均匀性，必须控制出风口的风量与侧孔面积。一方面将送风主干管设计成沿气流前进方向缩小的变截面风管；另一方面，将侧出风口的面积设计成可调式。为了保证侧气流出口方向尽可能垂直于风道轴线，以减小气流间相互干扰，可在出风口处加装导向叶片或在出风口处安装喷嘴；对于可调出风口面积，可通过在各个出风口处加不同开孔率的孔板来实现，它的优点一则可很方便地改变出风口面积，二则可使出风口气流更加均匀，且气流速度衰减快，减小了气流对工件的影响。通过上述措施，可较好地实现均匀送风。

对于回风管，同样可通过沿着气流流动方向截面渐增，并且在回风口上设置调节风门，以进一步达到均匀回风。

对于烘道截面上的温度均匀性，影响它的主要因素是送回风管的布置方式。通常采用如下方式：

1）下送风上回风（包括侧下送，上回）方式。这类送回风方式，由于热空气的自然上升运动并辅之抽气来使热空气与烘道内的空气充分混合和均化，从而使得截面温差较小，并且送风口速度可较小，这样，一方面可在送风口处加装过滤器孔板等来加快气流的衰减，以减小送风对工件的影响，另一方面可加大送风温差，从而减小循环风量，减小风机的型号及送风管的尺寸。

2）上送风下回风方式。由于热空气的自然上升运动，要想使热空气能与烘道内空气充分混合，就必须加大热空气的射流长度，这样，出风口的风速就不能太低。由于气流速度较大，射流长度较长，热空气不可避免要影响到工件，容易吹落工件上的粉末，甚至会吹动工件，影响工件的质量；而且随着送风热空气对工件的影响，送风温差不能太大，从而循环风机型号加大，送风管尺寸加大，这些都会增加投资及运行成本。

3）下送风下回风方式。这种方式要求出风速度不能太低，要使射流长度及热扩散的高度能克服回风抽力对它的影响，并且要在出风口处加装导流板，以利形成均匀流场。

实践中认为采用下送风上回风的方式较为合理。通过合适的送回风方式及变截面送回风管，并在送风口处加装导流板、孔板或过滤器，可以在烘道内形成均匀的温度场并可减小送风对工件的影响。

（2）炉温的稳定性

通常烘道在升温阶段与运行阶段所需的热量相差较大，可达一半左右，并且在运行中，负载（工件）的大小、数量等也经常变化，这样，炉温就存在波动的因素。炉温波动的控制，常常与加热装置及温控方式密切相关，如这两项选用得当则波动相当小，反之则会产生较大的波动，影响产品的质量。对于加热装置及温控方式的选择，往往与烘道的大小、换热器的大小等因素密切相关。下面就对常用的几种方式进行讨论。

对于三位式控制的加热装置，采用二位式温控方式，就是通常所采用的双段火高低温控制方式。由于加热装置的输出功率只有两个特定值，因此，温度不可避免地会产生等幅振荡。要想减小温度波动，只有通过调整加热装置两个输出功率大小的比例来实现。但负荷的变化随时可能产生，所以这种调节方法只能适用于一种工况，不能很好地解决温度的波动。

三位式控制的加热装置，采用PID温控方式，能较为有效地减小温度的波动，但加热装置的输出功率只能是两个固定值，不能连续变化，所以，只能通过频繁地开闭加热装置来减小温度的波动，由此造成加热装置的运动部件动作频繁，对产品长期使用的可靠性提出了较高的要求。

比例调节加热装置，采用PID温控方式，该种加热装置的输出功率可以在最大值和最小值（可设定）之间连续地变化。因此，一定存在着某一输出功率，使得加入烘道内的能量等于烘道散失的能量，从而能保证炉温的稳定。在调试的过程中，关键是根据烘道的大小、加热器的大小及工件进出烘道的速度等因素，设定合适的PID参数来保证整个烘道温度的稳定。在设定参数过程中，由于比例（P）作用是基本的调节作用，一般首先把比例度调试好，待过渡过程基本稳定，再加积分作用消除余差，最后加入微分作用以提高调节质量。如在整定过程中，观察到曲线振荡很频繁，需把比例度增大以减小振荡。曲线最大偏差大且趋于非周期，需把比例度减小；当曲线波动较大时，应增大积分时间，曲线偏离给定值，长时间回不来，则需减小积分时间。如果曲线振荡很厉害，需把微分作用减到最小，曲线最大偏差大而衰减慢，需把微分时间加长，一直调到过渡过程振荡两个周期基本达到稳定，温度的波动幅度达到工艺要求为止。

通过采用变截面送回风管及适当的送回风方式，选用比例式的加热装置及PID温控方式且通过调试设置较为合理的PID参数，取得了较好的温度均匀性，且能很好地控制温度的波动。

思 考 题

1. 水帘式喷漆室由哪些主要装置构成？如何净化漆雾？
2. 怎样进行手动补喷操作？

11.2 换漆操作

1. 换漆的程序要求

（1）清洗

1）换漆前必须对油漆管路进行清洗。

2）对涂装机进行清理时，必须先切断高电压，同时要确保涂装机和涂料罐的接地。

3）将自动运行开关置于OFF位置。

4）选择“清洗”画面，若涂料泵停止时，将涂料泵置于ON位置，并将“涂料泵高速”置于ON位置。

5）将吸入管高举过涂料罐，使吸入管中残留的涂料流出，然后放入溶剂罐，使其吸入溶剂。

6）将返回管放入废液罐，待溶剂放出数秒后，将其放入溶剂罐，使溶剂在进出管路中循环。

7）将吸入管从溶剂罐中拿出，擦净后放入干净的溶剂罐中，返回管待流出干净溶剂后，将其擦净也一并放入干净的溶剂罐。

8）将雾化空气、涂料开关置于ON位置，使溶剂从喷枪前端吐出，等喷出干净的溶剂后，将其置于OFF位置。

9）清洗完毕，将“涂料泵开关”、“运行准备”置于OFF位置。

10）把喷嘴拆下清洗干净，并擦净枪体周围。

11）处理好剩漆、废液、废液罐等。

12）将控制盘的主电源开关置于OFF位置，关闭排风、水帘及空气源。

（2）换漆

1）换漆前必须先打开送排风系统、水帘及压缩空气源。

2）确认喷房内、升降机附近无物体，无操作人员方可进行换漆操作。

3）将控制盘的主电源开关置于ON位置，并确认喷涂机无异常显示。

4）准备好待喷涂料、溶剂及废液罐。

5）选择“运行准备”界面，将涂料泵开关置于ON位置，确认涂料吸至齿轮泵后，“涂料泵高速”置于ON位置。

6）当返回一侧的涂料管有涂料出来后，将其放入涂料罐中。同时将“涂料泵高速”置于OFF位置。

7）选择“清洗换色”画面，将雾化空气、涂料开关置于ON位置，确认喷枪喷出涂料后置于OFF位置。

8）调整好雾化空气压力及高电压值。换漆工作完成。

2. 部件组装知识

（1）枪内部油漆管路的组装与更换

1）从枪上取下空气喷嘴。

2）与空气喷嘴旋下的同一方向旋出外壳。

3）将油漆管（P）、雾化空气管（AA）以及成形空气管（FA）的树脂接头的螺母旋松后拔出空气管。

4）将油漆管罩螺丝旋松取下。

5）将油漆管（螺旋管）从油漆管罩后抽出。

6）更换新的油漆管（螺旋管）后盖上油漆管罩，用螺丝旋紧。

7）将油漆管的长度至枪前端树脂接头处切断，用螺母旋紧。

8）不要拆断特富龙管，确认接头确实旋紧，涂料系统、空气系统通入溶剂及空气确认有无泄漏。

9）装上外壳。

10）装上空气喷嘴。

（2）涂料阀的拆装

在进行涂料阀的分解前，请先向阀内通入溶剂、空气，清扫内部的涂料、脏物等，然后拆除所连接的软管。拆软管前，必须关紧原阀，去掉软管内的压力。最后，用专用扳手拧松固定阀的四个螺丝（5mm），从集合管上拆除下来。涂料阀的分解步骤如下：

1）取下外壳的螺丝，拔下弹簧。

2）取下旋转停止螺丝。

3）取下薄板。

4）用镊子取下3SV的内部元件。

5）拔出2SV的活塞，needle（针）组，注意needle和活塞，活塞螺帽是用薄形钳子夹住活塞，慢慢向左拧转螺帽。

6）取下卡环。

7）用扁嘴镊子夹住护圈A，取出内部元件。

8）取出护圈B。

9）将各元件分解成单个元件。

组装时请按分解的逆顺序进行。注意，在向阀机体插入活塞needle组时，请从阀机体的上方按入。在按入时，要用专用工具抵着活塞进行。此时，机体的洞的位置要对准薄板的洞的位置按入。“O”形圈需先涂上凡士林再装配。

思　考　题

1. 换漆程序有什么要求？
2. 枪内部油漆管路如何组装与更换？
3. 怎样拆装涂料阀？

第12章　废水处理与纯水制备

12.1　废水处理

铝合金制品氧化上色生产线所产生的废水有两类。一类制品清洗水，其中的有害物是制品从工艺槽带出的少量槽液，酸、碱、铝离子浓度较低。另一类是废弃的工艺槽液，如定期更换碱蚀槽液，所淘汰出的废槽液含有氢氧化钠50～80g/L，含铝离子100～160g/L，甚至更高；废弃的阳极氧化槽液，含有硫酸150～180g/L，含铝离子15～20g/L左右，还有废弃的电解着色槽液、封孔槽液，分别含有镍离子、亚锡离子、氟离子等有害物质。对于这种废弃的工艺槽液，由于有害物的浓度过高，直接进行处理比较困难，需要消耗大量的中和剂，使生产成本升高。尤其是废弃的碱蚀槽液，直接加硫酸中和后，溶液会变得非常黏稠，无法搅拌均匀，絮凝效果也差。对于氟离子的处理，需要用生石灰或石灰水使氟离子发生沉淀反应，而废弃的封孔槽液中氟离子的含量只有300～1000ppm，没有必要用此方法处理，通过稀释以及絮凝反应，完全可以达标排放。若铝合金制品处理中有酸蚀磨砂工艺，则槽液中的氟离子浓度可达到20～30g/L，就必须以氟化钙沉淀的方法进行处理。所以废弃的工艺槽液可以先用泵分别抽入到不同的储存槽中，在生产的过程中，用制品的清洗水稀释后进行处理，也可以当成中和剂来调节制品清洗水的pH值。由于氧化上色的废水中主要成分是酸、碱、铝离子，所以用絮凝沉降的处理方法效果显著。典型的废水处理流程图如图3-12-1所示。

整个废水处理系统中，两个储存池用来暂时存放废弃的工艺槽液或废水。对于连续处理废水的系统，采用串联两个反应池的方法，前一个池粗调pH值，后一个

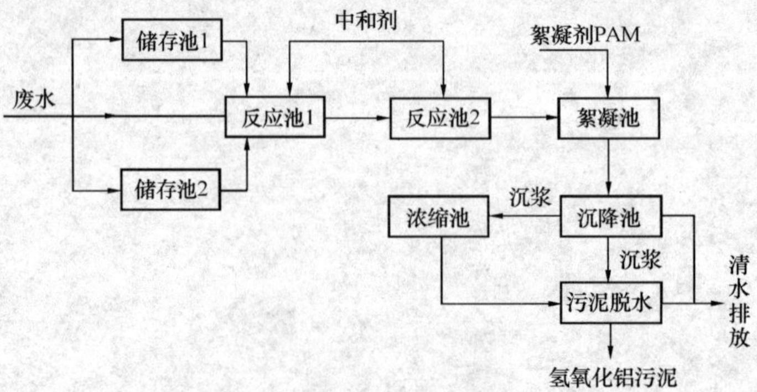

图3-12-1　废水处理流程图

池精调 pH 值，可以确保对废水 pH 值的有效控制。浓缩池实际上是起平衡前后处理速度的作用。

1. 废水处理系统结构与操作方法

废水处理系统应该由废水管路、阀门、泵、搅拌器、试剂槽、储存池、反应池、絮凝池、沉降池、压滤机、排污口等装置组成。生产中，操作人员对废水处理系统的操作方法为：

(1) 上岗后，应先检查各处阀门的状态是否正确，检查试剂槽中的中和剂和絮凝剂的量并配制试剂。

(2) 启动废水泵将生产线汇流槽中的废水抽入到反应池 1 中（或者是两个储存池中），启动反应池的搅拌器，用 pH 试纸测量废水 pH 值，根据 pH 值向废水中添加中和剂，把废水的 pH 值调节到或接近排放标准。废水流到反应池 2 后，反复测量废水 pH 值，并添加中和剂直到把 pH 值调节成排放标准。

(3) 启动泵将调节好 pH 值的废水从反应池 2 抽入絮凝池，开启絮凝池搅拌，并调整好絮凝剂的流量。发生絮凝反应的废水自流到沉降池中进行沉淀，清水则通过沉降池上部的溢流口进入排放管路。

(4) 用干净的烧杯装清水观察，水质应澄清，其 pH 值应达到排放标准 6～9。当斜板或斜管顶部已经有沉淀物冒出或发现水质变浑浊后，应立即关闭废水泵，停止向絮凝池抽废水。

(5) 启动沉降池底部的污泥泵，将沉浆抽到浓缩池也可直接抽到压滤机。

(6) 启动压滤机。

1) 压紧箱板

先选择“操作”档，按“压紧”键。设备开始压紧，观察压力表，待压力升至 2～3MPa 后，按“停机”键，再按“压紧”键，设备调正方向后继续压紧，直到压力升至 14～16MPa 时按“停机”键，选择“保压”档。压紧箱板操作完成，注意压紧压力不能超过 18MPa，一旦发现过压，立即“停机”检查。

2) 过滤

①检查接液管封盖板是否打开，接液盘应处于箱板正下方。

②检查进料管路阀门，打开回流管阀门一至二格。

③启动污泥泵。

④开启进料管阀门二格，关小回流管阀门，慢速进料 10min，当压滤机水嘴有清水流出后，再逐步打开进料阀门直到全开。观察若压力达到 0.5MPa，即缓慢打开回流管阀门，使压力保持在 0.4MPa，一直过滤至清水流量减小，证明过滤机内滤饼已形成。压滤机应保证滤布完好，有破损要立即更换，若在压滤过程中发现某个出口水质变浑浊，说明滤布已经发生破损，要关闭这个水出口，待出渣时更换滤布。

3) 出渣

①关闭进料管阀门，回流阀门处于开启状态停污泥泵。

②移出接液盘，盖上接液管封盖板。

③选择“操作”档，按“回程”键，压紧端板后移至极限自动停机。

④按下“拉板”键，设备自动拉板卸渣，自动拉板时间间隔一般为2～3s，若中途需暂停，操作拉板机上按钮开关。

4）清洗

出渣完毕后，若滤布需清洗，先将箱板压紧，推入接液盘，再拉板拉开一块，用高压自来水清洗一块，依次清洗完毕。

2. 絮凝、沉降、分离反应的相关知识

（1）絮凝反应

尺寸小于10μm的颗粒在水中不可能靠沉淀法分离，需要采用投加无机或有机化学试剂的方法使小颗粒凝聚成絮状大颗粒，然后靠沉淀的方法从水中分离。小颗粒凝聚成絮状大颗粒的过程就称为絮凝反应。沉降反应就是絮状大颗粒在重力的作用下发生沉淀的过程，最后形成固体和清水分离的效果。也就是说絮凝反应是化学作用，大颗粒的沉降和分离则是物理作用。絮凝反应的条件是要向水中加入絮凝剂。絮凝剂是胶体物质，以聚丙烯酰胺（PAM）为例，之所以能发生絮凝反应，是由于具有以下两个胶体特性：一是中和特性，小颗粒表面带电，其电位是颗粒不能相互聚集的原因。PAM可以中和掉小颗粒表面的电荷或是降低电位，使小颗粒可以凝聚在一起；二是吸附架桥特性，PAM分子链上的极性基团能吸附各种颗粒，并能固定在不同的颗粒表面上，各颗粒之间形成了聚合物的“桥”。分子链通过各种机械、物理、化学等作用，将各“桥”牵连一起，形成网状结构，最终使颗粒形成大团块而沉降。所以PAM的絮凝就是通过电中和、架桥吸附等作用使悬浮物质聚集在一起的。在絮凝池观察矾花形成的速度和大小，可以判断絮凝反应的效果。一般絮凝反应受废水的pH值影响很大，若pH值控制不当，矾花体积小，沉降困难。絮凝剂的添加量也影响反应效果，加少了，不能使水中小颗粒完全聚集，加多了胶体分子之间相互排斥，也无法形成大团块。絮凝反应过程应采用慢速低强度的搅拌，以免打碎大的矾花。适宜的絮凝剂添加量和搅拌强度应该通过试验来确定，先用几个烧杯分别装入废水，调节好pH值后，再分别投入不同量的絮凝剂，采用不同的强度搅拌，然后进行静置沉淀10～20min，观察和分析水质，以确定适合于该废水的絮凝剂添加量和搅拌方法。

（2）沉降反应

调节好pH值并投放了絮凝剂的废水，流入到沉降池中，固体团块在重力作用下向下沉淀，清水则向上从沉降池上部溢流出去。对于斜板式或斜管式沉降池，固体物的沉降效率和速度更好，因为固体团块在下沉的过程中，会落到斜板（管）的斜面上，就与其他团块再结合并沿斜面快速沉降到池子底部，实际上固体物垂直沉降的距离就是两个斜板（管）部的竖直距离，到了斜板（管）的斜面上就加速下滑。一般斜板（管）与水平面呈80°～85°的夹角，沉降效率最高。

1）斜板（管）沉降池原理

沉降池内设置多个斜板（管），相当于将沉降池在深度方向分隔为多个小的沉降区间，沉淀的效率大大提高。在处理相同水量时，斜板（管）沉降池的深度可以大大缩短，因而缩短了沉淀时间，减少了沉降池的体积。

为了让污泥便于流动下沉，沉降池内安装斜板的，称为斜板沉降池；安装蜂窝形或波纹形管的称为斜管沉降池，如图3-12-2所示。

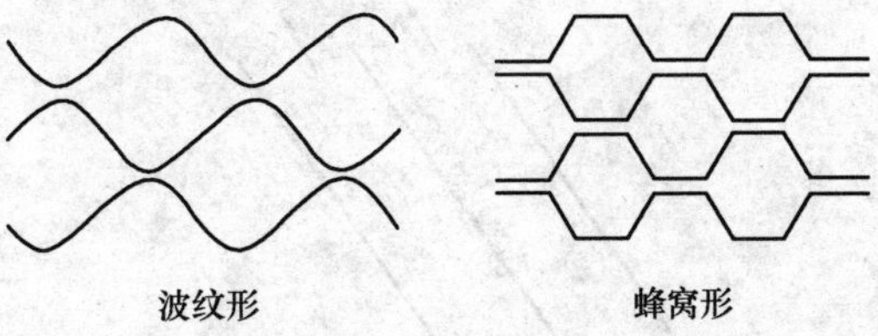

图3-12-2　斜管形状图

斜板或斜管的倾斜角度应大于60°，要超过污泥的休止角。

斜板（管）池内水流条件属于层流状态，即进水在沉降池中的紊流产生的搅拌对沉降过程基本没有影响，而一般的沉降池水流对颗粒的沉淀有较强的干扰。斜板（管）沉降池中的斜板增大了沉淀面积，形成许多浅层沉淀池，因而斜板（管）沉降池的处理能力可以显著地提高。若斜板的长度为L，倾斜角为θ。水中颗粒在斜板间的沉降过程，可视为是在理想沉降池中进行。颗粒沿水流方向的斜向上升流速为v，受到重力作用往下沉降的速度为u，颗粒沿两者的合力方向移动，当碰到斜板表面时，合力移动过程结束，然后颗粒汇集并沿斜板向下滑落。

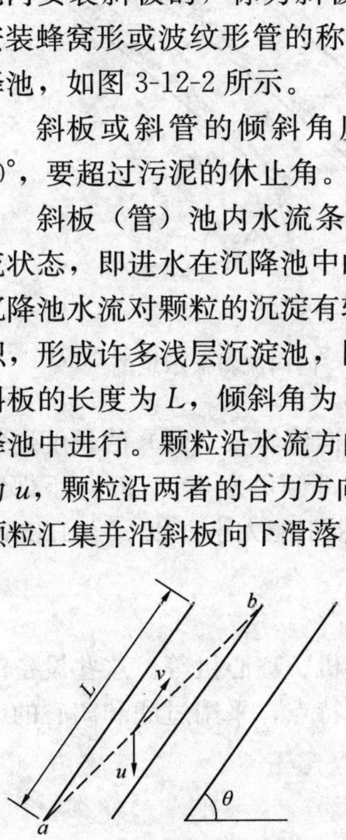

图3-12-3　颗粒在逆向流斜板间沉降轨迹

如图3-12-3所示，颗粒所受的合力方向，取决于颗粒所受重力作用（u）的大小和水流斜向上升的流速（v）。当颗粒体积小、水流速度大时，也就是v较大、u较小时，颗粒就会有向上移动的趋势，会在斜板顶部结束沉降。当v过大时，颗粒甚至不能沉降到斜板上，而会直接移动出斜板区。所以设计池子的容积和斜板的数量时，不但要考虑所处理的水量，还要使颗粒由图中a点移动到b点的时间内结束沉降。

在处理废水中，当白色的沉渣超过图中b点时，就不能再向沉降池中输入废水了，要用污泥泵从沉降池底部把沉渣抽走后，才能继续处理废水。

2）斜板（管）沉降池的构造

根据水流和污泥的相对流动方向，可将斜板（管）沉降池分为逆向流和同向流两种类型，如图3-12-4和图3-12-5所示。

同向流斜板的水流、污泥流方向都向下，靠集水支渠将澄清水和污泥分开。水流在进水和出水的压差推动下，通过多孔调节板进入集水支渠，再向上流到池子表面的出口集水系统，流出池外。集水装置是同向流斜板沉降池的关键装置之一，它既要取出清水，又不能干扰污泥下沉。因此，该处的水流状态必须保持稳定，不应出现流速的突变，同时在整个集水横断面上应做到均匀集水。同向流斜板的优点是水流促进污泥的向下滑动，保持斜板的清洁，可以将斜板倾斜角减为 30°～40°，从而提高沉淀效果，缺点是构造复杂。

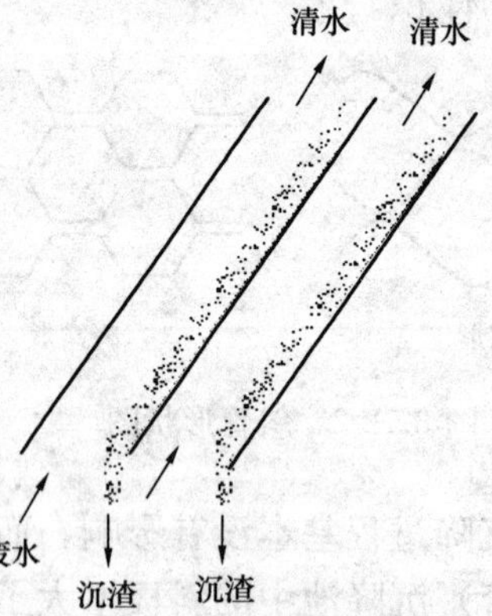

图 3-12-4 逆向流斜板示意图

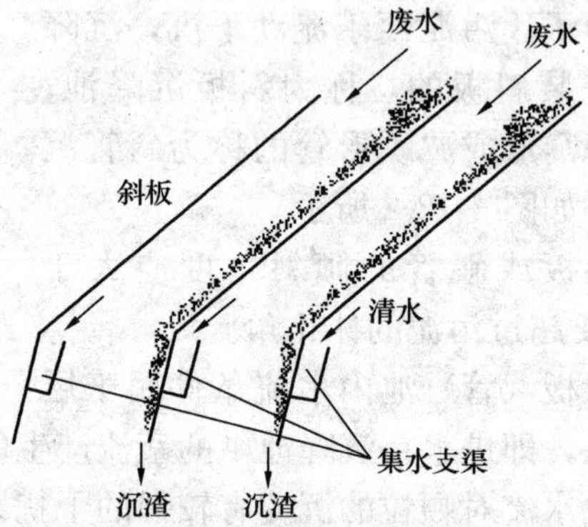

图 3-12-5 同向流斜板示意图

逆向流斜板为水流方向向上，污泥流方向向下。逆向流斜板（管）的长度通常采用 1～1.2m。同向流斜板长度通常采用 2～2.4m，上部倾角为 30°～40°，下部倾角为 60°。为了防止污泥堵塞及斜板变形，板间垂直间距不能太小，以 80～120mm 为宜；斜管直径应不小于 35～50mm。

（3）固液分离

固体废物与水分离主要是靠操作脱水设备，如压滤机、离心机等。这些设备的工作原理主要是利用固体沉淀物的体积或重量比较大的特点，采用过滤和离心的原理使固体沉淀物与水实现分离。

思 考 题

1. 氧化上色生产线所产生的废水种类有哪些？
2. 什么是絮凝反应？
3. 为什么用斜板（管）沉降固体效率高？

12.2 纯水制备

1. 机械过滤器操作方法

工业用自来水中有许多泥沙等颗粒物，不能直接用于生产，通常是用过滤的方法去除水中的颗粒物。水通过过滤介质，颗粒被截留在介质表面或介质层内，起这种过滤作用的装置称为机械过滤器，最常用的过滤介质是石英砂。如图 3-12-6 所示，机械过滤器内底部安装一个承托盘，承托盘上铺着数层过滤介质，最底层为直径 100～200mm 的鹅卵石层，鹅卵石层上再铺装数层目数不同的石英砂，目数大的也就是粒度相对细的石英砂铺装在上层。承托盘下铺设数条用于收集清水的配水管。进行供水操作时，只需开启机械过滤器的进出水阀门即可。当过滤水量达到一定时，介质表面或内部已经截留下很多泥沙后，水通过介质的阻力变大，表现为机械过滤器的出水压力降低，若供水压力已经不能满足生产需要时，必须对机械过滤器进行反洗处理，将泥沙从石英砂介质中洗脱下来，恢复过滤能力。

反洗操作时，首先打开机械过滤器顶部的排气阀门，然后打开反洗阀门和排污阀门，让清洗水从底部进入并通入压缩空气进行搅拌，使泥沙能与石英砂充分分离。清洗水携带泥沙从排污管流出机械过滤器。要控制好反洗水流量和压缩空气压力，防止石英砂流失。反洗操作至反洗水洁净为止，一般至少需要 30min 左右，关闭压缩空气、反洗阀门和排气阀门，打开机械过滤器的进水阀门进行正洗，清洗水从排污管流出，正洗 5～10min 后即可恢复工作状态。

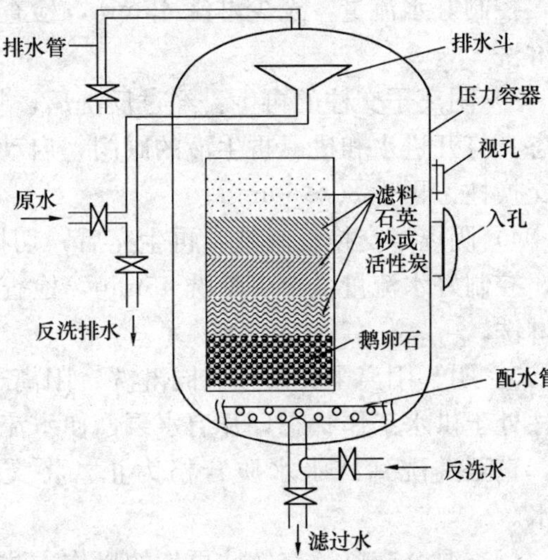

图 3-12-6　机械过滤器结构原理图

为了延长离子交换柱的工作时间和树脂的使用寿命，经过石英砂过滤后的自来水还应进行活性炭过滤，才能进入离子交换柱。活性炭过滤器就是把颗粒状活性炭填充入机械过滤器中，活性炭层底下用几层不同目数的石英砂层、鹅卵石层进行支撑承托。活性炭是一种多孔介质，其比表面积很大，而比表面积越高，吸附能力越大，通常能够由多种材料经炭化和活化制备。活性炭一般用于消除水中异味、色度、余氯以及有害的有机化学物质。活性炭去除污染物质的方法主要是运用吸附原理，也就是利用炭体表面微孔吸附污染物质。经活性炭过滤的水，所含对离子交换树脂有害的物质大大减少，可以防止树脂“中毒”。活性炭机械过滤器的供水、正反洗操作过程与石英砂过滤器一样。

2. 离子交换柱再生操作方法

（1）复床离子交换柱再生操作方法按如下步骤进行：

1）阳离子交换柱再生：经过反洗后，切换阀门使阳离子交换柱处于再生工作状态。打开进水和进酸再生液的阀门，酸再生液与水一起通过阳离子交换柱，树脂在流动的再生液中得到再生，再生时间应在 30～50min，流量和再生液的消耗量应根据离子交换柱的大小决定。因为硫酸钙微溶于水，所以若是用硫酸再生液，为降低硫酸钙在阳离子交换柱中的残留，再生操作要求比盐酸再生要高一些，盐酸再生操作只需将盐酸浓度一次性调节到指标范围内（一般控制3%～5%），以稳定的浓度、流速将需要消耗的再生液量消耗完，即可后续操作。用硫酸再生液宜采用两步操作完成再生：第一步先将再生硫酸酸浓度调节到2%左右，以较快流速消耗再生液总量的60%；第二步将再生液浓度调节到2%～4%，以比第一步慢的流速消耗其余的再生液。当再生液全部消耗完时，开始后续操作。

2）阳离子交换柱淋洗：再生完后，切换阀门使阳离子交换柱处于淋洗工作状态，控制好水流量，至少淋洗45min，检查出水的pH值，若pH值大于5，则停止淋洗。

3）阴离子交柱的再生：经过反洗后，切换阀门使阴离子交换柱处于再生工作状态。打开进水和进碱再生液的阀门，启动中间水泵，碱再生液与水一起通过阴离子交换柱，再生30～50min。

4）阴离子交换柱淋洗：再生完后，切换阀门使阴离子交换柱处于淋洗工作状态，控制好水流量，至少淋洗45min，检查出水的pH值，若pH值小于8，则停止淋洗。

5）阴、阳离子交换柱共同淋洗：阳离子交换柱处于淋洗工作状态，阴离子交换柱处于供水工作状态，开启水泵，使水流经阳离子交换柱后又流入到阴离子交换柱，直至淋洗到纯水水质合格为止。将交换柱调整为供水工作状态，向生产线供水。

（2）混合床离子交换柱再生的操作方法

1）对混合离子交换柱进行反洗分层，这一操作过程十分重要，启动中间水泵，水流量应先大后小，反洗10～15min后停水，静置一段时间，树脂在水中自由下落，因阳树脂比重为1.23～1.28，而阴树脂比重为1.06～1.11，两种树脂比重差别较大，就很容易分层通过反洗也可排出一些杂质异物。从反洗视孔观察树脂分层是否彻底，若分层不明显，可进行重复反洗操作。

2）树脂反洗分层彻底后，从交换柱上部送入NaOH再生液再生阴离子树脂，再生20～30分钟。废液从阴、阳离子树脂分界处的排液管排出，在再生同时，由交换柱底部输入清洗水流经阳离子树脂，清洗水也由中间排液管排出，这样能减小碱液对阳离子树脂的污染。

3）阴离子树脂再生完后，从交换柱上部输入淋洗水，直到从中间排液管流出水的pH值小于9为止。

4）再从下部送入再生阳离子树脂用的酸液，废液同样由分界处排液管排出，同样为防止酸液污染阴树脂，由上部送入清洗水通过阴树脂层并由中间排液管排出，再生20～30min。

5）阳离子树脂再生完后，从交换柱下部输入淋洗水，直到从中间排液管流出水的pH值大于4为止。

6）进行树脂混合操作，先使交换柱中的水高出树脂层表面100～200mm，再通入洁净的压缩空气进行搅拌，使分层的树脂重新混合均匀，搅拌结束后立即快速排水，使整个树脂层迅速下落，以免阴、阳离子树脂由于密度不同而在缓慢下沉时再次分层。

7）混合操作后对交换柱进行最终淋洗，当流出水的电导率小于 20μs/cm 时，可以向生产线或纯水贮槽供水。

思　考　题

1. 机械过滤器如何反洗？

2. 混合床离子交换柱反洗有什么要求？

第13章　设备维护与故障处理

13.1　设备维护

1. 点检

日常维护是指对设备进行日常点检和维护的全面工作。由于机组设备种类多，数量大，日常维护工作显得尤为重要。

（1）开机前点检

设备开机之前，必须对机列线各设备进行点检。检查设备是否完全处于工作准备状态，运行轨道上是否有异物阻挡或者卡入，滑道或者摩擦面的损耗情况，螺钉是否松动，液压、气动管路是否有断裂或泄漏现象发生，精动部件和转动部件的润滑状况如何等，要详细观察或用检测工具进行检查，凡出现故障或有问题的部位必须及时处理并记录，并根据出现问题的状况，提出损坏程度估计。如果不处理不影响机列运行，可照常开机；若不及时处理不能保持运行到一检修周期，则在小修或定修时间力争解决；若需及时处理，应立即申报上级部门，请求立即停机抢修。

（2）设备运行检查

经开机前点检后，设备在试运行和工作运行时，也需进行适当检查。维护人员要对机列线巡回检查，特别是设备关键部位和联动部位的运行点检是不可忽略的。设备启动后，我们往往可以凭设备运行状况是否符合要求，依据运转响声是否异常，是否出现异味，或者机体部位的发热、振动等现象，预见设备运行情况。如果出现异常现象，应立即分析处理。

（3）停机检查

设备停机后（包括意外事故停机），需对设备进行检查。因为有些设备因为热膨胀过度、疲劳过度等，在设备停机时出现破裂和松动，若不及时处理，很可能影响到设备的整体性能。设备停机后，应巡回检查一遍，有必要对开关、阀门、防火防爆设备等进行重新检查确认，切实做到停机安全。

2. 润滑

把一种具有润滑性能的物质加到机件的摩擦面上，以达到降低摩擦和减少磨损的目的，称为润滑。如在轴承与轴之间加入一点润滑油，可防止它们在工作中受到磨损。

由于各类设备结构和工作性能都存在一定的差异，所以不但要正确选择润滑剂，使其能保证正常的润滑，具有适当的黏度，一定的纯度和安定性，无腐蚀作用等，还应采用适当的润滑方法。

（1）手工加油润滑

主要用于开式齿轮、链条、钢丝绳及一些简易机械设备。此种润滑装置最简单，但维护工作量较大。

（2）滴油润滑

主要用于滑动及滚动轴承、齿轮、链条、导轨、泵及压缩机上。

滴油润滑是利用油的自重一滴一滴地流到摩擦机件上，滴落速度随油位而改变。此种润滑适用于数量不多而又容易靠近的摩擦机件上。此种润滑装置的结构简单，因润滑装置设计不同，有自动起闭和不能自动起闭两种。

（3）溅油润滑

这种润滑方式是靠高速转动的机械零件在油池中的连续旋转将油带到各个摩擦部位上进行润滑的。

由于飞溅法只能用于封闭式的机械部位，如车床变速箱等，所以要注意保持规定的油位和油质清洁。

（4）油杯、油链及油轮润滑

多用于机床、电动机、风扇等主轴轴承的润滑。

这种方法只能用于水平方向轴、油杯套在主轴上做自由旋转而油轮则固定在主轴上的情况。这些润滑装置随主轴转动，将油从油池带入摩擦部件的间隙中形成自动润滑，在油池内始终保持一定的油位。这种润滑装置作用可靠，维护简单。

（5）油绳、油垫润滑

主要用于低速、轻负荷的轴套和一般机械部位。

这种方法是利用油绳或毡垫的毛细管产生虹吸作用向摩擦部件供油。油绳或毡垫浸在油内，摩擦表面可以和油绳或毡垫相接触，也可以有一定距离。这种润滑方法简单，维护方便。

（6）强制送油润滑

主要用于金属切削机床、锻压设备和一些内燃机、蒸汽机的主轴轴承上。

这种润滑主要靠一个或几个装在油池上可调节行程的柱塞泵来实现，装置较复杂，但维护简单，润滑油也较清洁。

（7）油雾润滑

主要用于高速滚动轴承及封闭的齿轮、链条、滑板、导轨等部件上。

油雾润滑装置利用压缩空气把润滑轴从喷嘴喷出，将其雾化后再送入摩擦表面，让摩擦表面上黏附薄层油膜，起润滑作用。

（8）压力循环润滑

主要用在金属切削机床、蒸汽机、内燃机及一些减速器上。

这种润滑方法利用重力或油泵使循环系统的润滑油达到一定的工作压力，适用于重负荷的摩擦副。

（9）集中润滑

主要用于金属切削机床、轧钢机等设备的大量润滑点或某些不易靠近的润滑点。

润滑装置是由一个位于中心的油箱、油泵、过滤器及一些分送管道和分配阀组成，用管道输送定量的油（或脂）到各润滑点。

（10）内在润滑

一些设备由于结构限制，不宜采用附加润滑装置，则考虑应用内在润滑的方式（如含油轴承、密封的轴承座等）。这种润滑主要靠一个或几个装在油池上可调节行程的柱塞泵来实现，装置较复杂，但维护简单，润滑油也较清洁。

13.2 设备故障处理

1. 故障判断和排除故障前应考虑的问题

判断故障是一种智力运筹活动，也是复杂的脑力劳动，应该想到机械内部的任何一个零件出了问题都会影响整机的运转。因此，只是简单地询问和了解情况是解决不了任何问题的。在判断和排除故障前，应把了解的情况和检查的结果与故障联系起来分析、判断出故障产生的条件，再利用平时掌握的机械结构、原理和零件运行状态等方面的知识和日常积累的鉴别机械运转是否正常的经验，去伪存真、综合推理并认真分析每一个问题的相互依赖关系，才能最后做出正确的判断。

故障判断准确后，还要重视维修的科学性。因为不必要的停机和过多过早的拆卸都会造成一定的损失，所以要根据故障的情况和工作环境全面考虑，使每一次的修理工作都能最简单、最彻底地解决问题。

2. 修理过程中应注意的问题

1）要采用科学合理的修理方法，尽量避免或减少那些不必要的拆卸。

2）对有故障的零件和相关件，修复或更换，安装前都应做必要的检查，以防止故障重复出现。

3）对重复出现故障的零件，要查清原因，分析原因要全面。决不能认为某个零件损坏了就是那个零件的原因，更换了那个零件故障就算排除了。一定要查清零件损坏的真正原因，再进行安装以保证机械的可靠性达到彻底解决的目的。

4）要重视拆卸零部件的清理和清洗（越是精度高的零件，对清洁度要求就越高），否则会加速零件的磨损和损坏，降低机械原有的精度和可靠性。如果拆卸、修复、安装的零部件不清理和清洗，泥沙和脏物带入机械内部，机械工作运转时这些泥沙和脏物就会进入轴承或相对运动面、传力面，从而导制拉伤、磨伤、咬合、阀杆卡死、油压失控、密封处渗漏油、螺纹操作、紧固力矩达不到标准、松动脱落等故障，所以一定要重视零部件的清洁度。

5）螺栓、螺母安装时要注意的问题：①螺栓、螺母与零件的接触面应光洁平整，否则安装后易发生松动或螺栓弯曲。②紧固同一平面的成组螺栓和螺母时，必须按规定的顺序，逐步加力紧固，否则会使零件和螺栓受力不均甚至变形。③螺纹上的脏物要清洗干净，则拧紧力矩会受到影响或螺纹损伤。④螺栓、螺母的紧固力矩一定要按标准进行紧固，力矩太大会使螺栓拉长甚至拉断或者机械在运转中发生断裂；力矩太小会使螺纹的摩擦力矩小而易松动，保证不了机械工作时的可靠性和正确性。

6）轴承安装时应注意的问题：①滑动轴承的安装，要根据轴承尺寸和配合的大小，采用适当的安装方法（冷装、热装、压装、打装）。安装时必须用专用工具，在安装前要清洗各配合面并涂油防止轴承偏斜装入，特别是薄壁轴承内孔易发生变形，安装后要用内径百分表在内孔 2 至 3 处相互垂直方向测量检查。如果内孔有缩小、锥度、椭圆等现象，要用铰削、刮研、滚压方法进行修复，以保证工作接触面和运动间隙。②滚动轴承的安装，要掌握轴承内外圈与轴和孔的配合松紧度，安装前要做好清洗和涂油工作，将轴承有牌号的一端面装在可视部位。选择正确的安装方法，不可用榔头直接击打轴承，应用铜棒或专用工具，防止轴承的损伤。若轴承的轴孔同时装入时，应在轴承的内外圈上同时加力，以保证轴承的滚动体不受力，防止滚动体受力影响运转精度和降低使用寿命。轴承安装后应转动灵活，无噪声、斜摆、阻滞现象。

7）齿轮传动件安装应注意的问题

齿轮和轴的配合要适当，不能有偏心或偏斜现象。两齿啮合应有适当的啮合间隙，间隙过小齿轮转动不灵活，使齿面的磨损加剧；间隙过大换向时产生冲击力。间隙过大或过小都可以导致齿轮的使用寿命降低。两齿啮合时齿轮的接触部位要正确；啮合面积要符合要求；齿轮的错位量不得超过规定值；齿轮的啮合面积小或部位不正确，会使齿面磨损加快，响声大和齿轮早期损坏。

8）油封安装时应注意的问题

骨架唇口油封的安装，施加在油封端面的压力必须均匀，防止安装时因施加压力不均匀而使油封变形，降低密封性能。油封安装好后应在唇口上涂一层很少量的润滑脂，防止工作初期干摩擦损伤油封的密封线部分。装入轴和连接盘时，应平稳旋转推入，防止偏斜和用力过猛推出损伤油封。封润滑脂的油封安装时唇口向外，新润滑脂注入时旧润滑脂可以顺利排除。封润滑油的油封安装时唇口向内，以提高油封的密封性能。O 形圈安装时，要按规定的规格尺寸安装，用过大或过小的 O 形圈都会降低其密封性能。安装前要清理和清洗干净 O 形圈的安装部位和接合面，这些部位不清洁都会影响 O 形圈的压缩率。O 形圈的压缩率过大会使橡胶的压缩应力松弛而产生永久的变形，降低密封性能；压缩率过小 O 形圈的弹性接触力达不到要求，也降低了 O 形圈的密封性能。

9）各高速部位要按标准进行调整，安装后要全面仔细检查各部件的位置、紧固、调整是否正确齐全，以防止因安装失误损坏零件和故障的发生。

思 考 题

1. 判断：设备日常维护主要包括开机前点检和运行中维护两方面。
2. 润滑的目的是什么？
3. 设备维修中，螺栓、螺母安装有哪些注意事项？

第4篇

金属材涂层工（高级工）

第1章 开 卷

1.1 上 卷

检查表面质量的主要方法有目视、触摸和工具检测。

1. 检查前的准备

（1）掌握坯料的技术条件和验收标准，正确理解标准。

（2）检测工具的准备：千分尺、卷尺、钢直尺、小刀等。

（3）穿戴好劳保用品，准备好手电筒以检查运行中的带材下表面。

（4）认真对照生产卡片，做到物卡相符。

2. 主要尺寸的测量方法

（1）厚度的测量

①根据规定厚度应在板材长边距板角不小于 115mm，距板材边缘不小于 25mm 的范围内进行测量。

②测量厚度前必须校对千分尺是否准确即调零。

③在测量过程中，如发现板材同板差较大，每张板片要求测 3～5 点以上，如发现长边厚度接近名义尺寸，要注意测量短边的中间部位。一般情况下板材中间部位比边部厚。

（2）宽度的测量

宽度一般变化不大，除坚持首尾件测量外，中间可抽查 1～2 次，测量时卷尺要拉直，注意卷尺要同压延方向垂直。

（3）不平度的测量

①测量板材的不平度用测波仪进行，边沿波浪可用塞尺进行测量。

②测量不平度时将板材自由放在平台上，测量板与平台的间隙，一张板片有几个波浪存在应测量最大的一个。

③我们国内习惯用波高代表板带材的平整度，但是只用波高是代表不了波形的特性的。描述波的特性不但要考虑波高而且要考虑波形长度。因此美国、加拿大等国采用 I 单位来计算板形。I 单位的意义是规定板材宽度方向上最长条（$L+\Delta L$）和最短条（L）之间的相对长度等于 10^{-5} 时为一个单位，即：

$$\text{I单位} = \frac{\Delta L}{L} \times 10^5$$

（4）印痕、凹陷、凸起等缺陷的测量

①用千分表进行测量，测量时应在缺陷边缘对零位，然后对准缺陷部位测量。

②千分表的刻度盘上有红、黑两种数字，测深度缺陷读红字，测凸起缺陷读黑字。

3. 对外观质量的检查

严格按照技术标准对卷材的上、下表面进行全面检查。

①若检查出来不合格品应通知相关人员处理，废品应在卷材面上写上废品号并注明废品的位置。

②一般坯料表面应加工良好，表面平整、光洁，不允许有裂纹、腐蚀、穿通气孔、压折、折痕及较严重的擦伤、划伤、压过划痕、油污、粘伤、印痕、辊印、松树枝状花纹、金属及非金属压入等缺陷。

③涂浅色漆或透明漆的坯料除符合前条的要求外，还不得有长条状黑条、压过划痕和较严重的振动纹等缺陷。

4. 几个主要外形尺寸偏差（参考值）

（1）饮料罐、盖用 3004、3104、5182、5042 合金坯料厚度允许偏差为±0.01mm。

（2）不平度：所有坯料应严格控制中间波浪，坯料每米波浪数不超过 3 个，每个波高不超过 3mm。

（3）坯料端面应整齐，错层≤2mm，塔形≤5mm（内 5 圈外 2 圈除外）。

5. 主要缺陷及问题的判断和处理

（1）压折

①压折的形状特征：压折部位呈亮道花纹，最严重的可能折裂，是压光、矫直过程中产生的折皱。

②判断方法：亮道越亮越严重，反之较轻微。严重压折不允许上机。

（2）非金属压入

①非金属压入的特征：压入产品表面的非金属脏物，呈点状或长条状，一般为黑黄色。

②处理办法：根据板片上的缺陷能否清除和缺陷分布面积情况判断轻微和严重。

a. 点子很小，深度浅可视为小黑点，按标准中对小黑点的要求处理。

b. 点状、条状，表面深度较浅者，可用砂纸打磨，凡能打磨掉而深度不超过负偏差之半或负偏差，可视为轻微的或不严重的缺陷。

c. 长条状缺陷深度较深或面积较大，用砂纸打磨不掉，或清除后破坏了包铝层或超过板材厚度负偏差均视为严重，这种缺陷应从严掌握。

（3）金属压入物

①金属压入的特征：在金属屑或金属碎片压入产品的部位，边缘能见到不规则的界线，将压入物刮掉后呈现出高低不平、大小不平的凹坑。

②判断方法：轻微与严重是根据面积大小和金属剥落后的深度来判断的。剥掉金属后深度超标则为废品，深度未超则按面积大小计算。对面积未进行规定的，缺陷又在板材边部，则该缺陷可适当放宽。

（4）划伤

①该缺陷在生产的所有工序都可能产生，是板材常见缺陷之一。

②处理办法：对标准规定允许有轻微的个别的不严重的划伤的情况，执行时根据深度和面积来判断，深度超标为严重，深度未超标而面积较大的也为严重，在板面无其他缺陷时可从宽处理，若同时有其他缺陷应从严掌握。

（5）擦伤

①擦伤的特征：呈直线短划道，多为成组分布，是板材生产中的主要技术废品之一。

②判断方法：有明确规定的严格按标准执行，标准只规定轻微和不严重的根据缺陷的深度和面积来判断，深度超标为严重，深度未超标但面积较大的亦为严重，验收时对整张铝板要全面衡量。

（6）腐蚀

①腐蚀的特征：表面粗糙，无光泽，严重时有粉末状腐蚀物。

②判断与处理：在板材上下两张的接触面上腐蚀的部位和形状一致。产品一旦腐蚀就将报废。

（7）松树枝状花纹

①形状特征：松树枝状花纹是产品在轧制中产生的滑移线，呈有规律的松树枝状花纹，严重时板材表面凹凸不平，像洗衣板，但表面仍很光滑。

②判断：

a. 手摸有明显凹凸不平的为严重，反之较轻微。

b. 手感不很明显但松树枝状花纹的面积大于板片总面积的5%时较为严重。

c. 几乎无手感，但面积大于板材表面积的30%也属于严重缺陷。

（8）压过划痕

①特征：带板划伤、擦伤、粘伤后经冷轧后形成的，由于部分压合深度不易感觉和测量，因此是一种具有隐蔽危害性的缺陷。

②判断与处理：该缺陷根据是否有裂口和裂口大小进行判断，有轻微裂口的为轻微，有较明显裂口的其深度一般在0.08mm左右，可视为不严重，裂口较多且明显的属严重的压过划痕。

（9）折伤

①折伤的形状特征：产品表面形成不规则皱纹及波浪形折皱，在薄板上常表现为马蹄印。

②折伤的判断可用手摸进行，手感明显的为严重折伤，反之为轻微。

6. 卷材对中

卷材对中的方式一般有手动和自动。卷材装入上卷机时和在运行过程中，带材偏离机列中心线，需要与机列的中心线进行对中，保持带材的平稳运行。上卷机操作台上一般装有自动和手动开关，当导向选择开关置于自动位置时，在接通张力和带材向前运动的条件下，自动纠偏装置就开始工作，寻找带材边缘并自动导向；当导向选择开关置于手动位置时，操作人员就必须通过操作台上的手柄进行操作，当带材向左边偏离时，操作上卷机就向右边移动，当带材向右边偏离时，操作上卷机就向左边移动，直到带材保持中心线，在移动上卷机时要做到点动，并随时观察带材的位置。

思 考 题

金属压入的特征和判断方法有哪些？

1.2 开卷张力参数调整

带材在生产运行时，常常会出现张力波动的现象，造成带材不能平稳运行，通过生产实践得出在以下情况下要对张力进行一定的微调。

1. 张力调整的基本原则

1）卷材波浪较大时在道路上很容易产生抖动和擦划伤，这时候需要生产人员在原有张力的基础上增加一定的张力，一般增加100～300kg。

卷材在运行过程中产生折（扭）伤，说明张力过大，需要减少一定的张力，一般在原有基础上减少100kg左右。

2）带材在运行过程中，突然发现张力辊的负荷量增加，已经超过了正常值，表明张力较大，这时候就要适当减少张力，一般减少100～300kg，直到负荷量处于正常状态。

3）在生产过程中，根据生产需要生产速度要加快的情况下，一般在原有张力的基础上增加张力100～300kg。

4）带材在运行中，发现带材在生产线上松弛，张紧程度不够，产生了擦划伤，这时候需要增加张力100～200kg。

2. 张力的设定范围

为了保证上卷机运行的稳定，若张力过小，易出现松卷及跑偏引起擦伤和折伤等缺陷，而张力过大可能引起断带、打滑，二者均会导致停机，因此必须控制好上卷机的张力，保证生产线的正常稳定运行，特对开卷机的张力要求如下：

工艺范围：360～1850kg。

根据不同的宽度和厚度，调整其张力系数，保证张力在一定范围内，使带材张紧（表4-1-1）。

表 4-1-1 开卷厚度与设定范围

开卷厚度（mm）	设定范围（kg）	开卷厚度（mm）	设定范围（kg）
0.18～0.35	360～500	0.71～1.0	500～700
0.36～0.70	400～600	1.1～1.60	600～900

思 考 题

张力调整的基本原则是什么？

第2章　预　处　理

2.1　配置清洗剂、转化剂

1. Ridoline550M 酸性清洗剂的检验

（1）游离酸。取10mL槽液至250mL的锥形瓶中，加入100mL去离子水，加5～10滴酚酞指示剂、半勺氟化钠，摇匀并静置1min，然后边搅动边用0.1N氢氧化钠滴定至稳定的粉红色，耗用氢氧化钠的毫升数就是游离酸度（点）。

（2）总酸度。取10mL槽液至250mL的锥形瓶中，加入100mL去离子水，加5～10滴酚酞指示剂，边搅动边用0.1N氢氧化钠滴定至稳定的粉红色，耗用氢氧化钠的毫升数就是总酸度（点）。

（3）反应产物（RP）＝总酸度（点）－游离酸度（点）。

（4）活度的测定。采用Orion Meter 290A氟离子计检测，首先使仪器处于Rmv档，用纯水冲洗电极并吸干，按2nd再按cal对仪器进行校正，将氟电极放进氟标准溶液1中，当仪器显示为“0.0”后，按“yes”键，仪器自动回到测量状态，取出氟电极，用纯水冲洗干净并吸干，将氟电极放进槽液中，稳定后读数，即为槽液的氟的Rmv值。

2. Parco Cleaner 338LH 碱性清洗剂的检验

（1）游离碱。用移液管将10mL试样移入150mL的锥形烧杯中，加入5滴酚酞指示剂，用0.1N硫酸滴定至最后一滴使试样红色消失为止，耗用硫酸溶液的毫升数就是游离碱度。

（2）总碱。用移液管将10mL试样移入150mL的锥形烧杯中，加入5滴溴钾酚绿指示剂，用0.1N硫酸滴定至最后一滴使蓝色消失为止，耗用硫酸溶液的毫升数即为总碱的点数。

3. ALOCLINE NR—6207 的检验

①取5mL试液于500mL的碘量瓶中，稀释至约100mL，再加大约2～4mL50％氢氧化钠混合均匀。

②加70～80mL的3％双氧水（过氧化氢），再加5～7颗沸石并加热至沸腾，保持沸腾约20min，然后冷却至室温（注：这时溶液应是黄色，若呈绿色重复上述步骤）。

③在碘瓶嘴边，分三等份加入15mL的浓盐酸，每次加入之后，都轻轻地提起塞子，使酸进入碘瓶，用水冲洗瓶嘴数次，重新塞好。

④加约 2g（1 匙）的碘化钾，并搅拌至碘化钾溶解，放置约 1min，再用 0.1N 硫代硫酸钠滴定至稻草色。

⑤加数毫升 0.5%可溶性淀粉溶液，继续用 0.1N 硫代硫酸钠滴定至蓝褐色消失。

⑥记录所用 0.1N 硫代硫酸钠毫升数，即为 ALOCLINE 的浓度。

4. BONDERITE 1415A 的检验

取 10mL 试样于 150mL 的锥形烧杯中，加 25mL 的 50%硫酸溶液和 2 滴邻菲啰啉指示剂，用 0.1M 硫酸亚铁滴定，从纯蓝色到微红褐色为终点，记录所用的 0.1M 硫酸亚铁毫升数，代入等式中的“*A*”以计算浓度（点）。

$$浓度(点) = A \times C$$

C 为 0.1M 硫酸亚铁溶液的校正因子。

0.1M 硫酸亚铁溶液由于不稳定，所以应每周标定或每次使用前标定。方法如下：

取 10mL 0.1M 重铬酸钾于 150mL 锥形烧杯中，加 25mL 的 50%硫酸溶液和 2 滴邻菲啰啉指示剂，用 0.1M 硫酸亚铁滴定至纯蓝色到微红褐色，从表 4-2-1 中可得校正因子“*C*”。

表 4-2-1 校 正 因 子

0.1M 硫酸亚铁溶液（mL）	修正系数“*C*”	0.1M 硫酸亚铁溶液（mL）	修正系数“*C*”
12.0	0.83	10.5	0.95
11.5	0.87	10.0	1.00
11.0	0.91	9.5	1.05

5. 根据清洗状况，调整清洗剂浓度

采用白纸擦拭法来判断清洗效果。在生产时每隔半小时用白色纸巾、中等力度在带材横向来回擦拭 3～4 次，纸巾不发黑为清洗干净，说明清洗剂浓度适合。若纸巾发黑表示清洗不干净，这时可以通过适当提高清洗浓度，直到清洗干净为止。若带材清洗后出现严重发白或发花，表明带材被过腐蚀，应降低清洗浓度。

思 考 题

1. 怎样检测清洗剂浓度?
2. 怎样检测转化剂浓度?

2.2 温度及压力控制

1. 温度对槽液泡沫的影响

槽液温度对清洗能力和槽液泡沫都有一定的影响，总的来说槽液温度越高清洗能力越强。由于清洗剂里一般都添加了一定比例的表面活性剂来综合提高清洗能力，而表面活性剂在使用中很容易起泡，适量的泡沫有助于油污的溶解和悬浮，对油脂起到了间接的促进作用。而泡沫过多会溢流出槽体或冒出清洗箱体，不但污染工作场地，而且造成脱脂液流失，喷射泵不能正常运转，影响喷射压力，同时影响后续的水清洗，因此必须有效控制槽液泡沫。

控制槽液泡沫的常用方法有：

①选择喷淋专用乳化剂，如低泡或中泡乳化剂；

②降低喷射压力，采用低压喷射，并检查设备喷嘴位置、距离是否合适；

③添加消泡剂；

④采用提高或降低温度的方法来减少泡沫。

对于许多表面活性剂来说，低温时泡沫较多，尤其是那些含有低泡表面活性剂或消泡剂的清洗剂，此时适当升高温度，可以减少泡沫的产生。而许多皂化类在高温时泡沫较多，低温时则泡沫减少。应通过多次试验，选择适宜的工艺参数。

2. 清洗压力选择方法

一般喷淋压力在0.05～0.2MPa，带材厚度越厚要求喷淋压力越大，带材厚度越薄要求喷淋压力越小。喷淋压力大小的选择一是要根据厚度来确定高低；二是要观察清洗效果，因为喷淋压力越大清洗越干净；三是压力的大小不能致使带材变形，如不能产生折痕或起鼓现象。

思 考 题

1. 温度怎样影响槽液泡沫？
2. 槽液泡沫控制方法有哪些？
3. 怎样选择清洗压力？

2.3 操作化学涂层机

1. 磷化膜的检验方法

(1) 外观检验

磷化膜外观检验是在现场评价磷化膜质量最为迅速的检验手段之一，一般检验项目包括土层的组织结构、颜色和均匀性等。用肉眼或放大6倍的放大镜观测磷酸锌和磷酸锰时，常常可以辨认出覆盖层的结晶状结构。但用这种方法不能识别磷酸锌、磷酸锰和磷酸钙覆层的超细结晶结构，就是磷酸铁覆层上也同样看不出结晶状结构，只能通过呈现颜色，例如淡黄至淡青、灰色加以辨认。磷酸锌和磷酸钙覆层的颜色为淡灰至暗灰，磷酸锰覆层的颜色为暗灰。

以《金属的磷酸盐转化膜》（GB/T 11376—1997）为检验标准，各类磷酸盐转化膜的外观（膜的结晶、颜色和均匀性）见表4-2-2。

磷化后带材的颜色应为浅灰色至深灰色或彩色；膜层应结晶致密、连续和均匀。磷化后带材有如下情况之一时，均为不允许缺陷：

表 4-2-2 磷化盐转化膜的常见外观

膜的类型	观察方法	颜 色	结晶状态	膜的均匀性
Znph Mnph Fehph	肉眼或不大于6倍的放大镜	浅灰色至灰黑色 Fehph 膜层灰黑色	可见的结晶结构	
结晶的 Znph Mnph ZnCaph	不大于6倍的放大镜	浅灰色至灰黑色	难以看到结晶结构	膜均匀、无痕迹、无白点、无腐蚀产物
Feph	不大于6倍的放大镜	单位面积的膜层质量为 $0.1\sim1g/m^2$ 时呈彩虹色，大于 $1g/m^2$ 时呈深灰色	不可见的结晶结构	

1）疏松的磷化膜层；

2）有锈蚀或绿斑了；

3）局部无磷化膜；

4）表面严重挂灰。

（2）磷化膜覆层厚度的检测

本方法适用于磷化膜单位面积膜层重量的测定。

1）仪器

①容器：玻璃杯；

②分析天平：精确值为 0.1mg；

③加热设备：用于控制退膜液的温度。

2）试样

试样的总表面积应尽可能的大。膜重小于 $1g/m^2$ 的试样的总表面积不应小于 $300cm^2$，膜重 $1\sim10g/m^2$ 的试样总表面积不应小于 $200cm^2$。

3）试剂

退膜液，应由分析纯试剂盒蒸馏水制备。

4）测定方法

将试样用分析天平称量准确至 0.1mg，再浸入表 4-2-3 规定的退膜液中，取出后立即用自来水冲洗，然后用蒸馏水冲洗，迅速干燥再称重。重复本操作，直至得到一个稳定的质量为止。

表 4-2-3 不同磷化膜类型的退膜液和退膜时间选择

磷化膜类型	退膜液组成		工作条件	
	材料名称	含量（g/L）	温度（℃）	时间（min）
磷酸锌膜	氢氧化钠 乙二胺四乙酸 钠盐三乙醇胺	100 90 4	65～75	15

续表

磷化膜类型	退膜液组成		工作条件	
	材料名称	含量（g/L）	温度（℃）	时间（min）
磷酸铁膜、磷酸锰膜、磷酸锌膜及磷酸锌钙膜等	三氧化铬	50	70～80	15

注：配置退膜液时，先用少量水将试剂溶解，再用水稀释至1L。

5）计算方法

磷化膜单位面积膜层重量为 W，按下式计算：

$$W=\frac{P_2-P_1}{S}\times 10$$

式中　W——膜重量（g/m^2）；

P_1——退除磷化膜后试样的重量（mg）；

P_2——磷化后试样的重量（mg）；

S——磷化试样的总表面积（cm^2）。

取三个平行测定试样的平均值。

2. 辊速配置

辊速的配置指的是化学涂辊、化学带料辊转动方向和转动速度的设定。转动方向通过方向选择开关来实现，转动速度的设定在化学涂层机主控制界面来输入。图4-2-1为化学涂层机主操作面板。

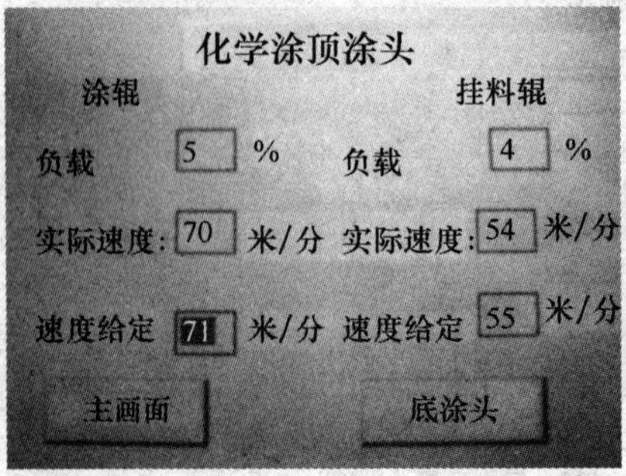

图4-2-1　化学涂层机主操作面板

辊速的配比原则：以带材速度为依据，分别选择、设定化学涂辊和带料辊的转动速度比例（带材速度的百分数%），常用的速度配比见表4-2-4。

表4-2-4　常用辊速配比

速度配比	化学涂辊	化学带料辊
配比范围	100%～140%	90%～120%
常用速度配比	100% 110% 120% 130% 140%	90% 90% 100% 100% 110%

3. 药液盘液面高度控制

药液盘液面高度通过回流阀的开启大小来调节。回流阀的开启大则药液盘液面高度降低，回流阀的开启小则药液盘液面高度升高。

思 考 题

1. 怎样进行化学涂辊速度配置?
2. 怎样判断磷化膜质量?

第3章 涂 层 作 业

3.1 配制涂料

环境温度变化以及涂料受外力作用引起的温度都会使涂料黏度发生变化，通常情况下，涂装室的配置有恒温装置或通风系统，这里要强调的是，涂料出库搅拌时的温度最好与涂装室温度保持一致，如涂料出库时温度与涂装室温差较大时，就要求操作人员掌握温度对涂料的影响规律。大量实践证明，温度变化1℃时，对涂料黏度约有3～5s的影响，通常随温度升高，涂料黏度会有所下降，反之黏度上升。

涂料受引力作用所引起的温升，尤以采用三辊涂装所受的剪切力最大，涂料温度升高最为明显，一般可以采取不断补充新涂料和使新桶涂料注入涂料盘而采用一空桶回流涂料，使其冷却后再投入生产。

以下以三种常用聚酯涂料为例，绘制温度与涂料黏度的变化曲线（图4-3-1）。

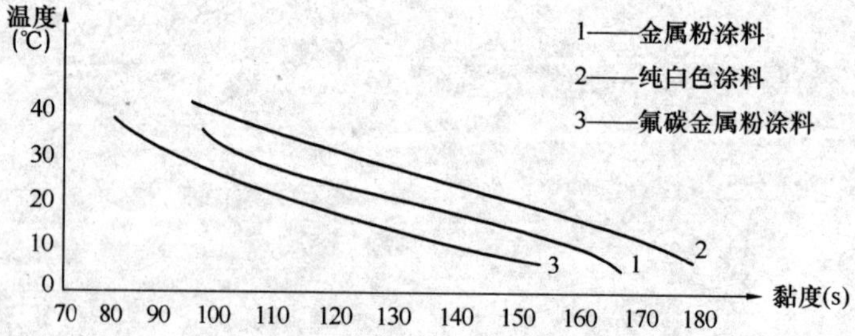

图4-3-1 三种代表性涂料的黏度与温度关系

从图4-3-1可看出，温度＞22℃时，几种涂料黏度变化较小，而又由于涂料中溶剂挥发性强，当温度＞28℃环境下作业会使涂料过度挥发，难以实现稳定涂装。所以涂装作业均要求在室温下进行，以22～28℃为宜。

生产中，按规定要求检查涂层室温度，并用手或温度计检测涂料温度，发现温度异常可采取：设定、调整涂层室进风温度；黏度升高，在涂料桶中加入少量稀释剂进行稀释；涂料温度升高、黏度降低，在施工的涂料桶中补充进配置好的包装黏度涂料，并可将涂料盘中回流温度较高的涂料装入干净的空桶进行冷却待用。

3.2 操作涂层机

1. 常见涂覆方式工艺介绍

（1）两辊涂层的工艺要求

图 4-3-2 是两辊涂层的常见方式，其基本特点在前面已说明，可以看出，顺涂和逆涂生产方式主要反映了涂料的传递比不同。顺涂方式在等速转动的情况下，涂辊上只有 50%的涂料传递到带材表面且会分成两部分传递，因而漆膜较薄，而逆涂方式在同等情况下，涂辊上的涂料可 100%地进行传递，漆膜相对较厚。由于涂覆方式的不同，顺涂方式一般应用于印刷、亲水箔等对漆膜要求很薄的产品上；逆涂方式则主要用于工业、民用建材等领域。这里主要介绍逆涂方式的工艺要求。

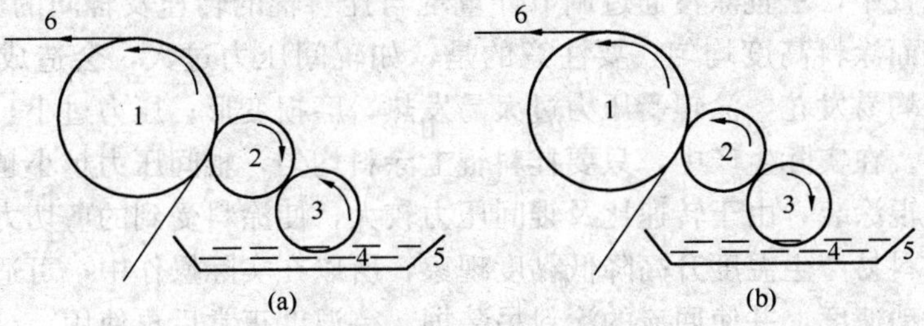

图 4-3-2 两辊涂层

(a) 两辊顺涂；(b) 两辊逆涂

1—支撑辊；2—涂辊；3—带料辊；4—涂料；5—涂料盘；6—带材

①辊间间隙的调整

两辊方式辊间间隙主要指挂料辊与涂辊、涂辊与带材之间的间隙，当辊子转速、涂料黏度一定时，带材表面漆膜厚度与表面质量受辊间间隙的影响。

辊间间隙的调整主要通过调整辊间压力来实现，在实际操作中，这是一个综合性的复杂过程，一般情况是在带材表面漆膜厚度与表面质量发生变化时，要对辊间间隙进行调整。在漆膜厚度偏低时，可适当加大辊间间隙减少辊间压力，主要调整涂辊与带材间间隙，调整量应适当，否则间隙过大会使漆膜表面产生流平纹或厚度不均；在漆膜厚度偏高时，应适当减小辊间间隙，加大辊间压力，但调整过大，会使漆膜厚度过低，并使涂辊受力加大而易损失或变化影响涂辊使用寿命。所以辊间间隙的调整要求操作人员要根据漆膜的厚度要求及变化，观察涂辊上及带材上漆膜的涂料流平情况进行适当调整，同时也要求操作人员在实践中要积累经验，对各类涂料施工性能进行总结。

②辊速比的调整

在其他工艺操作条件不变时，辊速比决定辊间传递涂料量的多少，可有效控制湿膜厚度。涂辊与挂料辊相对于带材运行速度加快，单位时间涂覆量就增加，漆膜增厚，降低辊速，漆膜变薄。两辊逆涂时，涂辊转速高于带材运行速度，挂料辊转速低于带材运行速度，带材漆膜厚度主要由调节涂辊转速进行控制，原则是涂辊与挂料辊的转速比要匹配，如转速比过高，在漆膜上易产生横条纹，转速比过低则易产生竖条纹。

（2）三辊涂装的工艺要求

三辊方式主要用漆膜较厚的面漆涂装，主要适用于漆膜＞20μm的氟碳涂料及部分高光聚酯涂料等要求。

三辊方式配置中，由于增加了计量辊，涂料的传递比两辊方式大，使漆厚易于满足涂厚的要求。漆膜厚度主要由挂料辊控制，计量辊与涂辊、挂料辊的转速差较大，使挂料辊、涂辊上的涂料分布更均匀、致密，漆膜表面优于两辊涂装。

三辊配置中，三辊涂覆通过调节计量辊与挂料辊的转速及辊间的压力和间隙，使挂料辊表面涂料高度均匀，要注意的是，如辊间压力过大，会造成漆膜厚度不够，表面不均易发花，涂辊受压力过大易发热，磨损变形；压力过小，漆面易形成条纹或流痕。在实际生产中，只要挂料辊上涂料均匀，辊间压力越小越好。

采用三辊涂装，由于转速比及辊间压力较大，使涂料受到的剪切力较大，故在涂装时，涂料易产生温度升高降低黏度现象，所以在实际操作中，可适当加快涂料在盘中的流动速度，并使回流的涂料另装桶，待温度正常后再使用。

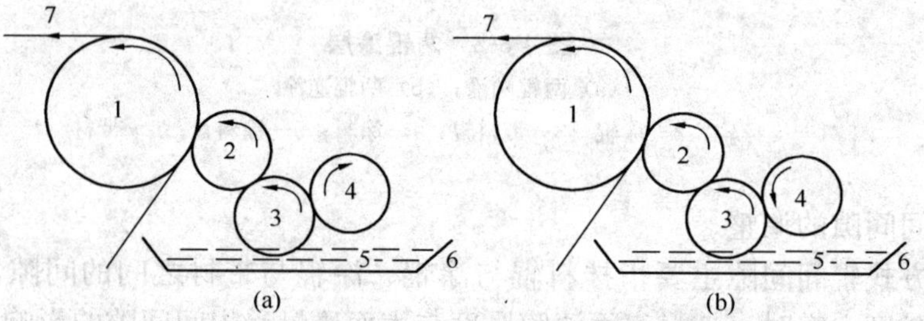

图 4-3-3　三辊涂层

（a）逆顺式三辊涂；（b）三辊逆涂

1—支撑辊；2—涂辊；3—带料辊；4—计量辊；5—涂料；6—涂料盘；7—带材

2. 操作要求

①根据漆膜的质量状况来进行辊间间隙、压力及辊速比的调整。

②实践中积累经验，根据不同涂料的特点，选择涂覆方式。

③操作中可单独调整任一辊间间隙压力及辊速，也可同时调整间隙、压力和辊速比，最终以取得合格的漆膜质量为标准。

④由于三辊配置与两辊配置涂装时涂料流向不同，两辊配置时应在涂料盘挂料辊前旋转涂料挡板，三辊配置时应在涂辊后下方放置挡板，避免气泡带入涂辊。

操作步骤如下：

1）调整涂层机辊间间隙

①两辊涂层时，涂膜厚度通过手动转动涂辊移动的手柄使涂辊移进或移出，达到涂膜减薄或增厚。

②三辊涂层时，涂膜厚度通过手动转动挂料辊的移动，调节挂料辊与涂辊间的间隙，达到涂膜减薄或增厚。

2）选择涂覆方式

①通常，除高光涂料以外的聚酯涂料及涂膜＜25μm的氟碳涂料主要采用两辊涂层。

②高光聚酯涂料及涂膜＞25μm的氟碳涂料主要采用三辊涂层。

3）调整涂层机各辊转速

①先按工艺要求的范围在控制台上输入各辊转速值，观察各辊上涂料的流平性，使各辊面涂料分布均匀无横向条纹。

②试涂时，根据涂膜厚度、涂料流平效果及涂膜表面均匀性对各辊转速输入修改值，完善各辊转速比。

3.3 更换涂辊

1. 涂辊验收标准

（1）涂辊验收

①涂辊橡胶层厚度要求

橡胶层的厚度及弹性系数影响到涂辊涂装性能，从新辊到多次使用后，涂辊经磨削其胶层厚度逐渐变小，弹性范围越来越小，当厚度过小由于在涂装时受外力作用，胶层易造成撕裂，且涂辊胶层弹性范围减小，辊面变硬，会影响涂装漆膜表面质量，易使表面粗糙条纹明显等。为此涂辊的橡胶层有最小厚度要求，用于铝板涂装的涂辊，橡胶层厚度≥10mm；用于钢板涂装的涂辊，橡胶层厚度≥3mm。

②表面要求

要求辊面必须光洁均匀，手感细腻，不得有砂轮印、划伤、碰伤、夹渣、压入物、砂眼、缩孔、腐蚀痕、胶痕、辊面不均匀等缺陷。

（2）涂辊存放管理

①涂辊胶层为聚氨酯材料，为保证材料的性能稳定，应保存在室温条件下，防止阳光照晒及高温老化、低温冻伤，保证涂辊使用寿命。

②为防止涂辊长久存放，胶层受重力及环境影响而变形，可倾斜放置，如条件限制，也可水平放置，但最好每周转动半圈，并作好记录。

2. 操作步骤

（1）判断涂辊是否符合生产要求

1）在涂装室观察涂辊及漆膜表面有无辊子引起的缺陷。

2）在涂装带材卷取前停机或运行中检查漆膜表面有无缺陷。

3）发现有涂辊缺陷导致不能交货的，须立即调整或换辊。

（2）分析涂层表面缺陷产生原因

1）生产前的检查分析

①直观检查法：用目测放大镜等方法查看辊身，查找缺陷。

②水沾湿法：用湿布沾水擦拭辊面，在湿态下查看辊面缺陷。

③注意吊运、安装可能对涂辊的碰伤。

2）生产过程的检查分析

①清楚涂层基材、使用涂料的质量状况，如带材板型、边部质量以及涂料杂质可能对涂辊的损伤。

②注意观察涂装过程中带材接头、外部异物可能对涂辊的损伤。

3.4　涂层表面检测

1. 涂层工序质量控制要求

（1）毛料的质量要求

毛料质量状况对涂装质量影响很大，作为涂装高级工应清楚涂装前毛料质量情况，做到涂装前、涂装过程中进行预防和控制。

1）毛料表面特别是涂层面不允许有影响产品质量的印痕、擦划伤、起皮、波浪超标、折痕、腐蚀、油斑、油条（泥）、板型不均等主要缺陷。

2）毛料卷材端面不允许有明显的毛刺、翻边、扣边、裂边、碰伤等目视可见或有手感缺陷。

（2）带板清洗质量要求

要求带材经过前处理后，能满足涂装的工艺要求，最终表现为涂层产品的表面质量及性能状况。

1）清洗槽液浓度、温度正常。

2）清洗后带材表面无水渍痕、发花及表面缺陷。

3）带材表面清洗干净，擦拭检测不发黑。

4）表面铬化层均匀，干燥无水气。

（3）机列道路质量要求

1）机列辊道清洁，无灰尘、油渍、杂物等。

2）机列各辊子运转正常，表面无明显破损，不损伤带材表面。

（4）涂装室质量要求

1）涂装室地面卫生、主要工具、涂料泵、搅拌器、涂辊、涂料盘、挡板等清洁干净。

2）涂装室环境温度正常，一般在20～30℃。

3）涂料黏度在工艺范围内并每小时测量一次。

4）涂料盘中涂料流动正常，表面无聚集物，无杂质、气泡等带入辊上。

5）涂辊工作面无损伤，漆膜厚度、表面均匀，无可见影响品质缺陷。

6）涂层产品性能指标：膜厚、色差、光泽、T弯、铅笔硬度、冲击、划格等常规性能值检测合格。

2. 操作步骤

（1）判断涂层表面质量

1）根据产品的质量要求及使用特点，判断涂层表面质量状况的适应性，涂装过程中，由于基材、涂料及控制过程的波动，涂层漆膜表面可能会出现异常造成产品缺陷，就要求操作人员能根据缺陷的多少、位置，及时对照样板、产品数据确定是否可作为成品，对于能作为成品的卷，应在缺陷位置做出标志，不能作为成品的缺陷部分可切除或重涂。

2）根据毛料或前工序质量缺陷，确定其对涂装作业的影响。部分毛料特别是合金退火料，其头尾易出现缺陷，操作人员应观察机列运行中缺陷的分布情况，对影响涂装或涂后存在可见缺陷，可确定移开涂层机，待带材缺陷通过后再涂装或退下毛料。

（2）分析涂层表面缺陷产生原因

1）表面缺陷可根据缺陷形貌、周期及分部进行分析，对应查找工序各环节的运行情况。

2）涂膜性能缺陷主要分析清洗质量、涂料质量以及漆膜固化等过程的异常情况。

思考题

1. 温度对涂料黏度有什么影响?
2. 调整辊间间隙对涂膜有什么影响?
3. 涂辊胶层厚度的最低要求是多少?
4. 涂料盘中涂料流动正常的要求是什么?

第4章 固 化

1. 固化炉温度控制方法

固化炉温度控制通过供、排气共同实现温度的控制，如图4-4-1所示。

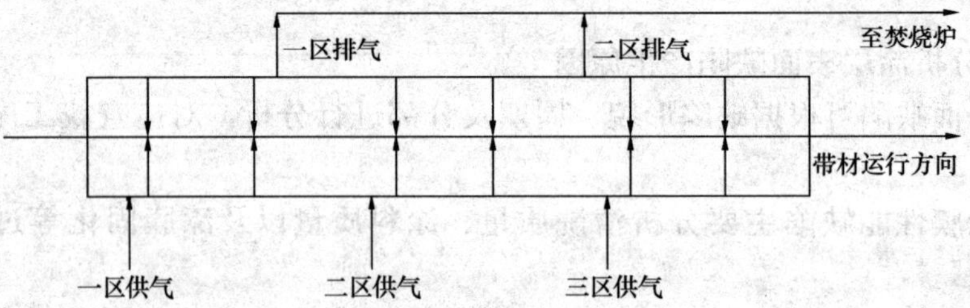

图4-4-1 固化炉温度控制方法

2. 在线调整固化炉温度

固化炉温度经常出现初、精涂炉各区炉气不平衡，各区温度不匹配，造成某区超温而另一区低温的现象。为了保证固化炉安全和保证涂膜性能，必须对固化炉温度进行合理的调整，达到工艺温度。调整的办法：通过调整固化炉各区风门，使炉内气流达到平衡状态，从而保证各区温度的稳定性。

3. 在线调整固化炉风门

固化炉风门分为供气风门和排气风门，其数值的输入在固化炉计算机上操作，当数据改动后，系统根据指令自动调整风门的大小至相应的位置。

思 考 题

1. 了解固化炉温度控制原理。
2. 掌握在线调整固化炉温度的方法。

第5章 收 卷

5.1 收卷操作

1. 张力调整的基本方法

①卷材波浪较大时在道路上很容易产生抖动和擦划伤，这时候需要生产人员在原有张力的基础上增加一定的张力，一般增加100～300kg。

②卷材在运行过程中产生折（扭）伤，说明张力过大，需要减小一定的张力，一般在原有基础上减少100kg左右。

③带材在运行过程中，突然发现张力辊的负荷量增加，已经超过了正常值，表明张力较大，这时候就要适当减小张力，一般减少100～300kg，直到负荷量处于正常状态。

④在生产过程中，根据生产需要生产速度要加快的情况下，一般在原有张力的基础上增加张力100～300kg。

⑤带材在运行中，发现带材在生产线上松弛，张紧程度不够，产生了擦划伤，这时候需要增加张力100～200kg。

⑥卷取后带材层与层之间若发生窜动，这时候表面带材的张力过小，生产人员需要增加卷取的张力100～300kg。

2. 卷取机张力的设定

为了保证卷取机的正常运行，不产生断带、抖动，不松层，特对卷取机的张力要求如下：

工艺范围：360～3300kg。

根据不同的宽度和厚度，调整其张力系数，保证张力在一定范围内，使带材张紧，见表4-5-1。

表4-5-1 开卷厚度与设定范围

开卷厚度（mm）	设定范围（kg）	开卷厚度（mm）	设定范围（kg）
0.18～0.35	650～900	0.71～1.60	950～1500
0.36～0.70	800～1200		

3. 卷取质量的检查处理

1）检查前的准备

①熟悉产品验收标准。

②工具的准备：卷尺、钢直尺、手电筒、清洁道路的专用工具等。

2）卷取主要缺陷的判断和处理

①印痕

板材表面存在的单个或有规律性的凹陷，凹陷处比较光滑。产生的主要原因是道路上的挤干辊、张紧辊、转向辊、支承辊、纠偏辊等辊子上有异物（如粘铝、胶带、渣子等）压入带材表面产生的印痕。涂层机列辊子周长与直径见表 4-5-2。

处理办法：

a. 用卷尺量出印痕的周期。

b. 根据印痕的周期找出产生印痕的辊子。

c. 用清洁道路的专用工具清除，若清除不掉，则停车处理。

表 4-5-2　涂层机列辊子周长与直径（供参考）

辊　名	周长（mm）	直径（mm）
夹送辊	581	185
张紧辊	2042	650
活套、转向辊	1570	500
纠偏辊	1570	500
化学涂，初、精涂辊	754	240
初、精涂支承辊	2388	760
挤干辊	722	230
开卷卷轴	1680～1900	535～605
卷取卷轴	1822～1916	580～610

②塔形

卷与卷因相继数层横向滑移使卷端不整齐而形成的圆锥形。

处理办法：

a. 立即调整卷取对中装置。

b. 若不能及时处理好，则应通知设备人员处理或停机处理。

③错层

带材在卷取时层与层之间发生相对横向滑移造成的卷端不整齐。塔形与错层的主要区别在于，塔形是同一部位多层带材向一个方向逐渐滑移形成的，而错层是一层或很少几层突然横向滑移形成的。出现塔形的卷材端面呈圆锥形，而错层无这一特征。

处理办法：

a. 立即调整卷取对中装置。

b. 若不能及时处理好，则应通知设备人员处理或停机处理。

④擦划伤

凡因尖锐东西（板角、金属屑或设备上的尖锐物等）与板面接触，有相对滑动时造成的呈单条状分布的伤痕。

处理办法：

a. 根据擦划伤分布的特征迅速查找到擦划伤所产生的部位。

b. 用清洁道路的专用工具清除辊子上的异物，若清除不掉，则停车处理。

c. 产生部位是烘烤炉箱体，则应在主操作台上调整炉内悬垂度，保证带材在炉内悬空。

3）涂层生产过程的质量检查

①在卷取平台上检查带板上表面质量，在出口活套塔前或其他适当的位置检查带板下表面质量。

②每卷开始验收时应注意涂层颜色的检查，若发现所涂颜色与生产卡片要求不符，应立即通知涂层室操作人员处理。

③每卷涂层生产过程中，卷取操作人员应认真检查涂装表面质量情况，发现色差、亮条、漏涂、气泡、条纹等周期性缺陷，应立即通知涂层室操作人员处理，消除后才能继续生产。

④生产中产生的漏涂、过烧、明显的色差、亮条、周期性印痕等报废缺陷，生产人员应在板面上或卷端位置做好标记，并把各报废缺陷的名称、处数、长度在生产记录本上做好记录，对周期性废品还应注明重复周期长度。

⑤生产过程中在卷取机附近的适当位置检查卷取质量，重点检查有无翻边，若有应注意掌握中断时机，保证不因翻边而产生无法切除的荷叶边。

4. 固化炉内带材位置的调整方法

1）自动调整法（在主操作台上操作）：在操作台上按下悬垂度调整按钮，这时计算机屏幕上将会显示悬垂度位置，如悬垂度位置不适中，就需对其进行调整。悬垂度调整范围±75mm。当输入的数值越大，炉内带材悬垂度降低；当输入的数值越小，炉内带材悬垂度将升高。

2）手动调整法（在涂层室操作）：手动控制涂层室提升辊的高度来调整炉内悬垂度的位置。升高涂层室提升辊，炉内带材悬垂度将降低；降低涂层室提升辊，炉内带材悬垂度将升高。

3）控制要求：操作者随时观察炉内带材悬垂度的位置，发现位置不适中应立即调整，避免产生擦划伤。

思 考 题

1. 错层和塔形的特性及处理方法是什么？
2. 炉内带材的位置如何调整？

5.2 处理故障

卷取机常见的故障及处理方法，见表4-5-3。

表 4-5-3 卷取机常见故障及处理

序号	故障现象	判断方法	处理方法
1	对中跑偏	卷材产生错层、塔形	1. 检查纠偏装置所有的紧固件是否被完全紧固 2. 随动轮的轨道是否清洁，有无卡阻现象 3. 用锂基脂通过干油枪对所有润滑点进行润滑 4. 检查辊子是否能自由转动 5. 检查液压站是否泄漏，如有泄漏，则要更换密封件 6. 手动调整对中系统，垂直于中心线左右移动，最多移动±150mm，保证带材卷齐
2	液压站油温过高	1. 用测温仪检测油温是否保持在30～50℃ 2. 用手触摸液压站的发热情况	1. 检查冷却水及循环水是否打开 2. 停机降温 3. 用风机吹扫
3	液压站油箱油位较低	观察油位计位置	及时加油，并查明有无泄漏现象
4	小车传动链脱链、咬链、断链	观察卷材小车是否正常运行	传动链定期加锂基脂或润滑油，保持良好润滑状况
5	助卷器皮带过紧或过松	1. 观察皮带助卷器的助卷动作是否正常 2. 用手触摸皮带的松紧程度是否适中	调整皮带，使其保持在卷取的中间位置
6	轴承温度过高	1. 用手触摸轴承座壳体，观察轴承发热情况 2. 用测温仪检测轴承温度是否小于70℃	1. 加入润滑油，保证运转灵活 2. 轴承磨损，应立即更换 3. 用风机吹扫
7	齿轮箱油温过高	1. 凭听觉判断齿轮传动是否有异常响声 2. 用测温仪检测温度是否保持在40℃以下 3. 观察旋转液压缸运转是否正常	1. 打开冷却水和循环水 2. 停机降温

思 考 题

如何调整卷材的错层和塔形？

第6章　氧化上色制品装卸挂与包装

1. 制品装饰面的识别方法

随着社会的不断发展，铝合金制品氧化上色的目的已不仅是防腐蚀，更多的要求是装饰效果。任何制品在体现装饰效果时，都会有重点要求的表面，对于建筑铝型材其装饰面指铝型材加工成门窗、幕墙后，仍可看得见的表面，包括门、窗、通风口等，处于开启或关闭状态时可以见到的表面。制品装挂时除了要控制料间距、倾斜角、是否牢固不脱落等因素，还应重点考虑的就是如何保证装饰面的质量，对于有的制品装饰面上不允许有任何瑕疵，所以就不能把导电接触点选择在该面上，有的制品对装饰面上的氧化膜厚度或色差要求高，就应保持装饰面正对阴极，这样能够较容易地生成均匀的氧化膜。

2. 局部不良表面的处理方法

阳极氧化前不管是什么加工过程，制品表面上总会附着一些异物，有些异物可以通过正常的阳极氧化工艺操作清洗掉，比如灰尘、轻微的油污，而有的异物如局部表面有较重的油污或油污被高温烘烤后的残留物、油漆、蜡笔痕迹等，正常的工艺操作很难清洗掉，虽然通过改变工艺可能清洗干净了，但会影响生产效率，有时还可能产生油污处和其他部位表面的视觉差异，所以最好的办法是在制品装挂时就对这种局部的油污异物进行处理，用化学溶剂如丙酮、乙醇、洗涤汽油、香蕉水等擦拭有油污的局部表面，清除掉油污或使之软化，在接下来的工艺操作中能容易地清洗干净。还有些问题需要在制品装挂时就进行处理，如制品锯口毛刺，不但容易伤害操作人员，也会造成制品间的相互划伤，可以用锉刀打磨或锯条刮等方法予以清除。还有较轻的磕碰伤，因磕碰伤具体位置、严重程度或用户需求量等方面原因，需要进行修复。由于氧化膜的抗变形性很差，若在氧化上色后进行，制品稍有变形氧化膜即发生破裂，使修复失去意义，所以只能在制品装挂前修复，可以用木棒、橡胶锤等非金属工具对制品适度敲打。对于氧化上色表面质量要求不高的制品，可以用砂纸、砂布打磨局部有缺陷的表面如擦划伤、腐蚀斑，打磨时应先用粗粒度砂布，再用细粒度的砂布，直到表面符合要求。

3. 目视比色法

对于完成氧化上色加工的制品，其颜色和色差是一个重要的外观质量指标，可用色差仪或目视比色法进行检测。由于色差仪对使用环境要求较高，不适于在生产现场对大批量的制品进行检测，所以在实际的检查验收中，一般用目视比色法即肉眼观察的方法判断制品与标准板之间或制品与制品之间的色差。目视比色法有如下要求：

1）光源：分为自然光源和人造光源。自然光源是指晴天日出三小时后到日落三小时前之间的漫散射日光，除另有规定，颜色观察都应在散射的日光下进行。人造光源是指人造 D65 光源（一种日光灯的型号）。

2）观察距离：要求装饰性的氧化上色制品间的色差及外观质量，观察距离为 0.5m，建筑型材氧化上色制品间的色差及外观质量，观察距离为 3m。

3）视点位置：垂直于制品表面和标准板表面的视点；与垂线呈现 45°角的视点。

4）人员要求：矫正视力不低于 1.2，无色盲和色弱等影响颜色分辨能力的眼科疾病。

在以上四个条件都满足的情况下，用肉眼观察制品的颜色及差异程度，并按所执行的标准或验收要求对观察结果进行判断。

在制品的氧化上色生产中，还有一处需要用目视法来判断制品颜色，就是在着色槽边的比色。每一批制品着色时，所要达到的颜色及深浅可能都不相同，比如建筑型材的青铜色就分浅青铜、中青铜、深青铜、黑色等类别。随着槽液成分的变化、阳极氧化工艺的差异，着色工艺也是要发生相应的变化，所以每批着色制品都要逐挂进行比色。制品着色后，吊出着色槽清洗，在清洗槽边用标准色板对制品进行比色。比色同样有几个需要满足的条件：

①槽边应有较好的光源。

②标准色板与着色制品的表面状态应一致，即二者都是光面或都是磨砂面，否则表面光泽的差异会导致比色困难。

③因着色制品清洗后表面被水膜完全覆盖，所以比色时，也必须将标准色板的表面被水完全浸润，以消除视觉差异，若是干湿两种表面比色，因水膜对光线产生折射作用，会使比色结果不准确。

思考题

1. 制品装饰面如何识别？

2. 制品局部表面有较重油污时，怎样处理？

3. 在电解着色槽边进行比色，有什么要求？

第7章 氧化上色

7.1 阳极氧化工艺操作

1. 温度对产品质量的影响

(1) 温度对化学反应速率的影响

各种化学反应的速率极不相同，有些反应进行得很快，如炸药的爆炸；有些反应进行得很慢，如在常温下，氢气和氧气混合几十年都不会生成水。化学反应一旦发生，各反应物的量不断减少，生成物的量不断增加。因此，反应速率可以表示为单位时间内，单位体积中反应物或生成物的物质的量的变化。若化学反应是在恒容条件下进行的，通常比较习惯以单位时间内任何一种反应物或生成物浓度变化来表示。对于一个具体的化学反应来说，反应条件对反应速率有重要的影响。反应条件主要是浓度、温度及催化剂。

①浓度：在恒定温度下，化学反应速率与反应物浓度的乘积成正比。

②温度：对同一反应，温度越高，反应速率越快，一般温度每升高 10℃，化学反应速率将增大 2～10 倍。温度升高时，化学反应处于高温区的速率增加倍数要低于处于低温区速率增加倍数。

③催化剂：催化剂是一种物质，它以少量存在就能显著地加速反应，而在反应结束后，其量和化学性质并不发生改变。每种催化剂只在特定条件下有选择性地加速化学反应，同时加快正、逆反应速率，缩短达到平衡的时间，但并不能改变平衡状态。

(2) 温度对工艺操作及产品质量的影响

铝合金型材在整个氧化上色生产中，每经过一道工序或一个工艺槽，都会发生化学反应，控制产品质量实际上就是控制这些化学反应过程和结果。因此我们把槽液温度、各成分浓度、处理时间作为工艺参数加以控制，由于温度对化学反应速率的影响要远大于浓度、处理时间的影响，所以氧化上色工艺控制的最重要参数就是槽液温度。

在实际生产的工艺操作中，要特别注意碱蚀槽、阳极氧化槽、封孔槽的槽液温度，这三个槽子对产品外观质量、氧化膜的结构和性能有决定性作用。铝合金在碱蚀槽中发生腐蚀反应，蚀洗掉的金属量决定了制品表面的光泽，当槽液温度的变化时，若不调整处理时间会使金属蚀洗量发生较大变化，制品表面光泽出现差异，人们直观感觉就是制品之间有明显的颜色差异。所以当碱蚀槽液温度升高或降低10℃时，根据温度对化学反应速率的影响，相应地将处理时间缩短或延长一倍。若变化在10℃内，则可以根据具体的数值进行折算。阳极氧化槽、封孔槽的槽液温度主要是影响阳极氧化膜的微观结构，当槽液温度升高时，阳极氧化槽中的硫酸对阳极氧化膜的溶解作用增强，氧化膜的孔隙率增加，膜质软疏松，严重时会发生“电烧伤”。封孔槽温度升高时，氟与氧化膜的反应以及镍的沉积反应都加快，使部分反应没有在膜孔内发生，会使制品表面产生挂灰、镍盐在槽子中发生沉淀，造成不必要消耗，严重时也会导致氧化膜疏松粉化，因此这两个槽子的温度一定要控制在一定的范围内，槽液温度即使是在范围内波动，也要相应进行电流密度和封孔时间的调整。

2. 产品缺陷的相关知识

铝合金制品普通硫酸直流阳极氧化工艺操作中，常见的产品缺陷及其产生原因和解决办法见表4-7-1。

表4-7-1 常见缺陷及产生原因和解决办法

缺陷名称	产生原因	解决办法
氧化膜厚度不合格	1. 电流密度低 2. 氧化时间不足 3. 导电接触点小 4. 导电杆退膜不彻底，制品导电接触不良 5. 阴极面积不足或分布不合理 6. 电解液温度高 7. 合金成分影响，如含较多的Cu、Si等 8. 内阴极不合适	1. 合理控制电流密度 2. 合理控制氧化时间 3. 增加导电接触点的数量或面积 4. 导电杆退膜彻底，并提高制品与导电杆的夹持力 5. 增大阴极面积并均匀分布于氧化槽中，或根据阴极面积限制制品的装挂量 6. 加强冷冻系统和槽液循环的工作效果 7. 对各种合金运用不同的阳极氧化工艺 8. 配置合适的内阴极
氧化膜厚度不均匀	1. 制品装挂不当 2. 阴阳极之间的间距不当 3. 阴阳极的面积比例不适当 4. 制品表面附着其他物质 5. 电解液温度不均匀 6. 内阴极不适用 7. 合金成分的影响 8. 槽液搅拌强度控制不当	1. 控制制品的料间距、装挂数量、同槽装挂同一规格的制品 2. 阴阳极之间的距离控制为10～30cm，且所有制品与阴极的距离相同 3. 制品装挂适当的槽面积 4. 阳极氧化前要彻底清除掉制品表面的异物，制品进入氧化槽前要检查表面质量 5. 加强槽液的循环与搅拌强度 6. 使用合适的内阴极 7. 同槽装挂相同合金成分的制品 8. 控制适合的槽液搅拌强度

续表

缺陷名称	产生原因	解决办法
氧化膜或基材局部腐蚀	1. 电解液中的 Cl^- 浓度过高 2. 通电时电流升高过快 3. 氧化后制品表面未清洁干净 4. 制品表面在处理前已经被腐蚀 5. 制品在碱性水槽中长时间浸泡 6. 制品碱洗后水洗、中和不彻底，粘连处或小沟槽中残留碱液，阳极氧化过程中发生腐蚀	1. 更换电解液 2. 电流在通电后的 0.5～1.0min 内升高至额定值 3. 加强清洗，控制氧化后清洗水的水质 4. 装挂时对制品表面加强检查 5. 控制制品在碱性水槽中的清洗时间 6. 控制制品料间距，加强碱洗后清洗
膜层出现斑点	1. 挤出制品冷却不均，如建筑型材（合金 6063）挤出后与出料台局部接触，导致 Mg_2Si 微粒沉淀 2. 硝酸中和不彻底 3. 电解液中有悬浮杂质 4. 交流阳极氧化时，溶液中 Cu^{2+} 浓度过高 5. 氧化后清洗不净就进行封孔 6. 氧化后，制品在 Cl^- 浓度较高的自来水中浸泡时间过长 7. 碱雾飘到制品表面，分解氧化膜	1. 制品挤出后，加强冷却 2. 增加中和槽浓度和延长时间 3. 更换电解液 4. 低电流电解除去 Cu^{2+} 或更换电解液 5. 加强氧化后清洗质量 6. 尽量用纯水清洗或控制清洗时间 7. 开启碱雾净化器、抽风机
膜层粉化或起灰	1. 电解液浓度过高、温度过高、电流密度过高 2. 氧化后清洗不彻底 3. 封孔槽液老化 4. 封孔槽 pH 值超标 5. 封孔后的水洗槽中悬浮物过多	1. 合理控制阳极氧化的各工艺参数 2. 加强氧化后清洗 3. 更换封孔槽液 4. 控制槽液 pH 值 5. 更换清洗槽的纯水

续表

缺陷名称	产生原因	解决办法
膜层暗色	1. 合金成分的影响 2. 制品在阳极氧化槽中长时间浸泡而未通电 3. 氧化过程中突然断电，较长时间后继续通电 4. 电解液浓度过低 5. 阳极氧化电压过高 6. 制品前处理质量差 7. 氧化膜过厚 8. 电解液温度过低	1. 装饰性材料选用合适的合金，如纯铝或6×××系合金 2. 制品入氧化槽后应及时通电 3. 长时间停电后，制品应吊出氧化槽，进行退膜重新氧化处理 4. 调整槽液浓度 5. 按工艺规定控制电压 6. 提高前处理的表面质量 7. 控制氧化膜厚度 8. 控制槽液温度处于工艺规定范围内
膜层裂纹	1. 热纯水槽与前一个水洗槽的温度差距过大 2. 烘干温度过高 3. 阳极氧化槽液温度过低 4. 制品受到冲击而变形	1. 槽液温度应以一定的梯度上升 2. 烘干温度应控制在70℃以内，氧化膜越厚，烘干温度就越低 3. 控制槽液温度处于工艺规定范围内 4. 轻拿轻放
膜层花斑	1. 手接触未封孔或封孔的阳极氧化膜层 2. 制品装挂质量差，阳极氧化时形成“气滞” 3. 制品表面除油质量不好 4. 碱液流痕 5. 阳极氧化膜在封孔后被淋酸或碱	1. 卸料时应戴干净手套 2. 装挂时保证制品的倾斜角度，凹槽应避免向下，控制搅拌的强度 3. 延长除油时间或提高槽液温度、浓度 4. 制品出碱槽后，应尽快进行清洗并控制清洗槽中碱的浓度、温度 5. 制品出阳极氧化槽后应清洗干净，按工艺流程转运制品，料挂不互相翻越
电烧伤	1. 阴阳极接触形成短路 2. 制品与导电杆接触不良 3. 搅拌强度过大，引起制品松动 4. 电流密度过大	1. 用隔栅板保护阴极，防止两极接触 2. 保证制品与导电杆可靠接触 3. 调整搅拌强度，对较软、较长的制品在其中部加衬 4. 根据制品槽面积和设备能力选择合适的电流密度
过腐蚀	1. 碱蚀槽温度高、浓度高、腐蚀时间过长 2. 碱蚀后的清洗槽中碱含量过高、温度高、浸泡时间过长	1. 按工艺规程控制工艺参数 2. 更换清洗水

续表

缺陷名称	产生原因	解决办法
氧化膜耐磨性、耐蚀性差	1. 电解液温度高、浓度高 2. 氧化时间长 3. 电流密度低 4. 电解液中铝离子含量过高或过低 5. 合金材料不同	1. 控制适当的浓度和温度 2. 根据膜厚要求选择合适的氧化时间 3. 选用合适的电流密度 4. 铝离子浓度控制在工艺范围内 5. 选用合适的合金
色　差	1. 制品导电接触不良 2. 制品料间距、倾斜角度不足 3. 比色不准确 4. 氧化膜厚度不均匀或差异大 5. 着色槽液成分不均匀 6. 电极面积比例不当 7. 着色槽浓度或温度过低 8. 着色电压低、着色时间短	1. 保证制品导电接触良好 2. 加大料间距、倾斜角度 3. 用正确的观察方法对照标准色板比色 4. 制品氧化膜厚度应控制到同一水平 5. 加强槽液的循环搅拌 6. 对应极与制品的极比控制在1∶1 7. 提高槽液浓度，控制合适的温度 8. 使用适当的着色电压、着色时间
封孔质量不合格	1. 制品阳极氧化质量差，氧化膜已经发生粉化、疏松或孔隙率过高 2. 封孔槽液受到污染，活性降低 3. 封孔槽温度、浓度、pH值超标 4. 封孔时间不当 5. 封孔后的水洗槽的pH值超标 6. 刚封孔的氧化膜接触酸、碱等腐蚀性物质 7. 制品阳极氧化后在空气或水中停放较长时间后才封孔	1. 严格控制阳极氧化的质量 2. 更换槽液 3. 槽液温度、浓度、pH值控制在工艺要求的范围内 4. 根据氧化膜厚度设定封孔时间 5. 严格控制水洗槽的pH值 6. 应及时进行贴膜包装，转移到无污染的环境中存放 7. 及时进行封孔处理

3. 铝合金制品阳极氧化过程中的电流电压变化规律

在硫酸阳极氧化过程中，铝合金制品表面上形成氧化膜并不断生长和溶解，使电流导通所受到的电阻不断变化，引起电流、电压发生有规律的变化。

在定电流密度的阳极氧化过程中，氧化膜的生成规律可以通过阳极氧化过程的电压-时间曲线来说明，如图4-7-1所示。

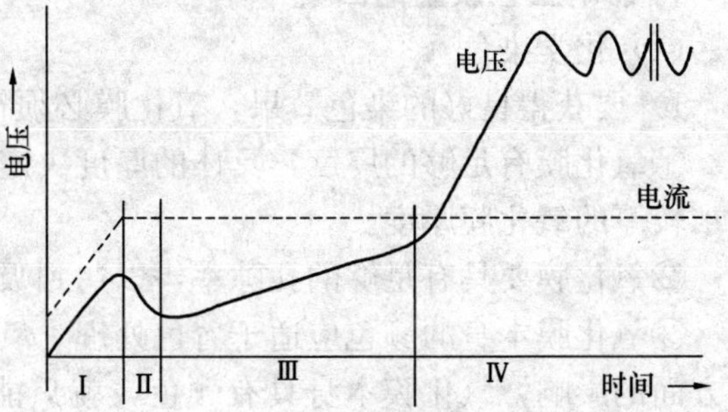

图4-7-1　铝阳极氧化的电压-时间曲线

电流、电压随时间的变化如曲线所示：

第Ⅰ阶段，在通电十几秒内电压急剧上升，这是由于铝表面生成了连续的、无孔的氧化膜。这种无孔的氧化膜叫阻挡层，其厚度与外加电压有关，约为10A/V。

第Ⅱ阶段，当电压达到一定数值后，开始下降，一般比最高值下降10%～15%，这是由于电解液对氧化膜的溶解作用所致。这种溶解是沿结晶缺陷最严重处进行的。H^+、$SO4^{2-}$、HSO_4^-离子的渗透，使铝表面膜产生无数微观孔穴，从而保证了电流能够顺利通过。

第Ⅲ阶段，阳极氧化经过几十秒钟以后，电压下降到一定数值后，以缓慢的速度上升。这时无孔层的生成速度和溶解穿孔速度达到平衡，其厚度不再增加。但氧化反应并未停止，在每个孔穴的底部，阻挡层通过溶解再生，随时间延长而向纵深发展，最后形成了六棱体蜂窝状氧化膜结构，叫多孔层。正是由于氧化膜多孔层厚度的不断增加，使电流导通所受到的阻值也在增加，要维持恒定电流，电压就必须上升。电解液对多孔层进行着溶解作用，只有在氧化膜生成速度大于溶解速度时，氧化膜厚度才会随时间增长而增厚。

第Ⅳ阶段，电压升至一定值后，由于膜孔内析氧量急剧增加，膜孔内的气体使电流导通的阻值更大，因而电压将以更快的速度上升（图中曲线斜率增大），同时膜孔内散出的热量增加，导致电解液发生沸腾。当电阻增加到不能导通时，电压也升高到最高值，不再上升而是开始猛烈地上下波动，在阳极表面，因气体析出出现电火花，此时氧化膜不再持续生长，而是溶解一些后，又再次生成，与电压的波动相对应。

思　考　题

1. 氧化膜厚度不合格有哪些原因？如何解决？
2. 膜层粉化或起灰有哪些原因？如何解决？
3. 电烧伤产生的原因有哪些？如何解决？
4. 制品阳极氧化过程中的电流电压有什么变化规律？

7.2　后处理工艺操作

1. 影响上色质量的因素

（1）化学染色

1）要获得良好的染色效果，氧化膜必须符合要求

①氧化膜有足够的厚度，具体的厚度决定于要染的颜色及深浅，若为深暗色则要求较厚的氧化膜厚度。

②氧化膜要具有足够的孔隙率，以达到吸附染料的性能。

③氧化膜本身的颜色应适于着色处理。氧化膜应无色透明，若因合金成分或工艺方面的影响，氧化膜本身具有颜色，就只能染深暗色。如铝-硅合金的氧化膜呈灰暗色，只适宜染成黑色。

④氧化膜应无缺陷，如无腐蚀斑点、条纹、脱落、污染等。

2）染色工艺操作中需要控制的因素

①染色液的控制。染色液与制品的体积之比一般控制为10∶1以上。比例过小，染色液的浓度和温度变化快，制品颜色的再现性差。要根据制品的通过量及时添加染料，保持染色液的浓度恒定，避免因浓度变化而带来的颜色深浅差异。染色液要用纯水配制，自来水中的杂质、漂白剂会与染料反应使制品着色不均，表面出现斑点。要避免油污、阳极氧化槽液等物质进入染色液中，油污会使着色表面出现条纹或斑痕；氧化槽液会引起染色液pH值发生较大变化，导致颜色及色调的差异。某些染色液中有硫酸存在，还会着不上色。染色液的pH值一般控制在5～7的范围内，加入0.03%冰醋酸可提高着色效果。染料的浓度根据所需的色调来决定，一般采用如下比例：

极浅色调　染料浓度为：0.2～0.5g/L；

浅 色 调　染料浓度为：0.5～1.0g/L；

中等色调　染料浓度为：1.0～3.0g/L；

深 色 调　染料浓度为：3.0～5.0g/L；

黑 色 调　染料浓度为：5.0g/L以上。

在染色操作之前，要充分搅拌染色液，以保持浓度和温度的均匀。当用碱性染料着色时，氧化膜必须先用2%～3%的单宁酸溶液处理，否则着色不上。为了中和膜孔内的阳极氧化酸液，制品着色前的水洗时，可在水槽中加入氨水。

②温度。染色液的温度一般控制在60℃左右，温度低染料吸附迟缓，必须延长染色时间，而温度过高时，会发生封孔反应，使染料不能充足地进入氧化膜孔隙中。

③染色操作。为保证着色均匀、色泽一致，制品阳极氧化和染色的工艺条件必须一致。染色操作前可以先用小试样进行染色实验，摸索出染色液的浓度、染色时间、温度等工艺参数。在染色操作时对制品要逐挂比色。制品着色前后必须用纯水进行彻底清洗，尤其是装挂用夹具处，要反复淋洗，用低浓度的氨水中和效果较好。待着色的氧化膜不应用手接触表面或附着其他污染物，否则这些部位在染色时不能正常吸附染料，该部位颜色就与其他部位存在差异。着色不理想的制品可在50%硝酸或5mL/L硫酸溶液中褪色，某些难着色的制品则要在更浓的硫酸或1%的次氯酸钠溶液中漂白褪色，洗涤后再进行重新着色。为提高氧化膜层的吸附能力，特别是要着深色时，制品着色前可在80℃的5mL/L硫酸溶液中浸泡1min，或是40℃下浸泡15min，使氧化膜的孔径增大，利于染料更多地进入膜孔中。制品着色时，应在染色液中轻轻晃动，以消除制品局部的滞留气体。

④合金成分。铝合金的成分对染色效果的影响，主要是因为某些合金的阳极氧化膜本身具有颜色，再染鲜艳或较浅的颜色时，效果不好，所以带有颜色的氧化膜一般都染成深色。

（2）电解着色

电解着色工艺操作中需要控制的因素有：

①槽液浓度。多数电解着色槽液是由金属盐化合物和较低浓度的硫酸组成。金属盐作为着色的主成分，其浓度对着色制品的色调有重要影响，浓度越高，色调就越深。硫酸的作用是增加电解液的导电性和使电解液酸化，抑制金属离子的水解。在含有亚锡盐的着色液中，由于亚锡离子特别容易发生氧化和水解反应，所以槽液也处于不稳定状态，即使不生产着色型材，槽液中的亚锡离子浓度也会因氧化和水解而逐渐降低，槽液变成灰白色浊液状。要通过添加硫酸和着色添加剂来稳定槽液，减缓亚锡离子浓度的衰减。着色添加剂中有各种成分，如对二价锡有络合作用的苯酚、甲酚等，对四价锡有还原作用的硫酸联铵、硫脲等，还有能增加电解着色液渗透性的表面活性剂。在用亚锡盐生产古铜色铝合金型材时，亚锡离子的浓度应控制在 5～25g/L，若生产深古铜或黑色时，亚锡离子的浓度应在 15～25g/L。硫酸浓度一般应比亚锡离子深度高 5～10g/L。着色添加剂则是和亚锡离子按一定比例向着色槽中添加，槽液中含有过量的着色添加剂，对亚锡离子的稳定有好处。

②温度。在室温条件下，温度的变化对电解着色影响不大，但当槽液温度低于10℃和高于 35℃时，制品颜色变浅。随着电解着色液温度的升高，硫酸对阳极氧化膜的溶解会使膜的耐磨性下降。

③工艺操作。在制品着色前应用循环泵进行充分搅拌，使槽液浓度均匀，否则制品料挂上各个部位会呈现出深浅不一的颜色。在其他条件相同的情况下，电解电压越高，颜色就越深。当电压不变时，着色时间越长，膜孔内沉积的物质越多，制品颜色也就越深。制品电解着色结束时，应立即停电吊出槽，尽快转移至水槽清洗，清掉洗净型材表面上残留的槽液后，才能用色板比色。当颜色比标准色板浅时，重新放入着色槽通电补色；当颜色比标准色板深时，重新放入着色槽，在不通电的情况下浸泡适当的时间，再吊出槽水洗、比色，或在酸性水槽中浸泡褪色后，重新进行电解着色操作。在亚锡盐电解着色工艺中，着色电压一般控制在 12～22V。浅古铜则用 12～15V；中古铜用 15～18V；深古铜用 18～20V；黑色用 20～22V。着色时间要根据电压、槽液浓度、所需要的颜色来决定，在着很浅的颜色时，着色时间往往只有几十秒。

④阳极氧化的影响。由于着色是金属离子以胶体粒子和氧化物的形式沉积在氧化膜孔隙底部 3～6μm 处，在光线的散射作用下呈现出的颜色，所以要着色同一批制品，它们的阳极氧化膜的厚度必须一致，若制品间的氧化膜厚度相差太大，所着出的颜色也会有差异。

⑤铝合金材料的合金成分、加工状态会影响阳极氧化膜本身的颜色和结构，从而也会影响电解着色后氧化膜的颜色。有的铝合金其阳极氧化膜呈灰色甚至黑色，比如 LF5、LF6 等合金的硫酸阳极氧化膜就是黑灰色的。

(3) 自然着色

自然着色工艺操作中需要控制的因素有：

①槽液浓度。有机酸是电解液中的主要成分，其浓度对氧化膜颜色的深浅有主要作用。浓度低，则槽液的导电能力差，电解的电压就会升高，氧化膜的颜色变深。槽液中铝离子既是杂质，又能提高槽液导电性能，所以其浓度也应控制在一定范围内，通常硫酸与铝离子浓度的对应关系见表 4-7-2。

表 4-7-2 自然着色工艺中硫酸与铝离子浓度的对应关系

硫酸浓度（g/L）	4.1	4.6	5.1	5.5	5.8
铝离子浓度（g/L）	0.0	0.5	1.0	1.4	1.7

②工艺操作。自然着色过程实际上仍是恒电流阳极氧化过程，电流密度越高，则电压越高，所得到的氧化膜颜色也就越深。与电解着色相比，自然着色的电压发生微小变化就会影响氧化膜颜色。因为着色过程符合氧化膜厚度的理论公式：$\sigma=KIT$（氧化膜厚度＝常数×电流密度×氧化时间），要得到具有一定厚度的着色氧化膜如 15μm，自然着色时间（等于氧化时间，约 40～50min）会比电解着色的时间长得多，所以电流密度和电压对制品颜色有重要影响。当然，如果制品的导电接触不好，电流和电压在产生电阻的地方消耗了一部分，制品颜色就更不容易控制了。

③温度。电解液温度对制品颜色的影响，实质上仍是电压在起作用，这是因为槽液温度改变了槽液的导电性能，进而使着色电压发生改变。槽液温度低，导电性差，电压高，故颜色深；槽液温度高，导电性好，电压低，故颜色浅。自然着色是阳极氧化与着色同步完成，而制品在阳极氧化时会产生大量的热量，槽液温度的变化较大，为使制品的颜色均匀一致，在阳极氧化自然着色过程中，槽液的温度变化应控制在 1～2℃。所以自然着色槽就应配备有高功率的冷冻机组为槽液降温，同时也要配备加热装置为槽液升温，其搅拌装置、热交换器、循环装置等功率均要大于普通阳极氧化槽的同类配置。

2. 影响封孔质量的因素

铝阳极氧化膜有大量孔洞，使得氧化膜的吸附性很强，用手触摸表面有黏手的感觉并会吸附汗液。若直接使用，氧化膜容易吸附大气中的腐蚀物质，在表面形成斑痕或遭到破坏，从而达不到预期的装饰和防腐蚀效果。为提高氧化膜的防污染和抗腐蚀性能，封孔是必不可少的步骤。铝材阳极氧化膜的封孔方式有多种，目前建筑用氧化上色铝型材基本上都使用 Ni-F 体系的常温封孔工艺。封孔剂与氧化膜反应，生成化合物填充在膜孔内形成封闭。主要反应如下：

$$Al_2O_3+12F^-+3H_2O \longrightarrow 2AlF_6^{3-}+6OH^-$$

$$AlF_6^{3-}+Al_2O_3+3H_2O \longrightarrow Al(OH)_3F_6+3OH^-$$

$$Ni^{2+}+2OH^- \longrightarrow Ni(OH)_2$$

在水溶液中，阳极氧化膜表面呈正电性，对镍离子（Ni^{2+}）进入膜孔有一定的排斥作用。由于封孔槽液中氟离子（F^-）的存在，不但能中和掉表面及膜孔内的正电荷，而且氟离子（F^-）还会与氧化膜反应生成 OH^-，使反应区域的 pH 值升高，膜孔内就形成偏碱性的环境，这样 Ni^{2+} 进入膜孔内就会发生水解反应而沉淀，反应生成物将膜孔填充满，从而实现封孔，这一过程通常又叫封闭。常温封孔的化学反应在封孔槽中并未完全结束，制品出槽后反应仍在缓慢持续进行，氧化膜的结构也继续发生变异，这就是通常所说的氧化膜的陈化或自然封孔，一般需要数天才能完成。在氧化膜陈化过程中，氧化膜及膜孔内的充塞物吸收空气中的水分，体积进一步膨胀，使膜孔被封闭得更完全。

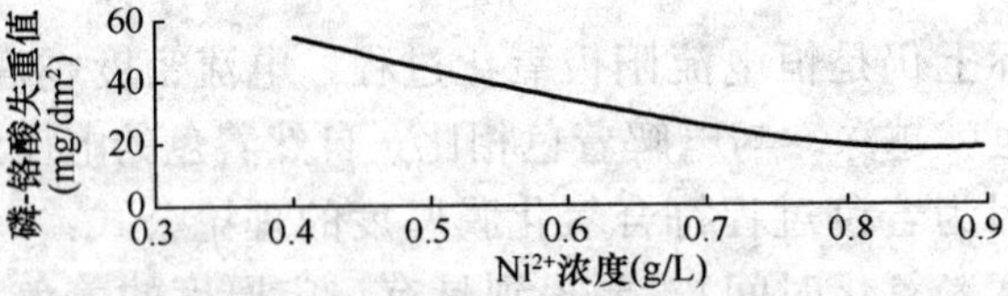

图 4-7-2　Ni^{2+} 浓度的影响

（试验条件：试样氧化膜厚 13～14μm；F^- 500ppm；pH 值 6.0；温度 30℃；时间 18min）

制品阳极氧化膜的封孔质量是工艺控制的重点，氧化膜封孔质量通常用磷-铬酸浸蚀失重法来评价。影响封孔质量的因素有：

（1）封孔工序对封孔质量的影响

①Ni^{2+} 浓度的影响（图 4-7-2）　Ni^{2+} 是封闭膜孔的主要成分，由图中曲线可知随着 Ni^{2+} 浓度的增加，失重值减小，封孔质量越来越好。但如果 Ni^{2+} 浓度较高时，制品带出槽的量会增加，而且只要 Ni^{2+} 达到一定浓度，就能够保证氧化膜的封孔质量，无需再提高浓度使成本增加。生产中 Ni^{2+} 浓度应控制在 0.5～1.2g/L。

②F^- 浓度的影响（图 4-7-3）

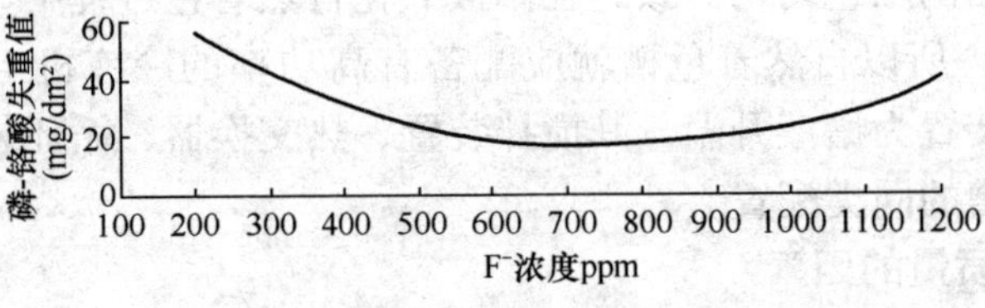

图 4-7-3　F^- 浓度的影响

（试验条件：试样氧化膜厚 13～14μm；Ni^{2+} 0.8g/L；pH 值 6.0；温度 30℃；时间 18min）

F^- 在封孔槽液中起着中和氧化膜正电性的作用，并在孔内创造一个高 pH 值（弱碱性）的局部区域，使 Ni^{2+} 进入及沉积，否则沉积将十分缓慢或者根本无法起封孔作用。同时 F^- 还与 Al_2O_3 生成络合物也使膜孔充塞。由图中曲线可知，在一定范围内，F^- 浓度的增加，封孔质量变好。但随着浓度的继续增加（F^- 浓度超过 800ppm 后），型材表面也会发生明显挂灰，其原因也是 F^- 与氧化膜发生反应生成的产物附着在表面，浓度越高挂灰越多，而且浓度过高的 F^- 还会使氧化膜发生疏松粉化，封孔质量变得很差，所以生产中F^-控制在300～1000ppm。

③槽液pH值的影响（图4-7-4）

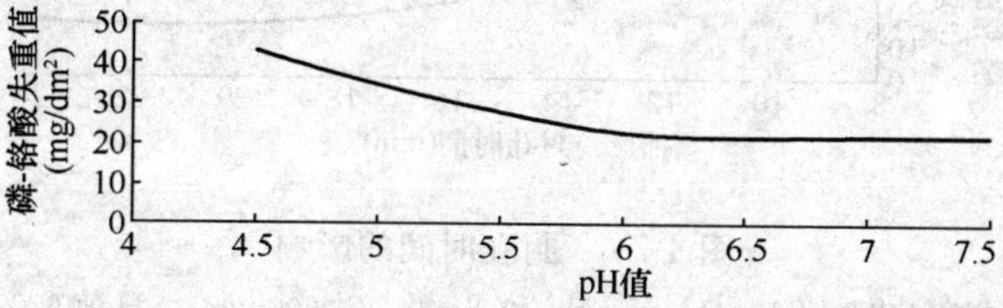

图4-7-4　槽液pH值的影响

（试验条件：试样氧化膜厚13～14μm；Ni^{2+} 0.8g/L；F^- 600ppm；温度30℃；时间18min）

pH值对溶液性质、反应进程均有影响。当pH值较低（槽酸性强）时，F^-与氧化膜反应在孔内无法形成局部的弱碱性区域，Ni^{2+}的沉积速度受到影响；而pH值达到6.5以上时，挂灰明显。这是因为在此条件下，Ni^{2+}会直接发生水解反应而沉淀，沉淀物粘附在制品表面形成挂灰。生产中槽液的pH值应严格控制在5.5～6.5的范围内。

④封孔温度的影响（图4-7-5）

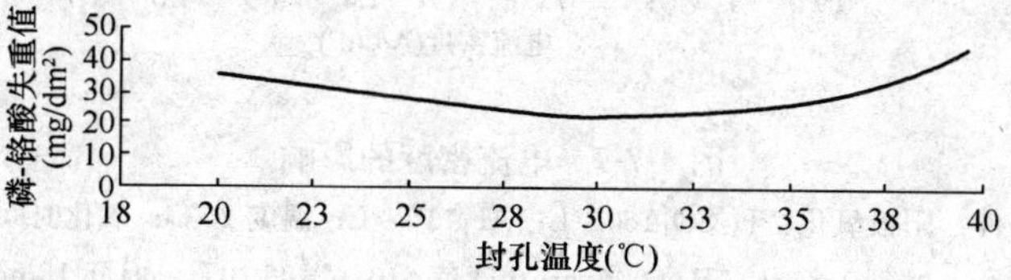

图4-7-5　槽液温度的影响

（试验条件：试样氧化膜厚13～14μm；Ni^{2+} 0.8g/L；F^- 600ppm；pH值6.0；时间18min）

温度对封孔反应的速度有关键性的影响。当温度低时，封孔速度很慢，规定时间内膜孔未被填充完全；随着温度的上升，封孔速度加快，失重值减小。当温度超过35℃后，由于F^-与氧化膜反应过于剧烈，不但挂灰严重，而且反应使氧化膜的孔径变大，甚至相互贯通，造成氧化膜疏松，失重值又增大。生产中温度应控制在25～35℃的范围内。

⑤封孔时间的影响（图4-7-6）

在镍氟体系常温封孔工艺中，较薄氧化膜的封孔速度一般可达到1min/μm，但较厚氧化膜的封孔速度则要慢一些。这是因为膜孔的几何形状为倒置的圆锥形，膜越厚则孔口径越大，封闭起来所需填充物的量就越多，所以厚膜的封孔速度较慢，所需要的封孔时间也较长。随着封孔时间的延长，氧化膜的封孔质量提高，但当膜孔已经被填充完后，制品仍浸泡在封孔槽液中，则F^-继续与氧化膜反应，在制品表面形成挂灰，若时间过长，氧化膜就会发生疏松、粉化。因此封孔时间要根据制品氧化膜厚度来决定，而且封孔时间到了后，制品要及时吊运出槽并进行纯水

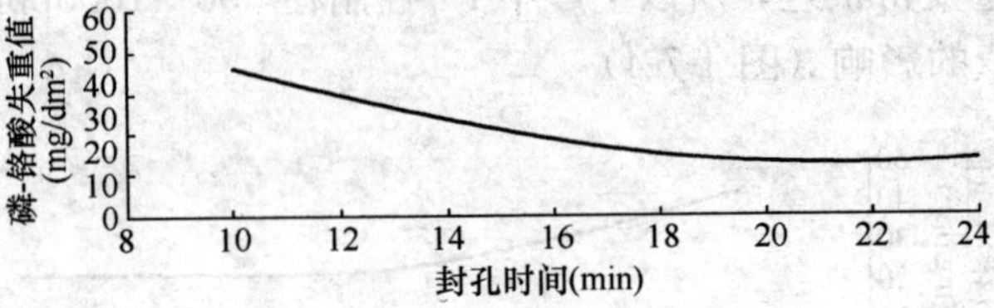

图 4-7-6 封孔时间的影响

（试验条件：试样氧化膜厚 13～14μm；Ni^{2+} 0.8g/L；F^- 600ppm；pH 值 6.0；温度 30℃）

清洗。

(2) 阳极氧化工序对封孔质量的影响

由于阳极氧化时的工艺参数不同，所生成的氧化膜在结构上也有不同，而氧化膜结构对封孔反应有重要影响。

①电流密度的影响（图 4-7-7）

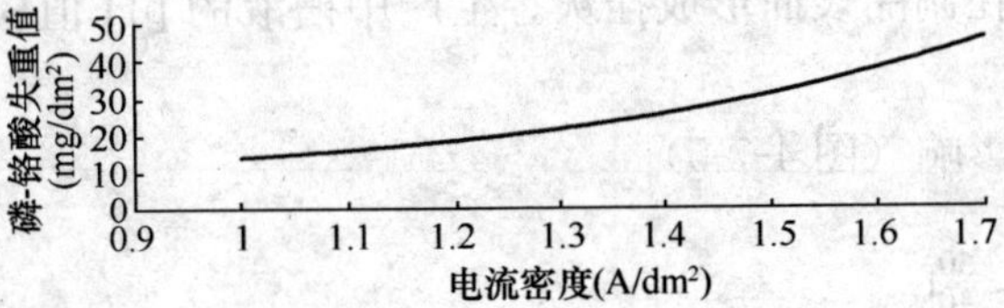

图 4-7-7 电流密度的影响

（试验条件：阳极氧化：H_2SO_4 160g/L；Al^{3+} 10g/L；温度 20℃；氧化时间 35min。

封孔：Ni^{2+} 0.8g/L；F^- 500ppm；pH 值 6.0；温度 30℃；时间 18min）

由图 4-7-7 知，电流密度越大失重值越大，因为在固定氧化时间内，氧化膜厚度随电流密度增大而增厚，相同封孔时间里，膜越厚封孔质量越差，实际上就是氧化膜还未完成封孔反应。生产中，要根据所需氧化膜厚度、设备能力来选择适当的电流密度进行氧化。一般控制在 1.0～2.0A/dm^2 之间。电流密度过小，生产效率低；电流密度过大，制品阳极区温度升高快，氧化膜呈现疏松的趋向。

②氧化温度的影响（图 4-7-8）

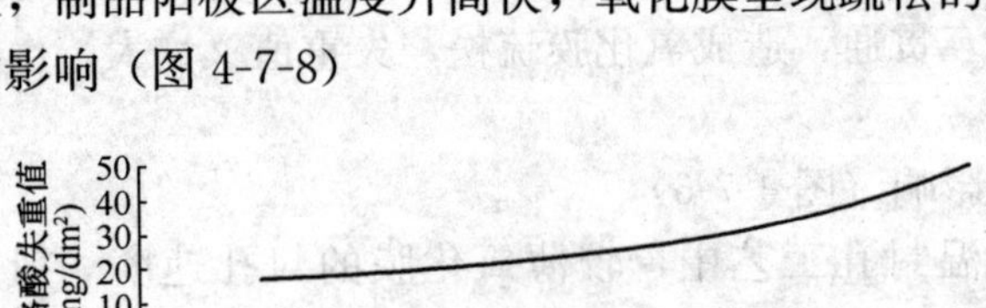

图 4-7-8 氧化温度的影响

由图 4-7-8 知，温度升高，失重值增大，封孔质量变差。因为温度升高，硫酸对膜的溶解作用增强，膜层的孔隙率增加，即膜孔数目增加而且孔径也变大，总的来说氧化膜有疏松的趋向。当温度过高时，膜层还会发生粉化，其封孔质量是非常差的。生产中氧化温度应控制在16～24℃，最佳温度范围是20℃±1℃，温度过低，氧化膜的亮度下降，呈暗灰色，着色性能变坏，也会加重冷冻机的工作负荷，使能耗升高。

③氧化时间的影响（图4-7-9）

当采用恒定电流方式进行阳极氧化时，氧化膜厚度与氧化时间成正比（在到达极限厚度之前）。不同的膜厚应该用不同的封孔时间。

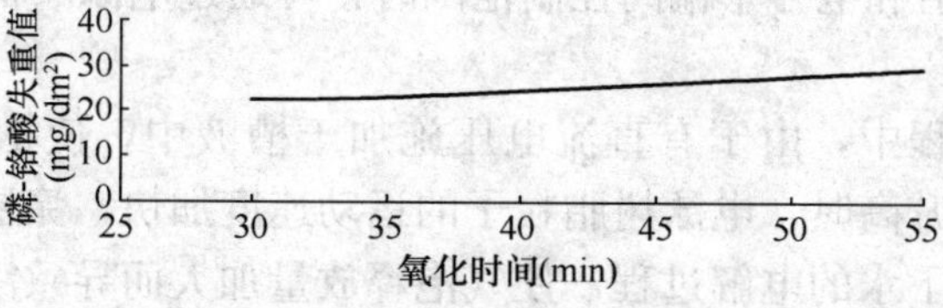

图4-7-9 氧化时间的影响

由图4-7-9知，按1.0min/μm的速度封孔，随着氧化膜的增厚，封孔质量逐渐变坏，这主要是因为氧化膜的封孔反应速度逐渐减慢造成的。也就是说在理论封孔时间内，膜孔并没有被完全封闭住。因为膜孔是倒圆锥体形，膜越厚，膜孔就越大越深，使所要填充的体积成倍增长。因此，生产较厚的氧化膜时，要控制工艺条件，尽可能降低孔隙率，控制孔径变大，需要适当调低氧化温度并且调高封孔槽的Ni^{2+}、F^-的浓度，这样才能保证厚膜的封孔质量。

3. 影响电泳涂装的主要因素

在相同预处理工艺的条件下，决定电泳涂装质量的关键是控制电泳槽液的参数，其中主要有槽液固体分、pH值、电泳温度、电导率、电泳电压、电泳时间、极间距离和阴阳极面积之比等。

(1) 槽液固体分

电泳槽液固体分是指槽液中成膜物质（树脂与颜料）的含量，一般以质量百分比表示：

$$C_S = \frac{W_{BP}}{W_0} \times 100\%$$

式中 C_S——电泳液固体分（%）；

W_{BP}——电泳液中树脂与颜料的质量（g）；

W_0——电泳液质量（g）。

槽液固体分是电泳涂装中重要工艺参数之一，它与电泳涂层的质量密切相关，一般如果采用低固体分电泳液，则被涂物带出的电泳液损失小，电渗性较高，水洗用水量少但固体分太低时会导致涂层变薄，易产生针孔；而固体分过高时，则涂层易产生粗糙、橘皮等缺陷，因此电泳液的固体分要保持在合适的范围之内，一般丙烯酸系电泳漆溶液的固体分在6%～10%之间。

（2）pH值

电泳液的pH值是确保电泳树脂的水溶性以获得高质量电泳涂层的重要参数。pH值过低，则电泳树脂的水溶性差而使电泳液变得浑浊甚至使树脂从电泳液中析出而无法进行电泳或者使涂层变得粗糙；pH值过高时则会使水的电解加剧而析出大量气泡，导致泳透力下降并使沉积的涂层产生再溶解而使涂层变薄，涂层外观质量变差，易产生针孔等缺陷。因此在电泳涂装中必须严格控制电泳液的pH值，在阳极电泳过程中，氨离子会不断积聚在电泳液中，使电泳液的pH值及电导率有升高的趋势，当pH值和电导率偏离控制范围时，可通过电泳漆精制设备进行调整。

（3）电泳温度

在电泳涂装过程中，由于有直流电压施加于槽液中，使槽液温度有上升的趋势。当电泳液温度升高时，电泳树脂粒子的运动速度加快，涂层厚度增加，泳透力将降低，同时加剧了水的电解过程，使气泡释放量加大而导致涂层变得粗糙，容易出现橘皮，甚至流挂。因此需要对电泳温度加以控制，使其符合工艺要求。通常采用冷冻水通过一定的换热形式把热量带走。

（4）电导率

电泳液初始电导率取决于电泳液的固体分、pH值、温度、纯水的纯净度及杂质离子等因素，控制这些因素即可使电泳液的初始电导率在正常范围。随着电泳生产过程的延续，槽液本身产生 NH_4^+ 及 NH_3 将会使槽液的电导率增大，同时从前道工序带来的杂质离子也会增加并在电泳槽中积聚，致使槽液电导率增大，引起电泳液的劣化、电压下降、泳透力降低，进而引起涂层表面粗糙、针孔等缺陷增多，严重时造成电泳液的报废。为了保持电泳液电导率的稳定，必须严格控制杂质离子的污染，因此必须加强控制预处理最后水洗水的洁净度，特别是进入电泳槽之前用去离子水冲洗显得十分重要。对已进入电泳液中的杂质离子，可通过采用离子交换原理的精制设备去除。

（5）电泳电压

电泳电压是由电泳树脂本身的分子量和结构特性决定的，一般有适用的电压范围，在此范围内，涂层厚度随电压的升高而增加。当电压不断升高时，由于沉积的涂层最终几乎要经受全部电压降，因此当电泳电压超过涂层的击穿电压时，涂层将被击穿，则会引起涂层粗糙、橘皮或针孔等；当电压太低时，泳动速度降低，成膜速度变慢，如果成膜速度低于膜在电泳液中的溶解速度则无法成膜，因此必须根据工件的要求确定一个最佳电压值。此外，电泳电压还与槽液的固体分、温度、pH值、电导率、极间距离、工件的表面特性，如阳极氧化膜的厚度、有无电解着色、着色所用的盐类、所着颜色的深浅等因素有关，因此必须在特定的电泳液体系中，根据工件的表面状况经常调整电泳电压，使其在最佳的范围中。

（6）电泳时间

在电泳过程中，当刚开始通电时，被涂工件完全裸露，其与槽液间的电位差很高，电极反应相当剧烈，使得电流急速增加。为防止反应过于激烈，电流增加的速率可通过电泳电源的软启动功能来控制其达到最大电流的时间，一般软启动时间为 30s 左右。当涂层逐渐在工件上增厚时，涂层电阻增大，在涂层上的电位降亦增大，相应的涂层表面与槽液间电位差降低，电板反应逐渐趋于缓和，电流逐渐下降，最终呈现残余电流，树脂的沉积反应基本停止。图 4-7-10 所示为电泳电流的时间曲线。从电泳涂层的厚度增长来看，通电初期膜厚度增长速率较快，然后增长速率减缓，一般在 2～3min 后厚度趋于饱和，故电泳时间通常为 2～3min，电泳时间过长，会使涂膜有变粗糙的倾向。另外，在电泳结束后，要尽量缩短工件出槽时间，以免使涂层再溶解而影响涂层质量。

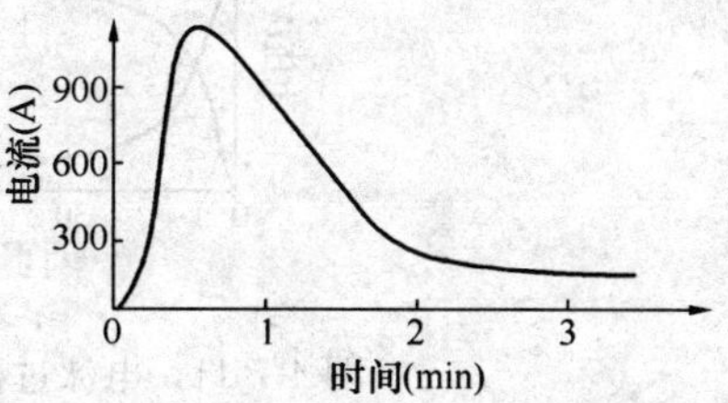

图 4-7-10 电泳电流-时间曲线

（7）极间距离和阳阴极面积之比（极比）

在电泳过程中，加载在电极间的电位为：

$$V = IR_f + IR_1$$

$$R_1 = d/A$$

式中 I——电流（A）；

R_f——电泳涂层电阻（Ω）；

R_1——槽液电阻（Ω）；

d——电泳电极间距离；

A——电泳电极的表面积。

从式中可以看出，外加电压为电泳电流通过涂层（R_f）和电泳液（R_1）两个负载的电位降之和，而电泳液的电阻 R_1 与电极间的距离成正比，与电极表面积成反比。电泳过程中电泳涂层与电泳液电位变化曲线如图 4-7-11 所示。电极间距离越小，则电泳液的电位梯度越大，当被涂工件形状较复杂时，则工件各部位极间距离差别大而引起各部位电位差别大，在极距较小处电流较大，在极距较大处电流较小，使得沉积在各部位的涂层厚度不均匀。相反如果极间距离过大，则 R_1 增大，要获得相同的沉积电流就需要更高的电压，使电沉积效率降低，并使电泳槽容量过大，增加了投槽时电泳涂料的用量。因此必须控制适当的极间距离，一般可根据工件的复杂程度和工件的尺寸大小在 500～700mm 中选择，在建筑用铝合金型材方面，最常采用的是 600mm。所谓极比是指阴极面积与被涂工件表面积之比。阴极面积太小也会引起 R_1 的增大而产生不良影响。极比一般控制在 0.8～1.0 之间。

上述影响电泳涂装的各种因素之间是相互依存和相互制约的，因此必须严格按照电泳工艺要求来配置设备及管理槽液，使各种工艺参数控制在最佳范围中，此外，电泳涂装质量还受搅拌、通电形式、涂装环境等因素的影响，因此在实际生产中，必须进行综合考虑。其中环境因素引起的涂层表观质量问题在生产实践中越来

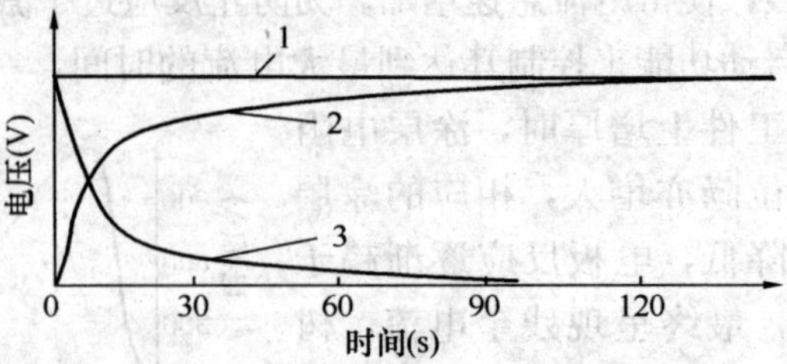

图 4-7-11 电泳过程中电泳涂层与电泳液电位变化曲线

1—总电位；2—涂层电位曲线；3—电泳槽液电位曲线

越突出，必须引起足够的重视。

思 考 题

1. 染色工艺操作中需要控制的因素有哪些？
2. 电解着色工艺操作中需要控制的因素有哪些？
3. 什么是氧化膜的陈化或自然封孔？
4. 阳极氧化工序对封孔质量有什么影响？

7.3 槽液管理

1. 试剂添加量计算方法

在氧化上色工艺控制中，槽液浓度是必须控制的工艺参数之一，槽液浓度的相对恒定对工艺及产品质量的稳定有着极其重要的作用。工艺槽液中主要成分或者有效成分的浓度在生产过程中是随着制品处理量的增加而下降的，其浓度按工艺控制的要求应在一定的范围内波动，这个范围应该在工艺控制的上限浓度和下限浓度的两个极限之间，生产中需要及时添加试剂，以使其浓度维持在此范围内。要通过计算来确定试剂的添加量，计算依据是制品的通过量或槽液化验的结果。

（1）根据制品通过量计算

对于氧化上色生产线，在制品氧化上色处理时，都能比较准确地统计出制品通过量，即所要处理制品的表面积或重量。根据所要达到的表面效果和质量要求，相应的处理工艺是明确的，则在此工艺下每种化学试剂的单位消耗量应该是定值，这个定值可以通过生产数据统计或是实验的方法得到，如在某厂生产铝型材的化学试剂消耗定额见表 4-7-3。

那么，在制品生产前或生产后向工艺槽中添加的化学试剂量为：重量×每吨型材消耗定额。生产前添加试剂，是控制浓度下限的方式，使制品处理完后，槽液浓度不低于某个值；生产后添加试剂，是控制浓度上限方式，使制品处理完后，槽液浓度不高于某个值。若是分若干次在生产过程中添加，浓度波动小，对产品质量的提高最有利。

表 4-7-3 化学试剂吨产品消耗量

工序名称	化学试剂名称	每吨型材消耗量
除油	除油剂	1～2kg/t
碱蚀	氢氧化钠	15～20kg/t（光面） 40～50kg/t（砂面）
中和	硝酸	3～5kg/t
阳极氧化	硫酸	20～30kg/t
电解着色	硫酸亚锡	3～4kg/t
化学染色	染料	2～5kg/t
电泳涂漆	水溶性电泳漆	15～20kg/t
封孔	封孔剂	3～5kg/t

因为在制品氧化上色处理过程中，化学试剂无论是发生反应还是被带出槽子，都是与制品表面积大小相关的，所以用制品表面积作为通过量来计算试剂添加量更准确。若制品在结构上有较明显的规律，则重量与表面积也是可以换算的，如建筑型材，每吨制品的表面积约为 300～400m^2。

（2）根据槽液化验结果计算

在各氧化上色生产线，对重要的工艺槽均要进行定期化验分析，检测槽液中主要成分以及杂质的浓度，化验结果以报告单的形式发出。槽液化验结果是槽液浓度的真实体现，也是计算试剂添加量和更换槽液的依据。如：当阳极氧化槽中的铝离子（Al^{3+}）＞20g/L 时，就需要更换部分槽液，以降低铝离子浓度。在计算试剂添加量时，要明确几个参数，槽子的有效容积、所分析成分在试剂中的含量、所要调整到的浓度指标、主要成分的分析浓度，则试剂添加量为：

$$W_1 = \frac{C_0 - C_1}{A} \times V \quad 或 \quad W_2 = \frac{C_0 - C_1}{1000 \times A \times \rho} \times V$$

式中 W_1——固体试剂添加量（g）；

W_2——液体试剂添加量（L）；

A——所分析成分在试剂中的含量；

C_0——所要调整到的浓度（g/L）；

C_1——主要成分的分析浓度（g/L）；

ρ——液体试剂的密度（g/cm^3）；

V——槽子的有效容积（L）。

【例 7-1】 若一个阳极氧化槽的有效容积为 20m^3，其槽液成分为硫酸溶液。经化验分析槽液中的硫酸浓度为 150g/L，根据工艺要求要将槽液中硫酸浓度调整到 180g/L，问要向槽中添加多少升含量为 98％的浓硫酸（结果保留一位小数。H_2SO_4 密度 ρ=1.84g/cm^3）？

【解】

$$硫酸的添加量=\frac{C_0-C_1}{1000\times A\times \rho}\times V=\frac{180-150}{1000\times 0.98\times 1.84}\times 20000=332.7(\mathrm{L})$$

【例 7-2】 若一个常温封孔槽的有效容积为 $20\mathrm{m}^3$，采用固体氟化铵溶解后配制槽液。经化验分析槽液中的氟离子浓度为 0.65g/L，根据工艺要求要将槽液中氟离子浓度调整到 0.80g/L，问要向槽中添加多少 95%的氟化铵（结果保留整数。氟化铵分子式 NH_4F；原子量 N：14，H：1，F：19）?

【解】

$$氟化铵中氟的含量 A=\frac{\mathrm{F}}{\mathrm{NH_4F}}\times 0.95=\frac{19}{14+4+19}\times 0.95=0.49$$

$$氟化铵的添加量=\frac{C_0-C_1}{A}\times V=\frac{0.8-0.65}{0.49}\times 20000=6122(\mathrm{g})$$

2. 倒槽质量要求

(1) 中转槽的要求

在确定要倒的工艺槽后，先选择与之体积大致相当的中转槽，在将槽液倒入前，应对槽体进行清洗。若中转槽是水槽，其酸碱性应与要倒的槽子一致，如倒中和槽（成分为硝酸和硫酸溶液）时，中转槽就只能用酸性水槽，因为碱性水槽中有坚硬的碱垢（含氢氧化铝）沉积在槽壁上，用水不能冲洗干净，一旦酸液倒入，会与碱垢发生反应，随着碱垢的溶解，酸液的浓度下降，铝离子浓度大幅升高，酸液反而受到污染。用潜水泵抽取槽液时，槽底约 10～20cm 高的槽液不能进入潜水泵入口，无法完全抽干槽液，在中转槽中总会残留一部分，所以中转槽使用后，要排放掉残留的槽液，并清洗干净槽体，再装入清水。

(2) 清洗工艺槽的要求

工艺槽倒空以后，要对槽体进行清洗，槽底的沉渣要清理干净。有电极的还应对电极进行刷洗，清除掉电极上的沉积物。疏通搅拌用压缩空气管路。

(3) 倒槽操作的要求

倒槽的目的主要是降低槽液中的杂质含量，多数杂质和沉渣一般沉积于槽子底部，尤其是静置一段时间后，槽子底部杂质的浓度更高，所以用潜水泵抽取槽液时，不能将泵直接沉入槽底，应从上层逐渐向下抽取，槽子底部的槽液应废弃。潜水泵抽完槽液后，也应放入清水槽中进行清洗，以防止将槽液带到下一个工艺槽中。

3. 槽液循环系统的结构与操作

在铝合金制品氧化上色生产线中，对槽液有循环要求的工艺槽有阳极氧化槽、电解着色槽、电泳涂漆槽。每个工艺槽槽液循环的目的不尽相同，循环系统的配置也不一样。三个槽子的槽液循环都有降低槽液温度的功能，降温的循环系统由管路、阀门、酸泵、热交换器、冷冻机构成。由于所处地理位置的关系，在有的工厂其电解着色工艺所要求的槽液温度与当地室温基本一致，所以电解着色槽可以不配置槽液降温系统。电解着色槽和电泳涂漆槽还要求过滤槽液，电解着色槽的过滤是去除槽液中已发生氧化和水解反应的锡盐沉淀物，其粒度较大，一般用过滤袋即可达到要求。电泳涂漆槽对槽液过滤则要求很高，不但要去除漆液中的悬浮物，还要尽可能地降低漆液中的杂质离子，目前采用的过滤方法有离子交换和 R/O 膜逆渗透等。离子交换法又称为通液，即将漆液通过离子交换柱，以控制漆液的 pH 值和胺值。R/O 膜逆渗透是利用逆渗透原理降低漆液中的杂质。

4. 相关知识介绍

（1）渗透

如图 4-7-12（a）、（b）所示，把相同体积的稀溶液（如淡水）和浓溶液（如海水或盐水）分别置于一容器的两侧，中间用半透膜阻隔，稀溶液中的溶剂将自然地穿过半透膜向浓溶液侧流动，浓溶液侧的液面会比稀溶液的液面高出一定高度，形成一个压力差，达到渗透平衡状态，此种压力差即为渗透压。渗透压的大小决定于浓度的种类、浓度和温度，与半透膜的性质无关。

（2）逆渗透

如图 4-7-12（c）所示，若在浓溶液侧施加一个大于渗透压的压力时，浓溶液中的溶剂会向稀溶液流动，此种溶剂的流动方向与原来渗透的方向相反，这一过程称为逆渗透或反渗透。逆渗透是一种在压力驱动下，借助半透膜的选择性通过作用，将溶液中的溶质与溶液与溶剂分开的分离方法。

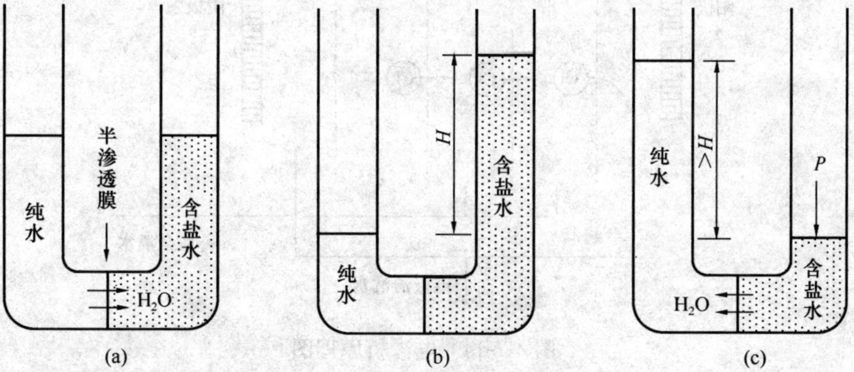

图 4-7-12 渗透与反渗透

（a）渗透开始；（b）渗透达到平衡；（c）反渗透

（3）超滤

简称 UF。超滤同反渗透技术类似，是以压力为推动力的膜分离技术，如图 4-7-13 所示。当施加一定压力时，溶液中的水分子、离子可以透过膜，而蛋白质、胶体等大分子物质则被截留下来，由于其过滤精度远远超过滤纸，因此称为超滤。

（4）电渗析

如图 4-7-14 所示，渗析器中具有选择透过性与良好导电性的阴阳离子交换膜。

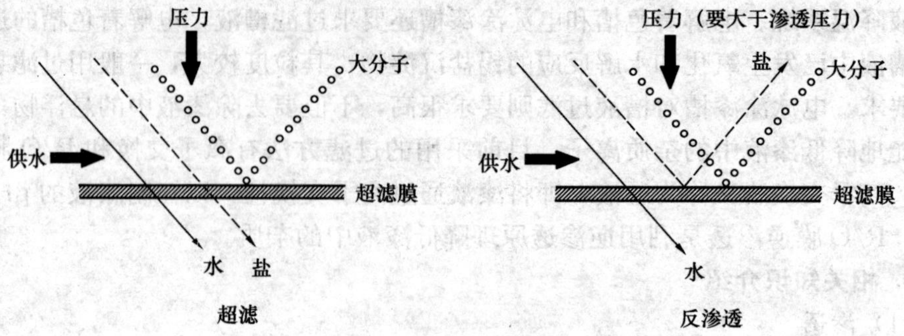

图 4-7-13 超滤与反渗透的区别示意

它在外加电场的作用下，当被处理的水通过离子交换膜时，阴阳离子（包括所有荷电的小分子有机物）发生迁移，阴阳离子分别通过阴阳离子交换膜进入浓水室，被电极清洗水带走，而淡水室排出的水就是被除去盐类的水。

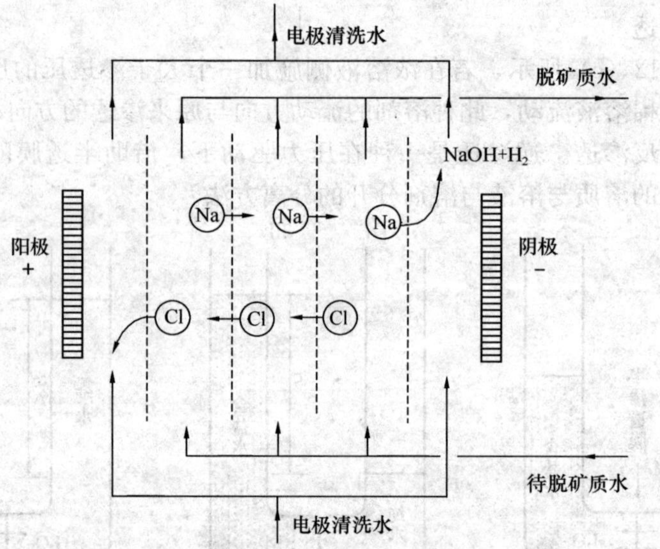

图 4-7-14 电渗析原理图

思 考 题

1. 如何计算试剂添加量？

2. 若一个阳极氧化槽的有效容积为 30m^3，其槽液成分为硫酸溶液。经化验分析槽液中的硫酸浓度为 160g/L，根据工艺要求要将槽液中硫酸浓度调整到 180g/L，问要向槽中添加多少升含量为 98%的浓硫酸（结果保留一位小数。H_2SO_4 密度 ρ=1.84g/cm^3）？

3. 倒槽时，对用于盛装槽液的中转槽有什么要求？

第 8 章　前处理及成品包装

8.1　喷涂制品装、卸挂及包装

1. 制品装饰面的识别方法

在《铝合金建筑型材　第 4 部分：粉末喷涂型材》(GB 5237.4—2008) 中规定，装饰面是指型材加工成门窗、幕墙后，仍能看得见的表面。它包括可开启窗、通风口、门或板等，处于开启和关闭状态时，可以见到的表面。明确制品的装饰面，对控制喷涂质量至关重要。喷涂过程中，粉末在喷出喷枪后，所受到的作用力只有重力和静电引力，静电引力使粉末飞向制品并附着于表面，而重力则使粉末向下运动，这样的受力状态使粉末更容易被涂覆到正对喷枪的表面和装挂朝上的表面。根据这一特点，制品装饰面应尽量正对喷枪或朝上装挂。

2. 局部不良表面的处理方法

待喷涂制品的表面上总会附着一些异物，有些异物可以通过正常的喷涂前处理工艺操作清洗掉，比如灰尘、轻微的油污，而有的异物如局部表面有较重的油污或油污被高温烘烤后的残留物、油漆、蜡笔痕迹等，正常的工艺操作很难清洗掉。前处理完后，表面仍有油污或其他异物的制品，不能进行喷涂，否则会严重影响涂膜的附着力和外观质量。解决的办法是在制品装挂时就对这种局部的油污、异物进行处理，用化学溶剂如丙酮、乙醇、洗涤汽油、香蕉水等擦拭有油污的局部表面，清除掉油污或使之软化，在接下来的工艺操作中能容易地清洗干净。还有些问题需要在制品装挂时就进行处理，如制品锯口毛刺，不但容易伤害操作人员，也会造成制品间的相互划伤，可以用锉刀打磨或锯条刮等方法予以清除。还有较轻的磕碰伤，根据磕碰伤具体位置、严重程度或用户需求量等方面因素，需要进行修复。可以用木棒、橡胶锤等非金属工具对制品适度敲打。因为粉末涂膜不透明，能遮盖住基材的一些轻微擦划伤，所以有的缺陷可以用砂纸、砂布进行局部打磨予以消除，打磨时应先用粗粒度砂布，再用细粒度的砂布，将表面打磨平滑后，再装挂进行前处理。

制品在粉喷装挂时，也可能会发现一些局部不良表面，如有油、灰尘以及前处理的槽液等。从严格的意义上说，有这些问题的制品都不应进行喷涂，因为无论是用擦拭还是吹扫的方法，都很难从制品表面把这些物质清除干净。当然也不是完全不能去除，比如制品前处理后，表面被滴上油或水时，可以用有机溶剂进行清洗，再用清水擦拭干净，制品进入固化炉把水烘干后再进行喷涂。这样处理对成本控制和生产效率有较大影响，最适宜的处理方法是返回前处理工序进行返工处理。

为了保证用户的需求量，在粉末喷涂后局部表面有缺陷的制品，因无法及时补料，也只能采取返喷挽救的处理方式。返喷前，要先将局部缺陷处的涂膜打磨干净，露出基体金属，而且要求打磨后的地方与其他正常部位形成平滑过渡，这样处理后再返喷，涂膜才不会出现明显的界限。

3. 目视比色法

制品完成喷涂固化后，涂膜的颜色和色差是一项重要的外观质量指标，可用色差仪或目视比色法进行检测。色差仪能检测出色差的数值，还能从色品坐标分析出颜色偏向哪种基色。对于喷涂制品，每一种颜色的粉末喷涂固化后所形成的涂膜，都应用色差仪测量制品涂膜与标准色板（粉末生产厂提供）以及制品涂膜之间的色差值。GB 5237.4—2008 中规定，同一颜色的制品间色差值应不大于 1.5（$\Delta E \leqslant 1.5$）。因粉末生产厂的标准色板应是标准固化工艺得来，所以色差也能反映出生产厂的固化工艺是否正常。

目视比色法是定性的方法，适于在生产现场对大批量的制品进行检测，判断制品与标准板之间或制品与制品之间的色差。涂膜目视比色法有如下要求：

（1）比色的照光条件

可使用自然日光或人造日光。由于自然日光不稳定，并且观察者的判断也易受周围彩色物体的影响，所以仲裁时，应使用人造日光，观察者的衣服应为中性色。在视场中，除试板外，不允许有其他彩色物体存在。

1）自然光照光。应是部分有云的北方光线，并且不应有彩色物体的反射光，在放置试板的地方，照光应均匀，其照度不小于 2000lx。

2）比色箱的人造日光照光。比色箱应不受外来光线干扰。应与标准光源 D65 相近似。

（2）观察者

观察者应无色盲。戴眼镜的人，其眼镜镜片必须在整个可见光谱内有均匀光谱透过率。为了避免眼睛疲劳的影响，在看了强烈的色彩后，不要立即看淡色或补色。在对明亮的饱和色进行比色时，如不能迅速判定，观察者应在旁边的中性灰色上看几秒钟，之后再行比色。连续观察时，目视比色质量将严重下降，需要休息几分钟，休息期间不应进行比色。

（3）试板及标准板

1）试板和标准板尺寸不应小于 120mm×50mm。

2）试板和标准板的尺寸相同，并且光泽和表面结构应非常接近。

3）试板应在温度 23℃±2℃，相对湿度（50±5）%的条件下调节 16h。状态调节期间，空气自然循环并不受日光直接照射。

（4）比色程序

1）比色可以在自然日光或人造日光条件下进行。

2）将试板并排放置，使相应的边互相接触或重叠。比色时，眼睛至试板的距离约为500mm，为改善比色精度，试板位置应时时互换。

3）对于光泽差别很大的涂膜，比色按下面的原则进行：

①在自然光下进行观察。为限制光泽差别的影响，可在一定方向观察试板，例如以接近于直角方向进行观察，这样，镜面反射就不会进入眼睛。

②在比色箱中进行观察。使照光以0°角入射，人眼以45°角观察。

思　考　题

1. 如何识别制品的装饰面？
2. 制品前处理后表面被油污染，如何处理后才能喷涂？
3. 目视比色应按什么程序进行？

8.2　工艺操作

喷涂前处理的目的是：清洁制品表面并通过化学处理使制品表面形成一层化学转化膜，提高金属制品的抗腐蚀性和粉末涂膜的附着力。所以，粉末喷涂前处理的质量控制就是围绕这几点进行的。影响喷涂前处理的因素有：

1. 装挂

制品装挂时要控制好料间距，控制不当会使制品发生粘连，粘连处的表面不能清洗干净，甚至局部不能形成化学转化膜。另外倾斜角度对制品的烘干也有较大的影响，对于整筐入槽进行前处理的方式，有可能会出现烘不干的情况。

2. 除油工艺控制

制品除油是前处理中的关键的工序，除油不净不但会使化学转化反应不能正常进行，还会污染后序道次的槽液，涂膜的附着力大大降低。除油槽液的浓度、温度、时间是控制的重点，无论是酸性还是碱性槽液，提高浓度和温度、延长处理时间在一定程度上对除油有利，但同时酸和碱也要腐蚀铝基体，所以工艺操作时还要注意不能在除油槽中浸泡过长时间。油污严重尤其是结垢的制品，只在除油槽中处理不能得到干净表面，还要进入碱蚀槽，利用碱与铝反应生成的氢气泡对表面的冲刷作用，使疏松的油污团块离开制品表面。

3. 化学转化工艺控制

制品经过化学转化处理后，其表面应形成一层具有一定膜厚或膜重、与基材结合力强的转化膜。转化膜应均匀、完整，无粉化脱落。在铝制品化学转化处理工艺中，槽液的成分及配比是工艺控制的关键。以磷-铬化工艺为例，溶液成分及浓度如下：

磷酸（g/L）	50～60
铬酐（g/L）	10～20
氟化钠（g/L）	3～3.5

硼酸（g/L）　　1～1.5
槽液温度（℃）　　室温
处理时间（min）　　3～6

（1）pH 值

槽液的 pH 值应控制在 1.7～1.9，酸性的槽液使金属表面活化溶解，溶解的金属离子与槽液中的成膜离子反应生成转化膜。pH 值过低，槽液的溶解能力强，转化膜生成速度快，会形成附着性差的粉状转化膜或使金属发生腐蚀；pH 值过高，槽液的溶解能力弱，转化膜生成速度慢，会形成较薄抗腐蚀性差的转化膜。

（2）主成分及比值

槽液中的 F^-/CrO_3 应控制在 0.18～0.36，CrO_3 是成膜物质，F^- 是活化物质。控制此比值，就是控制转化膜生成的速度。比值过大，转化膜呈粉化趋势、附着性差；比值过小，转化膜生成慢甚至不能生成。

槽液中还应具有一定量的三价铬离子，三价铬离子的作用是能得到较重（厚）的转化膜，还具有缓冲作用，使槽液的 pH 值保持稳定。

（3）操作条件

槽液温度为室温，但槽液受气温的影响也会以发生变化，处理时间也应进行相应调整。比如在南方，夏季的气温较高，处理时间就要减短；而在北方的冬季，气温很低，槽液还要进行加温。槽液温度过高，转化膜疏松、粉化、附着性差；槽液温度过低，转化膜质软、薄、抗腐蚀性差。

（4）后序处理控制

转化膜的烘干温度不能超过 70℃，否则膜会破裂，影响其抗腐蚀性。制品前处理后至喷涂的停放时间应尽量短，防止制品表面吸附灰尘，通常要求制品停放在喷涂现场的时间不应超过 8h。当然采用较好的防护措施，也可以延长停放时间。

若前处理采用阳极氧化方式，除了要控制好除油、碱蚀、中和工序外，还要确保制品导电接触良好，防止制品电灼伤。阳极氧化时的电流密度、槽液温度不能过高，否则氧化膜会粉化脱落。

思 考 题

1. 喷涂前处理的目的是什么？
2. 制品前处理后，为什么要尽快喷涂？

第 9 章　静电粉末喷涂

9.1　喷涂固化操作

1. 部件磨损原因和检测方法

粉末涂料是固体颗粒，在气流的作用下，粉末涂料在喷涂设备的各处进行快速流动。这种固体颗粒的流动会对各个部件产生较为强烈的摩擦、冲刷，使各个部件发生磨损。有些部件磨损很快，如文丘里喉管、决定粉末气雾形状的喷枪嘴；有些部件相对磨损慢，比如粉管、放电针等。

如何检测部件的磨损情况或判断是否应该更换部件，可以从两个方面着手。一是直接测量或观察部件，比如测量粉管的内径或壁厚，与原来对比有多大的变化；文丘里喉管可以用专用的标尺进行测量；喷枪嘴、放电针则直接用肉眼观察其磨损状况。另一方面则是通过实际喷涂效果和工艺参数的变化来进行判断。比如喷枪所喷出的粉末气雾形状发生变形了，则必须更换喷枪嘴；喷涂参数已经增大很多了，才达到原来喷涂时的涂膜厚度，则应更换文丘里喉管或粉管；排除粉末的原因后，喷涂上粉率很低，则应更换电极针。

2. 涂膜厚度与工艺参数的关系

高压静电喷涂的工艺参数对粉末成膜的影响至关重要。主要影响涂膜厚度的工艺参数有下列几项：

(1) 喷涂电压

1) 在一定范围内，喷涂电压增大，粉末附着量增加。但当电压超过 90kV 时，粉末附着量反而随电压的增加而减小。

2) 电压增大时，粉末涂膜的初增长率增加，但随喷涂时间的增加，电压对涂膜厚度增加的影响变小。

3) 当喷涂距离（指枪尖至制品表面）增大时，电压对涂膜的影响变小。

4) 喷涂电压过高，会使粉末涂膜击穿。喷涂电压应控制在 60～80kV。

(2) 供粉气压

供粉气压指向喷枪传输粉末的粉管中的空气压力，在其他喷涂条件不变的情况下，供粉气压适当时，粉末吸附于制品表面的上粉率最佳，低于或高于此压力，上粉率都会下降。

从图 4-9-1 中可以看出，在一定的喷涂条件下，若以 0.05MPa 的供粉气压为 100%上粉率的标准，随着供粉气压的增加，上粉率反而下降。这是因为供粉气压

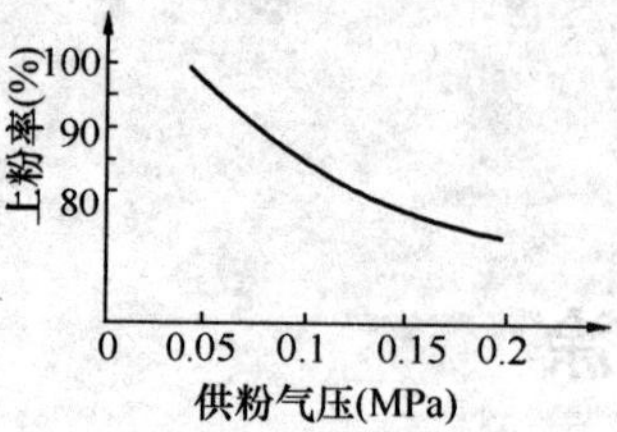

图 4-9-1 供粉气压与上粉率的关系

增加，粉末通过喷枪的速度加快了，粉末在电晕区捕获电子的几率和数量减少，在没有电场作用力的情况下，粉末无法飞向制品表面，即使是在空气动力作用下，飞到了制品表面上，也很难附着，因此上粉率下降。

（3）喷粉量

涂膜厚度的初始增长率与喷粉量成正比，但随着喷涂时间的增加，喷粉量对涂膜厚度的增长率的影响不仅变小，还会使上粉率下降。喷粉量是指单位时间内的喷枪口的出粉量。一般喷涂施工中，喷粉量控制在 50～200g/min 较适合。喷粉量可用如下公式计算：

$$q = \frac{Q_1 - Q_2}{t}$$

式中 q——喷粉量（g/min）；

Q_1——加入粉桶中的粉末重量（g）；

Q_2——粉桶中的剩余粉末重量（g）；

t——喷涂时间（min）。

（4）喷涂距离

喷涂距离是指喷枪枪尖到制品表面的距离，当喷枪施加的静电电压不变，喷涂距离变化时，电场强度也随之变化。因此，喷涂距离的大小直接影响制品吸附的粉末涂膜厚度和上粉率。喷涂距离与上粉率的关系见图 4-9-2。

从图 4-9-2 中可以看出，在其他喷涂条件不变的情况下，喷涂距离增大时，粉末的上粉率下降。因此，喷涂距离是影响上粉率的一个重要工艺参数。但也不是喷涂距离越近越好，因为喷涂距离过近，喷枪所喷出的粉末气雾的几何形状未完全展开，所涂覆的区域就会窄一些，很难形成均匀的涂膜厚度，有时会形成明暗相间的条纹状表面。严重时，还会因为电压过高，导致涂膜被击穿。

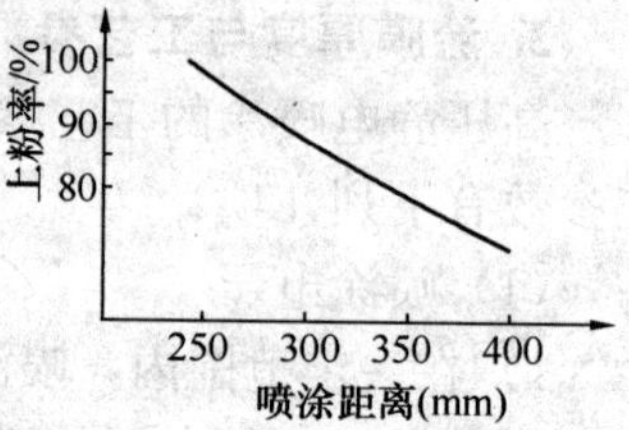

图 4-9-2 喷涂距离与上粉率的关系

另外，粉末的粒度和粉末的导电率对喷涂工艺也有较大影响。比如金属粉，由于粉末的导电性好，容易重新失去电子并聚集在粉管壁和枪尖上，所以喷涂时，宜用比一般粉末低的电压进行喷涂。

3. 压缩空气质量的检测方法

压缩空气在喷涂设备中的主要功能是为粉末运动提供动力，使各处粉末产生动能。其中为粉桶、流化槽等处提供粉末流化的动力；为喷枪、文丘里泵、粉管（包括回收粉管）等处提供吸粉或传输动力；以及对拉动刮板的钢丝、喷涂前制品表面进行吹扫清洁。由于压缩空气进入喷涂设备后，与粉末处于接触混合状态，因此压缩空气中不能带有水、油、固体颗粒等杂质，否则会引起涂膜表面质量不良。空压机是生产压缩空气的设备，也是高压静电喷涂生产线上的重要设备之一，但从空压机出来的高温高压气体含有较多的水蒸气和油雾，必须进行相应的处理，使压缩空气干燥、洁净。因此在喷涂生产线，从空压机到喷粉室的压缩空气管路中，会设置多级油水过滤、分离器，以保证送入喷粉室的压缩空气干燥清洁。图 4-9-3 为典型的压缩空气流向示意图。

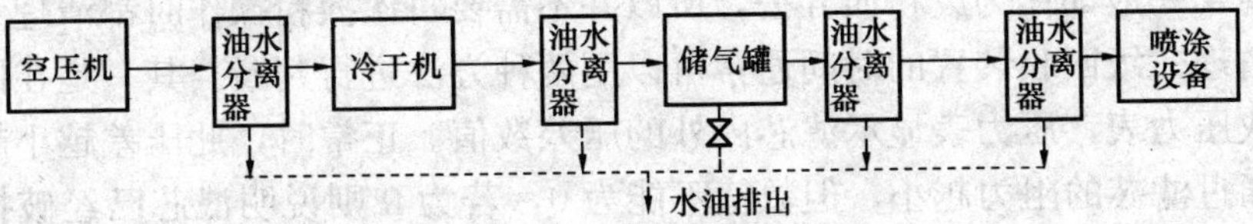

图 4-9-3　压缩空气流向示意图

日常生产中，操作人员应经常检查各个油水分离器中油、水的含量；经常开启储气罐底部的排水阀门，观察是否有水流出；检查滤芯的状况，若滤芯表面所粘附油较多时，应及时进行更换。尤其是储气罐后和喷涂设备前的两级油水分离器，正常时不应该有水或油存在，若这两级分离器中出现了水或油，则整个压缩空气管路应进行彻底清理。压缩空气的质量可从这些油水分离器处反映出来。另外，压缩空气的质量也可以通过一些经验方法进行检查，比如用压缩空气直接吹白色的纸或海绵，然后再用放大镜观察纸或海绵上的残留物质，能检查出是否有水、油、固体颗粒的存在。当然制品涂膜表面质量也是直接证据，当涂膜表面出现较多的火山口状凹坑（缩孔）时，若排除了制品前处理和粉末涂料方面混入油类的可能性，就说明压缩空气中存在油。压缩空气的质量状况很糟糕时，在粉桶流化板的下面也能发现油、水、颗粒，这是因为流化板具有陶瓷微孔结构，压缩空气通过时，会被过滤下部分杂质，但仍会有更细小的油滴混入粉末，最后在制品表面形成缩孔缺陷。

思　考　题

1. 如何检测部件的磨损情况？
2. 影响涂膜厚度的主要工艺参数有哪几个？
3. 如何检测压缩空气质量？

9.2　换粉操作

1. 部件清洁要求

换粉操作，要求清理干净喷涂设备的各个部件，不能残存粉末。制定部件的清洁方法时，要考虑部件的结构形状、功能特点，既要保证清理干净粉末，又不能损坏部件。喷涂设备中一些起重要作用的部件，对清洁有较高要求，比如陶瓷流化板、流化槽、粉管、文丘里泵、滤芯等。陶瓷流化板、流化槽清洁时要注意不能阻塞其微孔结构，否则影响粉末流化效果；粉管内壁要保持其光滑的表面，使传输粉末时的阻力最小；文丘里泵中一次气的喷射嘴要保持圆形，若有变形，则喷射气流不能起稳定的虹吸作用，供给喷枪的粉末量会不准确；清洁滤芯则要求粉末不能进入内层，不能有任何破损。所以绝对不能用坚硬、尖锐的工具来清洁部件。根据这些清洁要求，再制定合适的清洁方法，选择、制做合适的清洁工具。

滤芯的工作质量判断方法：因为二级回收装置中的粉末体积细小，没有重新使用的价值，一般都作为废粉而弃去，所以并不需要每次换粉操作时都清理二级回收装置。清理二级回收装置的时间通常可以用两种方法进行判断。其一是在回收装置上有一块压力表，压力表显示滤芯内外的压差数值。正常时，此压差越小越好，说明空气通过滤芯的阻力越小，但数值不能为0，若为0则说明滤芯已经破损。当压差数值过大时，说明滤芯被粉末堵塞，空气通过滤芯所受到的阻力增加，回收系统产生的抽风压力被滤芯消耗，作用于喷粉室的抽风力量就会降低。生产中可以设定一个数值（各个回收装置所要求的值不同），当仪表显示大于该数值时，则应清理滤芯。其二是从喷粉室中的气雾浓度或各处开口的粉末飞扬程度进行感观判断。工作状况好的回收系统，各开口处应呈负压，即空气应向喷粉室内流动，并且具有一定的风速，若在开口处不能感受到向内流动的风，则应清理滤芯。

2. 验收换粉的方法

喷涂设备换粉操作后，要检查是否达到要求，以防止发生混色的事故。检查的方法比较简单，就是看整个喷涂系统中，各处的粉末是否清理干净。从粉桶到粉管、喷枪，喷粉室的内壁，一级回收装置中的粉斗、回粉管、小旋风等处，用干净手套或布擦拭，不应有明显的粉末残留。另外还要注意检查设备的各处粉管、气管的连接是否正确，喷枪各部件组装是否完整，文丘里喉管等损耗件的磨损情况。

思 考 题

1. 清洁陶瓷流化板、流化槽时应注意什么？
2. 换粉结束后，如何验收换粉质量？

第10章 液态喷涂

10.1 液态喷涂操作

1. 油漆黏度的调整方法

（1）涂料的稀释

为适应设备的要求，涂料的稀释是十分必要的，油漆只有经过稀释后在喷涂过程中方可雾化并沉积在工件上，得到均匀的外观和膜厚，稀释剂的加入应经过计算而不是估计，以确保施工的重现性，因而应建立调漆记录。

（2）稀释剂的选择

选择最佳的稀释剂是基于多方面的因素。通常在加入一种稀释剂前必须参考产品说明书。这样做可以避免不可逆的涂料凝固现象的产生。大多数情况下稀释剂有很大的选择范围。稀释剂必须是与涂料（树脂）相溶的，同时稀释剂的挥发速率对漆膜的流平性有影响，快干的稀释剂可减慢漆膜的运动和流动，但会产生橘皮、干喷等缺陷，慢干的稀释剂可使漆膜光滑，但会产生流挂、颜色不一致，对金属漆会产生花斑，因而在生产中要控制好使用快慢干溶剂的比例。溶剂的极性与其电阻有关，电阻率越高极性越低，极性高的稀释剂可使涂料带上更大的电荷增加涂料的包覆性、穿透性和利用率，价廉的稀释剂可得到大致相同的效果。

1）稀释剂的相溶性

稀释剂必须是与涂料相溶的。甲苯、二甲苯、SOLVESSO-100、SOLVESSO-150、丁基卡必醇是最常用的可以与 DURANAR、DURACRON、POLYCRON Ⅲ 涂料相溶的稀释剂。

2）稀释剂的挥发速率

它对于漆膜的流平性有影响。快干稀释剂可减慢漆膜的运动和流动，但会存在橘皮、干喷、湿化不好等缺陷；慢干稀释剂留在湿膜内的时间较长，可使漆膜光滑，但会产生流挂、（在金属漆内）花斑和颜色不一致。慢干稀释剂通常用于起泡和溶剂泡，所以必须仔细控制快、慢干稀释剂的平衡。因而在生产中要调配好使用快慢干溶剂的比例。

3）稀释剂的极性

极性与电阻或电导率有关，电阻率越高极性越低。稀释剂极性的高低会影响涂料带上电荷的多少，而涂料带上电荷的多少会直径影响涂料的包覆性、穿透性和利用率。极性高的稀释剂可使涂料带上更大的电荷，增加涂料的包覆性、穿透性和利用率，价廉的稀释剂可得到大致相同的效果。

4）稀释剂的价格

价廉的稀释剂可能同样可以达到价格昂贵的稀释剂所达到的效果。

5）稀释剂的溶解力

即使两种稀释剂与同一种涂料均可相溶，但是它们对于涂料黏度下降速率的影响不尽相同。如1加仑A稀释剂可降低涂料黏度10s，而1加仑B稀释剂可降低涂料黏度13s。我们就认为B稀释剂的溶解力更强。稀释剂溶解力的强弱顺序如下：酮类、溶纤剂类、甲苯、二甲苯、卡必醇类、SOLVESSO类、醇类。这个顺序可能会由于不同树脂的化学特性而发生变化。

6）从何着手

在开始生产时，涂料供应商会提供有关稀释剂和稀释的建议，确保记录这些建议，并参考表4-10-1提供的一些常用稀释剂的资料。生产中，应建立一张记录涂料稀释情况的表格。

表4-10-1 稀释剂数据

稀释剂	磅（加仑）	挥发速率	极性	价格
二甲苯	7.22	63	低（>20）	低
甲苯	7.21	240	低（>20）	低
100号溶剂	7.28	25	低（>20）	低
150号溶剂	7.44	6	低（>20）	低
丁基溶纤剂	7.52	6	中（0.13）	中
丁基卡必醇	7.95	0.2	中（0.05）	高
异己酮	6.68	165	中（0.45）	中
乙酸丁基卡必酯	8.16	0.1	中（4.75）	高
丁酮	6.71	752	高（0.05）	中
双丙酮	7.84	14	高（0.04）	高
正丁醇	6.76	45	高（0.2）	中

注：挥发速率：乙酸乙酯=100。

（3）黏度的调整方法

有机溶剂是固体成分的载体，调节油漆的黏度以达到施工要求，溶解于KYNAR500树脂，促成与丙烯酸树脂的烘烤时形成良好高分子聚合物。溶剂按照对氟碳树脂溶解性能分为三类：活性溶剂、中间溶剂、助溶剂。在室温时，氟碳树脂以小颗粒的形式悬浮于溶剂中，活性溶剂可以溶解氟碳树脂，但如果把树脂全部都溶解，整个油漆的黏度会很高。助溶剂主要起稀释、调节黏度用。常用的有机溶剂有：MEK（丁醇）、甲苯、MIBK（甲乙异丁基酮）、二甲苯、BC（丁基卡必醇）。

其挥发速度按上述顺序降低，其中MEK（丁醇）、MIBK（甲乙异丁基酮）、BC（丁基卡必醇）为KYNAR500@树脂的真溶剂，导电性好（极性溶剂），甲苯、二甲苯为丙烯酸树脂的真溶剂，导电性差（非极性溶剂）。

调漆工安全操作规程如下：

1）进入调漆室前先打开排气扇，保持工作区的通风良好。

2）安全运行的基本是不能发生电火花。调漆房内禁止吸烟及明火，操作手必须掌握相应的消防知识，漆房及外围必须配备一定数量的消防设备。

3）操作人员要穿戴好劳保用品，严格按规程操作。

4）管理好油漆及溶剂（甲苯、二甲苯等），进出量应做好登记。

5）油漆调好后应搞好现场卫生，保持工作环境的清洁。

6）废油漆应按指定位置放好，不可随地堆放。

2. 部件磨损原因和检测方法

（1）喷枪的易损部件

喷枪的空气喷嘴、油漆喷嘴使用时间久了会有一定的磨损和自然损耗，磨损达到一定程度，喷幅和漆雾形状都会发生变化，所以要视情况进行更换。喷枪喷嘴有规格标准，要根据所喷涂的工件、工艺选配喷嘴的口径。

（2）空气喷嘴的选择

根据工件的涂装条件选择空气喷嘴。雾化特性由空气压力及油漆组成、黏度、温度等决定，实际上由试喷的结果选择空气喷嘴。主要的空气喷嘴特性见表4-10-2。

表4-10-2 空气喷嘴特性

空气喷嘴特性				喷嘴的组合	
微粒化	成形幅	吐出量	空气消耗量	空气喷嘴	油漆喷嘴
优№31	大№6	多№6	多№31	№6	№24
№13	№31	№11	№6	№11	№24
↑№11	↑№11	↑№13	↑№11	№13	№25
良№6	小№13	少№31	少№13	№31	№43

在喷枪与工件的距离250mm的情况下，从小图形喷幅到长达300mm的椭圆形均可进行调整。根据工件的大小形状变化，调整各种喷幅以达到最佳效率的喷涂。对于有凹陷的工件，可以选择小喷幅喷嘴进行喷涂。管状工件通常选择宽喷幅喷嘴进行喷涂。此时，喷幅长径与工件的轴心成直角。对于大平面工件最有效的涂装方法是扩大喷幅进行喷涂。

（3）喷枪常见故障原因及对策

1）机械故障对策（表4-10-3）

表4-10-3　机　械　故　障

	现　　象	原　　因	对　　策
1	操作中有声音雾化不好	1. 空气喷嘴或油漆喷嘴受污染 2. 油漆喷嘴松弛 3. 油漆中有杂物	1. 及时清洗喷枪 2. 将油漆喷嘴旋紧 3. 检查并过滤油漆
2	油漆阀关闭后还有吐漆	1. 油漆阀不良 2. 油漆喷嘴没有旋紧 3. 油漆喷嘴垫圈不良 4. 油漆供给系统混入空气	1. 空气供给切断后油漆泄漏持续30s以上时更换油漆阀 2. 旋紧油漆喷嘴 3. 调节或更换垫圈 4. 检修油漆供给系统
3	油漆吐出量及空气量少	1. 枪通路堵塞 2. 油漆喷嘴松弛 3. 油漆调节阀动作不良 4. 空气压力低及管子过长	1. 及时清洗喷枪 2. 旋紧油漆喷嘴 3. 更换油漆调节阀 4. 调整空气压力，缩短管路
4	喷幅不能调整	1. 成形空气喷嘴通路堵塞 2. 雾化空气喷嘴通路堵塞	1. 及时清洗成形空气喷嘴 2. 及时清洗雾化空气喷嘴
5	喷幅内上部或下部雾化浓厚	1. 空气喷嘴污染或不全 2. 电极弯曲	1. 及时清洗或更换空气喷嘴 2. 将弯曲的电极矫直

2）电器故障对策（表4-10-4）

表4-10-4　电　器　故　障

	现　　象	原　　因	对　　策
1	高压系统的阻抗值在规定值外	枪内部电阻不良或绝缘破坏	更换枪身
2	通电异常OL（过载）动作	枪身（绝缘树脂部分）因涂料污染导致高压漏电	枪身外面用溶剂擦拭或更换枪身
3	电缆断线异常WT（低压电缆断线）动作	低电压电缆连接不良 低电压电缆断线	检查电缆连接情况或更换电缆
4	静电效果差	工件为绝缘状态 油漆的电阻值太低	工件完全接地，提高油漆电阻抗

（4）升降机故障对策

1）链轮磨损

链条延长太多是引起链轮磨耗、异常负荷、振动的原因，应在延伸率0.7%以内的范围内使用。

2）轴承导轨磨损

升降机的轴承导轨是淬火材料而且已做了间隙的调整，在磨耗的情况下轴承与导轨间的间隙将会增大，所以应定期注入润滑油，对磨耗的轴承及时进行更换。

（5）涂料泵故障对策

1）涂料泵主轴磨损

涂料泵主轴磨损的原因有：

①由于长期使用，其花键加工部分自然磨损。

②泵内部进入杂物或是泵清洗不完全。例如：由于溶剂使用不当而导致涂料在泵内干固。

③齿轮的嵌合度不适当或是固定泵的螺丝松弛导致主轴磨损。此时涂料泵表现为：异常震动，吐出量变小。

2）电机故障

电机故障可能的原因有：①三项电压平衡欠佳，表现为电机的回转欠平滑。②电源遮断器未解放。③电机过负荷，表现为电机异常发热。④升高吐出量调整器的显示值，周波数无变化。可能是负荷过重，失速防止发生作用。⑤长时间低速运转，表现为电机异常发热，须检查涂料管路是否有堵塞。⑥齿轮嵌合欠佳，表现为电机的回转欠平滑，需调整齿轮嵌合度。

（6）高压控制器故障对策

1）OL点灯亮时（表4-10-5）

表4-10-5　OL点灯亮的原因及对策

原　因	对　策
1. 涂装机本体与工件（接地物）的距离（HTD）是否太近	HTD调整（标准300mm）
2. 涂装机本体（绝缘部）有无涂料的污染及水滴（结露）	用浸有天纳水的纤丝清扫后气喷枪将表面吹干
3. 空气管内有无混入水等杂质	取下空气管，用气喷枪吹净空气源、空气干燥器等
4. 使用银粉漆时有无搭桥现象发生	进行涂料的空喷
5. 绝缘部有无被破坏（老化、漏电迹象）	及时进行更换
6. 涂料的电阻值是否太低	调整至适当的电阻值（0.1～1.0MΩ）
7. OL感应设定值（μA）是否设定得太低	设定成正常值（涂装中的最大电流值+30～50μA）

2）WT点灯亮时（表4-10-6）

表4-10-6　WT点灯亮的原因及对策

原　因	对策、处理
1. 升压部与2次侧低电压电缆（5m）有无分开、松弛	用手将其连接紧

续表

原 因	对策、处理
2. 控制器与1次侧低电压电缆（15m）有无分开、松弛	用手将其连接紧
3. 1次侧低电压电缆与2次侧低电压电缆连接接头有无分开、松弛	用手将其连接紧
4. 低电压电缆有无损伤、断线	更换有异常的低电压电缆
5. 升压部（含接头）有无漏电迹象，有无变色、烧损、异常发热等现象	异常时更换升压部

3. 涂膜厚度与工艺参数的关系

（1）喷涂参数

以下参数是基于喷涂高固含量单色漆决定的。对于不同的漆应视喷涂效果进行适当的调整。

1）转碟速度：输入空气压力为80～90psi（5.5～6.2bar），此压力在无涂料负载时可达到25000r/min的转速。保持转碟的高速运转对于得到最佳喷涂效果是非常重要的，涂料堵塞或排气减震器的限制是碟速降低的一个普遍原因。必须经常更换减震器或一劳永逸地用可遥控的排气空气管更换。碟速降低的其他原因还有流体管线摩擦转碟及气轮机轴承受损。

2）施工电压：电压是施工时的一个可变参数。必须通过试验找出包覆性、穿透性、膜厚均匀性最佳效果的电压值。不同形状的型材要求的施工电压也不一样。一般来说施工电压应控制在70～100kV。电压会影响雾化效果，如果电流过高或经常漏电，应检查主要的绝缘体、流体线路、绝缘触角的清洁状况和涂料的导电性。

3）转碟离工件的距离：15～18英寸（38.1～45.7cm）为正常距离，转碟的边缘与工件的距离通常是无法调节的，一旦距离确定就不要随意变动。升降机的运动必须是直线，而且在它的运动过程中必须稳定，工件在经过喷房时不允许有明显的抖动，如果距离变化将会导致厚边和膜厚的不均匀。

4）施工温度——高固含量温度在90～130℉（32.2～54.4℃）。如前所述，涂料的温度会直接影响涂料的黏度。将涂料加热到略高于允许的上限温度可保持黏度的一致性。当不加稀释剂而又需降低黏度时，可以适当提高温度，保持低挥发性稀释剂。DURANAR由于黏度随温度升高而升高，相应的雾化效果会变差，所以施工温度不能超过100℉。

（2）湿膜厚度与干膜厚度的控制

为了控制涂料的施工性能，应经常检测湿膜厚度。喷完后应立即用湿膜仪检测，产品说明书针对干膜厚度会有相应的要求。如果必须添加大量的稀释剂，下面的例子可以计算出所需的湿膜厚度。

1）湿膜厚度的计算

体积固含量(FVS)＝体积固含量/100

施工时体积固含量(AFVS)＝涂料体积固含量(FVS)×涂料的体积(加仑)/[涂料的体积(加仑)＋稀释剂的体积(加仑)]

湿膜厚度(mils)＝所需的干膜厚度/施工时涂料的体积固含量

【例 10-1】 如果 25 加仑的体积固含量为 70％的涂料用 5 加仑的稀释剂稀释，需得到 1.0mil（25μm）干膜厚度时，湿膜厚度应该控制在多少？

【解】 涂料的体积固含量为 70％。

施工时体积固含量 ＝0.7 × 25/(25 ＋ 5) ＝ 0.583

所需的湿膜厚度 ＝1.0/0.583 ＝ 1.7mils

2）从湿膜厚度推算干膜厚度

干膜厚度 ＝ 施工时涂料的体积固含量 × 湿膜厚度

【例 10-2】 27 加仑的体积固含量为 65％的涂料用 2 加仑的丁基卡必醇稀释，用湿膜仪测出湿膜厚度为 2.5mil（63.5μm），计算相应的干膜厚度。

【解】

施工时涂料的体积固含量 ＝0.65 × 27/(27 ＋ 2) ＝ 0.605

干膜厚度 ＝0.605 × 2.5(63.5) ＝ 1.5mils(38.4μm)

【例 10-3】 上例中 1.5mil 的干膜厚度太厚，涂料被浪费掉了，将湿膜厚度降低至 2.0mil（50.8μm），则干膜厚度为多少？

【解】 干膜厚度＝0.605×2.0＝1.2mil（30.5μm）

（3）挥发

喷涂后、进入烘烤炉之前，涂料中的稀释剂要经过一段时间才挥发出来，建议室温下涂料的挥发时间为 8～10min。不同的产品有不同的要求，有时可适当地调整，以免起泡和溶剂泡的产生，这些调整包括配方、稀释剂和生产线上施工参数的调整。

（4）喷枪的雾化空气与成形空气的关系

在喷涂平板工件时，可采用相对小的雾化压力，漆雾达到使油漆微粒雾化即可。如果喷涂工件的形状复杂、有深孔等，雾化压力小则漆雾进入不了工件内部，并使凸部表面膜厚增加，因此要采用相对大一些的雾化压力，增加对工件的进入性和膜厚的均匀性。喷涂雾化压力与油漆的种类、黏度有关，要在喷涂中选择能充分雾化油漆的雾化压力：在雾化空气不变的情况下，成形空气关闭时，漆雾形状呈圆型，成形空气大于雾化空气时，空气的雾状呈扁平形状，同时漆雾由于扩展、压力相对分散，进入性减弱，均匀度增加。

（5）合理安排往复式自动喷枪以获得均一的膜厚

多支枪安装在升降机上，如果枪靠得太近会造成扇形的相互重叠，形成厚薄不均的区域。无论何时枪 2、3 的路径与枪 1 的路径相同，会产生厚区。如果枪的一个循环宽度大于15.2cm，有必要将枪安装成行走不同的路径，以减少相互重叠的效应。以下的计算方法可以确定枪的位置是否合适。

①寻找循环宽度 W（升降机运行一周，链运行的距离）。

V=输送链速度：inch（cm）/min

C=升降机每分钟运行的周数。

$$W = V/C$$

【例 10-4】 如果输送链的速度为每分钟 15feet（4.572m），升降机每分钟运行15周，枪的循环宽度为多少？

【解】 V=15fpm×12=180inches（30.5cm）

C=15 周/分钟

W=180（4572cm）/15=12inch（30.5cm）

【例 10-5】 找出枪的数目（或运行轨迹）以及每支枪运行轨迹之间的距离。

【解】 W=循环宽度：inch（cm）

G=枪数

$I=W/G$

例如循环宽度 12inches（30.5cm），有四支枪喷涂工作

W=12inchs（30.5cm）

G=4

I=12（30.5）/4=3inchs（7.62cm）

应注意，无论涂料体系有多好，工件上的覆盖率是由升降机的速率、输送链的速度以及枪的支数决定的。如果 I 值太大（升降机太慢、输送链速度太快或枪数太少），枪的喷幅可能会因为不够宽而导致有些部位喷不到；如果 I 值太小，就会发现有太多的涂料喷在铝材上，一个好的开端通常是 I=1/2 扇形宽度。

②枪间的距离：

$$D = 2W - 3$$

例如我们已经计算出 W=12inchs（30.5cm），I=3inchs（7.62cm），则

D=（2×12）−3　　　　　　D=(2×30.5)−7.62

=24−3　　　　　　　　　　=61−7.62

=21（inches）　　　　　　　=53.4（cm）

每把枪之间的距离应该一致，这个计算值只是调整前的起始距离。有必要再做调整以完全清除条纹。当然，不规则的扇形或有问题的枪都会破坏喷涂的均匀性。

4. 涂料的烘烤

（1）烘烤

涂料的烘烤是喷涂操作最重要的一环，它决定着所有漆膜的性能和特性。烘烤不足可导致漆膜厚度不均、附着力差，烘烤过度可影响漆膜的颜色、光泽度、柔韧性。烘烤的程度可用铅笔和耐溶剂性试验检测。

(2) DURANAR的烘烤

由于DURANAR涂层的优越性，会提供详细的用以评价烘烤程度的建议。

1）烘烤不足可导致漆膜的硬度不够、耐溶剂性差、耐磨耗性差、附着力差、光泽度保持不好。DURANAR的烘烤是一个熔融的过程，所以必须保证232℃（450℉）的金属板面温度5min的烘烤。

2）DURANAR挥发型底漆无检测其烘烤程度的方法，但其干膜厚度必须达到5～8μm，且膜厚均匀。

3）DURACRON（丙烯酸涂料）可以使用环氧烘烤型底漆UC40485。烘烤程度的检测可以用丁酮，必须通过丁酮100次往复摩擦而不露底。

5. 压缩空气质量的检测方法

(1) 压缩空气洁净度要求

尘粒标准3级　容许的尘粒度5mg/m^3

水分标准2级　最高压力露点－4℃

油量标准3级　最高含油量1mg/m^3

(2) 压缩空气质量的检测方法

与粉末静电喷涂压缩空气质量的检测方法一致。

思　考　题

1. 选择涂料稀释剂有什么要求？
2. 涂料的黏度怎样调整？
3. 部件产生磨损的原因是什么？怎样检测？
4. 喷枪喷幅不能调整的原因是什么？怎样处理？
5. 涂膜厚度与工艺参数有什么关系？
6. 压缩空气要求达到什么样的洁净度？

10.2 换漆操作

1. 部件清洁要求

正确使用和清洗齿轮泵：齿轮泵是由制造精密的零件组成，为了达到精确的定量供漆要求有精密的配合间隙和密封系统。在初次使用新齿轮泵时，请先在泵内注入一些稀释剂并务必不要长时间高速空转，否则有可能在润滑条件不良情况下干磨，造成齿轮泵的齿轮和轴的研损。在喷涂作业中，要保证泵在有油漆的情况下工作，在油漆使用完之后，造成泵无油漆情况下工作，也会造成油漆泵的损坏。在工作完成后要清洗齿轮泵。在清洗时一定要将泵内残漆清洗干净，并在使用泵高速时避免在无稀释剂的情况下运转。泵在使用稀释剂类水介质情况时，泵的磨损大于普通油漆，金属漆由于油漆中含有金属颗粒，泵的磨损也大于普通油漆。在使用中尽可能减少泵的空运转时间，在开关漆泵时，尽量将泵的转速从低速向高速调速，避免直接高速开启，以缓解泵的磨损。

2. 验收换漆的方法

（1）油漆管路、喷枪清洗的验收

1）换漆前检查油漆管路清洗是否干净，不允许有残余的涂料留在油漆管路中。

2）涂装机的清理完毕后，必须检查涂装机和涂料罐接地情况是否良好，确保涂装机和涂料罐的接地。

3）涂料吸入管中残留的涂料必须流干净后出，才能放入溶剂罐吸入溶剂。

4）涂料返回管放入溶剂罐之前，必须让前几秒流出的溶剂装入废液罐，以免交叉污染。

5）吸入管从溶剂罐中拿出，必须擦净后方可放入干净的溶剂罐中，返回管流出的溶剂干净后，方可放入干净的溶剂罐。

6）检查喷枪前端吐出溶剂是否干净，等喷出干净的溶剂后，确认喷枪清洗完毕，将涂料泵开关、“运行准备”置OFF位置。

7）把检查拆下的喷嘴是否清洗干净，枪体周围是否擦干净。

8）检查剩漆、废液、废液罐等是否处理好。

9）将控制盘的主电源开关置OFF位置，并关闭排风、水帘及空气源。

（2）换漆质量的验收

1）检查换漆人员是否按规定在换漆前先打开送排风系统、水帘及压缩空气源。

2）观察换漆人员是否确认喷房内、升降机附近无物体，无操作人员后才进行换漆操作。

3）检查换漆人员在将控制盘的主电源开关置ON位置后，是否认真确认喷涂机无异常显示。

4）检查换漆人员是否准备好待喷涂料、溶剂及废液罐。

5）检查换漆人员是否正确选择“运行准备”界面，并将涂料泵开关置ON位置，是否有确认涂料吸至齿轮泵后再将“涂料泵高速”置ON位置。

6）观察当返回一侧的涂料管有涂料出来后，换漆人员是否及时将其放入涂料罐中，并正确地将“涂料泵高速”置OFF位置。

7）检查换漆人员是否按工艺要求调整好雾化空气压力及高电压值。

8）换漆完成后，验收人员应进行试喷，试喷工件应无明显的色差，无肉眼可见的串色存在。

思考题

1. 如何使用和清洗齿轮泵？

2. 验收换漆操作时，要检查哪些工作？

第 11 章　废水处理与纯水制备

11.1　废水处理

1. 含铬废水的处理方法

在喷涂和卷材涂层的生产工艺中，当铝合金制品采用铬化或磷铬化前处理时，废水中会有较高浓度的六价铬离子（Cr^{6+}）及铬酸盐。含铬废水一般是运用氧化还原方法进行处理，即用亚硫酸亚钠、焦硫酸钠等还原剂将废水中六价铬还原成三价铬离子，再使废水 pH 值达到 7～8，使三价铬形成氢氧化铬沉淀，通过絮凝、沉降、压滤脱水形成氢氧化铬污泥。这种方法属于间歇式处理，设备投资和运行费用较低。因与其他废水处理方式不同，所以含铬的废水应该单独进行收集和存放，处理流程图如图 4-11-1 所示。

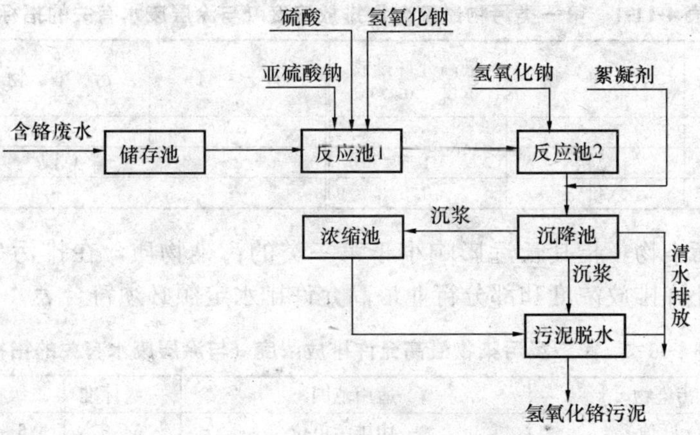

图 4-11-1　含铬的废水处理流程图

含铬废水的处理操作过程：

①用泵将生产线上含铬的废水抽入储存池。

②需要处理时用泵把废水抽入反应池 1，向池中添加稀硫酸或氢氧化钠，把废水的 pH 值调节为 2～3，再向反应池内投放还原剂（亚硫酸钠溶液），还原剂应缓慢添加，持续搅拌，废水颜色由黄逐渐变为绿色，要保持还原剂略为过量添加，以保证废水中六价铬完全被还原成三价铬离子。

③将完成氧化还原反应的废水抽入反应池 2，向废水中添加氢氧化钠溶液，持续搅拌，把废水的 pH 值调节为 7～8，在反应池 2 到沉降池在流槽中添加已经溶解

好的絮凝剂（聚丙烯酰胺）。

④用泥浆泵从沉降池底部抽取沉浆输送到污泥脱水装置（压滤机）进行压滤脱水，也可以把沉浆抽到浓缩池继续沉淀后再压滤脱水。

2. 废水排放标准

因为要控制的主要污染物不同，所以各个行业的污水排放标准不相同。对于铝合金加工行业，废水的排放应执行《污水综合排放标准》（GB 8978—1996）。排放标准按地面水域使用功能要求和污水排放去向，对向地面水水域和城市下水道排放的污水分别执行一、二、三级标准。对排入重点保护水域、生活饮用水水源地、一般经济渔业水域、重要风景游览区等水域的污水执行一级标准。对排入一般保护水域、一般工业用水区、景观用水区及农业用水区等水域的污水执行二级标准。对排入城镇下水道并进入二级污水处理厂进行生物处理的污水执行三级标准。GB 8978还把排放的69种污染物按性质分为一类和二类。

第一类污染物：指能在环境或动植物体内蓄积，对人体健康产生长远不良影响者，含有此类有害污染物质的污水，不分行业和污水排放方式，也不分受纳水体的功能类别，一律在车间或车间处理设施排出口取样，其最高允许排放浓度必须符合表4-11-1的规定。

表4-11-1　第一类污物最高允许排放浓度（与涂层废水有关的指标）

序　号	污　染　物	最高允许排放浓度（mg/L）	序　号	污　染　物	最高允许排放浓度（mg/L）
…	…	…	…	…	…
4	总铬	1.5	8	总镍	1.0
5	六价铬	0.5	…	…	…

第二类污染物：指其长远影响小于第一类的污染物质，在排污单位排出口取样，其最高允许排放浓度和部分行业最高允许排水定额必须符合表4-11-2的规定。

表4-11-2　第二类污染物最高允许排放浓度（与涂层废水有关的指标）

序号	污染物	适用范围	一级标准	二级标准	三级标准
1	pH值	一切排污单位	6～9	6～9	6～9
2	色度（稀释倍数）	其他排污单位	50	80	—
3	悬浮物（SS）	其他排污单位	70	200	400
4	五日生化需氧量（BOD_5）	其他排污单位	30	60	300
5	化学需氧量（COD）	城镇二级污水处理厂	60	120	—
6	石油类	其他排污单位	100	150	500
…	…	…	…	…	…
12	氟化物	黄磷工业	10	20	20
—	—	低氟地区（水体含氟量<0.5mg/L）	10	10	20
13	磷酸盐（以P计）	其他排污单位	0.5	1.0	—
…	…	…	…	…	…

经过处理的废水必须达标才能排放，在一、二类污染物中，排放废水的 pH 值是最直观的检测指标，也是废水处理操作人员要控制的关键，废水的 pH 值应该在反应池中就调节到排放标准。在调节 pH 值的操作中，需要反复测量废水的 pH 值，掌握其变化，并逐渐减少中和剂的增加量，最终达到 6～9 的排放标准。在废水处理工艺完善、废水处理装置运行完好操作人员严格按要求操作的情况下，保证废水的 pH 值达标，那么废水中的重金属离子、悬浮物等其他指标也应该能达标。

思　考　题

1. 含铬废水的处理原理是什么？
2. GB 8978 污水综合排放标准中规定的总铬及六价铬排放标准是多少？
3. GB 8978 污水综合排放标准中规定的 pH 值排放标准是多少？

11.2　纯水制备

1. 离子交换知识

离子交换是离子交换剂与溶液中的离子之间发生交换的反应。离子交换剂是一种不溶于水的多孔性固体物质，在其孔表面及孔隙内有特定的离子交换基团，它能从溶液中吸附某种阳离子和阴离子，同时将自身所含的另一种相同电荷的离子等当量地交换，释放到溶液中去。离子交换最大的两个用途：去除水中的硬度离子（Ca^{2+}、Mg^{2+}），称为水的软化；降低水中的含盐量，称为水的除盐。离子交换树脂是用途最广泛的离子交换剂，它是人工合成的网状结构的高分子化合物，其结构由三部分组成：不溶性的三维空间网状骨架、连接在骨架上的功能基团和功能基团所带的相反电荷的可交换离子。在海绵结构的骨架上结合着相当数量的活性交换基团。一般根据所带功能性基团的性质分为阳离子交换树脂和阴离子交换树脂，阳离子交换树脂可与阳离子发生交换反应，其活性基团为酸性，阴离子交换树脂可与阴离子发生交换反应，其活性基团为碱性。离子交换反应与化学反应一样，服从当量定律，即进行等当量交换，所以离子交换树脂本身是电中性的，而且离子交换反应是可逆反应，以水的软化为例，树脂分子（R-Na）与水中的盐（$CaCl_2$）发生交换反应，而再生则是逆反应。其反应式如下：

$$2\text{R-Na}+\text{CaCl}_2 \underset{\text{再生}}{\overset{\text{交换}}{\rightleftharpoons}} \text{R}_2-\text{Ca}+2\text{NaCl}$$

若是静态下交换，由于是可逆的，所以达到平衡后，交换就停止，只有部分水被软化。若是动态交换，即在交换柱中连续进出水，反应物 NaCl 能及时排除，就使反应向右进行到底，交换基团上的 Na^{+} 基本被 Ca^{2+} 所取代。再生时则也采用动态交换，连续打入再生液，使反应向左进行到底。离子交换树脂一般是装在交换柱中进行使用，离子交换过程和再生过程如图 4-11-2 所示。

图 4-11-2 为离子交换柱中发生交换反应的示意图，（a）和（b）表示交换过

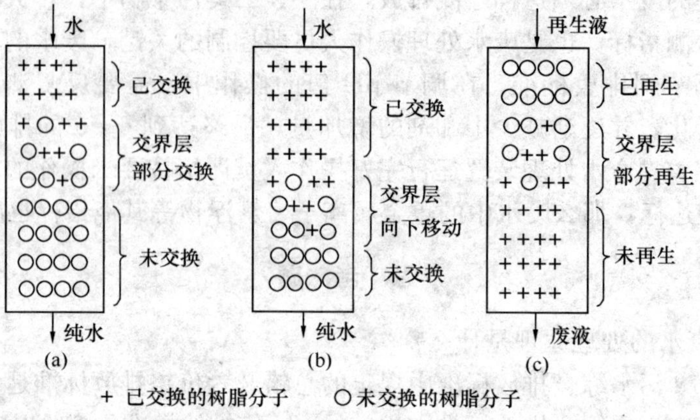

图 4-11-2 离子交换与再生过程

程，(c) 表示再生过程。交换过程中，水从交换柱上部进入，首先接触到上层树脂分子并发生离子交换，如图 (a) 所示，此时上层树脂被交换，下层树脂未被交换，中层树脂则部分被交换，称为交界层。当水继续流经交换柱时，已交换了的树脂层越来越厚，交界层逐渐向下移动如图 (b)，直到交界层达到交换柱的底部为止，若继续进水，则杂质离子将直接穿过交换柱而未被吸附交换，硬度开始泄漏，水质超标。交换过程应该结束，树脂应予以再生。交界层向下移动的速度主要与水的流速、硬度有关，若流速快、水的硬度大，则交界层的高度增加，推进速度加快，从而降低了整个树脂层的利用程度，使交换柱失效加快。再生过程见图 (c)，再生液从交换柱顶部进入，先接触上层树脂分子，与之发生交换，树脂得到再生，释放出的杂质离子随废液排出，中层树脂则部分被再生，下层树脂未被再生。当交界层达到交换柱底部时，再生结束，为了保持交界层的持续稳定推进，应尽量避免中途停止输送再生液。这种方法是顺流再生，即再生液流向与水流向是一致的，优点是设备构造与运行简单，但再生液消耗量大，交换柱失效快。若再生液与水流方向相反，则称为逆流再生，再生液先与交界层接触发生交换，再与完全失效的树脂分子交换，再生液的利用率高，消耗量可以降低，交换柱失效比顺流再生的要慢。若对纯水要求严格时，用逆流法再生效果好。逆流再生的缺点为操作时间消耗长，还要避免树脂乱层。从再生过程看，若再生液浓度或量不够时会使交界层达不到交换柱底部，以及流速太快也会使交界层长度过长，而交界层中只有部分树脂分子再生，这些情况都会让离子交换柱提前失效，有效工作时间变短。另外，在使用完离子交换设备后，不应让柱中的水流干，避免树脂露出液面，否则会将气泡引入树脂层，影响以后的交换能力，而且还会使树脂氧化变质。

在实际生产中，导致离子交换后水质不合格的原因有：

①再生时再生液不足或浓度低，再生操作时，再生液流速太快，再生不彻底。

②反洗不彻底，树脂层中悬浮物没有反洗掉。

③再生后淋洗不彻底。

④离子交换树脂"中毒"，交换能力下降。

⑤离子交换树脂破碎，被污染，失去交换能力。

解决的方案一是制定合理的工艺操作方法，比如浓度、流速、时间、压力等要求，并严格执行。离子交换柱前的机械过滤器也要加强反洗，尽量降低悬浮物进入到离子交换柱中，可以在机械过滤器的进出水管路上安装压力表，当进出水的压力差达到0.15MPa时，就应及时进行反洗操作。二是及时更换失去交换能力或交换能力差的树脂。

2. 新树脂处理、装填方法

离子交换树脂在长期的使用过程中，易受到原水中含有的悬浮物质、胶体物质、有机物、细菌和高价金属离子等物质污染，使离子交换能力下降，甚至报废。这是由于离子交换树脂的稳定性受到物理、化学或生物的作用会下降。物理作用包括冲洗、胀缩、温度过高或过低等，使树脂遭到破坏；化学作用是树脂受到强氧化剂作用时，交联度降低，交换基团衰退；生物作用是指受到有机物和微生物的污染，树脂孔隙被堵塞，交换容量下降。一般来说阴离子树脂的化学稳定性比阳离子树脂要差。由于树脂具有溶胀性，在交换和再生过程中会发生胀缩现象，多次胀缩会使树脂颗粒碎裂失效。破碎的树脂应淘汰。以下几种情况就应更换和报废离子交换树脂：

(1) 当离子交换柱出水水质恶化，且采取再生、复苏处理等措施仍无效时，应报废。

当离子交换柱水质恶化，在进行再生操作后无效或表现为制水量不断下降时，应考虑树脂是否"中毒"。树脂"中毒"是指树脂的骨架或功能基由于被污染物破坏，树脂的内部孔道被杂质堵塞等原因导致树脂的交换吸附功能降低或完全失去。树脂中毒可以用不同的方法进行处理"复苏"，恢复其交换吸附功能。引起阳离子树脂污染中毒的物质主要有Ca^{2+}、Mg^{2+}、Al^{3+}、Fe^{3+}等重金属离子和一些酸性基团的有机物。受重金属离子污染的阳树脂可用盐酸、EDTA、柠檬酸、草酸、磷酸盐、肟类化合物等进行复苏处理。受有机物污染的阳树脂可用EDTA或NaOH进行复苏处理。污染的阳树脂复苏后，要充分淋洗清除污染物。阴离子交换树脂较脆弱，中毒的几率大，引起阴树脂污染中毒的物质主要有硅、重金属阴离子络合物、有机物等物质。对盐酸处理已不奏效的阴树脂，可用还原剂处理，将铁离子还原为可溶解状态。还原剂一般有：$Na_2S_2O_4$、Na_2SO_3、$NaHSO_3$、抗坏血酸等。使用表面活性剂处理也有一定效果。对有机物污染的阴树脂，用碱性氯化钠处理，其复苏效果明显。采用丙酮、甲醇、环氧乙烷等有机溶剂和磺酸、苯磺酸等表面活性剂处理，也可取得较好的复苏效果。当用O_3、NaClO、HClO、HNO_3、H_2O_2、Na_2O_2、$KMnO_4$、Cl_2等氧化剂处理有机物污染时，氧化剂浓度不宜过高，否则会损坏树脂。在实际生产中树脂铁中毒较为常见，铁的来源主要有：①铁质交换柱内部防腐层损坏，酸进入交换柱后发生溶解；②进水中铁离子浓度高或进水管路铁锈质太多。复苏方法为用10%的盐酸浸泡24h，冲洗干净后，用平时两倍用量的再生液进行再生。离子交换系统要安全可靠地运行，做好防腐工作非常关键，所有的容器都应进行橡胶或者玻璃钢等材料衬里防腐。管路和阀门等应该用聚乙烯或不锈钢制作。树脂复苏后，交换容量有所恢复，水质变好，周期制水量增加，并可延长树脂使用寿命。

（2）离子树脂在使用过程中，受重金属离子和有机物污染，其颜色逐渐变深。当颜色呈棕褐色或棕黑色时，应该报废。

可以根据树脂的颜色来判断是否受到污染或污染的程度，见表4-11-3。

表4-11-3　树脂颜色与污染程度对照表

树脂颜色	受污染程度
淡金黄色，清澈透明	无污染
淡草黄色	轻度污染
琥珀色	中度污染
棕　色	重度污染
深棕色或黑色	严重污染

（3）若交换柱内的树脂破碎率达到20%以上时，也应补充和更换树脂。

破碎的树脂可以通过冲淘或用适合目数的筛网过滤的方法，滤出体积细小的树脂。

对于新投入使用的树脂，应进行一定的处理才能装填入离子交换柱，因为离子交换树脂的工业产品中，常含有少量低聚合物和未参与聚合或缩合反应的单体。当树脂与水、酸、碱或其他溶液接触时，上述物质就会溶入溶液中，影响出水水质。除了这些有机物外，树脂中还往往含有铁、铅、铜等无机杂质。因此，新树脂在使用前必须进行处理，以除去树脂中的可溶性杂质。新树脂在用药剂处理前，必须首先用水使树脂充分膨胀。然后，对其中的无机杂质（主要为铁的化合物）可用稀盐酸除去；有机杂质可用稀氢氧化钠溶液除去。但如果树脂在运输或储存过程中脱了水，则不能将其直接放入水中，以防止树脂因急剧膨胀而破裂，应先把树脂放在浓度为10%的食盐水中浸泡1～2h，使树脂缓慢膨胀到最大体积。浸泡后放掉食盐水，用水冲洗树脂，除去混在树脂中的机械杂质和细碎树脂粉末，直至排出的水不呈黄色为止。体积已经膨胀到正常大小后，再分别对阴、阳离子树脂按以下方法进行预处理：

1）阳离子树脂的预处理：首先用清水对树脂进行冲洗，洗至出水清澈无混浊、无杂质为止。将阳离子树脂浸泡于4%NaOH溶液中，4～8h后用水冲洗至排水接近中性为止。然后再浸泡于5%HCl溶液中，4～8h后用水冲洗至排水接近中性为止。4%NaOH溶液和5%HCl溶液的体积应为树脂体积的2倍。

2）阴离子树脂的预处理：首先用清水对树脂进行冲洗，洗至出水清澈无混浊、无杂质为止。将阴离子树脂浸泡于5%HCl溶液中，4～8h后用水冲洗至排水接近中性为止。然后再用4%NaOH溶液浸泡，4～8h后用水冲洗至排水接近中性为止。4%NaOH溶液和5%HCl溶液的体积应为树脂体积的2倍。

新树脂经上述预处理操作后，即可向交换柱中装填。对于复床，阴离子交换树脂与阳离子交换树脂应保持相同体积；在混合床中，阴离子树脂与阳离子树脂的体积比例应为2：1，且装填后还需用压缩空气进行搅拌，使阴、阳离子树脂充分混合。装填时不能将交换柱完全填满，因为在反洗时树脂在水流的作用下整体体积会膨胀很多。一般装填树脂时体积应保持在交换柱体积的60％～80％。

思　考　题

1. 离子交换有什么用途？
2. 再生液进入交接柱的流速过快对再生有什么影响？
3. 导致离子交换后水质不合格的原因有哪些？
4. 新树脂在使用前如何进行处理？

第12章　设备维护与故障处理

12.1　设备维护

一般设备的故障分为机械故障、液压故障和电气故障。检修时应根据各自的特点进行检查、分析和修理。

1. 设备的点检和检查

设备的点检和检查，是通过人的五感（目视、手触、问诊、听声、嗅诊）或使用检查仪器，检查设备发生的异常和随时间推移而出现的劣化，并预测设备残余寿命的活动。这些活动包括设备开动中的检查，如根据振动测定来判断设备的性能劣化，或用脉冲振动仪测定设备轴承发生的冲击，用铁谱仪测定设备的磨损，以及测定设备各部位承受的应力等。检查后，如果有异常情况，就必须进行故障分析。

2. 故障分析方法

设备、系统预测性故障分析方法有很多。一般来说，故障分析往往是综合运用质量管理的、统计的、物理化学的、机械电工的等计测分析方法。例如，用于故障信息处理、估计故障原因的方法有排列图法、直方图法、因果分析图、检验估计、方差分析、回归分析、多元分析等；用于调查强制劣化及破坏性故障的方法有阶段应力法、应力增加法、常应力界限法等；用于潜在故障部位分析的方法有光学显微分析、X射线透视分析、微波分析、激光光谱分析等；用于结构成分分析、劣化分析的方法有电子显微分析、电子测微分析、电子线分析、气体光谱分析、X射线荧光分析、质量分析、吸光光度分析等。从设备、系统的功能联系出发，追查探索故障原因时，基本上有两类分析法。

（1）顺向分析法

亦称归纳法。它是从原因系统（故障机理的输入事件）出发，摸索功能联系，调查原因对结果（上位层次）的影响的分析法。也就是说，是从设备、系统的下位层次向上位层次进行分析的方法。故障模式影响与严重度分析法（FMECA）是顺向分析法的代表。

（2）逆向分析法

亦称演绎法。它是从上位层次发生的故障出发，向下位层次的故障原因进行分割的分析法，也就是逆向地从结果向原因、从上位层次向下位层次逆行分析的方法。通过故障分析后，才可以对症下药进行修理。

12.2　设备故障处理

设备技术状态劣化或发生故障后，为了恢复其功能和精度而采取的更换或修复磨损、失效的零件（包括基准件），并对整机或局部进行拆装、调整的技术活动，称为设备修理。设备维修方式分为预防维修、改善维修和事后维修三种。

1. 预防维修

为了防止设备性能、精度劣化或降低故障，按事先规定的计划和相应的技术要求所进行的维修活动，称为预防维修。预防维修的修理类别有大修、项修、小修和定期精度调整。

2. 改善维修

为了消除设备的先天性缺陷或频发故障，对设备的局部结构或零件的设计加以改进，结合修理进行改装，以提高其可靠性和维修性的措施，称为改善维修。

3. 事后维修

设备发生故障或性能、精度降低到合格水平以下时所进行的非计划性修理，称为事后维修，也称为故障修理。

故障修理主要是针对发生故障的零部件进行拆卸、检查、调整、更换或修复。铸造设备由于使用环境比较恶劣（粉尘多、温度高等），发生故障几率较高，操作人员应能运用上述分析方法进行一般铸造设备简单的故障修理。

思　考　题

1. 常见设备故障有哪几类？
2. 设备故障有哪几种分析方法？维修有哪三种方式？

第5篇

金属材涂层工（技师）

第1章 预 处 理

1.1 配置清洗剂、转化剂

1. 预处理与涂层性能的关系

（1）表面预处理的主要作用

表面预处理的主要作用有：①保证和提高涂层的防护性能；②增强涂层对物体表面的附着力；③创造合适的表面粗糙度；④增强涂层与底材的配套性和相容性。

（2）涂层性能检测项目

涂层性能常规检测项目主要有：干膜厚度、柔韧性（T 弯）、硬度（铅笔硬度）、耐冲击性、附着力（划格试验）、耐溶剂性（MEK）、色差等。

涂层性能常规检测项目主要有：耐水煮、耐湿热、耐盐雾、耐紫外线、耐候性。

（3）在生产中通过涂层的常规性能来判断预处理的质量，预处理质量主要影响的涂层性能有：柔韧性、耐冲击性（T 弯）、附着力（划格试验）、耐溶剂性（MEK），特别影响的是附着力（划格试验）和柔韧性。因此，在生产中若出现附着力（划格试验）和柔韧性不合格时需重点检查预处理，是除油不干净，还是转化膜问题，及时解决。

2. 化学涂层干膜定性检测方法

（1）磷化膜定性检测方法

磷化膜定性检测方法：①外观检查法；②点滴法与盐水浸渍法。这里重点介绍点滴法与盐水浸渍法。

1）点滴法

点滴液：0.5N 的 $CuSO_4 \cdot 5H_2O$ 溶液 40mL、10％NaCl 溶液 20mL、0.1N 的 HCl 溶液 0.8mL 三种溶液混合后进行，即硫酸铜点滴。

步骤：用脱脂棉蘸上酒精，在冷却的样板表面擦拭，待酒精挥发后，即可在样板表面上滴上数滴硫酸铜液，同时用秒表记下由天蓝色变成土黄色或茶红色的时间（在室温 15～20℃的条件下进行），即为磷化膜的抗蚀能力。一般以 1min 左右为合格。

2）盐水浸渍法

盐水浸渍法是将磷化的样板浸泡在 3％的食盐溶液中，2h 后取出，表面没有锈蚀痕迹为合格。或将磷化的样板浸泡在 3％的食盐溶液中，15min 后取出用水洗净，放置于常温下晾干 30min，不出现黄锈迹为合格。

（2）铬化膜定性检测方法

铬化膜定性检测方法：①水煮检查法；②点滴法。

1）水煮检查法

将铬化的样板放在蒸馏水或去离子水中加热，沸腾 30min 后取出，观察表面颜色的均匀性或有无腐蚀斑点。

2）点滴法

点滴液：0.1N 的 NaOH 溶液 90mL，分析乙醇溶液 10mL 两种溶液混合后进行，即氢氧化钠点滴。

步骤：用脱脂棉蘸上酒精，在冷却的样板表面擦拭，待酒精挥发后，即可在样板表面上滴上数滴氢氧化钠液，同时用秒表记下板面开始出现气泡的时间（在室温15～20℃的条件下进行），即为铬化膜的抗蚀能力，一般以 30s 左右为合格。

3. 化学涂层对涂层性能的影响

由于化学涂层的主要作用为提高涂层的耐腐蚀性能和增强涂层与带材的附着力，因此，在生产中若出现附着力差的情况，首先要查找化学涂层的原因：一是判断化学涂层的均匀性；二是判断化学涂层的耐腐蚀能力。

思 考 题

1. 表面预处理的主要作用有哪些?
2. 哪些涂层性能与表面预处理有关?
3. 化学涂层干膜定性检测方法有哪些?

1.2 温度及压力控

1. 温度与清洗效果的关系

总的来说，提高除油温度，有利于皂化反应的进行，又可使熔点的油污软化，还有利于浸润和乳化作用，因此，可提高除油效率，加快除油速度，但过高的温度将消耗大量能源，污染车间空气，恶化劳动条件，还可能腐蚀铝材。一般除油温度参照表 5-1-1 的工艺参数。一些新型的脱脂剂都标明了除油时的温度，特别是使用上限，应予以重视。

表 5-1-1 不同碱液清洗方法的基本工艺参数

工序	项目	清洗法	
		浸渍法	喷射法
除油	时间（min）	3～5	0.5～1
	温度（℃）	70～100	55～80
	浓度（g/L）	30～60	2～4

续表

工 序	项 目	清 洗 法	
		浸 渍 法	喷 射 法
水 洗	时间（min） 温度（℃）	0.25～0.5 常温～50	约 0.25 常温～50
热温水洗	时间（min） 温度（℃）	0.5～2 70～90	约 0.25 50～70
热风吹干	时间（min） 温度（℃）	1～3 70～105	0.5～1 70～105

2. 根据清洗状况调整温度

根据清洗状况调整温度的基本原则是：在工艺范围内，提高温度有利于清洗效果的提高，反之会降低清洗效果。生产中根据来料的油污状况和清洗效果来综合判断，选择合适的清洗温度。

思 考 题

1. 温度对清洗效果的影响有哪些？

2. 怎样根据清洗状况调整温度？

1.3 操作化学涂层机

1. 化学涂层的厚度调整方法

（1）浸泡式或喷淋式化学涂层厚度调整方法

影响浸泡式或喷淋式化学涂层厚度的主要因素有化学处理液的浓度和处理时间。

化学处理液的浓度越高化学涂层厚度相应会增加，处理时间增加化学涂层厚度相应会增加。但是，若浓度过高或时间太长，膜的厚度增加会形成疏松的厚膜，直接影响涂层的附着力。因此，虽然可以通过浓度和温度来调节化学涂层厚度，但需在一定的范围内调整，一般磷化膜重量控制在 $2\sim3g/m^2$，铬化膜重量控制在 $30\sim40mg/m^2$。

（2）辊涂式化学涂层的湿膜厚度调整方法

影响辊涂式化学涂层厚度的主要因素有化学处理液的浓度和辊速配比以及辊间距。提高化学处理液浓度可以适当提高化学涂层厚度。在化学处理液浓度一定的情况下，作为辊涂式化学涂层，调整湿膜厚度的主要方法就是通过调整辊速配比和辊间距来调整湿膜厚度。

1）调整辊速配比

辊速配比指的是化学涂辊与带料辊的转动速度。提高化学涂辊或带料辊的转动速度有利于提高化学涂层的湿膜厚度。提高了转速，单位时间里辊身带的药剂增多，转化在带材的药剂量相应增多，从而提高了化学涂层湿膜厚度。反之，降低化学涂辊或带料辊的转动速度有利于降低化学涂层的湿膜厚度。在生产中，辊速的调整可以在化学涂层机的主操作界面手动输入相应的速度，确认后即可实现辊速的改变。

2）调整辊间距

辊间距指的是化学涂辊与带料辊之间的距离。辊间距增大化学涂层的湿膜厚度增加，这是因为带料辊与化学涂辊间通过挤压、摩擦实现带料辊上的药剂部分转移至化学涂辊。辊间距增大，辊间压力减小，带料辊上的药剂被挤掉的量减少转移至化学涂辊的量增多，最后涂覆到带材上的药剂就越多，从而化学涂层湿膜厚度增加。反之辊间距减少化学涂层的湿膜厚度会降低。在生产中，通过摇动辊距离摇动把手就可以调整辊间距的大小。

2. 化学涂层机日常维护要求

（1）开机前的注意事项

1）检查涂辊、提升辊轴承润滑情况，定期（每周）或根据需要适当加油脂润滑。检查溶剂或涂料是否腐蚀密封，要对轴承进行充分润滑。

2）涂层机两侧面润滑点须定期（每周）加油润滑（每侧和框架内侧都有加油嘴）。

3）位于框架外侧的齿轮齿条须定期润滑（每侧和框架内侧都有加油嘴）。

4）观察涂辊架手架调节螺纹传动及润滑是否良好，转动是否灵活，滑道间隙和配合是否正常，齿轮箱油位是否正常。

5）检查涂辊驱动连接轴和齿轮减速箱，连接轴接头是否正常，接头润滑和配合是否正常，齿轮箱油位是否正常。

6）检查各连接螺栓是否松脱，检查涂层室内各台气动葫芦吊是否完好。

7）检查液压管道和阀门是否有泄漏现象，管接头（软管接头）是否有裂口和脱落。

8）检查涂料搅拌器的管道（软管）连接是否正常，观察搅拌叶片有无严重腐蚀、破损或脱落。

（2）操作及注意事项

1）触摸涂辊轴壳体，判断轴承发热磨损状况，检查轴承是否有不正常的噪声和振动。

2）检查涂辊传动装置运行是否正常，是否有异常传动噪声，观察振动情况并及时查明原因。

3）观察手轮调节装置，两边滑道是否对称或同步，手动柄或自锁状态是否良好，根据生产操作的有关指数判断涂辊调节装置是否正常。

4）观察涂辊轴承运转是否平稳，判断辊子轴承间隙是否需要调整。

5）观察提升辊的运行是否正常，提升辊转动和提升臂伸缩是否灵活好用，防止故障发生。

6）观察液压系统是否有泄漏或损坏故障发生。

7）检查换辊装置的液压电机和传动齿轮齿条工作是否正常。

（3）维护及安全

1）每六个月对液压进行检验（黏度、氧化作用、水含量、损耗和污染），确保液压油工作质量。

2）当涂层机顶涂头开出后，需要进行内部检修，必须在操作台上挂牌，以标明不能闭合机架，确保检修作业安全。

3）涂层室机检修不充许随意按动或拆除涂层紧急停车操作杆，检修完后应将全部防护盖的防护装置关闭到位。

思 考 题

1. 怎样调整化学涂层的厚度？

2. 掌握化学涂层机日常维护要求。

第2章 涂层作业

2.1 配制涂料

1. 涂料常规理化指标

涂料常规理化指标主要有：质量固分、涂覆面积、密度、黏度、闪点等，这些指标代表了涂料的基本状况，决定涂料在涂装时的施工性能。涂料进入涂装前应符合相关涂料验收标准，经验收合格后，方能上线涂装。

（1）聚酯、氟碳、罐盖类涂料理化指标应符合下列规定。

①聚酯涂料理化指标（表5-2-1）。

表5-2-1 聚酯涂料理化指标

指标＼涂料项目	底漆	面漆
质量固分（%）	≥35	≥45
涂覆面积（m^2/L）	50～70	20～40
黏度（25℃，F4杯）	60～90s	80～110s
闪点（℃）	≥26	≥29
密度（g/mL）	1.10～1.50	1.10～1.50

②氟碳涂料理化指标（表5-2-2）。

表5-2-2 氟碳涂料理化指标

指标＼涂料项目	底漆	面漆	清漆
质量固分（%）	≥45	≥49	≥45
涂覆面积（m^2/L）	50～70	15～20	30～40
黏度（25℃，F4杯）	≥30s	≥90s	≥90s
闪点（℃）	≥26	≥26	≥26

③罐盖类涂料理化指标（表5-2-3）。

表5-2-3 罐盖类涂料理化指标

指标＼涂料项目	内涂漆	外涂漆
质量固分（%）	≥30	≥28
闪点（℃）	≥30	≥30
密度（g/mL）	1.0～1.1	0.95～1.0

注意，罐盖类涂料主要分为改性环氧树脂及有机溶胶。

(2) 涂料须符合相关卫生标准

涂料常规涂覆性能指标有：干膜厚度、T弯、抗冲击、铅笔硬度、划格附着力、MEK等。涂料涂覆性能表现涂层产品满足产品质量要求的水平。

①氟碳、聚酯涂层板性能指标应符合表5-2-4的规定。

表5-2-4 氟碳、聚酯涂层板性能指标规定

指标＼涂料项目	底漆、背漆	面漆	清漆
干膜厚度（μm）	4～7	聚酯15～20 氟碳≥20	8～15
T弯（T）	≤2	≤2	≤2
抗冲击（kg·cm）	—	≥50	≥50
铅笔硬度（H）	—	≥H	≥H
划格附着力	—	1级	1级
MEK（次）	—	≥100	≥100

②罐盖涂层板涂覆性能指标应符合表5-2-5的规定。

表5-2-5 罐盖涂层板涂覆性能指标规定

指标＼涂料项目	内涂漆	外涂漆
基板	0.26～0.46mm厚5182H19、5052H19等盖类用铝材	
导电值	检测报告值	
干膜重量（g/m²）	11--12.5	3.5～5.0
划格附着力	1级	1级
MEK（次）	—	50
灭菌实验（121℃，30min）	无泛白，无气泡，无剥落	无泛白，无气泡，无剥落
耐硫性	无泛白，无气泡，无剥落	—
耐酸性	无泛白，无气泡，无剥落	—

(3) 说明

涂料的常规理化涂覆指标，首先要适应各涂装机列的生产及产品要求，同时，各机列线也是根据产品要求选择相应涂料并设计生产工艺。

理化指标表中，涂覆面积指标代表了涂料的技术经济指标，表明在单位产量中涂料的消耗量，涂覆面积越高，涂料消耗越低，也代表了对涂料使用的一种评价。

实际生产中聚酯涂料固分范围较大，一般在35%～65%左右，固分低的聚酯涂料一般应用于漆膜要求较低的底漆或背漆上，固分较高的涂料主要用在面漆上，通常情况下聚酯漆膜较薄，涂料黏度相比氟碳涂料较低。

氟碳涂料固分一般在40%～50%之间，由于其漆膜较厚，涂料黏度通常较高，一般110s，由于漆膜厚度差异，氟碳涂料涂覆面积低于聚酯涂料。

涂覆性能指标作为产品的质量标准，在正常生产前应先试涂，当试涂样板经检测达标，且样板色差值产品留样或封样板一致后，方能进行生产。

2. 操作步骤

（1）分析生产中涂料质量问题

1）能够发现分析同一涂装产品用不同批次涂料涂装时，涂料施工性能可能存在变化。

①不同批生产时，由于涂料稳定性差异，可能出现膜厚相同而色差超标，这就要对膜厚进行调整，保持色差值在要求范围内。

②生产中，如发现涂膜表面有颗粒或短线条等情况，即对涂料过滤网（芯）进行检查，看其中有无大量颗粒附着物，如有，应马上重新过滤涂料或更换过滤网（芯），然后分析产生原因是涂料自带的还是生产环境中落入的。

2）涂装生产作业中，涂料状态会存在变化，如发生漆膜表面质量、膜厚波动，操作人员应及时发现，马上分析涂料黏度、涂料流动性、涂料及涂辊表面状况等方面的变化，及时控制。

（2）指导他人进行涂料黏度调整

1）涂装中要保持涂料黏度稳定，特别是在加入不同批次涂料生产时，涂装前要做到预防，即先少量加入不同批次涂料，涂装后如涂膜表面质量、性能无差异，再正常使用。

2）在线涂装时，要指导和检查他人保持涂料均匀搅拌情况，尤其要注意涂料桶底无沉淀、涂料流动正常以及涂料中无大量气泡产生。

2.2 操作涂层机

1. 涂层技术参数

（1）不同类型涂料的过滤网配置表（表5-2-6）

表5-2-6 过滤网配置表

涂料类型	高光涂料（80%）	清漆、罐盖、拉环涂料	抗刮涂料、金属或云母粉涂料	非金属涂料
过滤网目数	≥150	≥150	≥75	≥125

1）过滤网的选择应保证涂料在涂装时能正常均匀流动，不产生阻碍涂料流动而使过滤网爆裂。

2）搅拌时，特别是对存放较久的涂料要注意观察，如涂料中存在异常颗粒及杂物，涂装前要先进行过滤。

3）涂装时，如漆膜表面有涂料颗粒，应及时更换目数较大的过滤网。

（2）涂层室相关工艺要求

1）普通聚酯、四涂氟碳产品以及单涂产品采用二辊生产。

2）80%光泽以上的高光聚酯及两涂氟碳的面漆采用三辊涂层生产，这主要是考虑到高光聚酯涂层产品采用三辊涂覆的漆膜表面较二辊更加均匀、光滑，也能保证氟碳面漆厚度要求较高的特点。

3）机列速度的规定：涂层线机列速度的设定受涂料性能及基材厚度因素的影响。

①生产较薄或较厚的产品，考虑到基材板型及设备的控制能力，应适当采用低速生产。

②生产氟碳产品面漆时，为保证表面均匀性，可适当降低生产速度。

③生产覆膜的涂层产品，为防止拉断保护膜，可降低生产速度。

④常规产品采用正常生产速度。

⑤生产DOS产品、清洗料、预处理料采用高速生产。

4）产品表面色差的相关要求

①不同次生产金属粉涂料 $\Delta E \leqslant 1.5$，素色涂料 $\Delta E \leqslant 1.0$。

②同次生产，金属粉涂料 $\Delta E \leqslant 1.0$，素色涂料 $\Delta E \leqslant 0.6$。

③罐盖、拉环产品生产，色差以对样板进行目视检查。

5）涂辊、挂料辊、计量辊辊速选定

举例常见配置方式见表5-2-7。

表5-2-7 常见配置方式

涂层机配置方式	辊 名	初涂辊辊速		精涂辊辊速	
		正 面	反 面	正 面	反 面
自 动	挂料辊	20%～80%	20%～60%	25%～90%	20%～60%
	涂 辊	95%～150%	95%～150%	95%～150%	95%～150%
手 动	计量辊		5～30m/min		
	挂料辊		30～60m/min		
	涂 辊		40～60m/min		

2. 操作步骤

（1）生产中，根据不同涂装产品质量要求、特点及材料规格，选择、调整最佳的机列运行速度及张力；根据涂膜厚度、涂膜表面流平性以及涂膜性能检测结果，针对性调整涂层室各辊转速、辊间间隙等工艺参数。

（2）涂装时，由于涂料施工性可能存在黏度与膜厚、涂膜均匀性及色差等波动使涂料施工范围较窄而影响涂膜质量，故要求操作人员根据涂覆方式的特点，实际选择或更换涂覆方式。在满足涂装质量的前提下，选择两辊涂或三辊涂进行生产。

2.3　涂层表面检测

1. 表面缺陷形成原理

涂装过程是连续的生产过程，影响产品质量因素多，涉及毛料、清洗、涂装、固化、机列卫生、工人操作等方面，因此要求操作人员领会主要缺陷形成原理，做到及时预防、及时控制、减少缺陷产生程度。常见涂装产品缺陷形成原因、分析及控制措施，见表5-2-8。

表5-2-8　常见涂装产品缺陷形成原因、分析及控制措施

缺陷名称	产生原因	分　析	控制措施
漏　涂	1. 涂装中设备故障停机	1. 设备日常维护点巡检不到位	1. 加强设备维护保养
	2. 基材板型差	2. 带材表面凹凸不平、致使部分涂覆不上涂料	2. 按标准验收基材质量
	3. 工人操作不熟练	3. 因接带、卸卷时间过长导致停机	3. 加强工人操作技能培训
	4. 生产中断带	4. 毛料带材存在裂边或板型差，涂装时断裂	4. 检查、控制基材边部质量及板型
色差	1. 涂膜厚度不均	1. 涂装过程中温度及涂料黏度发生变化	1. 调整辊速比和涂料黏度
	2. 不同批次涂料稳定性差	2. 涂料内部各色项配置出现偏差	2. 及时联系客户及涂料厂进行调整
	3. 固化温度不均	3. 固化炉内温差较大，使漆膜受热不均	3. 测试炉温，调整各区温度
	4. 光泽不均匀	4. 固化炉内排气量不够或带材表面现象不均冷却以及涂料稀释剂使用不当	4. 加大排气量，保持冷却稳定，使用规定的稀释剂
	5. 涂料搅拌不均匀	5. 由于涂料各组分分散不均匀而致	5. 涂装前充分搅拌均匀，涂装中保持搅拌桶底无沉淀
	6. 涂料库存存放不当或过期	6. 导致涂料内成分变质或不稳定	6. 室温通风环境下保存涂料对过期涂料，生产前应进行复验，合格后使用
	7. 涂料污染	7. 更换涂料时，涂层室主要工具等没清洗干净而污染涂料	7. 保证接触涂料的工具清洁
气　泡	1. 涂料黏度过高或漆膜过厚	1. 固化时漆膜下部溶剂挥发不出	1. 适当稀释调整辊速及压力
	2. 固化温度过高	2. 漆膜表层固化过快内层没完全固化	2. 适当降低固化温度
	3. 涂料搅拌不当	3. 涂装中搅拌速度过快所致	3. 涂装时保持均匀搅拌
	4. 涂料受污染或有杂质	4. 因污染物不溶于涂料，固化时形成	4. 检查过滤或更换涂料

续表

缺陷名称	产生原因	分析	控制措施
橘皮或皱纹	1. 涂料黏度不当 2. 涂料流平性差 3. 涂膜过厚 4. 辊速配置不当	1. 黏度过高、过低均易使漆膜不均匀 2. 在涂装及固化时，涂料在漆膜表面分散不均，表现涂料施工性不良 3. 涂料聚集影响涂料流平 4. 涂辊与挂料辊转速不匹配，使涂料分配不均	1. 调整黏度适当降低生产速度 2. 增加辊间压力降低生产 3. 降低膜厚 4. 调整辊速配置
缩孔或鱼眼、凹孔	1. 漆膜固化时间不够，固化温度过高 2. 带材表面不干净 3. 涂料配置不当	1. 漆膜固化前溶剂挥发不完全及涂料没完全流平 2. 涂装时，带材表面因异物而使涂覆不均 3. 稀释剂使用不当，引起漆膜流平不均	1. 降低生产速度，降低固化炉1区温度 2. 加强机列道路及带材表面检查 3. 使用配套稀释剂
横条纹	1. 涂辊转速过快 2. 涂料黏度过低 3. 辊道配置与机列速度不匹配 4. 涂辊磨削或使用不当	1. 因涂料传递不足而致 2. 涂料固分降低，达到漆膜厚度 3. 导致涂料分配不均 4. 涂辊表面横条纹传递至漆膜表面	1. 降低涂辊转速 2. 提高涂料黏度 3. 降低辊速比或提高机列速度 4. 换辊或调整辊间压力
竖条纹	1. 涂料黏度过高 2. 涂辊损伤或辊面有杂质 3. 辊速配置与机列速度不匹配 4. 基材表面不干净	1. 漆膜表面涂料分散不均 2. 因带材接头或边部缺陷损伤辊面或有杂质 3. 导致涂料流平不均 4. 损伤漆膜表面	1. 调整黏度 2. 更换涂辊或重新过滤涂料保持作业环境清洁 3. 提高辊速比或降低机列速度 4. 检查并及时清洁道路卫生
颗粒	1. 固化炉内不清洁 2. 涂料自带或受污染 3. 稀释剂使用不当 4. 涂料未搅拌均匀	1. 炉内经多年使用如抽、排气不够，易产生残留物或环境卫生差 2. 涂料生产中产生或操作中受污染 3. 稀释剂与涂料不配，使涂料内组分不均 4. 涂料存在分层现象，特别是桶底的颜料沉积较多	1. 生产前打扫干净 2. 检查涂料，重新过滤或更换保证涂装工具干净卫生 3. 检查并使用配套稀释剂 4. 搅拌均匀

续表

缺陷名称	产生原因	分　析	控制措施
光泽不均匀	1. 稀释剂使用不当 2. 冷却条件不一致 3. 厚度不均 4. 涂料搅拌不均 5. 固化炉气流不平衡	1. 烘烤时挥发速度不一致 2. 固化后冷却不均匀 3. 涂装中黏度、温度及工艺条件发生变化 4. 涂料分散不良 5. 主要是溶剂气体抽排量不足	1. 生产前确认稀释剂 2. 保持冷却稳定均匀 3. 控制黏度、温度恒定、工艺稳定 4. 生产中保持涂料均匀搅拌 5. 加大抽排气及时补充新空气，保持炉内平衡

2. 操作步骤

（1）根据涂膜表面缺陷调整涂层机工艺参数

1）涂膜表面质量缺陷可能会出现多种现象并存的复杂情况，操作人员应根据产品成本质量要求及缺陷类型、程度、综合性调整涂层机相关工艺参数。

2）涂膜表面缺陷变化形式多，操作人员在处理缺陷时，如调整参数超出工艺操作要求范围，可先行处理，再通报技术部门备案，以便对规程进行修正。

（2）能制定涂层膜面缺陷控制办法

1）随着生产实践经验的积累和总结，对于涂层表面缺陷的新情况，操作人员经过分析，可确定选用针对性控制办法，完善对缺陷的控制手段。

2）对于新产生的缺陷及新的控制办法，操作人员要及时总结，促进工艺进步。

思　考　题

1. 判断：涂料的常规理化指标主要决定涂料的施工性能。

2. 判断：涂层机列速度的调整主要是根据涂料施工性能和基材厚度的变化而定。

3. 掌握常见缺陷的产生原因及控制措施。

第3章 氧 化 上 色

3.1 工艺操作

1. 产品质量的影响因素

(1) 氧化上色产品质量的影响因素

铝合金制品硫酸直流阳极氧化是最广泛运用的表面处理工艺，在阳极氧化过程中影响氧化膜生长和质量的因素如下：

1) 温度。电解液温度升高，氧化膜的溶解速度增加，导致氧化膜的极限厚度下降，孔隙率、孔径均增大，耐磨性、耐蚀性下降。

2) 电流密度。电流密度增加，制品被氧化的金属量、表面生成的铝氧化膜厚度均增加。在生产中，适当提高电流密度，可使达到预定膜厚的氧化时间缩短，但电流密度增大，也会使阳极发热量增加，阳极区的电解液温度升高，氧化膜的耐蚀性和耐磨性有所损失。当冷却条件差时，长时间氧化使阳极区电解液温度过高，引起“电烧伤”缺陷，膜层粉化甚至基体金属发生溶解。所以利用提高电流密度来缩短氧化时间是有限度的。

3) 电解液成分及浓度。硫酸浓度对氧化膜厚度的影响不大，见表 5-3-1。

表 5-3-1 硫酸浓度与氧化膜厚度的关系

硫酸浓度%(重量)	各种合金阳极氧化膜厚度（μm）									
	1070	1100	3003	3004	4043	5052	5005	6061	6063	7072
5	12.9	12.8	12.0	12.5	11.3	12.8	11.9	12.4	12.5	12.4
10	12.3	12.0	11.7	12.1	12.9	12.4	12.4	12.5	12.2	12.6
15	12.3	12.0	10.6	13.0	13.4	12.5	11.8	12.7	12.3	12.2
20	12.3	12.5	12.0	12.2	12.9	12.3	11.6	11.8	12.5	12.3
25	12.4	12.3	12.4	12.7	12.8	12.3	11.8	11.8	12.2	11.8
30	13.1	12.2	11.5	12.2	12.6	11.9	11.2	12.1	12.5	12.4

综合考虑溶液的导电性、氧化膜的耐蚀性、耐磨性、着色性、硬度等性能，生产中硫酸溶液的工艺控制范围为 15%～20%，最佳浓度为 15%。随着硫酸浓度的降低，氧化膜的耐蚀性和耐磨性提高，此时硫酸溶液对氧化膜的溶解减弱，溶液的导电性差，所需的电压升高，阻挡层厚度增加，膜的光亮度、着色性能降低。若提

高浓度，氧化膜的孔隙率增加，膜的吸附性强且富有弹性，但浓度过高时，特别是在电流密度亦很高的情况下，膜层会变疏松。

铝离子是电解液中的含量最大的杂质，其浓度对膜厚影响不大，但对溶液的导电性和膜的性能有较大影响。当铝离子浓度超过 10g/L 或低于 1g/L 时，膜层的耐蚀性和耐磨性下降，在 1～5g/L 的范围内，这两种性能最佳。在实际生产中，铝离子浓度一般控制在 20g/L 以下，电解液中完全没有铝离子，所得氧化膜的性能也是不好的。

电解液中其他杂质离子主要有 Cl^-、Fe^{3+}、Cu^{2+} 等，来自于基体金属溶解和配槽用的自来水。它们对阳极氧化都有不同程度的影响，比如 Cl^-，在阳极氧化过程中也会泳动到制品表面发生阳极反应，被氧化膜所吸收，使膜层疏松、粗糙，局部腐蚀，严重时不能成膜。Fe^{3+}、Cu^{2+} 过多时，氧化膜易出现暗色条纹和黑色斑点。硅会在阳极上沉淀，使膜层产生棕色斑点。搅拌用的压缩空气不纯净所带来的油脂也会阻碍氧化膜的生成，或使膜层局部发生腐蚀、斑痕、着色不均等缺陷。

为减少杂质离子进入电解液，配槽时应使用纯水，工业硫酸应符合国家标准 GB/T 534—2002 的规定。槽体、阴极、夹具、槽液中的管道等采用耐酸材料制作。应避免能引起槽液污染的物质进入氧化槽，尤其是其他能溶于硫酸的金属，比如铁、锌等。定期对槽液中的杂质含量进行化验，根据化验结果调整槽液，各种杂质的最大含量为：$Al^{3+} \leqslant 20g/L$；$Cl^- \leqslant 0.1g/L$；$Fe^{3+} \leqslant 5g/L$；$Cu^{2+} \leqslant 2g/L$。

4）氧化时间。在阳极氧化开始后的一段时间里，氧化时间延长，氧化膜厚度增加，两者呈线性关系。在这段时间里，氧化膜的厚度与氧化时间符合公式：$\sigma = KIT$（氧化膜厚度＝常数×电流密度×氧化时间）。要生成一定厚度的氧化膜，所需要的氧化时间 T＝氧化膜厚度 σ/（常数 K×电流密度 I）。

氧化膜达到一定厚度后，由于膜的电阻增加、导电能力下降，膜的生长速度将减慢，厚度和时间不再呈线性关系变化。氧化膜的最大厚度及达到这个厚度所用的氧化时间，与合金成分、状态和阳极氧化温度有关。在冷却条件较差的情况下，槽液温度升高使膜的溶解增大，氧化时间延长也达不到极限膜厚。

（2）电泳涂装质量的影响因素

影响电泳涂装质量的原因及处理方法见表 5-3-2。

表 5-3-2　影响电泳涂装质量的原因及处理方法

缺　陷	形 成 原 因	处 理 方 法
完全涂不成有效的漆膜	1. 电路接错 2. 导电不良 3. 氧化膜已完全被封孔	1. 夹具不导电，或导电杆未脱膜 2. 阴阳极接反 3. 自动线中安全检查装置处于断开状态 4. 热纯水洗的温度、时间不在正常范围

续表

缺陷	形成原因	处理方法
膜的厚度薄	1. 涂装电压低 2. 液温过低 3. 固体分低 4. 槽液受污染较严重 5. 溶剂含量不够 6. 各种涂料混合过多	1. 升高电压 2. 管理范围内提高液温 3. 提高固体分，必要时可突破上限 4. 开动精制装置 5. 按分析结果补加溶剂 6. 最好全槽更换
膜的厚度厚	1. 涂装电压高 2. 液温过高 3. 固体分高 4. 溶剂含量偏高	1. 降低涂装电压 2. 管理范围内降低液温 3. 可能情况下补充纯水 4. 有UF装置的可启动以排出溶剂，再按分析结果补加
鱼眼	1. 槽液脏 2. 环境情况恶化 3. 炉内过脏	1. 加大循环量，换滤芯，提高过滤精度 2. 增加通风、排风过滤系统 3. 及时清理固化炉，增加或更换过滤网
涂料透明性差	1. 涂料种类不同，混合比例极端不适 2. 溶液中胺浓度过高 3. 溶液杂质过多 4. 固体分低	1. 尽可能全槽更换或调整比例 2. 开动精制设备除胺 3. 按电导度决定开动精制 4. 补加涂料
漆膜乳白色	1. 热纯水洗工艺控制不好 2. 氧化后水洗条件不好 3. 杂质离子含量过高（SO_4^{2-}）	1. 电导率要小于200us/cm 2. 温度应在0～85℃之间 3. 氧化后第一道水洗时间太短 4. 在pH<2的水洗液中放置时间不能超过5min 5. 水洗液溢流不充分 6. 开动精制装置
气体针孔	1. 涂料本身黏度高 2. 杂质离子含量高 3. 槽液固体分低 4. 被涂物烘干前有水流痕 5. 被涂物温度低 6. 被涂物具有不易排气的表面	1. 补加溶剂 2. 开动精制装置 3. 补加涂料 4. 滴水一定要干净彻底 5. 电泳前纯水洗应保持室温，不可温度过低 6. 工件一定要倾斜入槽，绑料倾斜角加大
再溶解针孔	1. 湿漆膜被槽液再溶解	1. 电泳断电后不能在槽液中浸泡过长 2. 后水洗槽中固体分、pH值、溶剂含量应在管理范围内
火山口陷穴	1. 烘干时升温急剧 2. 漆膜过厚 3. 涂料溶解不良	1. 升温时间最好控制在10～20min 2. 适当降低电压、液温及涂装时间 3. 找涂料供应商协商解决

续表

缺　陷	形成原因	处理方法
异常附着	1. 工件表面有盐斑、铁锈 2. 电解质浓度剧变，特别是阴离子浓度增大	1. 加强水洗，必要时可加喷淋 2. 严格控制操作工艺规范
透明漆疙瘩	漆槽中混入酸性物质	严格操作加强过滤
水滴迹	1. 固体分低或槽液温度高 2. 电泳出槽后滴水时间太长	1. 提高固体分，降低槽温 2. 滴水时间控制在1min左右
湿漆膜再溶解	1. 电泳槽胺值高，电泳后浸泡时间长 2. 水洗不干净 3. 电泳后水洗槽固成分、pH值、溶剂含水量偏高，浸泡时间长	1. 开动精制装置 2. 加强电泳后水洗 3. 开动RO装置
云　纹	1. 漆液分子量不均，交链剂添加不均，水溶性不好 2. 碱蚀槽中 Al^{3+} 含量过高	1. 最好重新配槽 2. 增加长寿碱的浓度
湿漆膜剥落	1. 电压低，液温低，极间距过大 2. 固体分低，胺比高，溶剂少	1. 升压，升温，调极间距 2. 按工艺规范调整
干漆膜剥落	1. 极比太大 2. 漆膜未完全烘干	1. 减少绑料支数 2. 调整烘烤工艺
漆膜泛黄	1. 漆膜过厚 2. 烘烤温度高或时间过长 3. 碱洗后，水洗不充分	1. 调整相关工艺参数 2. 调整烘烤工艺 3. 料出碱洗槽后及时转移到水洗槽，加强水洗
雾　点	湿漆膜滴水时酸雾附着其上	注意电泳工艺环境改善
阴阳面	1. 固体分低，电压过低 2. 工件几何形状复杂，绑料太密 3. 阴极面积太小	1. 调整工艺参数 2. 减少绑料支数 3. 增加阴极面积
漆膜失光	1. 氧化膜太厚或酸洗不净 2. 电压低，液温低，固体分低，电导率大，pH值过高 3. 电泳漆分子量过大	1. 注意工艺控制 2. 按分析方法调整有关参数 3. 与涂料供应商联系协商解决

2. 产品质量标准

产品质量标准是对产品的具体技术要求和检查验收的依据，标准对产品的各项性能指标、试验方法、检验规则及包装、标志、运输、储存等进行了规定。

（1）氧化上色产品质量标准

氧化上色产品质量标准是对阳极氧化膜的质量进行规定和要求。《铝合金建筑

型材 第2部分：阳极氧化型材》（GB 5237.2—2008）对氧化上色铝合金建筑型材的产品质量要求、试验方法、检验规则、包装、运输、储存等进行了规定。其主要内容为：

1）基材质量

基材质量包括产品表面质量、产品的化学成分、力学性能、尺寸偏差等方面，应符合《铝合金建筑型材 第1部分：基材》（GB 5237.1—2008）的要求。

2）阳极氧化膜质量

铝合金氧化膜厚度直接影响铝合金制品的使用寿命，铝合金建筑型材在不同的使用环境中，其阳极氧化膜厚度也有不同的要求。表5-3-3列出了不同厚度级别的氧化膜的参考使用环境。

表5-3-3 氧化膜的参考使用环境

膜厚级别	使用环境	应用举例
AA10（10μm）	用于室外大气清洁，远离工业污染，远离海洋的地方。室内一般情况下均可以使用	厨房用具、日用品、家用电器、装饰品、车辆外装饰、屋内外门窗等
AA15（15μm） AA20（20μm）	用于有工业大气污染、存在酸碱气氛、环境潮湿或常受雨淋、海洋性气候的地方。但上述环境状态都不十分严重	厨房用品、船舶、屋外建筑材料、幕墙等
AA20（20μm） AA25（25μm）	用于环境非常恶劣的地方，如长期受大气污染、受潮或雨淋、摩擦，特别是表面可能发生凝霜的地方	船舶、幕墙、门窗、机械零件

不同厚度级别的氧化膜的要求见表5-3-4。

表5-3-4 氧化膜的厚度级别

级别	单件平均膜厚（μm），不小于	单件局部膜厚（μm），不小于	级别	单件平均膜厚（μm），不小于	单件局部膜厚（μm），不小于
AA10	10	8	AA20	20	16
AA15	15	12	AA25	25	20

氧化膜的封孔质量采用磷铬酸浸蚀重量损失法，失重不大于$30mg/dm^2$。

电解着色、有机染色的型材，其氧化膜颜色应符合供需双方协商认可的实物标样及允许的偏差。非装饰上允许有轻微的颜色不均，不均度由供需双方协商。

阳极氧化膜的耐蚀性采用铜加速醋酸盐雾试验（CASS）和滴碱试验检测，耐磨性采用落砂试验检测，结果应符合表5-3-5。

氧化膜的耐候性采用313B荧光紫外灯人工加速老化试验测试，经300h连续照射后，电解着色膜色差至少应达到1级，有机着色膜色差至少应达2级。具体色差级别应根据颜色的不同，由供需双方协商确定。

表 5-3-5 阳极氧化膜的耐蚀性、耐磨性指标

氧化膜厚度级别	耐盐雾腐蚀性能 CASS试验 时间（h）	耐盐雾腐蚀性能 CASS试验 级别	耐磨性 落砂试验磨耗系数 f（g/μm）
AA10	16	≥9	≥300
AA15	24	≥9	≥300
AA20	48	≥9	≥300
AA25	48	≥9	≥300

制品外观质量：不允许有电灼伤、氧化膜脱落等影响使用的缺陷。距型材端头80mm以内允许局部无膜或电灼伤。

3）试验方法

①阳极氧化膜厚度。测定可按GB/T 8014和GB/T 4957规定的方法进行，仲裁测定应按GB/T 8014和GB/T 6462执行。

②阳极氧化膜封孔质量的检验方法按GB/T 12967执行，就是磷-铬酸浸蚀失重法。通常认为这个方法是对阳极氧化膜封孔质量较为严格的检测方法，其原理为：氧化膜及膜孔内的填充物会在特定溶液中发生溶解，根据单位面积上被溶解的氧化膜重量（也就是失重值），可以判别其封孔质量。封孔质量好的氧化膜，在溶液中会被溶解得较少，溶解速度慢；封孔质量不好的氧化膜，与溶液接触发生溶解的表面积会增大，其被溶解的重量或是溶解速度会较高。对于建筑铝型材的氧化膜封孔质量，GB 5237中规定，磷-铬酸失重值应不大于30mg/dm^2。这个方法不适用于以下几种阳极氧化膜：

a. 不进行封孔处理而直接使用的氧化膜。

b. 在重铬酸钾溶液中进行封孔处理的阳极氧化膜。

c. 经疏水处理的阳极氧化膜。

③ GB/T 14592.1 磷-铬酸浸蚀失重实验方法

a. 磷-铬酸溶液：将20g三氧化铬（CrO_3）和35mL磷酸（H_3PO_4）在蒸馏水或去离子水中溶解并定溶1000mL。

b. 仪器：分析天平，感量为0.1mg。

c. 试样制备：热封孔材料，可在封孔后任意时间取样；常温封孔的材料，应在放置24h后取样。试样覆盖氧化膜的表面积就是有效面积S，一般为1dm^{2}左右。

d. 操作步骤：首先对试样表面进行清洁，用有机溶剂浸泡或擦洗去除表面的油脂和脏物，水洗干燥后，称重（m_1）。然后将试样浸泡在38℃±1℃的磷-铬酸溶液中15min，试样取出后，用蒸馏水或去离子水冲洗干净，干燥后称重（m_2）。

e. 结果计算：单位面积的质量损失由下式计算：

$$\Delta m = \frac{m_1 - m_2}{S}$$

式中　Δm——试样单位面积的质量损失（mg/dm^2）；

m_1——试样酸浸蚀前的质量（mg）；

m_2——试样酸浸蚀后的质量（mg）；

S——试样的有效表面积（dm^2）。

④着色氧化膜颜色和色差测定按国家有关规定执行。

⑤阳极氧化膜的耐蚀性测定方法

a. CASS 试验

阳极氧化膜的铜加速醋酸盐雾试验按 GB/T 10125《人造气氛腐蚀试验　盐雾试验》规定的方法执行，试验结果按 GB/T 6461—2002《金属基体上金属和其他无机覆盖层经腐蚀试验后的试样和试件的评级》判定，见表 5-3-6。

表 5-3-6　CASS 试验评级

试验后缺陷面积比例/（%）	保护等级	试验后缺陷面积比例/（%）	保护等级
无	10	＞0.05～0.07	9.3
≤0.02	9.8	＞0.07～0.10	9
＞0.02～0.05	9.5	＞0.10～0.25	8

b. 滴碱试验

在 35℃±1℃下，将大约 10mg、100g/L 的 NaOH 溶液滴至型材试样的表面，目视观察液滴处直至产生腐蚀冒泡，计算其氧化膜被穿透时间。也可用仪器测量氧化膜穿透的时间。

⑥阳极氧化膜耐磨性的试验方法

阳极氧化膜耐磨性采用落砂试验，用规定的磨料在一定高度自由落下，冲刷试样表面的氧化膜并使之磨穿，用落下磨料的质量评定氧化膜的耐磨性。试验仪器示意图如图 5-3-1 所示。

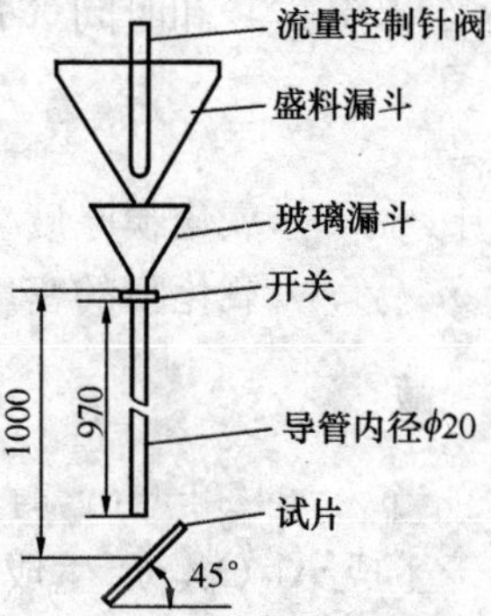

图 5-3-1　落砂试验装置示意图

试验用磨料采用 GB/T 2480 规定的 80 号黑碳化硅，在使用前应在 105℃温度下烘干。试样应在型材的装饰面上截取，当型材上不能直接取样时，可采用生产工艺相同，能代表受检型材的试片代替。试样的尺寸为 50mm×40mm。

将试样固定在试样支座上，其受检面向上，测定氧化膜厚度的区域与导管相对，受检面与导管成 45°角。把经称量的磨料加入漏斗，打开开关让磨料自由落下，流量控制在 320g/min 左右，同时观察受检试样，当试样受检面上出现一个小黑点并逐渐扩大至 2mm 左右时，立即关上开关停止落砂，再称取所剩磨料的质量，用两次称量的结果，计算出磨穿氧化膜所需用的磨料质量。

用磨耗系数（f）判断，公式如下：

$$f=m/h_0$$

式中 f——磨耗系数（g/μm）；

m——所消耗磨料的质量（g）；

h_0——氧化膜厚度（μm）。

⑦阳极氧化膜耐候性试验

按 GB/T 16585《硫化橡胶人工气候老化荧光紫外灯试验方法》的规定进行，按 GB/T 1766《色漆和清漆涂层老化的评级方法》评级，或双方协商。

（2）电泳涂漆产品质量标准

铝型材阳极氧化电泳质量检验标准按 GB 5237.3 执行。

3. 氧化膜、电泳漆膜厚度的控制方法

（1）阳极氧化膜厚度计算公式的推导

电解生成的氧化膜厚度从理论上可由法拉第定律确定。按法拉第定律，从电解液中析出一克当量的任何物质都需要同样的电量，即 96500C（库仑）[1C=1A·s（安·秒）]。

$$Al_2O_3\text{ 的克当量}=\frac{Al_2O_3\text{ 的分子量}}{\text{分子中金属元素化合价总数}}$$

$$=\frac{102}{3\times 2}=17$$

要从单位面积（dm^2）上析出 M 克 Al_2O_3，所消耗的电量 Q 为：

$$Q=\frac{M}{17}\times 96500\text{A}\cdot\text{s/cm}^2$$

当硫酸阳极氧化采用恒电流方式时，单位面积上通过的电量（Q）就是电流密度（IA/dm^2）和时间（Tmin）的积，即：$Q=I\times T\times 60\text{A}\cdot\text{s/cm}^2$，则：

$$M=\frac{I\times T\times 60\times 17}{965000}=\frac{\sigma\times\gamma}{100}$$

式中 σ——氧化膜厚度（μm）；

γ——氧化膜的密度（kg/m^3），一般按氧化铝的密度 $\gamma=3.420g/cm^3$ 计算。

故：
$$\sigma=\frac{I\times T\times 60\times 17}{965000\times\gamma}\times 100=KIT$$

当 $\gamma=3420kg/m^3$ 时，$K=0.3$。这种计算的前提是制品表面通过的电量完全用于生成 Al_2O_3，所生成氧化物的密度视为纯 Al_2O_3 的密度值。但实际的电极反应并非如此，由于合金成分、操作条件、氧化槽结构、电源及导电材料等因素的影响，通过制品的电量除生成氧化铝外，还有部分消耗于氧气或其他气体析出的次级反应上。电极上实际析出的物质重量与由总电量换算出的析出物重量之比称为电流效率 η，该值一般为70%～80%，即通过制品表面的总电量中，有70%～80%的电量用于生成氧化膜。氧化膜的厚度公式仅适用于氧化膜生成曲线中直线变化的阶段，当氧化膜生长减缓一直到极限膜厚的阶段不适用此公式。

K 值在各种资料中有较大差异，如美国有的资料为0.328；有的资料为0.28～0.355；日本有的资料为0.364，有的则为0.25；前苏联和我国一般为0.25。对于氧化生产特定产品的生产线，其 K 值可以通过反复工艺试验推算出。如建筑型材（6063合金制品）在15%、20℃的硫酸溶液中，以1.3A/dm^3 的电流密度氧化30～60min，用显微截面法精确测量氧化膜厚度，然后再用公式 $\sigma=KIT$ 计算出 K 值，可以多试验几次，就能确定该产品氧化时的 K 值。再将此 K 值应用于实际生产中，控制氧化膜厚度和确定生产特殊氧化膜厚度时所需要的氧化时间。

（2）氧化膜厚度的控制

根据氧化膜厚度公式 $\sigma=KIT$，公式中的变量参数有两个，就是电流密度和氧化时间。在铝合金制品阳极氧化过程中，要得到预期的氧化膜厚度，就必须控制好这两个变量参数。为了能生成较准确的氧化膜厚度，一般在阳极氧化过程中会固定其中一个参数，通过控制另一个参数来达到目的。受整流器最大输出电流以及冷冻机的功率的限制，阳极氧化的电流密度一般在1.0～2.0A/dm^2 范围内，综合考虑氧化膜的其他性能指标，最佳值应在1.3～1.5A/dm^2。若电流密度选择为1.5A/dm^2，K 值为0.25，则GB 5237中所要求的各氧化膜厚度级别对应的氧化时间见表5-3-7。

表5-3-7 生产不同氧化膜厚度所需要的氧化时间

（电流密度：1.5A/dm^2，K 值：0.25）

氧化膜厚度级别	氧化膜厚度值（μm）	氧化时间（min）
AA10	10	27
AA15	15	40
AA20	20	53
AA25	25	67

目前大多数铝合金建筑型材生产厂都是采用恒定电流密度的阳极氧化方式，那么氧化膜厚度与氧化时间就呈线性关系，即理论上氧化膜厚度随氧化时间的延长而增加，如图5-3-2所示。

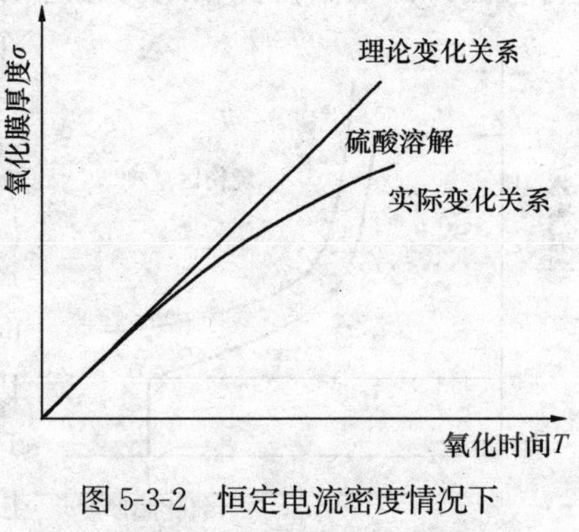

图5-3-2 恒定电流密度情况下氧化膜厚度与氧化时间的关系

图5-3-2中，氧化膜厚度与氧化时间应呈直线的理论变化关系。但实际上，由于硫酸电解液对氧化膜的不断溶解，氧化膜实际厚度要低于理论厚度，氧化时间越长，氧化膜被溶解得越多，理论与实际的差值就越大。

这就使得氧化膜厚度的增加逐渐减慢，最后当溶解速度与生成速度相等时，氧化膜达到极限厚度，不再随氧化时间而变化，停止生长。正常情况下，铝合金制品在硫酸溶液中进行阳极氧化时，氧化膜要达到极限厚度所需要的氧化时间是相当长的。比如建筑铝型材（合金：6063T5）在 1.0A/dm^2 的电流密度下需氧化约几小时后，氧化膜才能达到极限厚度。而人们所需要的铝合金制品的氧化膜厚度一般也就在 20μm 左右，在此氧化时间内，氧化膜理论厚度与实际厚度基本没有差别，符合氧化膜厚度公式 $\sigma=KIT$。但在实际生产中，还应该考虑其他影响氧化膜厚度在因素，这些因素主要体现在溶解氧化膜和使制品实际电流密度降低两方面。比如制品导电接触不良，将会有部分电流消耗在电阻大的地方，使通过制品的实际电流密度降低；浸入槽液的铝制导电杆、铝制夹具、铝丝、制品空腔内表面等，在阳极氧化过程中也会生成氧化膜，分流一部分电流，也会使作用在制品表面的电流密度降低。氧化槽液温度过高，则溶解能力强，氧化膜的厚度损失就高，理论厚度与实际厚度的差值就会更大，尤其是生产较厚氧化膜时，二者差异更明显；氧化槽液浓度过高，也会增强对氧化膜的溶解能力，但相对于槽液温度过高，浓度对氧化膜的溶解要弱。这些因素在准确控制氧化膜厚度时都需要加以考虑，否则氧化膜厚度达不到期望值。所以在实际控制中，首先应确保制品的装挂质量，也就是要保证各接触点导电良好、紧固，阳极氧化槽液的温度和浓度在工艺要求的范围内，才能将制品放入阳极氧化槽。对于降低制品实际电流密度的因素，可以在设定电流密度或升电流时加以补偿。比如氧化膜厚度是按电流密度为 1.5A/dm^2 进行推算的，那么在下达工艺卡片时，可以将电流密度定为 1.55A/dm^2，按 1.55A/dm^2 计算槽电流值，多出的部分电流用以补偿各处电阻损耗。由于装挂每槽制品所用的铝制导电杆、铝制夹具、铝丝等材料基本相同，这部分消耗可以多给些电流来抵消。操作人员在操作整流器控制柜时，根据所处理制品的具体情况，将电流值设定的比额定值稍高一些，制品为小零件时，高出几安到几十安，建筑铝型材则可高出 300～500A。对于空腔大的制品，在计算表面积时，就需要计入部分内表面。制品完成阳极氧化处理后，氧化膜厚度最终还应用涡流测厚仪或显微截面法进行检测，并根据检测结果对相应的阳极氧化工艺进行调整和优化，形成针对每一个制品最适合的阳极氧化工艺参数。

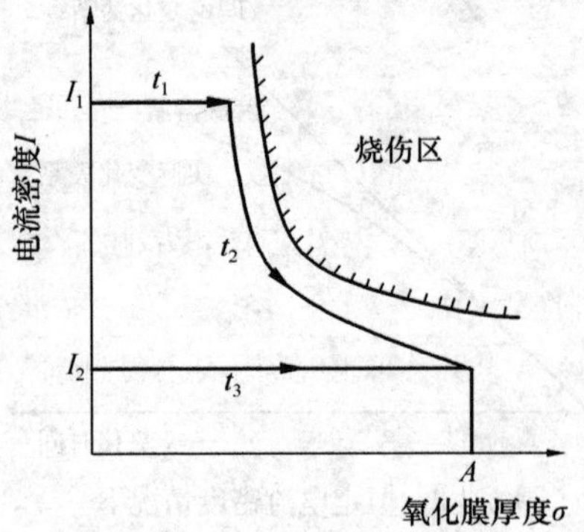

图 5-3-3 电流密度与氧化膜厚度的关系

对于恒定电流密度的常规硫酸阳极氧化方式，在阳极氧化过程中电流保持不变，会持续产生热量，导致槽液温度升高。过高的电流会产生过多的热量，当超出槽液冷冻降温的能力时，槽液温度迅速升高而引起电烧伤缺陷。所以具体适合的电流密度要根据槽液的降温、循环能力和阳极氧化过程的长短（或是氧化膜厚度）而定。图 5-3-3 为电流密度与氧化膜厚度之间的关系示意图。

当电流密度大时，只能得到较薄的氧化膜，也就是只能持续很短的氧化时间，否则会引起制品电烧伤；要生产较厚的氧化膜时，为避免制品电烧伤，只能选择较低的电流密度，氧化处理很长的时间。从图中的烧伤区域分布来看，若采用变电流密度进行生产厚氧化膜，也就是沿烧伤曲线逐步降低电流密度，则达到所需要厚度的时间会缩短。如要得到图中 A 点的氧化膜厚度，正常情况下是采用电流密度 I_2、氧化时间为 t_3；若采用电流密度 I_1、氧化时间 t_1 后，再在 t_2 时间段里逐步将电流密度降低至 I_2，也同样得到氧化膜厚度 A；而 t_1+t_2 肯定小于 t_3，从而提高生产效率。

(3) 电泳漆膜厚度的控制方法

1) 固含量

固含量低则漆膜低，反之，固含量高则漆膜高。每一个漆生产厂家都会提供其相应的固含量控制范围，一般均在 6%～10%的范围内。假设所提供的范围为 8%±1%，则控制范围最好在 8%±0.5%，这样既能确保电泳漆膜厚度均匀，又能节约电泳漆，降低生产成本。

2) 电压

电压是影响漆膜厚度的主要因素之一。电压提高，极间电场作用加强，带电粒子泳动速度加快，成膜能力提高。电压降低，成膜能力降低。电压降低到一定程度，会出现电沉积困难的现象。选择合适的电压，电泳出来的涂膜外观光亮、平整，有一种丰满的感觉。生产过程中，有时会出现电压不变的情况下，成膜能力降低，此时不应去调整电压，而应从其他方面去查找原因，否则会影响涂膜的表面质量。

3) 时间

要得到厚度均衡的涂膜，必须摸索、选择合适的电泳时间。电泳时间长，涂膜会出现再溶解现象，造成表面粗糙；另一方面，电泳时间长，涂膜太厚，成本提高。但电泳时间太短容易出现漆膜低于标准要求而报废。对漆膜厚度的有效控制，可以把理论和实践结合起来，总结出料挂面积、漆膜厚度、电泳时间三者之间的关系，对挂料面积不同的料挂，通过调整电泳时间来有效控制漆膜厚度。此外，可在线测量电泳漆湿膜厚度，有利于及时调整工艺，稳定漆膜厚度，减少废、次品量。这一方法对订单不足，断断续续生产的生产线尤为适用。

4) 温度

电泳过程中部分电能转化为热能，加上槽液循环系统的机械摩擦发热，会导致槽液温度上升。漆液温度高，则黏度降低，涂料粒子泳动速度加快，电阻下降，电流密度上升，电泳漆膜厚度也随之上升。秋冬季节，尤其是北方，槽液温度容易出现偏低。在槽液温度过低的情况下进行电泳，漆膜虽然致密，但沉积量少，涂膜浅薄，且凹陷处表面不易上漆。因此，在生产过程中，需采取恒温措施控制槽液温度，一般控制在 20℃±2℃，有条件的厂，最好能控制在 20℃±0.5℃。

5) pH 值

由于电泳的不断进行，阳离子的胺化合物在漆液中蓄集，pH 值会缓慢升高。

pH 值升高，电沉积量下降，漆膜厚度下降，且易产生气泡附着，使涂膜表面质量下降。同时，随着 pH 值升高，漆膜在槽中溶解的量也增加，漆膜会随之减薄。pH 值偏低，电沉积速度加快，使涂层变厚、变粗糙，附着力降低，也容易产生橘皮等其他一些缺陷。

6）溶剂含量

铝型材用阳极电泳漆的主溶剂是水。有机溶剂作为溶解助剂，其目的是改善丙烯酸树脂的水溶性。一般采用醇类、醇醚类、醇醚酯等，如异丙醇、乙二醇丁醚、正丁醇、三乙醇胺等。助溶剂含量增加，丙烯酸树脂溶解性好，涂膜厚度增加，光泽度提高。间歇性生产或夏季，当出现涂膜表面暗淡无光时，溶剂含量偏低的可能性非常大，可适当添加溶剂，但过高的溶剂含量会加速沉积层的溶解速度，所以有必要定期测定其含量并严格控制。根据生产需要，一般半个月或一个月测定一次。

思 考 题

1. 氧化上色产品质量的影响因素有哪些？
2. 各级别厚度的氧化膜分别适合于什么使用环境？
3. 什么原因导致实际氧化膜厚度比理论厚度（$\sigma=KIT$）低？
4. 影响电泳漆膜厚度的因素有哪些？

3.2 槽液管理

1. 氧化上色槽液管理

在氧化上色工厂的《工艺操作规程》中，对各个工艺槽的槽液成分、浓度和温度等参数应给出具体规定，槽液管理就是以工艺参数的具体规定为标准对槽液进行控制和调整，相关工作内容如下：

①检查并调整各工艺槽的液面高度，根据化验报告单调整各槽液浓度，确保槽液始终符合工艺要求，经常清除槽液中的污物。

②检查纯水洗槽和自来水洗槽的 pH 值（或电导率）和洁净度，不符合工艺要求的应及时更换或补水溢流。

③按仪表指示温度和工艺参数表，操作碱蚀、热纯水槽、封孔槽的加热或降温系统；操作氧化槽、着色槽、电泳槽的循环冷却系统，确保各工艺槽液温度均匀且达到工艺要求。

④槽液浓度异常时，应随时分析槽液浓度，根据结果添加试剂，直到符合工艺要求。

⑤当工艺槽液中杂质过多时，需要进行倒槽清洗并更换槽液，倒槽结束后，也要对槽液进行分析和添加试剂，使之符合工艺要求。

生产中，槽液管理可以分为日常维护、特殊工艺调整及倒槽操作等几部分内容。

（1）槽液的日常维护

在铝制品氧化上色生产中，对于大部分产品，其处理工艺应该是成熟的或是已定型的，为了使产品质量能处于同一水平，要将处理工艺固定化、模式化，即制品在同一工艺槽中的处理温度、浓度、时间应是相同的。生产这样的产品时，槽液管理就属于日常维护，根据处理制品的通过量及单位消耗计算化学试剂的添加量，向工艺槽中添加化学试剂并操作槽子的温控装置，将槽液的浓度和温度控制在固定值。

槽液的日常维护还包括打捞掉入槽中的制品和对槽液液面高度的观测与调整。铝离子在主要工艺槽中属于杂质，制品掉入槽中后，铝会发生溶解使铝离子浓度增加，所以应及时打捞出掉入的制品。而当槽液液面高度发生变化时，也要分析其具体原因并做出判断和处理。

1）槽液液面降低

产生的原因有：

①槽液温度较高，槽液蒸发快。

②制品通过量大、结构复杂，被制品带出过多，如碱蚀槽液的黏性大，被带出得多。

③槽子底阀、循环系统和槽体发生泄漏。

槽液液面下降过多，再放入制品时就不能完全浸没于槽液中，处于液面上的制品或制品的一部分没有得到有效的化学处理而形成不良产品。若液面下降的原因是蒸发或制品带出，应通过添加水和化学试剂补充槽液至正常的工作液面。若是发生泄漏，则应尽快将其处理好，以免槽液损失过多，不但浪费化学试剂，也使废水的处理成本上升。

2）槽液液面升高

产生的原因有：

①化学试剂或水加入过多。

②制品清洗后带入的水过多。

③槽液的蒸汽加热系统泄漏，冷凝水直接进入槽液中。

槽液液面过高，制品入槽时所溅起的槽液容易粘到转运设备或导电梁上，尤其是空腔大的制品，在随后的转运过程中会滴落到制品上或其他工艺槽中，造成制品表面和槽液的污染。所以液面过高时，应将多余的槽液倒出。若是蒸汽加热系统泄漏，冷凝水的持续进入还会使槽液的浓度降低，影响表面处理效果。更为严重的是，一旦供热的锅炉停止工作冷却后，槽液还会通过泄漏处被虹吸入供热管道中，产生更大的问题，所以要及时处理供热管道的泄漏处。槽液蒸汽加热系统是否泄漏，可以通过检查回水管中是否有冷凝水流出、流出水的pH值情况来判断。

（2）槽液的特殊工艺调整

在处理有特殊要求的制品时，要根据所要达到的表面质量要求结合各工序的作用，对各工艺槽的参数甚至成分进行相应调整，以实现预期目的。特殊要求一般可分为外观质量和质量指标两个方面。

1）根据制品外观质量的要求调整工艺

随着铝表面处理工艺的多样化，人们对铝制品表面的装饰性要求也越来越高。在氧化上色的产品中，制品的外观质量是用户重点要求的，主要在制品表面的状态、光泽和颜色等方面。有时供需双方会参照实物样品作为外观质量的检查和验收标准。在普通硫酸阳极氧化工艺中，碱腐蚀是决定制品表面光泽的关键工序。通过改变碱蚀槽液的成分或槽液的浓度、温度、处理时间等参数，蚀洗后可以得到各种光泽和状态的表面。铝合金在主要成分是氢氧化钠的碱蚀液中，发生的反应是电化学腐蚀，在宏观上表现为均匀腐蚀，就是在铝制品表面上均匀腐蚀掉一层金属。通过放大镜可以看到氢氧化钠与铝制品表面反应所形成的腐蚀坑，因为腐蚀条件的不同，腐蚀坑的大小和深浅也不同，其对光线的反射使人在视觉上产生差异。当碱蚀槽液温度高、氢氧化钠的浓度高、碱蚀时间长时，金属的蚀洗量大、蚀洗速度快，会形成较大的腐蚀坑，铝制品会呈亚光的磨砂表面；而碱蚀槽液温度低、氢氧化钠的浓度低、碱蚀时间短时，形成较浅的腐蚀坑，铝制品会基本保持碱蚀前的表面状态，比如挤压型材会呈光亮表面。通常蚀洗量越大的金属表面，光泽越低。而当蚀洗量相同时，蚀洗速度快的金属表面要比蚀洗速度慢的金属表面明亮。通过向碱蚀槽中添加某些化学试剂，也能改变铝制品表面的腐蚀形态，如向碱蚀槽液中添加适量的硝酸钠（$NaNO_3$）、亚硝酸钠（$NaNO_2$）、氮化钠（Na_3N）、氟化物等，可以得到光亮、平滑、无光等状态的表面。对于有着色要求的铝制品，要根据所要求的颜色深浅来调整着色槽浓度，若颜色深，则需要提高着色槽中染料或金属盐的浓度。

表面处理前铝制品的表面质量状况也是调整处理工艺的依据。比如机加工零件，加工过程中会有很多的油脂粘附在零件上，除油时就需要提高除油剂的浓度、除油温度、延长除油时间和增强搅拌。也可以根据油脂的种类，在除油剂中选择加入更适合的表面活性剂，一般碱性化学脱脂液采用阴离子型和非离子型表面活性剂；酸性脱脂液用阳离子型表面活性剂，能够提高除油的质量和效率。对于碱性脱脂槽液，虽然是弱碱性，但长时间浸泡或温度过高时，也会造成铝制品表面发生点腐蚀。若是制品是经过高温处理后才进行表面处理，比如挤压铝型材，制品表面的油污在高温的作用下，以灼烧残留物（油垢）的形式附着于制品表面，这种情况下，脱脂工序很难将油垢清除干净，但通过适当的处理，可以软化油垢，使之在碱蚀工序中，碱液与铝制品反应所产生的氢气泡能较容易地将软化的油垢冲刷下来；若油垢没有软化就进入碱蚀槽，那么碱液就没有直接与铝金属表面接触或接触不完全，碱（氢氧化钠）就会先与油垢处发生皂化反应，而油垢一般是在局部，其他正常部位仍与碱液发生腐蚀反应，随着时间延长，两部分表面就会存在明显差异，有时甚至不能除去油垢。

制品脱脂后，可以用经验的方法检测，制品水洗后表面的水膜均匀完整不破裂，也就是表面能被水完全浸润或润湿。浸润就是固体表面与液体接触时，原来的气-固界面消失，形成新的液-固界面。而对表面的清洗效果进行定量检测时，需要用专用测量仪测量接触角。所谓接触角是指在一固体水平平面上滴一液滴，固体表面上的固-液-气三相交界点处，其气-液界面和固-液界面两切线把液相夹在其中时所成的角。角度的大小能够反映出液体对固体的浸润状况。液体对固体的浸润性示意图如图 5-3-4 所示。

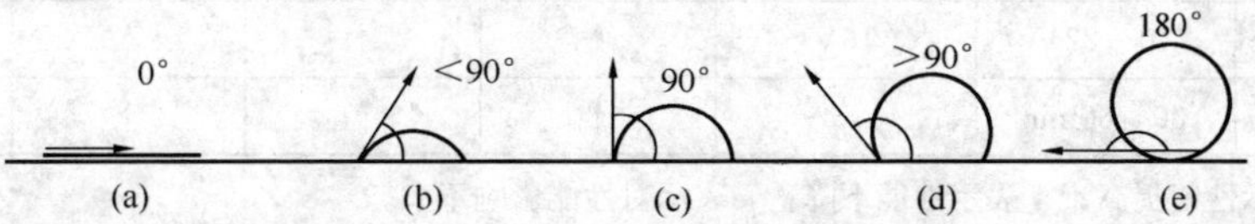

图 5-3-4 液体对固体的浸润性示意图

当液体与固体表面相互接触时，接触角是由液-气界面和固-液界面所形成的角。接触角越小，液体对固体表面的润湿性越好，反之接触角越大，液体对固体表面的润湿性越差。以接触角为 90°为界限，接触角小于 90°，液体对固体的浸润性良好，见图（b），若接触角达到 0°，则是理想的浸润状态，见图（a）。当接触角大于 90°时，液体对固体的浸润性变差，见图（d），固体表面开始疏水，达到 180°时，则是疏水的理想状态，见图（e）。

2）根据质量指标的要求调整工艺

选择用氧化上色的工艺方法来处理铝合金制品，主要就是因为铝合金的氧化膜具有很多功能。根据不同的使用环境及用途，对铝合金氧化膜功能的要求也就不同。在实际生产中，需要对工艺进行特别的调整和控制，以使氧化膜能表现出用户所要求的功能，这些特殊功能要求对于生产厂来说，则要转化为对氧化膜各质量指标的控制，也就是说，氧化膜的各种功能都会由相应的质量指标来体现。在铝合金建筑型材的生产中，质量指标主要有氧化膜厚度、封孔质量、颜色和色差、耐磨性、耐蚀性、耐光性等，有些工业铝材还会要求氧化膜其他的质量指标，如光反射特性、连续性、电学性能、抗变形破裂性等。在这些质量指标的控制过程中，有的可以通过改变某一个工序的工艺操作条件即可实现；有的就要调整槽液成分和含量才能达到；还有的则需改变处理工序和方法。比如：可以调整氧化时间或电流密度生成不同的氧化膜厚度，当然所需的氧化膜过厚时，还应调整封孔、烘干等工艺操作条件，以保证其封孔质量；当阳极氧化槽中的杂质离子过多时，氧化膜的耐蚀性就会变差，所以要控制耐蚀性就需要从槽液的成分入手；对氧化膜光反射特性有要求的，不但要选择增加抛光工序以提高基材表面的镜面反射率，还要控制阳极氧化时的操作条件，尽量减少氧化膜造成的光泽损失。也就是说要使氧化膜的质量指标达到某些特定要求，不但要改变操作条件，还要调整槽液成分浓度，甚至要选择特定的工艺加工路线。部分工艺条件对氧化膜性能影响规律见表 5-3-8。

表 5-3-8 硫酸直流阳极氧化工艺条件对 6063T5 合金氧化膜性能的影响

工艺条件	工艺范围	最佳值	氧化膜厚度	耐蚀性	耐磨性	着色性
硫酸浓度	10%～30%	15%	—	↓	↓	↓
铝离子浓度	1～5g/L	5g/L	—	↑	↑	↑
	5～20g/L	5g/L	—	↓	↓	↓
温度	15～25℃	20℃	↓	↓	↓	↓
电流密度	1～2A/dm²	1.35A/dm²	↑	↑	↑	↑
电压	10～22V	16V	↑	↑	↑	↑
氧化时间	30～60min	—	↑	↑	↑	↑

注：↑表示性能提高；↓表示性能下降；—表示对性能影响不大。

（3）倒槽操作

当仅靠调整工艺槽液的温度和浓度仍不能满足工艺和产品质量的要求时，则说明槽液中杂质含量超标或者槽液被污染而活性降低，此时就需要对工艺槽进行倒槽操作，降低槽液中的杂质。以下几种情况需要进行倒槽操作。

1）槽底沉淀过多

槽子底部有沉淀，占用了槽液的有效容量，如碱蚀槽，沉淀多的时候料挂下部的制品会没入沉淀中形成不良表面，严重时制品甚至无法吊运入槽。碱蚀槽中的铝离子浓度过高是沉淀的原因。在只有氢氧化钠的溶液里，铝离子达到 30～40g/L 时就开始水解沉淀：

$Al_2O_3+2NaOH \longrightarrow 2NaAlO_2+H_2O$（氧化膜溶解）

$2Al+2NaOH+2H_2O \longrightarrow 2NaAlO_2+3H_2\uparrow$（金属铝溶解）

$NaAlO_2+2H_2O \longrightarrow Al(OH)_3\downarrow+NaOH$（铝离子水解沉淀）

当槽液中含有足够量的碱添加剂时，铝离子浓度可达到 160g/L 以上。碱添加剂中含有对铝离子有络合作用的络合剂、碱垢抑制剂、表面调节剂、表面活性剂和消泡剂等成分。

①络合剂：如葡萄糖酸盐、酒石酸盐、柠檬酸盐、EDTA 等，它们与铝离子发生络合反应，使铝离子的水解沉淀得到延缓和抑制。

②碱垢抑制剂：随着制品与碱液发生反应，铝离子进入碱蚀槽液中，其水解反应也在发生，所生成的 $Al(OH)_3$ 是不溶于水的白色胶状物质，它紧密地覆盖在槽子壁、加热器、搅拌管道上，在受热后发生脱水反应：

$2Al(OH)_3 \longrightarrow Al_2O_3+3H_2O$

形成相当坚硬的 Al_2O_3 白色壳垢，导致加热器、搅拌管不能正常工作，而且清除起来十分困难。碱垢抑制剂的作用是使氢氧化铝以泥浆或泥沙的状态沉积于槽底，便于清理。此类物质主要是柠檬酸盐。

③表面调节剂：能改善制品表面的蚀洗效果，有助于提高蚀洗速度，能得到无

光、光亮、平滑的表面，通常是氟化物、硝酸盐、氮化物等。

④表面活性剂和消泡剂：能改善碱蚀槽液对铝表面的润湿性，防止出现腐蚀花斑、光泽不均匀等问题，只要加入少量的表面活性剂如OP乳化剂就能取得很好的效果。为了消除过多的泡沫的产生，可加入少量消泡剂。

碱添加剂在使用时，一般是与氢氧化钠按比例加入碱蚀槽，这个比例则要根据碱添加剂成分、含量以及槽液中铝离子含量来确定。当铝离子浓度升高时，碱添加剂的用量也要增多。为了保持碱蚀槽液稳定，在长时间停产或槽液温度下降时，则要向碱蚀槽加入比平时用量更多的碱添加剂和氢氧化钠。碱蚀槽液的碱处于高浓度状态，能抵制铝离子的水解反应；碱添加剂则使铝离子以络合态形式存在，络离子之间的相互电作用，也会使碱蚀槽液稳定，不容易发生沉淀。

碱蚀槽中的铝离子对于铝制品的蚀洗有很重要的作用，随着铝离子浓度的升高，槽液的黏稠性增加，有利于铝制品表面的整平，因为黏稠的碱液与制品表面反应．生成的金属盐只能缓慢地向溶液中扩散，使制品表面形成浓度梯度。但浓度梯度在表面凸起部位变化快，也就是金属盐扩散速度快，该处的槽液始终保持较为恒定的浓度，碱腐蚀的速度相对快一些，而凹下部位金属盐扩散速度慢，槽液浓度逐渐降低，碱腐蚀的速度会慢下来。碱腐蚀速率的不同对凹凸处起到了拉平的作用。

由于溶液黏稠，制品带出槽的量也多，所以正常情况下铝离子应该处于一种平衡状态，即制品溶入槽液的铝量与带出槽的铝量相同，槽液的铝离子浓度稳定在一定的位置。但过高的铝离子使得槽液不稳定，当温度降低较快或者长时间停产时，铝离子会发生沉淀，一般用压缩空气很难将槽底的沉淀搅拌起来。若槽液维护不当，如碱浓度和碱添加剂含量不足时铝离子会大量水解成氢氧化铝，此时槽液颜色会从黑色向灰白色转变。在生产操作中应时常检查碱蚀槽底的沉淀量，超过槽子预留的沉淀位置后就应倒槽清理。

2）槽液杂质含量过高或活性降低

铝制品在硫酸阳极氧化过程中，铝表面的氧化膜生成的同时也被硫酸溶液缓慢溶解，以铝离子的形式进入槽液，当铝离子超过20g/L时，氧化膜的耐蚀性、耐磨性变差，所以阳极氧化槽中的铝离子也是槽液分析项目之一。根据铝离子的分析结果进行槽液调整，把铝离子浓度控制在5～15g/L。

常温封孔槽的槽液容易因污染而活性降低，此时表现为，制品表面挂灰多、制品封孔质量不合格，或者向槽液中添加氟后，氟离子的浓度的实际升高比理论增加值要低很多，说明槽液的活性降低了，需要进行更换处理。除油槽和中和槽也应该定期进行倒槽更换，以降低槽液中有害成分的浓度。

3）槽子的其他要求

阳极氧化槽中在阴极通常是铅板，长期使用表面会附着白色的硫酸铅以及其他的化合物，使阳极氧化质量受到影响，因此要对铅板进行定期的冲刷，这也需要在倒槽时才能操作。同理，电解着色槽和电泳涂漆槽的电极也需要进行定期的冲刷，以保证电化学反应的正常。脱膜槽要求具有较高浓度的碱（NaOH）和较低浓度的铝离子，这样才能快速地洗去制品表面已经生成的氧化膜。随着脱膜通过量的增加，槽液中的铝离子浓度也会升高，使脱膜速度和质量下降，所以需要定期更换部分脱膜槽液，以降低槽液中铝离子的浓度。在铝合金制品碱腐蚀槽中，铝离子浓度要远远高于脱膜槽，碱浓度也低于脱膜槽，也就是说，脱膜槽所淘汰下来的槽液，其腐蚀铝合金的能力比正常的碱蚀槽液还要强。把淘汰的脱膜槽槽液倒入碱蚀槽，不但可提高碱蚀效果，还能减少废碱液的排放、节约用碱。同理，为降低槽液中铝离子浓度而从阳极氧化槽中淘汰出的硫酸溶液，也可以直接倒入中和槽，用于建筑铝型材（6063 合金）的生产。

2. 电泳涂装槽液管理

（1）电泳槽（ED）工艺操作标准

项目	使用控制范围
固成分	6%～12%
液温	21℃±0.5℃
pH 值	7.9±0.5
导电度	800±400μs/cm
电压	80～160V
浸泡时间	3min
通电时间	1～5min
静止时间	30min
IPA（异丙醇）	(3.0±0.5)%
BC（乙二醇单丁醚）	(2.0±0.5)%

（2）固化工艺

烘烤温度（工件表面温度）	烘烤时间
160℃	40min
170℃	30min
180℃	25min

注意，工艺上采用 180℃烘烤 25min。

升温速度：一般升温速度为 20℃/min，对厚壁工件，热滞后性大，升温速度要提高，对薄壁工件，热滞后性小，升温速度要缓慢。

（3）电泳槽 RO 回收装置操作规程

1）根据生产情况开启 RO 装置，保证电泳漆有良好的回收率。

2）根据生产情况关闭并清洗装置，保证槽液的稳定和 RO 膜的清洁。

3）确定各阀门开关良好，管路无破损，系统处于正常待机状态，确认电泳槽循环良好，液温正常，电泳生产处于正常状态。

4）根据电泳材生产情况决定开机，确认浓缩液出口阀为开，透过水阀门为开；

打开原液入口阀门，打开浓缩液出口阀门，依次按顺序打开供给泵、高压泵、透过水泵。

5）系统开机后5～15min进入稳定状态，可以微调RO膜进出口阀、RO浓缩液出口阀，调整透过水流量；调整浓缩液流量。阀使过滤器进出口压力差为合理。

6）确定各压力表、流量计、温度在正常范围内，泵工作正常，无故障报警。

7）根据实际生产情况，需要停机的时候要对RO膜进行必要的清洗。关机顺序：确保透过水罐有半罐的透过水，依次关闭透过水泵、高压泵、供给泵。关闭供给泵入口阀门，打开透过水罐到供给泵之间阀门，依次打开供给泵、高压泵到自动挡。等到透过水罐中的纯水快用完时，依次关闭高压泵、供给泵，关闭纯水罐到供给泵之间阀门，关闭浓缩液出口阀门，打开进出口直通阀，待机。

8）停止生产电泳材三日以上，要对系统进行纯水清洗。先打开透过水罐上部的纯水阀灌入纯水到1/2～3/4罐。确定系统处于正常待机状态，再打开透过水罐与供给泵之间的阀门，打开渗透液管与下水管之间阀门，依次打开供给泵、高压泵，运行15～30min。依次关闭高压泵、供给泵，排空透过水罐中的纯水。

9）每班对RO膜回收系统进行记录。记录内容：累计工作时间、过滤器进口压力、RO膜进出口压力、液温、透过水流量浓缩液流量、透过水电导度。

3. 电泳槽液的净化

（1）电泳涂漆和膜分离系统

对于电泳涂漆系统，涂膜的质量保持和涂料的回收是与槽液管理相关连的，同时也是系统运行的重要工作内容。

特别是废水处理非常严格的今天，采用膜分离系统和洗净系统的封闭循环处理，可减少废水处理设备的负担，甚至是减到最低。同时排出涂料的回收，具有显著的经济效益，电泳涂装系统是不可缺少的组成部分。

1）膜分离原理的应用

电泳涂装的膜分离装置是应用限制通过逆向浸透的工艺。限制通过和逆向浸透工艺是从海水淡化工艺开发分离出的，其主体限制通过膜（UF）、逆向浸透膜（RO）具有胶体分子等大分子物质无法通过，而仅仅小分子物质和水能够通过的性能。

这种性质被应用在电泳涂料液的分离。电泳涂料用膜分离装置也就是UF、RO装置，在对涂液的一部分用泵对限制通过膜（UF）和逆向浸透膜（RO）加压下，使得涂料中全部的颜料和大部分树脂排除后，返回到电泳涂装后的洗净水槽。

2）UF、RO膜的构造

在细长的膜中央放有一根纤维集液管，此集液管能使水通透，以集液管为轴心，用支持纤维布，限制通透膜及网状孔隙布等叠加而成的复合物卷取成，通常称为螺旋膜的过滤膜。

被加压的涂料，从过滤膜的一头进入，沿网状孔隙布和过滤膜轴向流动，这时，涂料中的水、溶剂等小分子物质通过过滤膜层，向中央集液管通透汇集，而被排除的颜料、树脂和大部分涂料，从压力容器的另一端流出。

3）闭路回路洗净系统

以电泳涂装系统的膜分离系统为例：从电泳槽循环液中流出的一部分涂料液，在加压泵的加压下，经膜分离装置，透过液送往清洗槽作为洗净液使用，这洗净液从第二水洗槽流向第一水洗槽，分离的涂料，经泵打向电泳槽内。

4）膜分离装置的优点

①可节10%～30%的补给涂料

以往的开放型电泳涂装系统，排出的洗净水不仅含有大量的涂料成分，造成涂料损失而且需要增加废水处理设备，而带有膜分离装置的电泳系统，其清洗工艺的大部分甚至全部闭路，并向电泳槽返回，这样节约了10%～30%的被带走的涂料。

②容易进行槽液的管理

随着电泳的进行，胺和其他离子不断积蓄，电泳液中的涂料成分的平衡被破坏，而此系统的主体UF膜，可让这类离子、胺和溶剂等透过，形成的透过水不仅可作为洗净水使用，而且更有利于槽液的管理。

③废水处理成本显著降低

电泳涂装具有许多优点的同时，洗净水的排放处理成为主要问题，但是，带有膜分离装置的电泳系统，具有如前所述的闭路工艺，仅排小部分水，排水处理成本显著降低。

5）膜分离装置的特征

单位容积的透过水量大，涂料的补充量少，并可获必要的透过水。以膜为主体，可靠度高的泵及必要的附属设备组装成一成套设备组。

①设备投资小。

②不占地方。

③操作简单，可实行无人作业。

④不需要特别的保养、调整。

⑤既使是老生产线也可简单地设置膜分离装置。

6）电泳涂料回收用UF膜及RO膜的特征比较。

电泳涂料回收用UF膜及RO膜的特征比较见表5-3-9。

（2）电泳涂装系统使用的离子交换法

电泳涂装与传统的涂装方法比较，涂装方法简单，涂料液的管理就成为重要之处。包括电泳槽液中存在着积蓄的不纯离子的除去，持续的电泳过程在槽中积蓄的胺的除去等问题。这种电泳槽液杂质物的除去，作为电泳槽液的管理手段采用的就是离子交换法。下面将简述离子交换法的原理和处理方法。

表 5-3-9 电泳涂料回收用 UF 膜及 RO 膜的特征比较表

项目	RO 膜	UF 膜
膜材质	聚酰胺（尼龙）	—
膜型	螺旋状	螺旋状
透过水量	125L/h 以上	150L/h 以上
pH 值范围	2～12	1～13
通常运行压力	$10kg/cm^2$	$3kg/cm^2$
最高运行压力	$42kg/cm^2$	$10kg/cm^2$
最高使用温度	45℃	50℃
最佳供给液量	30～50L/min	50L/min
分子量	—	20.00
价格（相同透过水量）	低	低
膜寿命	长	长
前处理精细过滤	要	要
耐溶剂性	浊	浊

1）一般的电泳涂装工程和离子交换的关系

一般的电泳涂装工艺流程表示如下：

脱脂→水洗→碱洗→水洗→中和→水洗→阳极氧化→水洗→（着色）→纯水洗→热纯水洗→电泳→水洗（RO1）→水洗（RO2）→烘烤

经过前处理的被涂物进入电泳槽后，在作为阳极的被涂物和阴极间加以一定电压的直流电，在被涂物的表面就有涂料电泳析出，这时电泳槽液保持一定条件才可以得到均一的涂膜。这个电泳槽液的调整和管理就是使用离子交换树脂。

2）涂料液离子交换的必要性

从被涂物前处理工序带入的硫酸根离子、积蓄的胺等会引起电导率的变化、pH 值的变化，电泳时电流变大，容易引起涂膜的再溶。另外，长时间连续电泳，电泳槽液的温度上升等引起被涂物变厚、涂膜表面粗糙、光泽变化等，这种电泳槽液条件的变化只有通过全部槽液的离子交换才能保持槽液的稳定。

3）离子

地球的大部分是以化合物的形式存在，这个化合物分子也就是化合物的特性以最小单位存在。大多数分子是由称为离子的或更小的粒子组成的，加以电荷就结合成原子。化合物溶于水或其他溶剂中，离子就能自由运动，可以发生化学反应。带正电荷的离子称为阳离子，带负电荷的离子称阴离子。例如：食盐水液中，钠是阳离子（Na^+），氯根是阴离子（Cl^-）。但是醇等此类型物质是不可以进行这种离子化的（在溶液中以离子形式存在的物质才有离子交换的可能）。

4）离子交换

例如：要将食盐水中的Na^+和Cl^-除去变成水。过去，自来水等纯水化就是通过离子交换法。离子交换树脂是聚苯乙烯的聚合物，大体可分为以下几种：

阳离子交换树脂——{强酸性离子交换树脂；弱酸性离子交换树脂}

阴离子交换树脂——{强碱性离子交换树脂；弱碱性离子交换树脂}

根据不同的用途有不同的使用，这里以自来水的纯化为例说明。

对自来水来说，实际上含有许多种离子，二氧化碳溶于水的状态，有HCO_3^-，SO_4^{2-}，Cl^-，NO_3^-，SiO_3^{2-}，Ca^{2+}，Mg^{2+}，Na^+，K^+等离子。

这就要使用强酸性阳离子交换树脂及强碱性阴离子交换树脂。强酸性阳离子交换树脂是［H^+］型，强碱性离子交换树脂是［OH^-］型。

随着反应进行，树脂上的Na^+和Cl^-饱和，离子交换基数量是有限的，不是无限的。这时候阳离子交换树脂是含H^+多的酸（如：HCl）。阴离子交换树脂是含OH^-多的碱（如：苛性钠NaOH）。洗净和再生树脂又变成H^+和OH^-，可以重复制纯水。这就是离子交换树脂的特长（可以再生）。

离子交换树脂是合成树脂，是塑料的一种，直径为0.5～1.5mm的球状颗粒，放大了看是小小的坚硬的纤维状，即微小化的网状构造。

5）使用离子交换树脂进行涂料的精制

通过前述介绍离子交换的概要已经了解，涂料精制的运用原理是一样的。

使用的树脂是强碱性阴离子交换树脂和弱酸性阳离子交换树脂。

①强碱性阴离子交换树脂将阴离子除去。

离子交换树脂是NaOH的OH型，涂料从这里通过，涂料中积蓄的硫酸离子，以及因为涂料循环带来的空气中的二氧化碳溶解的HCO_3^-被交换掉了，从而涂料电导度得到调整；因为离子交换是使用OH^-，所以涂料的pH值也得调节。不纯阴离子的增加引起电导度上升，pH值下降。

②阴、阳离子交换树脂混用。

③涂料通过阴离子交换树脂层（OH型）和阳离子交换树脂层（H），电导度和pH值调节同时进行。

首先，阴离子交换树脂除去$SO_4{}^{2-}$，$HCO_3{}^-$等酸根离子，然后，弱酸性阳离子交换树脂将游离的胺吸附，从而使涂料得到精制。这里使用弱酸性阳离子交换树脂是为了防止涂料凝胶。

4. 电泳槽通液处理规程

（1）根据槽液分析数据进行A塔通液或A、C塔串联通液；电阻有变化、酸性物质的带入及杂胺增加时，采用A塔和C塔串联通液。

（2）排水：为了便于下一次进行涂料通液，塔内水面离树脂面高于150mm，这样可以防止涂料的稀释。

(3) 涂料的更换：把涂料放入树脂塔里时，排完水以后以涂料替换，因此应该从上到下放入涂料。

(4) 投入涂料原液：此装置主要用于从上到下投放涂料，涂料原液的投放处理时间根据 pH 值和电阻来确定。原液不应该断断续续投放，不得不停止投放时，进行前面所讲的“涂料回收”以纯水来替换。

(5) 检修

1) 树脂塔：要确认有没有规定量的树脂，压力差是否正常，喷嘴、法兰（垫片）等部位是否漏水，树脂中是否有异物。

2) 再生剂槽：确认是否有残留，有没有泄漏之处，是否有损伤。

3) 阀门：是否动作正常，有没有泄漏现象。

4) 现场流量计：动作、指示正常。

5. 阳离子交换树脂固化对策

电泳涂料使用的阳离子交换树脂，是由 50％H^+ 型和 50％NH_3^- 型组成，因操作失误部分形成酸性时，涂料会在树脂中结块。形成结块的原因：

1) 在涂料通液过程中，通液泵突然停止，涂料停留产生固化，若时间很短产生轻度固化；若时间较长，则会酿成重大事故。

2) 用盐酸再生二次时，成为 100％的再生。

3) 通液流量过低（3.5m^3/h 以下）等。

在树脂中的涂料产生固化时的对策：

1) 通液时的流量变低，压力上升。

2) 要尽快进行涂料回收，在轻度固化时，涂料是可以回收的。

3) 而后进行反洗，直至塔内溶液透明为止。

4) 如果产生轻度固化，注入胺，可能会溶解固化涂料。

5) 在注胺无法溶解时，打开加料“人孔”（在此前要将罐中水排干），加纯水至“人孔”下缘。从“人孔”加入 1 桶（18kg）TEA。关闭“人孔”板，用空气搅拌 30 分钟至 1 小时。停置 24 小时后，用纯水清洗。

思 考 题

1. 氧化上色槽液管理有哪些相关工作内容？
2. 碱腐蚀与制品外观质量有什么关系？
3. 如何进行电泳槽通液处理？

第4章 静电粉末喷涂

4.1 工艺操作

1. 链速与喷枪升降速度、固化工艺匹配关系

(1) 链速与喷枪升降速度的关系

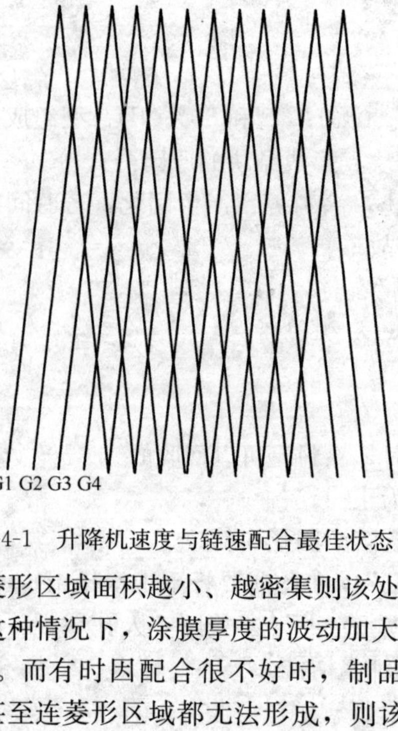

图 5-4-1 升降机速度与链速配合最佳状态

升降机速度与链速的配合关系到制品表面涂膜的均匀性。由于升降机运动的方向与传输链条运动方向是相互垂直的，以制品为参照物时，升降机运动的结果是使喷枪形成往复折线式的运动轨迹。当采用多支喷枪喷涂时，喷枪的运动轨迹会相互交叉，在制品表面形成一个个菱形区域，若所形成的菱形区域大小相等，则说明所有区域的制品表面接收的粉末量是相同的，涂膜厚度也是均匀的，此时升降机速度与链速的配合是最佳状态，见图 5-4-1（以 4 支喷枪为例）。

当升降机速度与链速配合不良时，喷枪在制品表面形成的菱形区域会发生变化，菱形区域面积越小、越密集则该处制品表面所接收的粉末量就越多，反之则越少。这种情况下，涂膜厚度的波动加大，有时还会形成明暗相间的条纹，俗称“斑马纹”。而有时因配合很不好时，制品表面局部甚至连菱形区域都无法形成，则该表面没有涂膜，形成露底现象。这种不良的配合关系见图 5-4-2（以 4 支喷枪为例）。

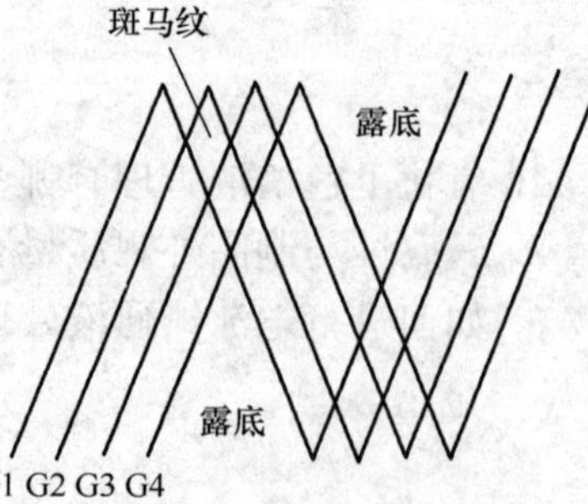

图 5-4-2 不良配合状态

（形成“斑马纹”和“露底”现象）

在升降机速度与链速配合不良的情况中，还有一类是多支喷枪在运动中，轨迹相互重叠，没有交叉。此时，各支喷枪在制品表面同一区域反复喷涂，而其他区域则上粉很少，涂膜厚度的差异巨大，“斑马纹”的外观效果强烈。喷枪所形成的轨迹也十分简

单，见图 5-4-3（以 4 支喷枪为例）。因此升降机速度与链速的配合应具有一定的函数关系，包括喷枪之间的距离、升降机的行程、喷枪的数量、链速等。在实际操作中，需要将升降机速度与链速按最佳配合状态进行设置，但这种设置并非只有一种模式或是设置好后不能改变的。当制品结构、涂膜厚度要求以及喷枪能力等方面发生变化，原有的最佳配合状态不能满足要求时，通过加快或放慢升降机速度，可以使二者达到另一种最佳配合状态，仍然可以保证涂膜厚度是均匀的。这种改变实质上是调节的粉末供应量。

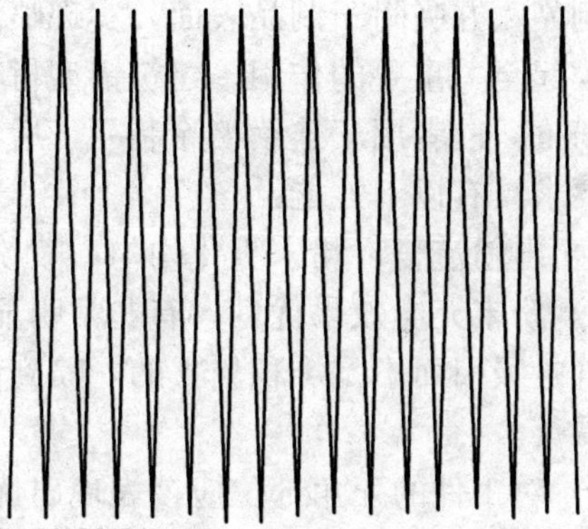

图 5-4-3　不良配合状态（喷枪运动轨迹重叠）

（2）链速与固化工艺关系

对于间歇式生产固化炉而言，因为是制品停放在固化炉中进行固化，工艺所要求的固化温度与固化时间能够准确控制。而对于连续式生产的固化炉，制品在固化炉中处于移动状态，移动速度即传输链条的速度，由于固化炉具有开口，再加上制品的移动，炉内各个区域的温度是不同的，这就要求制品在固化炉内的行程中，要达到工艺要求的固化温度和固化时间（或者说吸收足够的热量），粉末涂膜才能固化为涂层。所以链速与固化工艺应该具有高度的匹配关系。相对固化工艺而言，若链速过快，制品所吸收的热量不够，会导致涂膜固化不足；若链速过慢，制品又会因吸收过多热量而导致涂膜固化过度。比如，建筑型材用聚酯粉末涂料要求的固化条件为金属温度 200℃保持 10min。这就意味着无论以什么链速通过固化炉，金属温度为 200℃的时间均要达到 10min。实际生产中，调整固化工艺，主要就是改变固化炉各温度控制点的温度设定值，从而改变固化炉内有效的温度区域长度。比如提高定温，增加有效温度区域长度，适合较高链速生产；降低定温则减短有效的温度区域，适合较低链速生产。对于一条喷涂生产线，在投产时，会以一个较低的链速进行试车，并且会用测量炉温曲线的方式来找出与链速相匹配的固化工艺。需要改变链速时，要以这个匹配点作为基准，进行炉温设定值的调整。调整后的固化工艺是否适合，可以通过检测涂层光泽、附着力、抗冲击性、耐化学溶剂性等指标进行判断，更准确的是测量制品固化时的实际温度曲线。

2. 喷涂设备的性能知识

（1）高压静电喷粉枪

高压静电喷粉枪是喷涂系统中的关键设备，其工作原理为：产生良好的电晕放电，使喷出来的粉末粒子带上尽可能多的负电荷，以便在静电场的作用下，使粉末飞向制品，并吸附于制品表面，实现喷涂。因此喷粉枪对制品表面上能否形成良好的涂膜起至关重要的作用。建筑铝型材喷涂生产线一般都会配置有自动喷粉枪和手动喷粉枪，前者用于连续喷涂制品，后者用于补喷局部未上粉的制品表面。好的喷粉枪要求具有以下性能：

1）出粉流畅，粉末雾化均匀，喷粉量连续可调，粉雾呈半透明状。

2）粉末充电效果优良，有非常明显的静电吸附能力，喷到制品表面上的粉末是靠静电吸引而不是堆积上去的，喷到制品上的粉末受到较轻的震动或者风吹不会大量脱落。

3）对工件的死角部位应该表现出优良的上粉性能，环抱效应好。

4）制品一次上粉率高。涂膜固化后二次返喷时喷枪依然能够均匀上粉。

5）良好的金属粉末喷涂能力。混有金属粉的粉末涂料，称为金属粉末，其充电效果要劣于普通粉末。

6）高压静电控制得当，不易打火，打火会造成工件的表面涂层出现击穿点，导致工件成品表面产生针孔，而且在强烈打火的瞬间会由于静电被电弧短路而不上粉；当粉末与空气混合并超过一定的浓度时，喷枪打火有可能点燃粉末，甚至引起爆炸。

高压静电喷粉枪的充电结构形式可分为内带电式和外带电式两种。粉末在喷枪内部的电晕空间充电的称为内带电式；粉末在喷枪口的电晕空间充电的称外带电式。两种带电式喷枪的主要差别是：内带电式喷枪与制品之间的电场强度较小，不易产生静电屏蔽，所以适合喷涂形状复杂、具有凹槽的制品。外带电式喷枪与制品之间的电场强度较大，制品的上粉率高，适用性较好。

（2）供粉装置

供粉装置的作用是给喷枪持续提供粉末涂料，包括粉桶、文丘里粉泵、输送粉管。其性能如下：

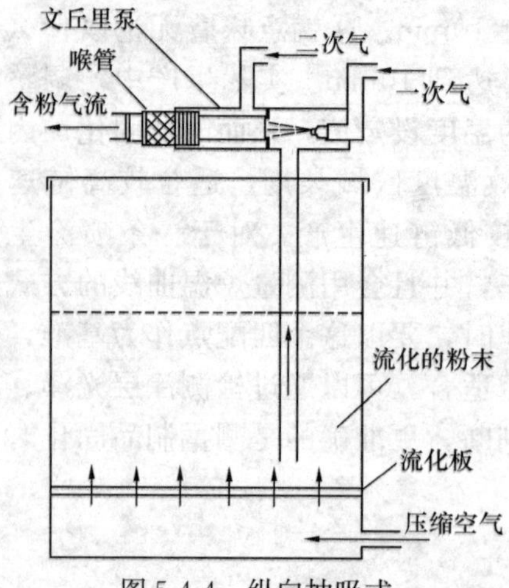

图 5-4-4 纵向抽吸式流化床结构示意图

1）供粉要求连续、均匀、稳定。

2）供粉量可调。

3）粉末流化充分、均匀，不产生粉雾。

4）装卸方便，加粉操作简单。

喷涂生产中常用的供粉装置是纵向抽吸式流化床供粉器，如图 5-4-4 所示。

其工作原理是：首先压缩空气通过粉桶底部的流化板，使粉桶内的粉末充分流化，粉桶的流化压力是决定粉末流化状态的关键指标，压力过小流化不良，压力过大粉末产生飞扬，效果也不好。粉末正常的流化状态要像液体一样完全流动起来。在启动设备时，粉桶内的粉末处于静止状态，液化起来相对困难，可以用机械搅拌的方式加速其液化。其次压缩空气（一次气）通过文丘里泵的射流嘴，空气的高速射流会使插入粉桶里的吸管口产生负压，负压使处于管口周围的粉末被吸入管路中，并被射流加速而进入喉管。二次气则从喉管的开孔处进入，将粉末传输到粉管里，二次气主要作用是保证粉末持续均匀地向喷枪供粉，防止粉末在管路的各处发生沉积，也用于调节喷出的粉末的几何图形大小，粉末雾化更好。这种供粉器的优点是：

1）供粉均匀、稳定。

2）粉桶密封性好并设有向喷粉室泄压的开口，生产中不会有粉末气雾逸出。

3）可以同时使用多支文丘里泵，为多支喷枪供粉。

4）整个供粉系统清理方便。

5）供粉精度高，通过调整一次气的压力来控制供粉量。

粉桶的容积是供粉器的主要参数，应与喷枪的数量、被喷涂物的表面积、产量相匹配。

（3）喷粉室

喷粉室是实施粉末喷涂的操作室，其制作的材料、形式和尺寸直接关系到喷涂的质量，也决定了被涂物的大小和制品传输速度等。表 5-4-1 介绍了不同材料制作的喷粉室的优缺点。

表 5-4-1　几种喷粉室的比较

喷粉室材料	优　点	缺　点
冷轧钢板或不锈钢板	1. 加工容易，价格便宜 2. 牢固耐用，便于修理	1. 带电粉末易附着板壁，清理困难 2. 板壁与制品同时上粉，喷涂效率受影响 3. 产生火花放电机会大
塑料	1. 粉末不易附着板壁，清理容易 2. 火花放电安全 3. 喷涂效率高	1. 制造困难，成本高 2. 易损坏
钢板塑料复合材料	1. 粉末不易附着板壁，清理容易 2. 打火少，安全 3. 喷粉室机械强度高	1. 成本比金属高 2. 加工难度比钢材大

喷粉室是喷涂操作的场所，其内部空气流动状况对喷涂会产生重要影响，若气流强度过大，会使喷枪喷出粉的几何形状发生变化，还会使已经喷涂到制品表面上的粉末脱落，影响涂膜的均匀性，严重时甚至会露底。喷粉室有多处开口，比如制品的进、出口，喷枪处的开口，粉桶泄压口等。为减少对环境的污染和人身的伤害，喷涂生产过程中，这些开口不应有粉尘逸出，也就是要求喷粉室应处于负压状态，即各开口处都是空气向室内流动。回收系统的风机从喷粉室抽风，使之产生负压。抽风口的位置以及抽风能力的大小，对喷粉室中空气的流动状况有重要影响。

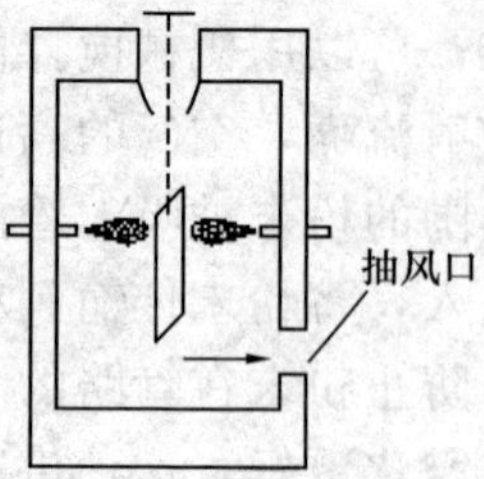

图 5-4-5 水平式抽风示意图

按空气从喷粉室中被抽走的方向一般分为向下和水平两种方式，抽风口在底部是向下抽风，抽风口在侧壁则是水平抽风。水平式建筑铝型材喷涂生产线一般是采用侧壁开口的水平式抽风，示意图如图 5-4-5 所示。

静电喷粉室排风量（抽风量）计算方法：静电喷粉室排风量，通常是为了喷粉作业时的安全与操作工人的健康设定的，分别用安全与卫生两种方法计算，然后取其大值。

1）以安全角度计

$$Q_1=\frac{G\cdot n\ (1-K)\ \cdot K_1\cdot K_2}{0.5c}$$

式中 Q_1——按安全方式计算的最小排风量（m^3/h）；

G——单支喷枪最大出粉量（g/min）；

n——同时喷涂的喷枪数；

K——粉末上粉率，一般取 0.4～0.8；

K_1——工件不连续进入（工件间有空隙）积粉系数 1.2～1.6；

K_2——粉末在喷室内悬浮系数，一般为 0.5～0.7；

c——粉末爆炸最低浓度（g/m^3）。

2）以防止粉尘外逸计

$$Q_2=3600\ (A_1+A_2+A_3)\ V$$

式中 Q_2——按卫生要求计算的最小排风量（m^3/h）；

A_1——操作面开口面积（m^2）；

A_2——工件进出口面积（m^2）；

A_3——工艺及其他孔洞面积（m^2）；

V——开口处断面风速，一般取 0.3～0.6m/s。

3）喷粉室安全卫生技术要求

①《涂装作业安全规程 粉末静电喷涂工艺安全》（GB 15607—2008）中规定的喷粉室安全卫生指标要求。

a. 除喷枪出口等局部区域外，喷粉室内悬浮粉末平均浓度（即喷粉室出口排风管内浓度）必须低于该粉末最低爆炸浓度值的一半，未知其最低爆炸浓度（MEC）者，其最高浓度不允许超过 $15g/m^3$。

b. 静电喷粉枪及其辅助装置的使用应符合《涂装作业安全规程 静电喷枪及其辅助装置安全技术条件》（GB 14773）的要求。

c. 工作场所空气中总尘允许浓度为 $8mg/m^3$。

d. 喷粉室开口面风速应为 0.3～0.6m/s。

②粉末静电喷涂作业与喷漆作业不宜设置在同一作业区内。在能保证喷漆作业区内的有机溶剂蒸汽不会扩散到粉末静电喷涂作业区的情况下，也可设置在同一作业区内，但其职业安全卫生要求应按喷漆考虑。

③喷粉区外10m范围内，除了工件外，不准有其他易燃物质进入。进入喷粉室的工件表面温度必须低于粉气混合物引燃温度的三分之二，或较所用粉末自燃温度低28℃。

④喷粉区内应遵循以下规定：

a. 不允许存在发火源、明火和产生火花的设备及器具。

b. 禁止撞击或摩擦产生火花。

c. 必须选用不会引燃粉末或粉气混合物的取暖设备。

d. 防火按《建筑灭火器配置设计规范》（GB 50140）配置灭火器，但不宜使用易使粉末涂料飞扬或污染的灭火器。

⑤在自动喷粉室内，应安装可靠的报警装置与自动灭火器。在有火情出现时，能自动发出警报并切断总电源开关。

⑥喷粉区地面应采用非燃或难燃的静电导体或亚导体材料铺设。地面应平整光滑无缝隙、凹槽，便于清扫积粉。

⑦喷粉区应采用防尘型冷光源灯具照明，其照度应符合《涂装作业安全规程静电喷漆工艺安全》（GB 12367—2006）第4.3.1条的规定。当采用透明材料作隔板照明时，应符合以下要求：

a. 采用固定式灯具作光源。

b. 用隔板将灯具与喷粉区隔开，其安装密封应能保证粉尘不会进入灯具。

c. 隔板必须选用不易破损的非燃或难燃材料。

d. 隔板上的沉积物厚度不允许影响规定的照度。

e. 隔板的表面温度不超过93℃。

⑧喷粉区内电气设备应采用防爆、防尘型电气设备，其选型应符合表5-4-2中的规定。

表5-4-2　电气设备防爆结构的选型

编号	电气设备	防爆结构	爆炸危险场所　11区		
			正压	IP65	IP54
1	电机	鼠笼式			P
		带电刷	P		P
2	电器和仪表	固定安装		P	
3		移动式		P	
4		携带式		P	

注：符号P表示适用。

⑨例行检查清理一览表（表5-4-3）

表5-4-3　例行检查清理一览表

序　号	部位名称或指标	内　容	周期（天）
1	风机轴承及其他运转部件	粉尘粘附或结焦	1
2	风机抽风量	检查	7
3	喷粉室及作业区粉末浓度	检查	7
4	喷粉室开口处断面风速	检查	7
5	回收废气排放浓度	检查	30
6	喷粉室内积粉	清理	当班～1
7	挂具涂层	检查清理	随时
8	过滤式回收装置及净化器	检查清理	3～7
9	旋风式回收装置及湿法净化器	检查	7～10
10	高压静电发生器、接地、烘干（固化）室	检查	7
11	作业区地面	清理	当班～1
12	设备、管道外壁	清理	3～7
13	墙壁及天花板	清理	7～10
14	粉管及输粉设备	检查堵塞、漏粉	随时
15	回收排风与喷粉室连锁	检查	7

思　考　题

1. 链速与喷枪升降速度之间有什么函数关系？
2. 怎样判断喷枪工作状况？
3. 怎样判断喷涂设备的工作质量？

4.2　工艺调整

1. 机械加工基础知识

人们无论从事什么生产活动，都离不开机械设备，在静电粉末喷涂生产中也是如此。比如装挂制品时所用挂具的设计及制作；包装机和贴膜机的操纵、调整；传输链条的传动、润滑；起重机或其他转运设备的操纵等，都需要操作人员具有一定的机械知识，尤其是挂具的设计及制作方面，更直接地运用机械加工、机械制图等知识。在铝合金型材静电粉末喷涂生产中，因为型材的规格种类繁多，外形结构复杂，从喷涂的角度，每个规格的制品都应该有一种最适合的装挂方式或者一种最合适的挂具，但这样就会制作太多的挂具，使生产成本大大提高，所以设计挂具时就要考虑挂具的通用性和针对性，这就要求在设计挂具时，要对所有制品的结构特征进行分类统计，按制品的结构、外形尺寸、装饰面的朝向等关键因素等进行归类，然后为每一类制品设计出专用挂具。挂具决定制品的装挂方式，同时也影响产品质量，还关系到产品通过量。通常挂具应该具有以下的性能：

（1）制品装挂到挂具上后，应牢固不掉料，导电性良好，能够可靠接地。

（2）挂具应具有一定的机械强度，能承受住制品的重量而不变形。

（3）挂具容易加工制作。

（4）应具有良好的通用性，也就是一种挂具能装挂多种制品。

（5）挂具与制品的接触面积尽可能小，不留下明显的印迹。

铝合金型材静电粉末喷涂常用挂具如图 5-4-6 所示。

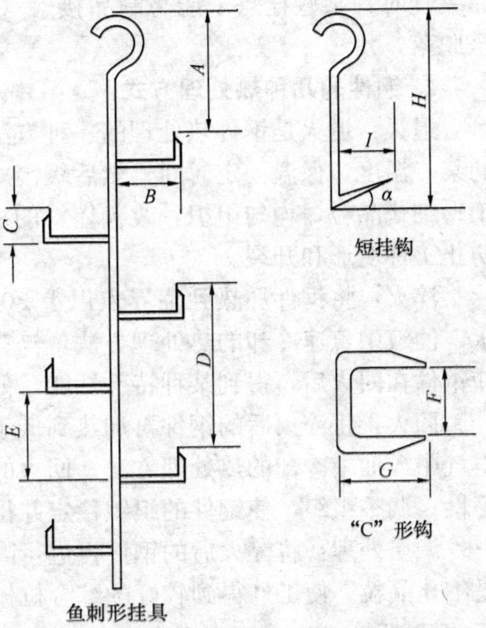

图 5-4-6　铝合金型材静电粉末喷涂常用挂具图

短挂钩和“C”形钩组合用于装挂带有空腔且刚性较好的制品；鱼刺形挂具则用于装挂不带空腔或较软易变形的制品。在设计这些挂具时，首先要考虑材料的选用。根据喷涂生产线的技术指标计算出挂具所承受的力量（一挂料和单支的最大重量），然后再选择使用适当机械性能和直径的金属材料，比如短挂钩、“C”形钩、鱼刺形挂具的主干应能承受一挂料的最大重量；而鱼刺形挂具上的小挂钩则应能承受一支料的最大重量。从经济性的角度，通常都使用钢材来制做挂具，并且钢材或制作好的挂具在必要时要进行热处理，以获得好的综合机械性能。挂具的制作过程中，挂具图纸的绘制和加工工艺的制定是重点。首先运用机械制图的知识将挂具的三视图绘制出来，标注出挂具各处的精确尺寸。如在图 5-4-3 中，尺寸 A、H 表明喷枪所能喷到的最高位置；B、C、D、E、F 等尺寸则由所装挂制品的宽度、高度等结构特征决定；G、I 是考虑挂点伸入制品空腔的位置，这个位置距制品端头远一些对质量有益，因为静电粉末喷涂时，粉末不能进入制品空腔内过深的位置，这样挂具的挂点处就不会被覆盖上涂层，能够保持每次使用时，挂具与制品导电接触良好。短挂钩中具有一个合适的 α 角在装挂制品时也有特殊的意义，当制品长度发生变化时，通过调整短挂钩的位置，能始终保持挂钩的尖端与制品空腔内壁接触良好，不会发生用挂钩折弯处装挂制品的情况。挂具的加工制作方法很多，比如挂具的圆弧钩头部分可以采用折弯的方式加工；鱼刺形挂具上可以先在主干上钻孔后，再将小挂钩焊接固定；“C”形钩可以用钢筋折弯也可以用钢板冲压而成。为减少挂具与制品的接触面积，挂点应要求具有尖端结构，可以用砂轮打磨或锻打的方式加工而成。由于挂具并不是精细加工制作的，所以做好的挂具在各处尺寸上往往会有一些偏差，从实际测量数据与图纸标注值的差距能进行质量判定。更有效的检查方法是将挂具全部挂在传输链条或工作梁上，检查同一位置的挂点是否处于一条直线上。这一点很重要，若挂点位置相差太大，则会引起制品装挂时，某些挂点未能与制品接触（尤其是多点装挂时），使制品发生变形甚至脱落。

2. 钢件的几种热处理方式

退火：退火是钢件热处理的一种方法，是将钢件加热到略高于或略低于临界点的某一温度，保温一定时间，然后缓慢冷却。退火的目的：降低硬度，便于切削加工；细化晶粒，均匀组织，改善坯料的机械性能，为淬火进行准备；消除内应力，防止工件变形和开裂。

淬火：将钢件加热到临界点以上30～50℃，保温一定的时间，然后在水、盐水、油液中急速冷却的热处理方法。淬火的目的：使钢件得到高的硬度及耐磨性；使钢件在回火后，得到某种特殊性能，如弹性、韧性、高强度等。

回火：将淬火后的钢件再加热到低于临界点的某一温度，保温一定的时间，在空气中或油中冷却的热处理方法。回火的目的：消除钢件淬火时所产生的内应力和脆性；调整组织，使钢件的组织稳定并得到一定的塑性和韧性。

调质处理：将淬火后的钢件再进行高温回火的热处理方法叫调质。调质的目的是细化晶粒，使工件得到较好的综合机械性能，特别是使工件获得较高的强度和较好的韧性。

3. 喷涂固化工艺的制定原则

（1）确定制品装挂方法。选用或制作适合的挂具，使制品装饰面尽量朝向喷枪，装挂牢固接地可靠。

（2）根据制品结构特点设置喷涂参数，比如：制品的表面积大则要提高喷粉量；具有深沟、凹槽结构的表面，喷涂时要降低电压和提高喷涂气压。

（3）考虑粉末涂料的特性。比如粉末的比重、粒度、含水量等，喷涂参数也需要进行相应调整。当喷涂含金属粉末涂料时，需要降低喷涂电压。

（4）确定固化工艺。主要是依据制品结构而定，因为吸热量不同，所以不同壁厚的制品的固化温度也不应相同，壁厚大的制品，要求固化温度要高一些，壁厚小的制品则固化温度要低一些，特别是在连续喷涂制品时，要求壁厚差较大的两种制品进入固化炉的时间要有足够间隔，以使固化炉有调整和达到要求的时间。间歇生产式固化炉可以直接调整固化时间，而连续式固化炉调整工艺通常依靠改变仪表定温和链速来实现。

4. 静电粉末喷涂中的缺陷与产生原因

在静电粉末喷涂生产过程中，当制品前处理、喷涂、固化等工艺控制不当时，涂膜会产生各种缺陷。生产中常见的缺陷及成因见表5-4-4。

表 5-4-4　静电粉末喷涂中的缺陷与产生原因

涂膜缺陷	产　生　原　因
涂膜光泽不足	1. 固化时烘烤时间过长 2. 固化温度过高 3. 固化炉内混有其他有害气体 4. 制品表面过于粗糙 5. 涂膜固化不充分 6. 前处理方法选择不当
涂膜变色	1. 过固化 2. 固化炉内混有其他有害气体 3. 涂料中混入其他颜色的粉末
严重的橘皮	1. 涂膜的厚薄不均匀 2. 涂膜太薄 3. 固化工艺不当，粉末流平不好 4. 制品接地不良 5. 粉末受潮结块 6. 粉末的粒度过大 7. 粉末流化不好，喷枪供粉不均匀
缩孔	1. 制品前处理控制不当，表面除油不净 2. 涂膜受灰尘或其他杂质污染 3. 喷涂用的压缩空气中有油 4. 粉末流平时表面张力不同的粉末混入
涂膜出现气泡	1. 制品表面有水、槽液残留 2. 制品前处理质量不好 3. 喷涂前，制品表面有挥发性物质 4. 工件表面有气孔 5. 粉末涂膜太厚
涂膜不均匀	1. 喷枪与工件距离过近 2. 制品接地不良 3. 喷枪出粉不均匀 4. 喷涂电压不稳定
涂膜附着力差	1. 固化不完全 2. 制品前处理表面不洁净 3. 制品喷涂前停放时间过长，表面吸附过多灰尘 4. 过固化
涂膜产生针孔	1. 涂膜过厚 2. 固化温度过高 3. 喷枪电压过高，造成涂层击穿 4. 喷涂的压缩空气中含有异物 5. 粉末涂料受潮

续表

涂膜缺陷	产 生 原 因
涂膜表面有颗粒或瘤状凸起	1. 喷涂生产现场的灰尘多，粘到制品表面或涂膜上 2. 喷枪“吐粉” 3. 喷粉室顶板上粉末聚集过多，呈团落到制品表面上 4. 粉末涂料结块 5. 砂纹表面的粉末涂膜过厚
涂膜脱落	1. 喷涂电压过低 2. 制品表面前处理质量不好 3. 制品接地不良 4. 喷枪喷涂的气压过高

思 考 题

1. 喷涂专用挂具应具有哪些性能？如何检查？
2. 粉末涂层产生“橘皮”缺陷的原因是什么？怎样减轻“橘皮”？

第5章 液 态 喷 涂

1. 链速与喷枪升降速度的关系

升降机速度与链速的配合必须遵循一定的规律。已知：

I——每边的枪数；

D——喷枪与喷枪之间的间距（m）；

H——升降机的行程间距（m）；

V_c——悬挂链速度（m/min）。

则：升降机的平均速度 V_r（m/min）、升降轨迹间距 S（m）可按如下公式计算出各数据：

$$V_r=\frac{2\times H\times V_c}{D\times 60}\times\frac{T}{I}\ \text{(m/s)}$$

$$S=\frac{D}{T}\ \text{(m)}$$

T 值可按表 5-5-1 选取。

表 5-5-1 T 值

	喷枪数目 I																
		1	2	3	4	5	6	7	8	9	10	11	12	13	14	15	16
升降整数 T	1	×	×	×	×	×	×	×	×	×	×	×	×	×	×	×	×
	2	×		×		×		×		×		×		×		×	
	3	×	×		×	×		×	×		×	×		×	×		×
	4	×		×		×		×		×		×		×		×	
	5	×	×	×	×		×	×	×	×		×	×	×	×		×
	6	×				×		×				×		×			
	7	×	×	×	×	×	×		×	×	×	×	×	×		×	×
	8	×		×		×		×		×		×		×		×	
	9	×	×		×	×		×	×		×	×		×	×		×
	10	×		×				×		×		×		×			
	11	×	×	×	×	×	×	×	×	×	×		×	×	×	×	×
	12	×				×		×				×		×			
	13	×	×	×	×	×	×	×	×	×	×	×	×		×	×	×
	14	×		×		×				×		×		×		×	
	15	×	×		×			×	×			×		×	×		×
	16	×		×		×		×		×		×		×		×	
	17	×	×	×	×	×	×	×	×	×	×	×	×	×	×	×	×
	18	×				×		×				×		×			
	19	×	×	×	×	×	×	×	×	×	×	×	×	×	×	×	×
	20	×		×				×		×		×		×			

注：只可选择采用 I/T 对照上打了“×”标记的值。

例如：当 $I=4$ 时，

$T=1$、3、5、7、9、11、13、15，绝对不能采用2、4、6、8、10、12、14、16。

当升降机速度为 $150mm<V_r<750mm$，升降轨迹 $S<200mm$。

2. 链速与固化工艺匹配关系

由于涂料的烘烤是喷涂操作最重要的一环，完全的烘烤包括烘烤时间和烘烤温度，它将决定所有漆膜的性能和特性。烘烤不足可导致漆膜厚度不均、附着力差，烘烤过度可影响漆膜的颜色、光泽度、柔韧性。根据烘烤炉高温区长度以及所喷漆在高温区必须的烘烤时间，可以确定链速是否合理。油漆的烘烤是一个熔融的过程，所以必须保证232℃的金属板面温度5min的烘烤时间。假设某生产线烘烤炉高温区长度为10m，为了确保油漆在高温区烘烤5min，则链速最高不能超过2m/min。但是烘烤过度会导致色差、漆膜泛黄、光泽度超标等缺陷产生，因此链速也不能太慢。链速是否符合烘烤的要求，可用铅笔硬度和耐溶剂性试验检测。

3. 喷漆设备的工作原理

（1）静电喷枪的工作原理

静电喷枪有三个系统即空气系统、油漆系统、高压系统。

空气系统：用空气雾化油漆和对空气进行整形，形成适合喷涂的漆雾。

油漆系统：由油漆喷嘴、油漆管等组成，是喷枪输出油漆的系统。

高压系统：在油漆雾化喷涂的过程中，对油漆施加高压的装置。

在工作时，油漆在雾化空气的作用下雾化，在成形空气作用形成适合喷涂的形状，并在此过程中对涂料施加高电压，喷出涂装工艺所需要的带静电漆雾。

静电喷枪喷涂是采用由空气控制的三路阀（三位阀、三通阀）进行油漆开关控制的。三路阀有一个油漆进口，两个油漆出口，并有一个信号空气进口，信号空气由此进入阀门的气缸。其工作原理是在开启油漆开关时，进入气缸的空气压力大于机械弹簧的压力，将气缸的活塞推到油漆通路开启的一侧，阀门活塞同轴的阀芯关闭油漆回流通路，这时油漆经三路阀的油漆输出口输送给喷枪，当信号空气关闭时，弹簧的压力将活塞同轴的阀芯推到油漆回流口开启的一侧，同时关闭了油漆输出口，油漆经三路阀从加流口流回油漆桶。

通常静电喷涂系统采用气控制而不采用电控制，主要是由于电控制的电缆与高压电缆之间、接地物与油漆管之间的绝缘等级要求甚高，而采用气控制就不需要绝缘而且安全。

在喷涂平板工件时，可采用相对小的雾化压力，漆雾达到使油漆微粒雾化即可，如果喷涂工件的形状复杂、有深孔等，雾化压力小则漆雾进入不了工件内部，并使凸部表面膜厚增加，因此要采用相对大一些的雾化压力，增加对工件的进入性和膜厚的均匀性。喷涂雾化压力与油漆的种类和黏度有关，要在喷涂中选择能充分雾化油漆的雾化压力：在雾化空气不变的情况下，成形空气关闭时，漆雾形状呈圆型，成形空气大于雾化空气时，空气的雾状呈扁平形状，同时漆雾由于扩展、压力相对分散，进入性减弱，均匀度增加。

（2）供漆装置的工作原理

供漆装置要求能连续均匀地将漆液输送给喷枪，按其输送动力不同可分为自流式供漆装置、压力罐式供漆装置和压力供漆站。自流式供漆装置是将漆液置于高位储漆罐中，依靠漆液本身的重力来输送。它适合于小批量的小型工件的静电喷涂，漆液的补充可通过输漆泵向高位储漆罐输送。压力罐式供漆装置是用压缩空气直接对压力罐中的漆液加压实现均匀稳定地向喷枪供漆。压缩空气必须经过精密过滤以除去空气中的机械杂质，同时用除油、除水装置去除水分、油分以防污染漆液。对底漆和面漆，为防止颜料沉淀而影响色泽和防护性能，压力罐应带有搅拌装置，罩光清漆的压力罐一般不需要搅拌装置，在供漆回路中可设置电磁阀以实现自动供漆，减少涂料的损耗，对于多工件大批量自动喷涂生产线可采用压力供漆站以满足生产需要，保证涂层质量。

静电喷涂供漆系统是通过变频器控制油漆的吐出量来实现定量供漆的。其工作原理是防爆电机驱动主动齿轮，带动从动齿轮同轴上的齿轮泵转动，齿轮泵（K泵）每转动一周输出1.5cc或3.0cc的油漆，这样就可以通过控制变频电机的运转转速实现定量向喷枪提供油漆。

供漆系统的供漆量的单位是以毫升/分（cc/min）为计量单位，以表示每分钟的实际油漆吐出量。供漆齿轮泵（K泵）常用的规格有1.5cc/r和3.0cc/r，3.0cc的泵叶漆量比1.5cc的泵每转大1倍，所以在喷涂油漆吐出量大的场合，我们推荐使用3.0cc/r的齿轮泵，这样可以延长泵的使用寿命，降低成本。

（3）水帘式喷房风量选择的原则

静电喷枪的喷涂由于枪的喷出有其指向性，一般多是用水帘式喷房，其风量在0.5m/s。排风量和喷枪涂装油漆利用率有关，排风量大、喷枪雾化压力大，油漆利用率就低。若排风量小、喷枪的雾化压力小，油漆雾化后雾状带电粒子由于电场作用力强于排风，喷枪喷出的带高压电荷油漆粒子运动的速度会减速，从而沿电场吸引力向被涂工件吸附，若风量过小，会造成喷房漆雾积蓄，所以要求风量在一定的范围。

4. 喷漆工艺操作规程

（1）上件前，应先检查工件前处理质量是否符合要求，工件应根据规格，确定每挂合适的上件根数并选择合适的挂具。钣金件应根据图纸指定的方向确定合适的挂法，以便于喷涂且不产生晃动为准。

（2）上件前，吊杆、挂具有不符合要求的必须先调整。

（3）上件时必须保证工件接地良好。

（4）上件时必须认真清理工件表面附着物并自检，上件后检查表面清理情况，用压缩空气吹掉工件表面尘屑。

（5）上件时工件两头不得超过一次吊具范围且端头对齐。

（6）打开送排风系统、水帘及压缩空气源。

（7）确认喷房内、升降机附近无物体，无操作人员。

（8）将控制盘的主电源开关置ON位置，并确认喷涂机无异常显示。

（9）准备好涂料、溶剂及废液罐。

（10）将“运行准备”、涂料泵开关置ON位置，确认涂料吸至齿轮泵后，“涂料泵高速”置ON位置。

（11）当返回一侧涂料管出来涂料后，将其放入涂料罐中。同时将“涂料泵高速”置OFF位置。

（12）将雾化空气、涂料开关置ON位置，确认喷枪喷出涂料后置OFF位置。

（13）调整好雾化空气压力及高电压值。

（14）将自动运行开关置ON位置，并设置相应工艺条件，包括上限切割、扩缩方式、油漆吐出量、升降机速度、纵切割模式、框切割模式等。

雾化压力：0.6～1.6kg/cm^2；

成形压力：0.7～2.0kg/cm^2；

升降机速度：40～67m/min；

高电压值：60～90kV；

油漆吐出量：底漆 80～180cc/min、面漆 80～200cc/min、清漆 80～180cc/min；

固化炉温度：230～250℃；

固化时间：20～30min；

链速：1.2～2.0m/min。

（15）运行结束，将自动运行开关置OFF位置。

（16）将剩漆、废液、废液罐等放到指定位置。

（17）将控制盘的主电源开关置OFF位置，并关闭排风、水帘及空气源。

思考题

1. 链速与喷枪升降速度之间有什么函数关系？

2. 怎样判断喷枪工作状况？

3. 怎样判断喷涂设备的工作质量？

4. 怎样选择溶剂稀释油漆？

第6章 设备管理

1. 液压系统

（1）液压系统用途

提供满足生产所必需的动力源。

（2）组成

液压系统由泵、阀、缸、电机等基本元件构成。

（3）检修质量标准

①以1.25至1.5倍的工作压力进行压力试验，整个系统不漏油、不渗油。

②过滤器清洁。

③液压泵、压力阀、安全阀、缸、电机等工作正常，系统稳定，无噪声。

④各种滑阀的阀杆滑动灵活，与其配合的间隙一般不超过0.015～0.03mm，工作时不窜油。

⑤液压泵各零件的配合间隙在规定范围内，其中，柱塞泵与孔的配合间隙为0.01～0.05mm，柱塞和孔的椭圆度不得大于0.005mm，叶片泵的叶片与槽的配合间隙为0.015～0.025mm。

⑥液压泵基础牢固，工作时不振动。

⑦系统压力要稳定，不得漏油。

2. 气动系统

（1）系统用途

提供满足生产所必需的动力源。

（2）组成

系统由泵、阀、缸、电机等基本元件构成。

（3）检修质量标准

①以1.25至1.5倍的工作压力进行压力试验，整个系统不漏气。

②空气过滤器清洁。

③压力阀、换向阀、缸、电机等工作正常，系统稳定，无噪声。

④各种滑阀的阀杆滑动灵活，与其配合的间隙一般不超过0.015～0.03mm。

⑤缸、电机基础牢固，工作时不振动。

⑥系统压力要稳定不得有泄漏。

3. 清洗设备

（1）用途

对各种金属涂层基材进行涂层前的表面清洗，除去油脂等。

（2）组成

根据不同的金属涂层工艺，清洗设备的组成均各不一样。

（3）检修质量标准

①贮液槽不应有腐蚀、裂纹等缺陷。

②输送设备整体完好，无缺损。

③滚动轴承的滚子与滑道无坑疤、斑点，接触平滑，转动无杂音。

④槽液能达到设计温度、浓度。

⑤安装精度达到设计要求。

4. 涂层设备

（1）用途

对各种金属涂层基材进行涂层着色。

（2）组成

根据不同的金属涂层工艺，涂层设备不一样。

（3）检修质量标准

①各润滑点给油器要完整无损，润滑可靠。

②液压系统压力稳定，不得漏油。

③基础连接牢固，无松动。

④蜗轮蜗杆传动灵敏，无卡阻。

⑤支撑辊、涂辊、计量辊、吸料辊之间的不平行度应小于0.05mm。与机列中心线的不垂直度应小于0.1mm/m。

5. 固化设备（氧化上色不适用）

（1）用途

对各种金属涂层基材涂层着色后，对其进行固化干燥。

（2）组成

根据不同的金属涂层工艺，固化设备不一样，大致为循环式固化干燥炉。

（3）检修质量标准

①烧嘴安装位置标高误差±2mm，水平距离误差为±2mm。

②炉门接触面应平整，每边的重叠尺寸为65～130mm。

③棉板的结构和厚度必须均匀，表面应光滑，但允许一边有毛毯的压痕或两面有网纹，烧失量不应大于18%，含水率不应超过3%。

④各种材料均应有制造厂的证明书。

⑤各种材料均不得受潮和雨淋，应分类保管，不得混料。

⑥检修后应重新刷一次银灰漆。

思 考 题

1. 大修、中修质量进行跟踪、检查、评判方法是什么？
2. 能否提出对设备的改进意见。

第7章　培训与指导

1. 理论培训的技巧

作为金属涂层工技师，除了要掌握必要的培训方法外，还应掌握一定的理论培训技巧，特别是对高等级的技术工人，不仅能够讲授规定教程中的内容，而且能够回答、解决学员提出的各式各样的问题，引导学员根据授课内容提出结合实际的问题。

（1）充分准备授课内容

对每次授课的内容要进行充分的准备，要理清思路，保证学员能够听懂、理解，对学员可能不理解之处、可能提出的问题，要有充分估计和准备。

（2）授课生动

为提高学员兴趣，使授课生动，应尽可能结合实际经验，举例讲授教程内容，编写必要的讲义。

（3）不断吸收新技术、新工艺

每个人都有其局限性，不可能掌握所有的知识，总是在不断学习中前进。因此对不同的产品、不同的材料、不同的技术要求、不同的工艺手段、采用的各种设备和检测仪器，要不断地学习，并结合当前涂层技术的发展和质量管理的技术手段，不断地充电。这样才能使学员们能够吸收到更多的新知识，提高他们的理论分析和管理水平，同时也使他们的技术水平得到进一步提高。

在当今的知识经济时代，为使金属涂层工人发挥更大的作用，就一定要具备更高的素质。新材料、新工艺的日新月异，先进的设备和检测仪器的不断涌现，计算机技术在生产上的运用，给生产带来了新的发展机遇，也为操作人员的职业培训带来了挑战。

科学的进步从来离不开技术的发展，先进的科技理念从来依托于技术工人高超的工艺与技能。工人是技术革新的重要力量，他们有丰富的实践经验，最有可能对设备、技术提出实用的改进或改造意见，他们的独特位置是专业科研人员所不可替代的，过去如此，现在如此，未来同样如此。遗憾的是，目前我国高级技工只占技工总数的5%，而发达国家则占40%，更严峻的是，高级技工大龄化日益严重，若再不采取措施，将面临青黄不接的尴尬局面。因此，必须加大职业培训，涂层工技师更是具有义不容辞的责任。

涂层工技师应把自己掌握的技能、技巧、经验和理论知识传授给相关的涂层技术工人，为社会的发展和提高涂层技术工人的水平，使企业更具竞争力和发展后劲做出自己的贡献。

为更好地进行指导操作，使学员更好更快地掌握操作技能，必须掌握一定的培训技巧：除了必要的演示外，要能够将自己丰富的操作技能、广泛的实践经验、非常熟练的技巧，通过语言表达出来，并能结合理论知识讲授清楚原理和特点；能够分析、解决在生产中遇到的疑难问题，并进行理论探讨和总结；能够分析较高难度的缺陷，运用理论知识归纳解决技巧和防范措施；能够结合理论知识，分析新产品的工艺；能够根据产品说明书和自己的经验，指导操作新设备、新仪器。

总之，指导操作的技巧就是运用理论知识解决现场实际问题，根据实际操作讲授相应的理论知识，使操作工人更容易掌握设备操作知识和提高解决问题的能力。指导操作主要是以现场讨论为主，辅以示范操作，同时，也应多组织外出参观学习，学习行业中其他企业的先进经验，拓展思路，提高操作技巧。

2. 操作步骤

（1）根据培训要求，编写培训讲义，结合实际操作中的难点和易出的问题，对初、中、高级工针对性进行业务培训。

（2）运用实际操作经验，对初、中、高级工示范实际操作及解决问题的方法，提高操作人员的技能。

思　考　题

培训的主要目的是什么？

第8章 技术管理

1. 生产技术管理

生产技术管理名目繁多，概括地讲，有工艺管理、操作管理、质量管理、标准化计量管理等。但这些管理均需围绕一个中心——管理，突出一个重点——质量。因此，要提高产品质量，降低物质消耗，获得更好的经济效益，就必须狠抓生产技术管理，尤其是工艺管理。工艺管理是技术管理的组成部分，是技术管理的核心，是体现企业的生产方针，实现优质、高产、低耗、高效益的保证，是衡量企业管理水平的标准之一。

金属材涂层生产是多工序连续性生产的企业。设备投资大、技术要求高，涉及多学科，产品一般经过开卷、清洗、化学涂层、初涂、固化、冷却、精涂、固化、冷却、收卷、精整、包装等多工序连续作业，任何工序质量出现问题，将最终影响产品质量。因此，加强工序质量管理，制订正确的工艺是提高产品质量的关键，也是抓好技术管理的关键。

(1) 正确的工艺设计

工艺是产品生产的主要依据，科学合理的工艺是生产优质产品的决定因素，是客观规律的反映，也是工人在生产中正确进行加工操作的依据。合理的工艺，必须经过反复试验和正确设计来确定。从前处理工艺，到贯彻措施等一系列工艺设计程序都必须经过细致的调查，反复试验和积极探索来达到设计正确，起到指导生产的作用，促进产品质量、效益的提高。实践证明，工艺设计是涂层生产中的先决条件，是涂层生产技术的综合反映。正确的设计，是确保产品质量，提高效益的前提。

(2) 开展工艺研究，积极探索新工艺

工艺研究是工艺管理中的一项重要工作，它在工艺试样设计的基础上，针对生产关键和质量薄弱环节，组织技术人员，探索工艺规律，改进工艺条件，进行技术攻关，对提高产品质量，加快技术改进有着十分重要的意义。金属涂层重点要抓好的工艺：①前处理工艺，该工艺的好坏直接影响涂层产品的质量，据有关资料统计分析数据显示，涂层质量的好坏49.5%由前处理工艺影响。②涂敷工艺，直接影响产品的表面质量。③固化工艺，影响产品的涂膜。因此，必须针对三个工艺开展工艺研究，不断优化工艺，提高产品质量。

(3) 加强工艺检查，促进技术水平的不断提高

工艺检查是工艺管理方面的必要补充，衡量着设计水平的高低和车间执行情

况。通过工艺检查能够发现问题，采取措施，及时解决，促进技术管理水平的提高。工艺检查必须按照工艺要求，每天对生产工艺进行测查。贯彻自查和抽查相结合的原则，严格工艺规律，对于不执行工艺和执行工艺差的车间和工人，除思想上进行教育，技术上进行帮助外，还必须采用必要的经济手段进行惩罚，提高工艺符合率，稳定生产，提高产品质量，促进技术水平的不断提高。

总之，只有加强工艺管理，抓好工艺设计，开展工艺研究，积极探索新工艺，加强工艺检查，才能促进生产技术进步，加快技术改进，提高技术和管理水平，才能使企业的生产稳定，促进产品质量和经济效益的提高。

2. 本专业发展动态

(1) 彩涂行业的发展情况

1) 国外彩涂钢板的发展

1935年美国建立了第一条连续涂层钢板线。近20年来彩涂板生产业以建筑工业为突破口得到了迅速发展，产量不断增加，生产能力超过1800万t，尤其是欧美和日本发展较快，在全世界400多条生产线中，美国约占50%，生产能力超过400万t，而且品种齐全。日本自1958年建成了第一条喷淋式涂层生产线后，至今已有50余条生产线，生产能力近300万t。美国、日本、欧洲合计年生产量占世界总产量的84%。

20世纪60年代以后，特别是近二十多年来，比利时、瑞典、挪威、芬兰、巴西和欧洲一些国家也相继兴建了一批生产线。

2) 国内彩涂钢板的发展

20世纪60年代，鞍山钢铁公司钢铁研究所就开始着手进行有机涂层卷材研究，但由于种种原因没有进一步深入研究，直至1987年武汉钢铁公司引进我国第一条正规预涂卷材生产线正式运转，宣告我国终于有了自己的预涂金属卷材工业。紧接着广州彩色带钢厂、北京钢门窗厂、上海宝山钢铁公司以及西南铝业公司等引进的预涂金属卷材相继投产，形成了第一次预涂金属卷材工业的发展高潮。

20世纪90年代中后期出现了预涂金属卷材业的第二次大发展，这次业主绝大多数是私营企业，他们采用国产的年产量2万t左右的中型生产线建厂，分布在广东、江苏、山东等沿海地区，此阶段新建生产线数量超过50条。1998年以来，国有民营、外资企业相继投资建设彩涂板生产线，其中不乏装备水平高、产品质量优、具有竞争力的生产线，冶金系统产量所占比重逐渐减少

2002至2005年期间，我国迎来了彩涂钢板行业的第三次大发展。一批大型现代化彩涂板生产线相继投产，如宝钢$2^{\#}$生产线、鞍钢两条生产线、首钢彩涂钢板生产线、本钢生产线、邯钢生产线、唐钢生产线、马钢生产线等，武钢$2^{\#}$生产线设计年产21万t，机组运行速度为180m/min，是全国最快生产线，超过100m/min的生产线有10余条。随着一大批大型新建机组的投产，全国彩涂钢板生产进入高

速增长期。

3）彩涂板的分类

彩涂板兼有有机聚合物与钢板两者的优点，既有有机聚合物的良好着色性、成型性、耐蚀性、装饰性，又有钢板的高强度和易加工性，能很容易地进行冲裁、弯曲、深冲、焊接等加工。这就使有机涂层钢板制成的产品具有优良的实用性、装饰性、加工性和耐久性。

目前彩涂板的品种繁多，大约超过600种，但至今仍没有一个统一的分类方法，因为众多的品种之间难以找到一个区分的标准，同时各厂家都有其独特的设备、工艺，现只按一般习惯分类。

①按使用基板分类。通常用于有机涂层钢板的基板有冷轧板、热镀锌板、电镀锌板、合金化板、镀锌铝板、电镀锌合金板、电镀锌板、镀铬板、铝板等。

②按加工工艺分类。按涂覆方法不同，有辊涂法、喷涂法、粉末法、复膜法、印刷法等制得的有机涂层钢板。

③按涂覆次数分。有一涂二烘、二涂二烘、三涂三烘、四涂四烘等不同工艺涂覆制得的有机涂层钢板。

④按压花或印花加工分。还可细分为木纹板、大理石纹、养皮纹、水泥砂浆纹等涂层钢板。

⑤按涂料种类分类。通常按用于制作有机涂层的涂料分类，有聚氯乙烯涂层钢板、聚酯涂层钢板、丙烯酸涂层钢板、氟碳涂层钢板、硅聚酯涂层钢板等。

⑥按涂层性能分类。按有机涂层性能特点分，有高耐候涂层板、耐高温涂层板、自熄涂层板、灭菌涂层板、不粘雪涂层板、耐指纹涂层板以及自润滑涂层板等。

⑦按特殊涂料和用途分类。如以环氧富锌涂料、以冷轧钢板为基板的有机涂层钢板，有表面植绒钢板以及一些特殊涂层复层板，如贴木膜板、夹芯板、防震板等。

4）彩涂板的典型生产工艺流程

整个机组包括以下四部分：入口段、预处理段、涂装段、出口段、常见的二涂二烘彩涂生产线的工艺流程为：开卷→缝合→入口活套→清洗→预处理→初（精）涂装→初（精）固化→冷却→出口活套→剪切→卷取。

入口段：包括开卷、剪齐、缝接及贮料活套等设备，作用是将原料卷松开并将它们连接起来，以便连续匀速地为机组供应金属薄板。

预处理段：清洗被涂底板并进行表面处理，以提高防腐蚀和对上层漆膜的附着力。

涂装段：是整个机组的核心部分，通常采用二涂二烘工艺。随产品要求不同，还可以只一涂一烘或只涂单面。涂漆时可采用逆涂或顺涂施工。炉温分段控制，各段温度取决于所有涂料品种。底板厚度及通过烘炉的时间。

出口段：将产品分卷（或按要求尺寸切成单张）。

5）涂覆工艺

涂覆是指将涂料薄而均匀地涂布在被涂物表面上的工艺。随着工业生产的发展和技术的进步，新型涂料的出现和对涂层质量要求的提高，涂覆工艺取得了很大的发展，并已逐步向自动化、无污染和高效率化方向发展。

①涂装方式

涂装方式主要有三种，即辊涂式、淋涂式和粉涂式。

a. 辊涂式

辊涂式较为常用，对涂料的适应性强，涂后钢板表面质量稳定，缺点是可能出现辊印。

b. 淋涂式

淋涂式也称为幕流式，其特点是涂料容易从容器底部的缝隙中均匀流出，形成涂料幕，涂到基板上。这种方法不会出现辊印，产品多用于高档家电，但是涂布量随速度的变化波动大，工艺控制困难，尚未大规模应用于生产。

c. 粉涂式

粉涂式是使用高压静电把涂料粉粉末沉积附着到基板上实现涂装。这种方法生产的产品综合性能高，质量稳定，但控制难度大，因而未得到广泛应用。

另外，还有早期采用的刷涂法、浸涂法、空气喷涂法和特种行业使用的无空气喷涂法、电泳涂效法等，不一一叙述。目前，新建彩涂线多采用辊涂法施工。

②辊涂方式

从带钢和涂覆辊的相对运动方向来看，辊涂分为顺涂和逆涂两种方式。

a. 顺涂法

顺涂法是指带钢和涂覆辊的运动方向一致。适用于低黏度涂料，一般用于薄膜型涂装。所获得的涂膜厚度为10～20μm。涂装速度一般不超过100m/min。超过100m/min，应用逆向辊涂。与逆向辊涂机比较，涂布辊（橡胶辊）的磨耗小。

b. 逆涂法

逆涂法指的是带钢和涂覆辊的运动方向不一致。适用于高黏度涂料，一般用于厚膜型涂装。当然，在生产过程中，支撑辊、涂覆辊、提料辊及测量辊旋方向的不同组合，对带钢漆膜厚度都会有不同的影响。

③特殊彩涂产品及生产工艺

随着彩涂行业的发展，生产厂和涂料供应商根据不同的用途和需要，开发出许多特殊彩涂产品及生产工艺，主要有印花、热贴膜、热压花、冷贴膜、冷压花及涂蜡保护等。

（2）彩涂产品发展趋势

2005年至2010年期间，我国彩涂钢板的生产总量将由480万t增至800万t，其中用于建筑业占85%，家电产品为3%，其他产品占12%，可见我国彩涂板产量不少，但是大部分产品都是通用型的，质量一般，品种单一，主要用于建筑领域，汽车、家电等高档产品依靠进口、进口量几乎占国内彩涂板市场的一半。这就要求我们将关注重点放在开辟新的应用领域，能够采用新技术生产具有不同使用特性和花色品种的有机涂层钢板。

①提高基板质量

彩涂基板一般采用冷轧钢板、热镀锌钢板、合金化板、电镀锌板、镀锌铝板等，某些高档产品以不锈钢做基板，无论采用哪种基板都要求其具有较高的表面质量、板形及尺寸精度。

②涂料的改良

由最初的醇酸树脂、塑溶胶、聚酯树脂、高性能的含氟树脂到水性涂料、粉末涂料等环保节能型涂料的应用，涂料的不断改进使产品具备耐蚀性、抗紫外线、耐候性、耐褪色性、耐磨损性、耐指纹性、耐溶剂性等，以及最新研制成功的抗菌性、防静电、保洁性及耐黑变等彩板。

③PET 复合贴膜彩色板技术

PET 是指聚乙烯对苯二（甲）酸盐，一般使用透明的 25μm 厚的膜，PET 膜广泛用作磁性录音材料、照相、包装材料等的基膜。其力学性能好，膜的硬度为 1～2H；具有良好的耐热性；除强碱外，具有良好的抗化学腐蚀性、抗温性、抗污染性、抗溶剂性。

PET 复合贴膜彩色板一种采用 PET 膜与油漆复合的涂装技术，透明的 PET 膜层压到彩涂板的表面；另一种为层压 PET 膜底部印画彩涂技术，用直接照相印画法将图画印到 PET 膜上，再用厚约 5μm 聚乙烯类树脂粘结剂将印好的 PET 膜层压到涂好底漆的基板上，底漆多采用热固化的环氧树脂。

④粉末涂敷工艺

继几年前国外粉末枪技术的应用，美国 MSC 研制出粉末云涂装技术：将粉末涂料在强大的静电场作用下，通过粉末旋转刷产生涂料粉末云，形成粉末云状带有很高电荷的固体涂料颗粒，飞向高速运行的基板，产生足够大的边界穿透力，由此，粉末颗粒便均匀地沉积在带钢表面上，再经过固化、保温、淬水冷却处理。

此种工艺能适应高速高效涂装，产品抗腐蚀、抗划伤、抗褪色性能好，色泽均匀，环保成本低。

（3）结语

我国彩涂板生产无论产量、质量和机组数量上均落后于世界水平，而且据专家分析，世界彩涂板生产线的开工率通常为 70％～85％，我国彩涂业面临的形势还是比较严峻的。预计在未来几年中，国内彩涂钢市场仍将以建筑行业为主，家电行业需求量也将明显增加，主导产品将向薄规格、高强度、耐腐蚀性的方向发展。降低成本，提高质量，净化处理废物、废气等环保问题以及开拓更广阔的应用领域是亟待解决的问题。应投入大量的人力、物力，研制新工艺、新技术、新产品，以低成本高质量的产品面向国内外的市场。

3. 铝型材电泳涂装的现状及发展趋势

(1) 我国铝型材电泳涂装现状

经过近20年的发展，我国铝产业已形成一个完整的工业体系，成为国民经济的技术产业之一。原铝产量已达到250万t以上，占世界第三位，拥有铝加工企业1000多家，生产能力已达到350万t/年。可生产带、型、棒、线、锻、粉等18大类，200余种合金，2400多个品种，特别是铝型材产量已增加100倍，达100万t/年。

我国铝型材电泳涂装始于20世纪80年代中期，在随后的10年间，只有少数厂家拥有生产线，如西飞铝型材厂、秦皇岛铝业公司。电泳涂装发展缓慢的原因是：①价格太高，当时电泳涂料靠进口，销售价比普通型材高8000～10000元/t。②工业水平低，铝型材的制造是一门综合技术，其质量与熔铸、挤压、模具及工艺表面处理、环境条件等因素直接相关，工艺过程中的任何问题均会在电泳涂料的透明特性下暴露无遗。

目前铝型材业经过技术改造，已走向中高档型材发展时期，生产和管理技术都有长足的进步。随着人民生活水平的提高，市场需求多样化，促进了铝型材表面处理技术的发展，由单一的古铜料发展到拥有粉末涂装、喷涂氟碳涂料、有机和无机染色、电泳涂装、机械和化学抛光等工艺手段，新一代的木纹化处理技术，三段电解多色着色以及微弧氧化着色技术也在试产中。铝型材的外观有钛金、金黄、香槟、仿不锈钢及各种色彩，还有显示镜面、沙石、亚光、珠光等特殊效果的。在众多的表面处理技术中，电泳涂装是最具发展潜力的，因此近两年来铝型材电泳技术取得了突飞猛进的发展。生产线由1997年的30条猛增到100条以上，生产能力由4万多t发展到30万t，但实际产量仍在10～15万t/年，仅占我国铝型材总产量的10%～15%。

(2) 电泳涂装铝型材的特点

其一，在铝型材经阳极化和电解着色后再进行电泳涂装，有双层保护。具有高透明、高金属质感、高耐蚀及高耐候性，比喷漆、粉末喷涂更具装饰性，深受用户喜爱，已广泛进入家庭装修，潜在市场极大。其二，工艺容易实施，只要在生产线上增加几个槽与铝氧化，着色工艺形成流水线生产。水溶性电泳涂装安全，可以实现闭路循环，有利于环保。

(3) 铝型材电泳涂料及涂装工艺

1) 铝型材阳极电泳涂料

由于丙烯酸树脂具有优异的耐候性、耐磨性，树脂无色透明，装饰性优异，可通过配方调节涂料性能。丙烯酸树脂主链由碳-碳键组成，抗化学性高，配成含水量大的碱性电泳漆液也不会分解，具有良好的稳定性，因此丙烯酸类型的阳极电泳涂料占据了铝型材电泳涂料的主流。

目前还有一类不透明的聚氨酯电泳漆，性能优异而且工艺简单，因为采用有色的不透明聚氨酯电泳漆，可取消阳极氧化、着色、封闭工艺，有利于节约成本。

随着电泳涂料在铝型材及电镀制品上的广泛应用，为满足各种产品的不同需求，电泳涂料的品种急剧增多，目前除丙烯酸阳极电泳涂料，聚氨酯阴、阳性电泳涂料外，还有功能性的抗菌、绝缘、自润滑电泳涂料等，及装饰性的亚光、高光、珠光电泳涂料。

2）电泳涂装的特点

自20世纪30年代电泳涂料及涂装在福特汽车公司一条车轮涂装线上使用，近40年来其应用得到了飞速发展。由于电泳涂装使用水性涂料，具有安全、高效、质优、环保的优点，在汽车工业中得到了广泛的应用。由于电泳涂料的优异性能，透明的丙烯酸类和聚氨酯类电泳涂料自70年代开始已成功用于金属表面的装饰和保护，如铜字招牌保护、不锈钢及电镀制品的装饰和保护，作为最终保护装饰的最具代表性和应用最广泛的就是建筑铝型材的电泳涂装。

传统的铝材型材表面处理工艺是氧化、着色及封闭处理，这种铝材的转化膜在户外长期使用时，特别是在酸雨或海洋环境中时，容易腐蚀，耐久性差，因此自70年代开始，人们尝试用涂料涂装的方法来提高建筑用铝型材的装饰性能及使用年限，目前，已工业化成功之用的有电泳涂漆、粉末涂装、氟碳漆涂装等。由于电泳涂料是水性涂料，铝材经前处理水洗后可直接电泳，电泳涂层透明度高，既具有高装饰性又可突出铝型材本身的金属光泽，因此建筑铝型材已越来越多地使用电泳涂装。

电泳涂装以其透明、高度金属质感、高耐候性和耐蚀性，在铝型表面处理工艺中占据重要地位，它较铝型材的其他喷涂工艺（如喷漆、粉末喷涂等）有更高的装饰性，因为它突出了铝材本身的金属质感，水性电泳涂装的安全、环保、易自动化及涂层的高质量，使铝材的电泳涂装工艺有了更广泛的应用，是装饰性型材及电镀件涂装的发展方向。

电泳涂装法和其他涂装方法相比有以下优点：

①易实现自动化生产。由于电泳涂装在水性电泳槽中进行，与阳极氧化、电解着色工艺类似，处理时间短，容易实现整个工艺的流水线作业。

②涂膜均匀致密。由于电泳涂料的高泳透力，可使复杂形状的型材亦获得均匀的涂膜，通过调整电量可控制膜厚。

③涂料的利用率高。由于黏度低，工件带出较少，而且电泳工件可用水洗，回收装置的利用使电泳涂装的涂料利用率高达95%以上。

④安全性和环保性。由于电泳涂料的水稀释，固体分低，溶剂含量少是环保型涂料，且免除了火灾的危险，工人健康也有所保障。

⑤涂膜质量好。丙烯酸树脂用氨基树脂固化，保证了涂膜的高装饰及高耐腐蚀

性，同时由于树脂高度透明，有效地突出了金属质感，根据需要还可得到亚光、沙面、珠光等装饰效果。

⑥和通常的电解着色封孔工艺相比，具有省时，节省人力的特点，树脂膜同时无需封孔，避免了由于封孔不好造成的裂纹等问题。

⑦可自由控制涂膜的厚度，国内外通常控制 7μm 和 12μm 两档。

⑧由于电泳层透明光亮，因此要求铝铸锭质量高，挤压材表面平滑，机械缺陷少，对氧化着色工艺要求管理严格，因为任何微小的缺陷和玷污都会在亮漆下暴露无遗。

⑨对电泳工艺管理要求高以提高成品率。

3）电泳涂装的原理

涂料状态（乳化状态）：含羧基的丙烯酸树脂，中和剂为氢氧化钾或有机胺，固化剂为三聚氰胺甲醛树脂。

pH：7.8～8.5 之间

电沉积：在 pH 值下降时析出

电极反应：阳极（铝型材）

$$2H_2O \longrightarrow 4H^+ + 4e^- + O_2$$

$$R-COO^- + H^+ \longrightarrow R-COOH$$

水溶性　水不溶（涂膜）

$$Me \longrightarrow M_{e^{n+}} + ne^-$$

$$RCOO^- + M_{e^{n+}} \longrightarrow (R-COO)_nMe \text{（析出）}$$

阴极（极板）

$$2H_2O + 2e \longrightarrow 2OH^- + H_2\uparrow$$

由以上可知，电泳时在工件表面涂膜沉积，阳极有氧气产生，可以促进成膜，但氧气产生过多会造成涂膜外观光亮度差，因此电泳过程中要对电导率进行控制，另外要控制 pH 值，它与涂膜的沉积密切相关。阳极电泳时有金属离子析出，参与成膜，铝型材电泳金属离子析出和钢铁件不同，对颜色的影响甚微。

（4）电泳涂装的工艺及设备

1）电泳的工艺过程

以阳极电泳为例，通常按如下工艺进行脱脂→水洗→水洗→中和→水洗→阳极氧化→水洗→电解着色→热水洗→水洗→电泳→水洗→干燥

2）电泳的工艺条件

固体分	7%～9%
温度	20～25℃
pH	8.0～8.8
电阻率（20℃）	1500～2500Ω·cm
电压	（DC）80～250V

电泳时间　　　　1～3min

电流密度　　　　15～50A/m²

涂膜厚度　　　　7～12μm

3）铝型材电泳工艺设备

①电泳槽：铝型材电泳槽多设计为长方形矩形槽，其内部大小取决于装挂吊的尺寸，槽体用4～6mm钢板，内衬用聚丙烯或环氧玻璃钢，需设置溢流槽。

②电源：直流要求0～250V可调，电流大小根据50A/m²计算，约2000A/槽。电源的波纹因素一定要小于6%，波纹愈大电泳涂膜产生孔隙的几率愈大。

③电极：在阳极电泳时，铝型材作为阳极，阴极板采用不锈板或铝板，阴极面积为工件总面积的一倍。板隔膜采用聚丙烯纤维布。

④热交换系统：可保证槽液温度稳定。

⑤预配槽及自动添加系统：预配槽可完成电泳槽液的配制，以保证达到正常参数；自动添加系统，可补充每槽铝型材所消耗的电泳漆的量，保证电泳槽液固体分在工艺范围之内，以确保膜厚度的一致。

⑥离子交换处理（IR）系统：阳极电泳时，阴极pH值会不断增加，采用离子交换树脂系统可去除槽液中的杂质阴、阳离子，使槽液pH值稳定，若再加上反渗透装置，则可实现闭路系统，有利于环境保护和工艺控制。

⑦烘烤系统：多采用辐射对流式，阳极电泳漆膜需经过140℃高温烘烤。

（5）总结

由于电泳涂料及涂装成本的降低，铝型材的电泳涂装发展迅速，国内有众多大型的铝型材厂都上了电泳线，以满足市场对高品质型材的需求。电泳型材的耐候性、耐蚀性及装饰性都超过了传统的氧化着色封闭型材，和喷粉及涂漆型材相比，它突出了金属的质感，装饰性更佳，目前电泳型材如果能在以下方面得到改进，将会占有更大的市场份额。

铝铸锭加工工艺的改进、电泳管理水平的提高、丙烯酸涂膜具有更高的硬度和透明度，国内涂料厂家正在做这些方面的改进，以期达到国外同类产品水平，让铝型材产品的应用范围扩大，更多的制品采用电泳涂膜装饰保护、电泳涂膜烘烤温度降低。

综上所述，我国铝型材电泳涂装的发展正进入一个新的时期。随着我国城市建设的发展，居民装修水平的提高及应用领域的扩大，电泳型材以其高品质、高装饰性和耐蚀性，良好的成膜性能，电泳工艺的安全性、环保性，铝型材电泳涂料涂装将在我国有更加迅速的发展。

4. 技师技术总结（技术论文）的写作知识

论文是科学技术成果交流总结的一种形式。对于广大参加技师考评的技术工人来讲，通过撰写论文，可把自己在科学研究和生产实践当中摸索出的好经验、好方法及科学成果加以总结和提高，用书面的形式表达出来，以供同行参考与借鉴，同时便于进行交流和推广，由此再去指导生产实践，为生产服务。

（1）论文的特点

技术工人所写的论文不同于一般的工作总结，属于专题性的论文，只着重借鉴一个问题，而不需泛泛而谈。把在生产实践中所遇到的问题、现象经过去粗取精，去伪存真，由此及彼，由表及里的加工整理，找出带有规律，对今后工作有指导性的东西。用所学到的专业知识，进行理论上的分析，上升到一定理论高度，用书面形式表达出来。所以论文撰写是个人专业的一次具体运用，是理论与实践结合的重要实践。对技术工人来说，技术实践是有一定技术含量的比较复杂的工作，为了说明某个技术问题，既要有文字处理，又要有图形和数字的表述。但在技术实践的过程中，不少资料、数据、图表等往往比较分散，有的记在几个本子上，有的没有记录，只记在心上，有的甚至散落在不同地方，工作完了，这些资料也就没了，经验得不到及时总结，取得的成果未能推广应用，是一种浪费。

（2）撰写论文的目的意义

根据国家规定，技师考评方式中的综合评审，要通过论文答辩的方式去进行全面评议和审查。写论文的目的，就是要应用专业知识，对某个技术问题，用说明和讨论的方式进行总结和提高。上升到理论上的高度进行分析，就是要将自己好的经验、好的科技成果总结出来，介绍给同行。

不应为评审而去写论文。有些参加技师职称考评的同志，在进行论文写作时，认为评审要求论文字数为3000字左右，那就从有关的书籍上这里抄一段，那里抄一段凑字数，将理论原理或概念抄上一大段，再草草将涉及论述的内容来个叙述结尾，而根本不理会前面论述的理论原理与论述内容是否相关，对解决问题有否起到解释和指导的作用。其实要用短短3000字将有价值的难题论述清楚并不容易。论文写作的要求：一是要让别人能通过论述，理解掌握到先进技术方法；二是要通过有力的论点、论据甚至一些科学依据让人信服做法是彻实可行的，有采用价值的。所以，用3000字将一个较复杂的技术问题写清楚，其语言文字要求是比较精辟的，这样的要求反而比字数多的论文写作难度更大。

（3）准备工作和撰写程序

论文的准备过程实质是科学研究的过程，是运用所学的理论知识解决实际生产技术问题，再上升为理论文章的过程。撰写论文，需要收集有关资料、数据，同时要分析哪些资料、数据可用，哪些则需完善、补充。在此过程中，积累素材、资料，收集数据、现象等形成论点，才能着手写作。一般程序如下：

1）选题。不少技术工人工作实践多年，曾参与不少技术项目的工作，也取得了不少成果、获得各种奖励，但在撰写论文时不知写哪些内容，也就是如何选题，这是普遍存在的问题。

2）查阅资料。收集内容近似的他人资料，选择说明论文的材料，要有一定的典型性和代表性，做到心中有底。

3）积极咨询，虚心求教，吸收他人经验。技术工作具有连续性和继承性，特别是在科技迅速发展的今天，借鉴和吸收别人成功经验或失败教训，从中受到启发，以扩大自己的视野。对某些技术问题一时理解不了，一定要不耻下问，以补充自身不足。

4）整理原始数据和资料。必要时，实地观察，记录试验全过程，为论文的撰写提供更有力的依据。

5）绘制表格、插图、选择照片。利用图形代替文字表述，往往会使其机理和工作过程更形象，阐述更深刻。

6）拟好论文题目和写作提纲。设大标题、小标题。一般的题序层次：第一级为一、二、三等；第二级为（一）、（二）、（三）等；第三级为1、2、3等；第四级为（1）、（2）、（3）等。

7）撰写论文。最好先起草稿，然后整理补充，最后再修饰文字。

（4）论文的选题

1）题材来源

题材取自于技工的生产与工作实践，适合自己实际，撰写起来才心中有数，得心应手。其技术含量，不但反映了作者发现问题、分析问题和解决问题的能力，也体现了作者的认识水平。选题一定要经过深思熟虑，反复研究，不要摇摆不定，更不可中途改题。选题要求真实且具有实际意义。

2）选择内容

论文要送专家评审，送审者要通过论文展示自己的专业知识、专业能力和专业水平；而考评专家评审论文是鉴定考生能否达到技师资格的重要依据，因此，技师论文应是考生的知识能力和技术水平的代表作。可以选取以下方面的内容：

①使用和修理经验总结。

②试验研究。

③调查报告。

④技术革新和创造发明。

⑤技术管理与运用。

⑥学术讨论。

⑦综合分析。

3）注意事项

选题应注意如下事项：

①选本人熟悉或曾参与过实践的课题。从技巧上说应选择个人最熟悉、拥有最丰富资料的课题。所选课题应是本人直接参与过的，本人是项目的主持人，起码是主要的参与者。

②选题要具体，范围不宜太宽。课题小，范围窄，意义不一定就小，只要能抓住一个重要的小题，找出解决方法和步骤，把问题写深写透，即可以得到以小见大

的效果。宁可解决小问题，切忌泛泛而谈。

③本人知识和能力胜任的问题。所谓“不熟不做”，一定要考虑自己的特长和能力，切忌好高务远，赶时髦。

④对生产具有实用价值。能急生产之需，解决生产过程出现的问题，提高劳动生产率，为企业创造财富，具有良好的经济效益。

⑤有一定科学性、创造性。要体现本人的独立见解，能突出新的观点、新的方法、新的发现和新的结果。可用公式、图表进一步说明。

⑥与本工种课题结合。就评审的要求来说，不同工种的技师有不同内容要求，各工种的论文课题必须在本工种专业范围内选定，选定的课题一定要与所报技师的工种相符，不要跑题。

（5）论文格式要求

1）论文字数：约3000字。

2）稿纸：一般使用16开优质纸张。

3）字体：宋体。最好采用较大的行距和字距，书写字体要端正。

4）内容：

①封面：标题、作者及单位、日期。

②目录：序号、题目和页数。

③摘要。

④关键词。

⑤前言。

⑥正文。

⑦结束语或结论。

⑧致谢。

⑨参考文献资料。

⑩附录。

（6）撰写论文

1）标题

标题要准确地反映论文的中心内容。它是论文的窗口，起到画龙点睛的作用。为了准确，标题有时宁可长一些，但并非越长越好，相反，在不影响准确的情况下，应力求简练。

①标题类型

a. 以研究对象、研究目的为题。

b. 以研究结果为题。

②根据内容需要，有时可用副标题。其作用：

a. 改造太长的标题：把长标题的一部分抽出为副标题，使主标题醒目。

b. 对主标题补充、解释和说明。

2）署名

论文的署名者要对论文的内容和论点承担学术责任，作者必须熟知论文的全部资料并能够随时回答评审员的质疑。

若论文编写不是本人独立完成，而是有合作者，那么须署上合作者的姓名。署名按贡献大小为序，每个名字的下方须用括号注明作者工作的单位。

3）摘要

又称提要。摘要比较简短，是全文的高度“浓缩”，内容可包括本论文的目的、意义、对象、方法、结果、结论和应用范围等，其中对象、结论是不可缺少的。

4）关键词

又称主题词或标题词。它是从论文中选出最能代表论文中心内容特征的词或词组，是论文最高的概括。一般可选出3～5个关键词。关键词列于摘要之后，另起一行书写。

5）前言

前言是论文的引子，目的是引出正文，内容包括三个方面。

①由来：说明写此论文的理由，并对与论文有关的国内外发展动态进行综合评述，衬托出论文的价值。

②任务：说明本论文的内容与问题。

③结果：介绍获得的结果或结论。

前言必须简短精练，一般为100～200字。

6）正文

正文是论文的主体部分，如果前言提出了问题，那么正文就要分析问题和解决问题。它是运用素材论证观点的部分，因此是技术水平和创造才能的体现。

就技工的特点，现提出以下几种格式，可根据具体情况灵活掌握。

①经验总结性论文

a. 现状。

b. 分析（包括社会效益、经济效益）。

c. 措施。

d. 结论。

②试验研究性论文

a. 材料与方法：自然条件，技术要求，设备装置，试验过程，处理方法。

b. 结论与分析：对所测的现象与数据进行整理、排列、分析，尽量用图表、照片表述，用文字扼要阐述。

c. 讨论：对试验结果进行综合分析，与他人有关试验进行比较，根据结果得出结论，指出其在生产实践中的价值意义等。

③技术革新性论文

a. 现状。

b. 原理。

c. 主要结构及其工作程序。

d. 主要参数。

e. 使用与操作。

f. 试验分析。

g. 评价：社会效益、经济效益。

④综合性论文

a. 提出问题：陈述写此文的理由，即必要性。

b. 全面反映发展动态与现状。

c. 对大量资料归纳整理。

d. 预测，展望，改进建议。

7）正文内容

正文内容是论文的主体，占论文篇幅的绝大部分，反映论文达到的学术水平，是作者的技术水平和创新才能的体现。虽有几种格式的论文，各有特点，但一般正文都包括以下内容：

①提出问题

首先提出需要解决的故障问题，说明存在的危害，解决问题的理由和必要性。

②分析研究问题

根据所掌握的专业技术知识进行分析，用基本原理去说明采取各种技术措施的理由，解释因果关系，从理论上说明其必然性和偶然性。

③解决问题

根据分析现状、条件和技术要求，说明解决此问题的方法和技术措施，所选择的技术路线，具体的操作步骤。

④结果

要充分阐明本项目结果与他人结果的异同，突出本人在工作实践中的新发现、新发明或新的见解，充分说明论文的价值。

8）正文编写的要求

①中心明确

撰写论文要有一个明确的目的，要重点突出，即须明确为什么要撰写，想达到什么目的，这也是明确主题的关键。中心明确利于对收集的材料进行挑选、安排。根据中心论点的需要，将各种素材、数据、资料进行筛选，弃掉不可靠的内容，选出准确、可靠又有说服力的材料。

②论证充分

正文仅仅做到有材料、有观点是不够的。编写过程中，需有严密的逻辑性，把观点和材料有机地组织起来，运用所学过的知识，用有关的定律、公式、推论等作为依据进行分析，综合概括，最后自然引出结论。故在写作中，先编写出层次分明的提纲，再不断地加工修改，直到满意为止。

③具科学性

科学性是论文的生命，没有科学性，就没有可行性，也就没有论文存在的价值。所以必须端正态度，实事求是。论文论述的内容要真实，切忌弄虚作假。文中运用的素材要反复核实，对那些与观点不一致的材料要作适当说明，所引用的数据、结论要准确。对解释不清或不能解释的材料应该有所交待，内容真实可靠，观点要中肯，对技术实践中确实发生过并经核证的事实，不能夸大，也不该缩小，正视存在的问题，并给予实事求是的说明。

④具实用性

所写内容要有实用价值，要能说明和解决某一实际技术问题，切忌无根据凭空猜想。从实践中来，又回到实践中去指导实践，这样的论文无论技术价值还是经济价值都会更大。

⑤具创造性

论文要有创意，使工艺设备都得到改造和更新。创新是衡量论文价值的重要标准，小改小革也能反映创新精神。当然我们所说的创造性、创新精神并不是空前绝后，也不是重大发明创造，对技术工人来说，只要求在本专业范围内所写的论文有自己的特色，不人云亦云，不简单重复，不机械模仿或全盘抄袭。切忌泛泛而谈，缺乏个性。

⑥有理性

论文要有分析，有说服力，要用所掌握的专业知识对实践中出现的问题进行分析和讨论。论文在内容和形式上都要符合各种工种的专业要求，所使用的图形、照片、表格、公式、符号都要符合本工种专业范围国家标准要求，以提高论文技术水平。

⑦有序性

全篇论文结构要阐述清楚，层次分明，让人一目了然。论述方式应根据内容要求予以确定。论文书写时，要做到深入浅出、布局清晰，条理分明，思路明确，简洁可读；做到有目的、有分析、有措施、有结果，这样写出来的论文才能起到传播、交流技术信息的作用。

论文与文学创作不同。文学创作最忌雷同和千人一面的公式化，而论文有一定规范的程式、要求和基本格式，所以在撰写论文的过程中，一定要遵循论文的基本格式和规范，有序地进行编写。

9）结束语

结束语一般包括结论和建议两部分内容。

①结论。全文的总结，是论文的精髓，写作要十分严谨，了解了什么问题，得出了什么经验，应一针见血地说清楚。

②建议和说明。建议部分提出进一步的设想、改进方案或解决遗留问题的方

法，说明部分包括结论推广的范围和可能性。

10）致谢

致谢的对象是除作者以外所有对论文写作有帮助的人，如论文审阅者、论文编写的指导者。可以用这样的格式：“×××对全文的修改提供了宝贵意见，谨此致谢”；“×××与作者进行了十分有益的讨论，特此致谢”。

11）参考文献

凡文中引用他人论文、报告、总结中的观点、材料、数据和成果等，都应按引用的资料出现的先后顺序连续编码，依次列出参考文献的序号、作者姓名、题目、出版单位、出版年月。它的作用是：

①作者引用他人观点和成果之处，反映论文的依据、严肃性。

②便于评审员据此追踪查阅原文。

③反映作者对本论文研究的深度和广度。

12）附录

附录是不便列入正文的有关资料或图纸。有时论文写好后又有新的资料需补充，则可作为附录附上。

操作步骤：

1. 针对生产或设备系统中存在的薄弱环节提出改进方案。
2. 参与新工艺、新产品、新设备的开发设计和试验并提出建议。
3. 对生产实践经验进行总结。
4. 对产品质量控制水平进行总结。

思 考 题

1. 了解行业发展的特点。
2. 技术论文内容主要由几部分构成？

第6篇

金属材涂层工（高级技师）

第 1 章 涂 层 作 业

1.1 配制涂料

1. 环氧树脂漆

工业辊涂用环氧树脂漆，通常具有极强附着力，防腐性能、耐水、热稳定性好，涂膜坚韧耐磨，但其缺点是漆膜外观及耐候性差，室外使用易粉化，故常用作涂层产品底漆及对防腐要求较高的食品包装涂料。

作为食品包装内涂或外涂防腐涂料，环氧树脂与酚醛树脂按 80∶20 比例配合，经高温固化后，涂膜有优异的防腐性能，如在环氧树脂中加入有机硅改性，可使涂料耐水、耐化学性得到进一步加强，可经受高温、水煮、耐酸、耐硫而保存漆膜完好，能满足食品卫生要求。

2. 聚酯树脂漆

卷材涂料中，聚酯树脂漆通常固分高，漆膜丰满光泽高，物理机械性能好，漆膜具有坚韧、耐磨、抗冲击力优良和良好的抗划性，但由于分子链酯基的存在，漆膜耐水性略差，影响了其耐久性，聚酯漆在建筑装饰材料中应用较广，常用作涂层产品底漆、面漆、背漆，主要用于室内装修。

饱和聚酯树脂需加入氨基树脂交联剂配成烘烤漆，特别适用六甲氧甲基三聚氰胺交联剂时，有更好的交联效率和韧性，可作彩板用高抗冲击涂料，如酯基有大的邻烷基保护或用有机硅改性，则有良好的耐水耐久性，部分可作料室外装饰涂料使用，目前聚酯涂料应用领域和用量不断扩大，正在对其作为室外面漆应用的研究。

3. 氟碳树脂漆

卷材涂料常用氟碳涂料主要是聚偏氟乙烯涂料（PVDF）。图 6-1-1 为 PVDF 树脂化学结构图。

氟树脂由于 F—C 键极性小，键能高，稳定性好，可在 25℃下长期使用并有良好的低温柔韧性。

从图 6-1-1 中可见，由于氟原子对 C—C 主键的屏蔽保护作用，使氟碳树脂耐化学性优良，同时，氟碳树脂低表面张力使其具有良好的抗油、抗水、抗污及表面不粘性。由于摩擦系数小，还有优良的耐磨性。另外，F—C 树脂耐候性优异，抗紫外线渗透。

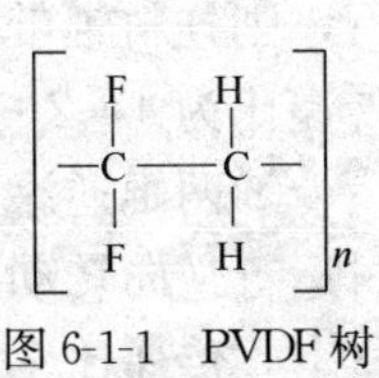

图 6-1-1 PVDF 树脂化学结构图

氟碳树脂由于其化学特殊性及分子结构，使其不溶于有机溶剂，流动性差，故工业生产中所用氟碳涂料系采用丙烯酸树脂与 PVDF 共混来改善其流动性和漆膜附着力。

在常温下，PVDF 树脂粒子只分散于（并非溶解于）有机溶剂与丙烯酸树脂内，在涂装烘烤时于 170℃开始融解，于 221～260℃完全熔合于漆膜，当然，熔合的温度还取决于不同涂装线机列速度和固化时间长短。

通常各涂料厂按 Kgnar500 或 Hglat5000 要求配置 PVDF 涂料，其中，氟碳树脂含量占树脂量的 70%，丙烯酸树脂占 30%。

图 6-1-2 为涂膜形成示意。

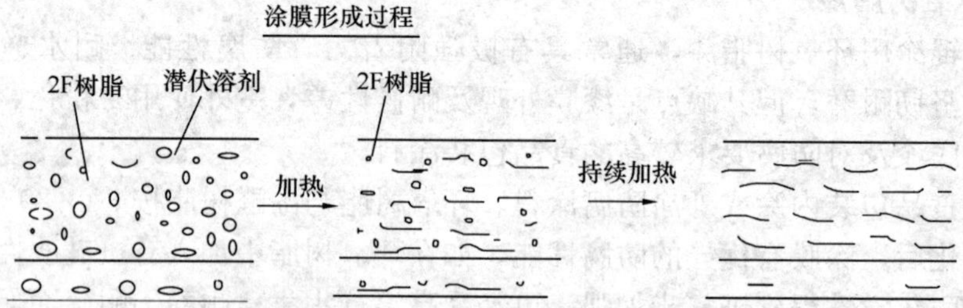

图 6-1-2　涂膜形成示意

操作要求：

（1）根据产品标准及涂层机列线的生产工艺特点对涂料改进提高要求。

①生产中，根据统计、分析对涂料施工性能范围窄漆膜表面质量不稳定等涂料原因提出改进建议。

②通过对仪器检测值进行分析，找出影响漆膜色差不稳定的变化因素，提出改进措施。

（2）能分析涂料对产品质量的影响

要求在涂装前能根据涂料黏度、流动性等涂料状况情况，预防生产中可能出现的质量缺陷，制定控制措施。

1.2　操作涂层机

1. 不同涂覆方式下，涂料的传递特点

（1）设定各辊在带材运行等速转动下，涂料传递情况

①两辊顺涂方式，如图 6-1-3 所示。涂辊与挂料辊与带材在接触点处于同向运行，则挂料辊带上 1 份涂料，传递至涂辊上则为 1/2，涂辊传至带材上则为 1/4，传递比为 4∶2∶1。

②两辊逆涂方式，如图 6-1-4 所示。在接触点，涂辊与挂料辊同向转动，与带材运行逆向转动，则挂料辊上涂料的 1/2 传递至涂辊上，涂辊则向涂料全部传至带材上，传递比 2∶1∶1。

③三辊逆涂方式，如图 6-1-5 所示。计量辊不参与涂料传递，只控制挂料辊上

涂料的流平和分散，故在此方式下，挂料辊上涂料均传至涂辊上，涂辊又全部传递至带材上，传递比为1∶1∶1。

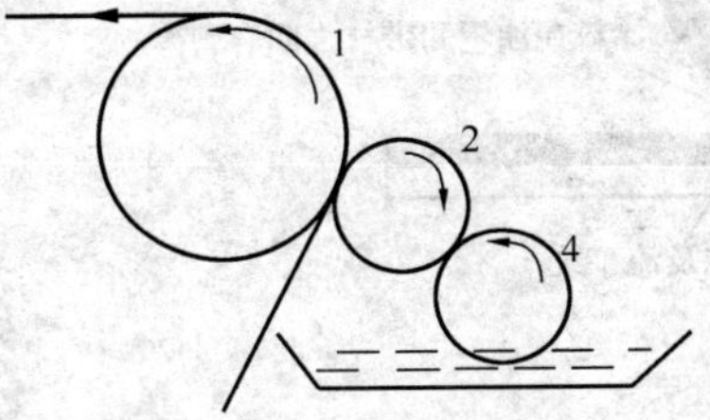

图 6-1-3 两辊顺涂

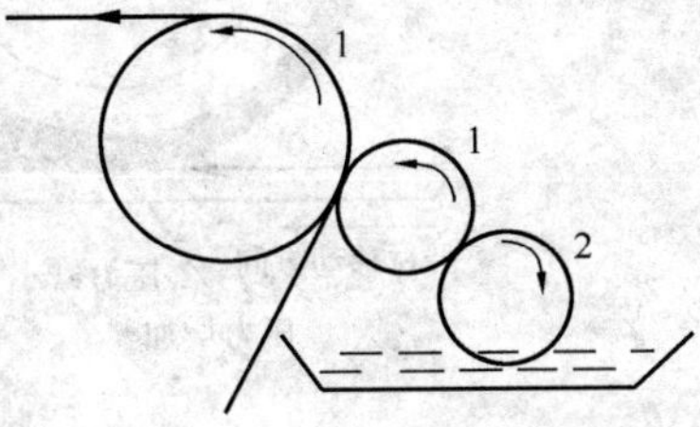

图 6-1-4 两辊逆涂

（2）说明

①从涂料传递过程说明，三辊涂装方式传递比最大，因而利于涂漆膜较厚的要求，两辊逆涂次之，两辊顺涂只能在漆膜要求较薄时采用。

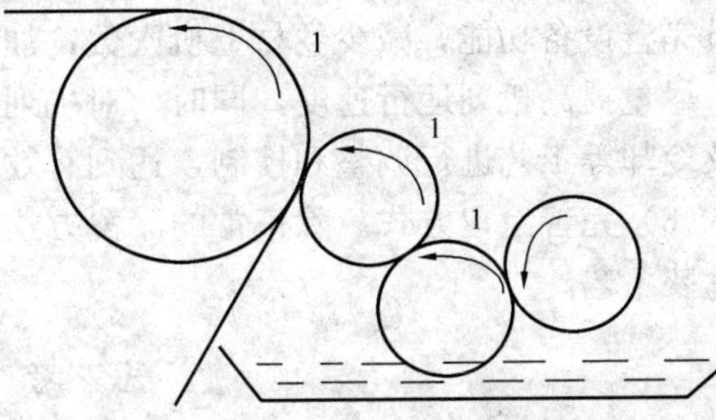

图 6-1-5 三辊逆涂

②在实际生产中，除印刷类彩板要求各辊等速转动外，普遍采用的均是涂辊转速大于挂料辊，而三辊方式中计量辊转速要求是在保持挂料辊上涂料均匀下，可尽量低些，且与挂料辊压力也尽量小。

③采用哪种涂覆方式，主要是从产品漆膜厚度和表面质量要求以及涂料的施工性能等方面进行选择，漆膜厚度通常受工艺条件、辊速比、涂料黏度、辊间压力影响，同时要说明的是，涂辊辊面聚氨酯胶层的有效弹性系数对涂料传递影响很大，也影响到漆膜厚度及表面、涂料胶层的有效弹性系数、胶层厚度、溶剂渗透及挥发、磨削次数等方面，通常经磨削、胶厚薄到一定程度时，涂辊弹性系数已很低，只能报废，重新上胶。

2. 涂覆时的压力变化及影响

从图 6-1-6 中，涂辊与带材接触时，辊间压力增加，形成漆膜时，压力减少，在形成漆膜过程中，如果涂辊与带材间压力过大或涂料黏度偏高，随着漆膜形成，涂辊与带材分离时会对湿膜表面产生撕裂作用，在表面形成凹坑及流平纹，所以实际中，对辊间压力、辊面胶层弹性系数及涂料黏度的控制具有重要的意义。

操作步骤：

（1）不断总结实践经验，优化涂层机操作方法。对涂辊胶层的耐溶剂性及胶层的不同厚度进行辊间间隙和与带材压力的合理调节；根椐不同涂料的施工特点，制定涂层机辊速配置、辊间间隙、涂料黏度等工艺参数并对涂膜表面质量及性能值进

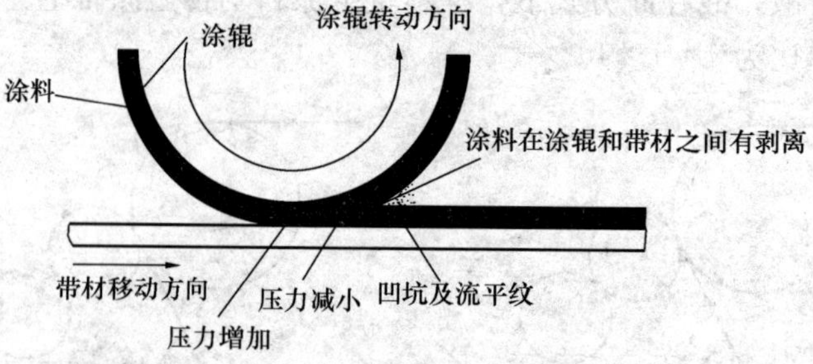

图 6-1-6

行评价，及时对现行工艺参数进行调整。

（2）优化涂层工艺，提高生产效率。根据机列及产品多层涂装特点，配合相关人员完善设备功能，减少卷材上机次数；加强机列岗位人员配合，在设备能力范围内，尽量提高机列运行速度，同时，对机列张力、清洗浓度、涂层室工艺、固化温度及冷却等工艺进行调整和控制，达到有效产出。

（3）完善涂覆方式。除正常的涂覆方式外，对部分特殊产品能制定或建议相应的涂装工艺。

思 考 题

1. 氟碳涂料为什么室外稳定性好？

2. 涂辊与带材间压力过大，对产品有何影响？

第2章　氧化上色

2.1　工艺操作

1. 合金成分对氧化上色的影响

纯铝阳极氧化时，所有的电量几乎全用于氧化膜的生成。当铝合金氧化时，由于添加有其他金属元素，则有部分电量消耗于析出氧气的次级反应上。合金成分越复杂或含量超高，都将使氧气的析出量增加，用于生成氧化膜的电量减少。也就是相同的阳极氧化条件下是不同的，复杂合金制品表面所生成的膜厚要比纯铝表面生成的薄，见表6-2-1。

表6-2-1　在相同阳极氧化工艺条件下，各种合金的氧化膜厚度

合　金	添加成分（%）	氧化膜厚度（μm）		
		氧化20min	氧化40min	氧化60min
L3	—	6.8	15	25
LF2或LF3	Mg2.5～3.0	6.3	14.8	22.5
LF21	Mn1.3	5.8	11.7	21
LC4	Zn6.0，Mg2.3，Cu4.7	3.8	8.1	12.2
LY12	Cu4.3，Mg1.6	3.4	6.3	8.5

注：铝合金的阳极氧化条件为：H_2SO_4溶液浓度20%；电流密度DC 1A/dm^2；温度20℃；全过程搅拌电解液。

不同铝合金的阳极氧化膜有不同的颜色，纯铝的氧化膜是透明无色的，能完全保持金属基体的光泽。高纯铝添加少量镁，氧化膜颜色不会有大的改变，但当含镁量超过2%时，氧化膜变成暗浊色。铝硅合金阳极氧化时，硅不发生溶解和氧化，部分硅进入膜层使氧化膜呈暗灰色。含硅量大时，阳极氧化前可先用氢氟酸浸泡，氧化膜的颜色有所好转，含硅大于5%以上的合金不适于作光亮着色制品，含量超过13%就难以进行阳极氧化处理。含铜的铝合金的氧化膜颜色发暗，当合金中含铜量超过7%难以进行阳极氧化处理。氧化上色过程中，含铜铝合金中的$CuAl_2$溶解，使得氧化膜层不均匀，孔隙度增大，耐磨性及抗蚀性下降。某些铝合金中的金属间化合物，如$FeAl_3$、$MnAl_6$、α-AlFeSi相等，会部分地存在于氧化膜中，不同程度地影响氧化膜的连续性和透明度。

不同合金的氧化膜在基体金属上的附着力和硬度也不同。如纯铝、铝-镁、铝-

镁-硅等合金制品表面上的氧化膜，受到锤击，即使破裂后仍能牢固地留在基体金属表面上。铝-镁-锌、铝-镁-锌-钛合金制品表面上可获得质密的深黑色氧化膜，硬度很高，但附着力不好，敲击时大部分氧化膜成片状脱落，露出光亮的基体金属。

热处理对氧化膜的颜色也有影响，这是由于热处理影响制品表面存在的金属间化合物的化学成分和分散度的缘故。如6063合金的建筑型材，热挤压制品与出料台上的钢铁或石墨块在局部位置上接触引起淬火不均匀，出现 Mg_2Si 的沉淀，制品阳极氧化后，接触位置出现斑块。还有的合金，如果是淬火温度不够，固溶不充分，制品阳极氧化后会呈现出与正常部位不同的颜色。

绝大部分变形铝合金可用多种方法进行阳极氧化，能获得良好装饰效果的合金有：铝-镁、铝-镁-硅、铝-锌-镁等合金。如果阳极氧化膜是用于装饰性的，合金中各组分及其含量为：0.5%Fe；2%～3%Si；1%～2%Cu（在直流电硫酸法中为5%以下）；0.5%～0.8%Mn；6%～8%Zn；7%Mg；0.3%Cr；0.3%Ti。部分变形铝合金的阳极氧化处理效果见表6-2-2。

表6-2-2　部分铝合金阳极氧化处理效果

合金牌号		主要成分（%）	适用于保护性阳极氧化	适用于阳极氧化、着色	适用于光亮阳极氧化
中国	美国				
LG5	1109	99.99Al	＋	＋	＋
L3	1050	99.5Al	＋	✓	✓
L5	1100	99.0Al	✓	✓	△
LF21	3003	1.25Mn	△	△	○
LF2	5005	2.25Mn	✓	✓	△
LF3	—	3.5Mn	✓	✓	△
LD31	6063	0.5Mg、0.5Si	＋	✓	△
LY11	2017	4.25Cu、0.625Mn、0.625Mg	○	○（暗色）	×
LY12	2024	4.25Cu、0.75Mn、0.5Mg、0.75Si	○	○（暗色）	×
LD8	2618	2.25Cu、1.5Mg、1.25Ni	○	○	×
LD2	—	1Mg、0.625Si、0.25Cu、0.25Cr	√	△	○
LD5	6351	1Si、0.625Mg、0.5Mn	△	△	○

注："＋"优良；"✓"良好；"△"尚好；"○"可以；"×"不适合。有的合金着色时只适宜着暗色。

铝合金的熔铸和压力加工过程对自然着色的铝合金有关键性的影响，比如6063合金经过自然着色可以得到青铜色氧化膜；若向合金中加入少量Cu（铜），则可得到浅青铜色、金色氧化膜；若加入少量的Mn（锰），可得到灰色氧化膜。而铝合金在压力加工和热处理过程中，由于金属的微观结构发生变化，因此也会影响合金的着色性能。

2. 熔铸或挤压缺陷氧化上色后的表现形式

铝合金在熔铸和挤压时，会产生各种缺陷，这些缺陷仅用肉眼是无法辨识的，通常要经过低倍试验检查，才能显现并被发现。低倍检查时用碱液对试样进行腐蚀，由于缺陷部位金属的腐蚀行为与正常部位有差异，所以缺陷就显现出来了。而铝合金在氧化上色处理中会被酸、碱、电解液所侵蚀，也会将低倍缺陷暴露出来。

（1）雪花斑

有的挤压型材在氧化前处理过程中会产生一种类似雪花状的缺陷，雪花部位Cl^-、Ca^{2+}、K^+含量异常。形成这种缺陷的主要原因为：

①6063铝合金铸棒Zn、Ca含量较高时，氧化处理前处理过程中，在SO_4^{2-}和Cl^-作用下就会出现雪花斑点。

②铝棒铸造时除气效果不好，因含有微量气体（主要为H_2），在氧化前处理时被腐蚀，内部缺陷暴露而呈现腐蚀斑。

③铸造铝棒时需要加入精炼剂、晶粒细化剂，扒渣操作不彻底或铝棒铸造用原料及辅料含有某种活泼性微量杂质，氧化时与H_2SO_4优先反应，产生局部腐蚀。

④挤压出口冷却不足，所形成的β-Mg_2Si介稳定相或$MgZn_2$（η）介稳定相与铝基体电位不同，电解时形成微电池造成电化学腐蚀。

（2）黑斑

黑斑是铝型材经碱洗及阳极氧化后，在表面局部出现的黑灰色斑痕。挤压型材冷却时Mg_2Si强化相析出的位置，对于铝基体来说，Mg_2Si相是阳极，在碱洗时优先被腐蚀，因此腐蚀速度也较深。所以形成黑斑的原因是挤压型材成型后冷却不好，达不到淬火的效果，Mg_2Si相长大、析出，在碱洗和阳极氧化时被腐蚀。

（3）表面条纹

①由于挤压模具结构设计不合理、挤压工作带不等长、挤压机运行不平稳、挤压速度过快等原因，铝合金通过挤压模后重新焊合成型时在金属焊合部位很容易产生焊合线条纹。由于金属在挤压模中变形程度不同，使得铝合金表面深浅不一，氧化上色后产生条纹状色差。

②由于挤压模孔粘有杂物、挤压速度过快、铸锭温度过高且不均匀等原因，使得金属在挤压分流时流动不均而出现差异，在成型时出现条纹状色差，氧化上色后差异更加明显。

③由于铸锭内部组织不均匀、有区域偏析，使得合金元素含量不同的区域在挤压成型后沿挤压方向出现色差。

（4）划痕

挤压筒内部不清洁，粘铝过多；挤压模表面不够光滑；铸锭表面不清洁，有杂物通过工作带；挤压筒温度过高，润滑剂使用过多等原因使得铝型材表面产生划痕。

（5）挤压横纹

在挤压型材表面出现与挤压方向垂直的有明暗的横向条纹，明的表现为白色的带拖尾的环，暗的则表现为光的反射不一样，两者一般都没有手感。模具出口带没有完全抛光，带有微小的毛刺，型材从模孔挤压出时，毛刺刮下一些碎屑，在出孔处堆积，当累积到一定量时，被型材一次性带出。挤压机压力不稳、波动也会产生这样的横向条纹。

（6）粗晶组织

有的型材进入碱蚀槽中碱洗后，表面会显现出粗晶，沿挤压方向呈条带状分布，尤其是壁厚较大的铝合金挤压型材，表面最容易出现。粗大晶粒区与正常细晶粒区在氢氧化钠溶液中所发生的腐蚀行为不一样。粗晶区由于晶粒位向不同，对光线的反射就反应出不同的明暗颜色，从各方向看明暗颜色也会发生变化。

（7）挤压缩尾

挤压缩尾发生在挤压过程的末期，金属处于紊乱流动状态，金属的填充不足，破坏了金属的连续性和致密性，而且还会将铸锭表皮的油污、脏物、氧化物等卷入制品中。挤压制品都要将缩尾切除，但有时也会将有缩尾的制品流入表面处理工序。由于缩尾导致金属局部疏松，所以在碱蚀后就能看到制品表面有放射状或抛物线状的黑条纹。在制品端面也能清楚地看到黑色的金属分界线。

（8）偏析、夹杂

铸锭中化学元素成分分布不均称为偏析。由于化学成分集中在局部析出，在碱腐蚀或是阳极氧化过程中，偏析处比正常部位会优先溶解，形成黑点甚至较大的坑。夹杂则是金属在熔炼和铸造过程中，污物进入铸锭中。有夹杂的制品（在制品表面上）经碱蚀或阳极氧化后，表面也会形成黑点。

3. 制定工艺的方法

绝大多数铝合金制品在使用前都要进行表面处理，处理工艺要根据制品的具体要求来制定。工艺制定过程一般首先制定出工艺路线，选择合适的前、后处理工序和氧化上色的方式，再制定出工艺控制要求，并在生产试验中进行验证和工艺优化。

（1）适用于铝合金制品前处理的工艺方法（表 6-2-3）

表 6-2-3　前处理方法及表面效果简介

前处理方法	简要介绍
脱脂	氧化前的脱脂去除表面油污和外来杂质，未作其他预处理，表面原机械痕迹仍可见。腐蚀在处理前难分辨，处理后金属表面影响变得明显
磨光	磨光产生比较均匀但有些发暗表面。表面缺陷基本消除，但取决于磨料粗糙度，可能有磨光纹
刷光	机械刷光产生均匀光亮有条纹的表面，表面缺陷部分除去
扫纹	机械扫纹产生均匀的有规律的表面纹理，除去原表面不规则条纹或缺陷

续表

前处理方法	简要介绍
抛光	机械抛光产生高光亮的抛光表面，表面缺陷只能部分除去
喷砂（抛丸）	机械喷砂（抛丸）除去表面条纹和缺陷，得到无光而均匀的表面状态
酸蚀	用酸溶液（含氟化物）除去表面条纹，得到均匀的表面状态
碱蚀	脱脂后用碱溶液进行碱洗处理，除去表面氧化膜，得到缎面或无光表面。表面机械缺陷减轻但未完全消除
中和	除掉残留在制品表面上的铜、镁等的铝化合物和难溶氧化物，露出光亮金属表面
化学或电化学抛光	脱脂（蒸汽脱脂剂或非浸蚀性清洗剂）后，用特殊的化学或电化学光亮化工艺得到非常光亮的外观。表面缺陷有所减轻，腐蚀影响变得明显
木纹化电解	通过在特定溶液中电解，电解使制品表面形成类似木纹的筋条
蚀刻	对已经过保护的制品表面进行碱腐蚀，使表面产生凹凸的图案

前处理工艺可以选择表 6-2-3 中的各种工艺方法进行组合，以达到处理要求。比如：

①脱脂→水洗→碱蚀→水洗→中和→水洗

②抛光→脱脂→水洗→碱蚀→水洗→中和→水洗

③抛光→脱脂→水洗→化学或电化学抛光→水洗→中和→水洗

④喷砂（抛丸）→脱脂→水洗→碱蚀→水洗→中和→水洗

⑤抛光→脱脂→水洗→化学或电化学抛光→水洗→中和→水洗→木纹化电解→水洗

⑥扫纹→脱脂→水洗→碱蚀→水洗→中和→水洗

前处理结束后的铝制品，应立即进行阳极氧化处理。在空气或水槽中的待氧化时间，不应超过半小时，否则会影响氧化膜质量，需要重新碱洗和中和后再阳极氧化。前处理的工艺控制点仍是温度、浓度、时间三个要素。

（2）铝合金制品的常用阳极氧化方法（表 6-2-4）

表 6-2-4 铝及铝合金常用阳极氧化方法

系列	电解液成分及含量	电流密度 (A/dm^2)	电压 (V)	温度 (℃)	时间 (min)	备注
硫酸	H_2SO_4 10%～20%	DC 1～2	10～25	15～25	10～60	建筑型材
	H_2SO_4 12%～15%	AC 3～5	15～30	15～25	10～60	涂装底层
	H_2SO_4 10%～20%	DC 2～5	20～120	－5～＋5	60 以上	硬质膜

续表

系列	电解液 成分及含量	电流密度 （A/dm^2）	电压 （V）	温度 （℃）	时间 （min）	备　注
草酸	$(COOH)_2$ 5%～10%	DC 1～2	50～65	30	10～60	装饰
	$(COOH)_2$ 5%～10%	AC 1～2 DC 0.5～1	80～120 20～30	20～30	10～60	日用品装饰
	$(COOH)_2$ 3%～5%	AC 2～3	40～60	25～35	40～60	装饰
	$(COOH)_2$ 3%～5%	AC 1～20 DC 1～20	80～120 40～60	0～5	60以上	硬质膜
铬酸	CrO_3 30～35g/L	DC 0.2～0.6	0～40	38～42	60	用于尺寸容差小，抛光零件
	CrO_3 50～55g/L	DC 0.3～2.7	0～40	27～31	60	机加工钣金件
	CrO_3 95～100g/L	DC 0.3～2.5	0～40	35～39	35	焊接件、涂装底层
	CrO_3 2.5%～3%	DC 0.1～0.5	0→40 40 40→50 50	40	10 20 5 5	不适用于处理含5%以上重金属的合金
硼酸	HBO_3 9%～15%	DC	50～500	90～95	—	用于电容器
	$Na_2B_4O_7$ 0.25%	DC	230～250	70～90	25～35	
磷酸	H_3PO_4 100～350g/L	DC 1.3～4.0	20～60	30～35	1～10	电镀底层、干涉着色
混合酸	H_2SO_4 10% $(COOH)_2$ 4% 甘油2%	AC 1～2	20～50	30±2	15～20	黄色膜
	$(COOH)_2$ 5% CrO_3 0.1%	AC 3.0	40～60	30±2	40	黄色膜

（3）后处理的工艺方法

1）着色

铝合金制品着色的常用方法有自然着色、电解着色、化学着色、喷涂着色，四种方法的对比见表6-2-5，选择哪种着色方法，则要根据产品的使用要求和生产成本而定。

表 6-2-5 常用着色方法比较

项目	自然着色	电解着色	化学着色	喷涂着色
生产效率	较高	高	很高	很高
工艺	复杂	复杂	最简单	简单
工序	预处理、氧化着色、封孔	预处理、阳极氧化、电解着色、封孔	预处理、阳极氧化、化学着色、封孔	预处理、氧化、喷涂、固化
设备投资	设备较少，投资较少、高压直流电源、冷却装置	设备较多，一次投资大、直流氧化电源、交流着色电源、电解着色槽及槽液	设备少，投资最少	投资较少，高压静电电源、喷涂室、固化炉
电耗	大	较大	最少	少
消耗材料	有机酸	金属盐	染料	树脂粉末
着色膜性能	膜层非常致密，耐蚀、耐候、耐磨性好，耐水泥砂浆较差	膜层比较致密，耐蚀、耐候、耐磨性好，耐水泥砂浆较差	膜层比较致密，耐蚀性好，耐候、耐水泥砂浆差，耐磨性劣	膜层比较致密，耐蚀、耐候、耐磨性、耐水泥砂浆性好
颜色品种及色泽	颜色种类少，色泽和谐	颜色种类少，色泽较和谐	颜色种类多，色泽鲜艳	颜色种类多，色泽鲜艳
合金成分的影响	影响很大	有影响	影响较小	无影响
着色物质稳定性	电解液稳定	电解液不稳定，易发生氧化及水解反应	有机染料不稳定，因生物作用易变质；无机染料稳定	在常温状态下稳定
着色物质位置（图 6-2-1）	氧化膜整体发色	着色物质沉积在氧化膜的孔隙的底部	着色物质沉积在氧化膜的孔隙口部	着色物质堆积在氧化膜及孔隙的上面

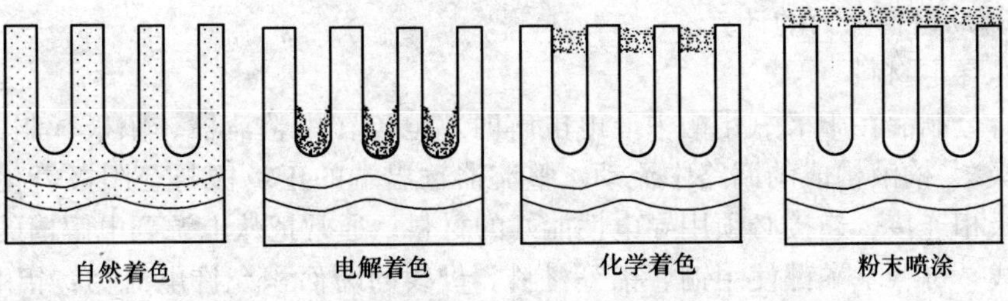

图 6-2-1 氧化膜中着色物质所处位置的示意图

2）封孔

氧化膜封孔的方法有热封孔、冷封孔、有机物封孔。热封孔是让氧化膜在高温（90℃以上）的纯水或水蒸气中，通过氧化铝的水合反应，将非晶态氧化铝转化为勃姆石（一水合氧化铝）。热封孔的氧化膜具有很好的耐蚀性、耐磨性、硬度等性能，但能耗较高，对纯水的水质要求也很高。目前氧化处理小型铝合金零件，多采用热封孔方法。

氧化处理建筑铝型材，一般都用冷封孔工艺。冷封孔处理的氧化膜在各方面性能上要比热封孔的略差一点，但不需要大型加热装置，生产成本低，工艺控制相对容易。

有机物封孔方法有电泳涂漆、粉末喷涂以及用惰性物质封闭膜孔。比如将制品浸入熔化状态的有机物质，如凡士林、石蜡、清漆等，使这些物质进入到膜孔里。由于这些物质的化学活泼性较差，并且使氧化膜与空气隔绝，因此也具有较好的耐蚀性和光亮度。

3）氧化膜表面的处理

经过氧化上色处理的铝合金制品，还可以进行氧化膜表面的加工处理，以达到某些效果。比如为提高制品表面的光亮度，不但阳极氧化前要对基材表面进行抛光处理，封孔后还可用细绒布或细白纸等对氧化膜表面进行精抛光，精抛光的氧化膜会损失一定厚度，但表面的光泽得到提高，其效果像是在氧化膜表面涂了一层薄的清漆。某些着色制品经精抛光后甚至可以达到镜面的效果。氧化膜还可以浸涂熔融的石蜡或是喷涂清漆，以增加表面的光亮度和提高抗腐蚀性。这样的处理方法一般用于小的铝合金零件，建筑铝型材阳极氧化后直接进行电泳涂漆或粉末喷涂，极大地提高了氧化膜的装饰效果和抗腐蚀性能。

思　考　题

1. 合金成分对氧化上色有哪些影响?
2. 铝合金挤压缩尾氧化上色后呈什么表现形式?

2.2　槽组配置

1. 辅助设备能力的计算

（1）导电材料

铝合金制品在阳极氧化槽中通电电解时，电流在由整流器、阳极（制品）、阴极（铅板）、槽液构成的回路中流动。整流器输出端的正负极与至阳极氧化槽的阳极、阴极相连接，连接必须用导电性能好的材料。通常把从电源到电解槽的导电体称为母线，母线基本都使用铜、铝等材料。母线的断面积允许电流为：铝 DC（直流）1.1A/mm^2，铜 DC（直流）1.7A/mm^2。在铝合金建筑型材生产厂，因具备挤压铝母线的便利条件，所以一般是用铝作为导电材料。根据整流器的最大输出电流值来计算铝母线的总断面积，而且实际母线的断面积应大于计算值，使母线通过电流的能力大于整流器的输出值，否则铝母线会因强烈发热而被熔断。当母线在排布过程中需要进行分路时，如阳极母线要与槽子两端的导电端子相连，那么应选择到槽子两端距离相等点作为分路点，这样才能保证槽子两端具有相同的电位，槽子内才能形成均匀分部的电场。整个导电通路中的所有导电体都不能接地，与槽壁或地面及支撑物接触的地方，必须进行绝缘处理，如在接触点垫绸木板或橡胶板。若阳极或阴极同时接地或绝缘不良时，就会发生短路，熔断器熔断。

（2）冷却装置

铝合金阳极氧化过程中会释放大量的热，而槽液工作时的温度要求在20℃左右，这就需要对槽液进行降温处理。所以冷冻机是氧化上色生产线的核心设备之一，其作用就是提供冷冻水，冷冻水与槽液进行热交换，带走槽液的热量。冷冻机功率的选择，应根据所要带走的热量而定。阳极氧化过程中产生的热量有以下几个方面：

1）电力消耗产生的热量：

$$Q_1 = 0.86E \cdot I(\mathrm{kcal/h})$$

式中 E——电解电压（V）；

I——通过的电流（A）。

2）阳极氧化产生反应热：

$$Q_2 = 2.33I(\mathrm{kcal/h})$$

式中 I——通过的电流（A）。

3）其他的热量：环境与槽液温差引起的热量 Q_3，压缩空气带来的热量 Q_4 等。

4）被处理物带来的热量：

$$Q_5 = C \cdot W \cdot \Delta T(\mathrm{kcal/h})$$

式中 C——被处理物的比热（cal/kg·℃）；

W——被处理物进入槽液的重量（kg/h）；

ΔT——被处理物和槽液温度的温差（℃）。

故阳极氧化过程中产生的总热量：$Q_{总} = Q_1 + Q_2 + Q_3 + Q_4 + Q_5$ [cal/(kg·℃)]，因为铝合金制品在阳极氧化前都要在水槽中进行多次清洗，所以制品和阳极氧化槽液的温度差很小，公式中的 Q_5 几乎为零；压缩空气是由压缩机产生的，根据气体守恒定律 $PV/T =$ 恒量，当气体压强增大时，温度也会升高，受搅拌强度限制，用于槽液搅拌的气体量并不太多，则公式中的 Q_4 是较小的；在气温较高的夏季，环境与槽液确实存在较大的温度差，但槽液与空气发生热交换的面积也只有槽子的开口面积，与数十立方米体积的槽液相比，Q_3 也较小。槽液中的热量主要就是来自 Q_1 和 Q_2，为了便于计算，把 Q_3、Q_4、Q_5 进行折算，则总热量为：

$$Q_{总} = 1.1(Q_1 + Q_2)$$

冷冻机以功率或者名义制冷量来表示冷却能力。以功率表示时，换算关系为：

1kW=859.9kcal/h；以名义制冷量表示时，其单位是美制冷冻吨，1美制冷冻吨=3024kcal/h。设计和选择冷冻机的冷冻能力时，必须等于或大于计算出来的总热量 $Q_{总}$。对硫酸电解液也可以采用经验数据选用制冷设备，即每立方米电解液约需 10000kcal/h 的制冷量。

（3）电解液循环装置

阳极氧化槽液的降温，一般是采用槽外循环方式，即槽液由循环酸泵抽出经过板式换热器，与冷冻机所产生的冷冻水进行热量交换，降温后槽液再送回阳极氧化槽中。槽液的循环量也就是循环酸泵的流量是关键参数，循环量关系到能否将槽液温度稳定地控制在工艺要求的范围内。这个温度范围就是槽液循环量的决定因素，若是工艺要求阳极氧化槽的温度为：20℃±2℃，即槽液温度管理范围是4℃，则最低槽液循环量可按下式计算：

$$槽液循环量=\frac{槽液总发热量\ Q_{总}}{温度管理范围\times槽液比热\times槽液相对密度}$$

槽液总发热量 $Q_{总}$ 在计算冷冻机能力时就已经得到，槽液的比热可以通过实验的方法检测出来，相对密度则可以直接用比重计测量。对于硫酸阳极氧化，槽液循环量通常应达到2～3倍槽液体积/小时，相当于每小时槽液被循环2～3次。

（4）槽液搅拌

氧化上色工艺槽一般是使用压缩空气对槽液进行搅拌，空气压缩机产生清洁干燥的压缩空气，从槽子底部吹入，利用气泡的上浮过程实现槽液的搅拌。通入槽液的压缩空气量与槽子的开口面积成正比，一般为每平方米槽液表面 12～36m³/h。所需的压缩空气压力为槽液深度每米 0.15～0.5MPa，根据槽子的深度及需要搅拌的槽子数量能够计算出空气压缩机的能力。

（5）板式换热器

板式换热器与普通管壳式换热器相比，有如下优点：

①紧凑的机械结构。与同样换热器面积的管壳式换热器相比，板式换热器滞液量小，安装时不需要特殊地基，且拆、装换热器时也不占用额外面积。

②高效的换热效率。波纹状的板片式流体在其间流动时不断改变流向并形成剧烈的湍动，板片上不易结垢，加上板片热阻很小，从而大大提高了热交换能力，在相同的工况条件下具传热系数比管壳式换热器大3～5倍。另外，冷热流体在换热器中几乎完全是逆流换热，进出口温差可达2℃左右。因此，使用板式换热器可交换更多的热量。

③好的通用性能。板式换热器对各种工况条件的适应能力很强，如有工况条件变动，可随时增加，减少板片的数量，改变板片的流程组合，形成可适应生产负荷的变动。

④灵活的安装拆卸。由于具有这些优点，使得板式换热器与其他换热器相比则更具竞争力。板式换热器的主要参数就是换热面积，目前板式换热器选型可以运用

专业的软件进行计算。

(6) 阳极氧化电源

硫酸直流阳极氧化所用的电源就是整流器，要选择合适的电源，就需要考虑输出电流和电压两个关键指标。硫酸阳极氧化时的电解电压一般为20～25V，输出电流则要根据制品的槽最大装挂面积（m^2）与电流密度（A/m^2）的乘积计算。而对于整流器的最大输出电流值主要是根据生产线的产量设计方案而定。

(7) 电解着色电源

铝制品电解着色时的着色电压一般为5～30V，电流密度一般为0.2～0.8A/dm^2。所以在选择设备型号时，通常电解着色电源的输出电流值为阳极氧化电源的一半，输出电压为0～30V。比如：阳极氧化的电源最大输出电流值为12000A时，电解着色电源的最大输出电流值则为6000A。

(8) 排气装置

氧化上色生产线必须有排气装置，作用是把对人体有害的蒸汽抽到室外并进行处理后排放。通常是用各种抽风机，排气能力要根据槽液产生的蒸发量大小而定，对于槽液温度高、槽液的蒸发表面积大、有压缩空气搅拌等槽子的排气装置，要选用抽风量或压力较大的抽风机。在建筑铝型材的生产中，碱蚀槽每平方米槽液表面积的排气量一般要达到30～60m^3/min；阳极氧化槽每平方米槽液表面积的排气量一般要达到30～50m^3/min。

2. 槽组配置关系

一条氧化上色生产线由多个工艺槽组成，从制品的处理过程可分为前处理槽、阳极氧化槽、后处理槽三部分，各个工艺槽在数量上应具有合理的配置关系，使生产线的设计产量能顺利通过。通常铝合金制品的阳极氧化过程所用的时间最长，故阳极氧化槽应该是氧化上色生产线的关键工序，阳极氧化槽的最大通过量就是生产线的产能，制品通过其他工艺槽的能力应略大于通过阳极氧化槽的能力，这样才具有更高的设备利用率。若一条氧化上色生产线有四个阳极氧化槽，其制品的平均氧化时间为40min，则氧化槽平均每小时的通过能力为1.5×4=6槽。因此前、后处理的各工艺槽的通过能力至少要达到6槽/h。除油槽的数量应该为1～2个。若制品表面油污较少，除油时间小于10min，则只需要配置一个除油槽；若制品表面油污较多，除油时间要达到20min，就需要配置两个除油槽。碱蚀槽的数量也是1～2个。若制品经过了机械预处理，如喷砂、抛丸等，碱蚀时间就只需几分钟，只配置一个碱蚀槽即可；若制品需要化学磨砂，需要较长的蚀洗时间，就需要配置两个碱蚀槽。而且，碱蚀槽液随着溶铝量的增加，槽液黏度变大，制品的带出量很大，若槽子体积小，槽液浓度就会有较大波动，影响产品质量，所以碱蚀槽应具有尽量大的体积，以使工艺参数处于较小的波动范围。中和槽的数量应与碱蚀槽一样。电解着色槽或染色槽的数量要根据处理时间和着色产品所占比例而定，一个电解着色槽或染色槽每小时至少能通过三槽制品，也就是说当着色制品占总产量的50%以内时，只需配置一个着色槽。制品在电泳涂漆槽中处理的时间只有几分钟，所以一个电泳涂漆槽就能够满足需要。

思 考 题

1. 冷冻机功率的选择，应根据哪些方面来计算？

2. 氧化上色生产线上的各个工艺槽子在数量上应有什么比例？

第 3 章　静电粉末喷涂

3.1　工艺操作

在粉末喷涂生产过程中，涂膜外观会出现诸如：缩孔、麻点、针孔、失光和严重橘皮等质量问题，也可能发生涂膜物理机械性能和耐化学性能中某些指标达不到产品标准的要求。产生这些缺陷的原因是多方面的，要具有分析产生缺陷的主要因素并予以控制和消除。

涂膜的性能指标有很多，比如《铝合金建筑型材　第 4 部分：粉末喷涂型材》（GB 5237.4—2008）标准中，规定了热固性饱和聚酯粉末涂膜的 18 项性能指标：光泽、颜色和色差、涂层厚度、压痕硬度、附着性、耐冲击性、抗杯突性、抗弯曲性、耐磨性、耐盐酸性、耐砂浆性、耐溶剂性、耐洗涤性、耐盐雾腐蚀性、耐湿热性、耐候性等。涂膜的这些性能指标，是用试验模拟的方式来反映其适应各种使用用途的能力。比如耐冲击性、杯突试验、抗弯曲性等是反映涂膜的柔韧性和附着力，这几项指标对于需要进行冲压、弯曲等后续加工处理的制品尤为重要；耐化学稳定性、耐盐雾腐蚀性则是体现涂膜抗各种腐蚀物质侵蚀的能力；人工加速耐候性反映的是涂膜在大气环境中老化的速度或使用寿命长短；耐湿热性、耐沸水性是反映涂膜在各种介质中的适应能力；光泽、颜色和色差、涂膜厚度、压痕硬度、附着力等是涂膜的基本质量指标。这些指标相互之间有联系，甚至还是相互制约的，很难只对其中某个指标进行单独调整，所以说，喷涂生产中实际上控制的是涂膜的综合性能指标。

在众多影响涂膜综合性能的因素中，最重要的是粉末涂料，它对涂膜的综合性能起到决定性作用，即由粉末配方以及粉末生产过程中的质量控制所决定的。对于喷涂生产厂，要控制的只是如何让粉末涂料的各项性能显现出来，达到粉末生产厂所设计的目标。喷涂生产中必须控制好前处理质量、调整好喷涂参数、保证固化工艺符合要求。而这三方面中，固化无疑是最关键的工序。粉末涂料是树脂及添加剂组成的有机高分子混合物，在高温烘烤过程中，分子间发生预期的交联反应，形成具有特定综合性能的涂膜。固化工艺对分子间的交联反应进程起着关键性影响，因此在喷涂生产厂，涂膜的综合性能是决定于固化工艺的。建筑铝型材用的热固性饱和聚酯粉末，标准固化工艺为 200℃×10min，也就是金属表面温度为 200℃的情况下，保持 10min。在固化的温度-时间坐标中，这个标准固化工艺只是一个点，是完全理想化的固化工艺。但实际上，在时间和温度方面应是一定的范围，也就是在固化的温度-时间坐标中，如图 6-3-1 所示，适宜的固化工艺是由 $T_1 \times t_1$、$T_2 \times t_2$、$T_2 \times t'_2$ 三个点构成的区域。在这个区域中，涂膜的综合性能应该都能达到设计要求。这个区域应该由粉末生产厂提供。

当然不同的粉末或不同的涂膜综合指标要求，这个区域的面积或形状会发生变化。对固化工艺要求苛刻的粉末，该区域更狭窄、面积更小。实际生产中，固化工艺必须要处于这个区域内，若喷涂厂需要对个别涂膜性能指标进行调整，也只能是在此区域内进行固化工艺的改变。

喷涂生产厂对固化工艺的控制，可以从固化时制品的温度变化曲线表现出来，图 6-3-2 为制品固化时理想化的温度-时间曲线，对固化工艺可以通过调整固化温度、固化时间以及升温时间来实现。

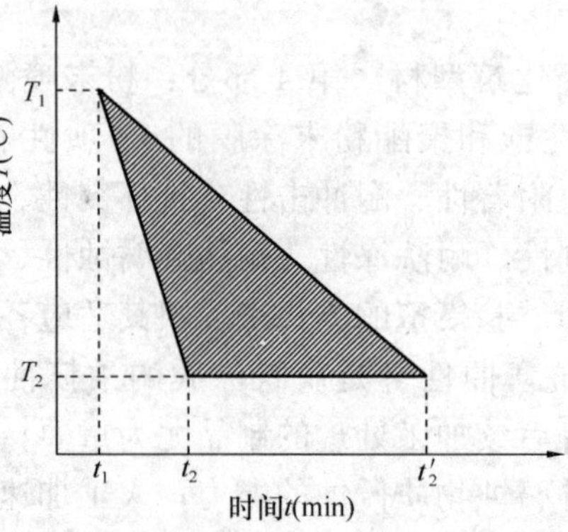

图 6-3-1　固化温度与时间的关系

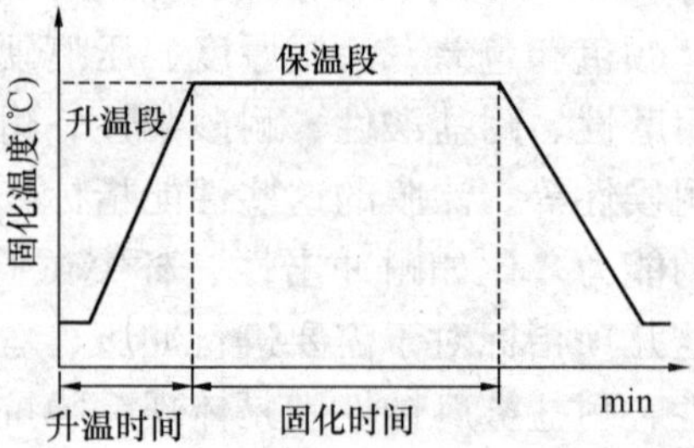

图 6-3-2　固化曲线

改变固化炉自动控温仪表的设定值可以调整固化温度的高低；调节制品在固化炉中的传输速度或改变固化炉内的温度区域长度可以调整固化时间的长短。从理论上讲，曲线中的升温段应越陡越好，也就是升温时间越短越好，说明固化炉的功率高，但也不能完全呈垂直直线，因为粉末熔融流平不充分，涂膜的橘皮、针孔严重；若升温时间太长，粉末一直处于流平阶段而无法发生固化交联反应，涂膜会产生流挂现象。曲线中的保温段越平越好，说明固化炉内的温度均匀，实际生产中所测得的制品保温段曲线呈现振荡波动形，振幅越小越好，振幅大说明炉子保温性能差或自动控制仪表的上下限设置不当。另外在设定固化炉温度时，炉气和制品的温度差也应考虑，通常制品表面温度要比炉内空气温度低5～10℃。

思考题

1. 怎样从固化炉的温度曲线来判断固化工艺是否合理？
2. 涂膜的各项检测方法或指标反应涂膜哪些性能？

3.2　粉末性能分析

1. 粉末涂料分类

粉末涂料可分为热固性、热塑性两大类。由于合成树脂的成膜机理不同，使它们的制粉工艺，喷涂固化工艺要求，涂膜的物理、化学性能也不同。热塑性粉末涂料是以热塑性树脂作为成膜物质，它的特点是合成树脂随温度升高而变软，经冷却后变得坚硬。这种过程可以反复进行多次，每变化一次涂膜就老化一点，最终成为无塑性的粉末。通常这种树脂的分子量较高，有较好的耐化学性、柔韧性和弯曲性能。用作热塑性粉末涂料的合成树脂主要有聚氯乙烯、聚乙烯、聚丙烯、聚酰胺、聚苯乙烯等，应用于化学容器的衬里、管道涂敷、金属家具、农业机械、玻璃器皿的涂层等。基本生产工艺如图 6-3-3 所示。

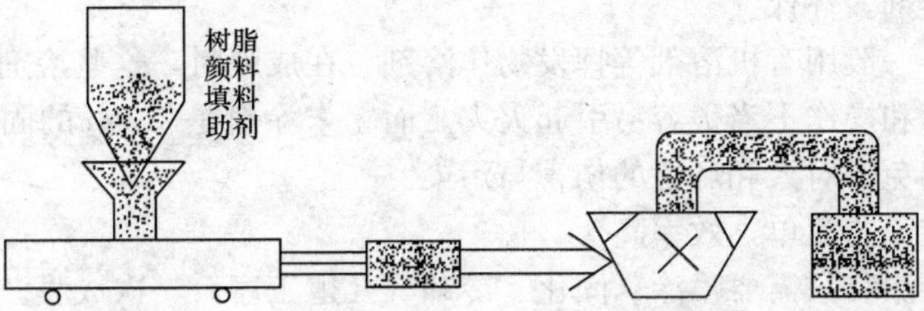

图 6-3-3　热塑性粉末涂料生产工艺

热固性粉末涂料是以热固性合成树脂作为成膜物质。它的特点是用较低聚合度的预聚体树脂，在固化剂存在下，经一定温度的烘烤固化，成为不能溶化或熔融的质地坚硬的最终产物。当温度升高时，涂膜只能分解而不再软化，属于化学交联变化。这类合成树脂分子量较低，但当固化时能交联成网状的高分子量化合物。由于分子量较低，所以有较好的流平性、润湿性，能牢固地粘附于制品表面，固化后形成的涂膜具有良好的耐蚀性和装饰性。用作热固粉末涂料的合成树脂主要有环氧树脂、聚酯树脂、丙烯酸树脂、聚氨酯树脂等，用于家用电器、建筑五金、石油化工管道等的装饰防腐和绝缘处理。这类粉末基本采用熔融挤压法工艺生产，生产工艺如图 6-3-4 所示。

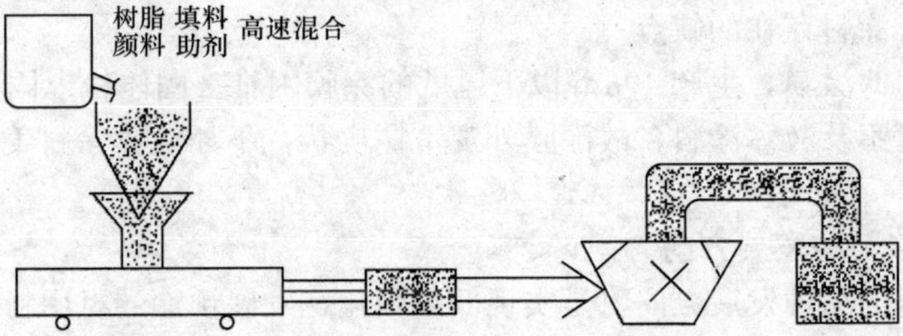

图 6-3-4　热固性粉末涂料生产工艺

两类粉末的特性见表6-3-1。

表6-3-1　热固性和热塑性粉末涂料的特性比较

项　目	热塑性粉末	热固性粉末
分子量	高	高
熔融温度	高	较低
对颜料分散性能	较困难	较易
粉碎性	需要冷却	不需要
涂装性	一般	比较容易
耐污染性	差	良
耐溶剂性	优	良
附着力	优	良

2. 粉末涂料的特点

（1）无溶剂，环保

液体涂料一般用有机溶剂等挥发物作溶剂，在成膜时，这些溶剂实际上全部挥发，因此保管和操作不当很容易引起火灾。而粉末涂料是100%的固体成分，不含任何溶剂，避免了对人和环境的伤害与污染。

（2）涂装工艺简单，效率高

粉末涂料涂装只需要喷涂、固化、冷却等几道工序，一次成膜。喷涂生产线上若配置了自动喷枪、粉末回收系统，就能实现自动化生产，因此生产效率很高。

（3）粉末利用率高

在涂装过程中，粉末涂料可以直接涂敷到制品的表面上，经固化形成涂膜。未被涂上的粉末经过回收系统收集后能重复喷涂，其利用率可达95%以上，而液体涂料的利用率在50%左右。

（4）粉末涂膜性能高，坚固耐用

粉末涂料的主成分是高分子树脂，而且涂料中不含有机溶剂，成膜时没有溶剂挥发气体，因此涂膜中不易形成贯通的针孔，涂膜致密、坚固。

（5）可实现一次性涂装

粉末涂料一次涂装就能得到50～300μm厚的涂膜，并且不易产生液体涂料厚涂时的滴垂或流挂，制品边角覆盖率也很高。

（6）粉末涂料存在的缺点

不易生产薄涂膜，生产40μm以下厚度的涂膜困难。固体粉末固化时熔融黏度高，其流平性不及液体涂料，故涂膜外观呈橘皮状，不如液体涂料美观。烘烤固化温度较高。

3. 粉末涂料的发展方向

粉末涂料的品种发展方向将是实现低温固化，发展预涂卷材用粉末涂料、功能型美术型粉末涂料和高性能耐候性粉末涂料。

（1）低温固化粉末涂料。节约能源，还能够解决一些耐热性差的材料（如塑料、弹簧等）的涂装加工。

（2）发展预涂卷材用粉末涂料。铝或钢卷材工业用途很广泛，采用粉末喷涂能够提高涂装效率、节约能源。液体涂装则需要大规模涂装流水线，多道加工工序。

（3）功能型美术型粉末涂料。粉末涂料中可以添加各种成分，以实现所要达到的功能性，如闪光型粉末、透明无色粉末等。而表面具有宝石、花岗石、大理石等效果的涂膜，或是表面呈现各种纹路的涂膜，因具有特别的个性化装饰效果，越来越被人们所接受。

4. 粉末涂料的成分

（1）树脂

1）环氧树脂

环氧树脂是泛指含有两个或两个以上环氧基 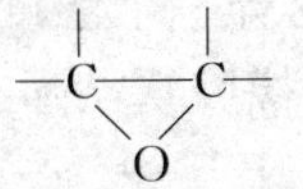 ，以脂肪族、脂环族或者芳香族为主链的高分子预聚体。环氧基能与多种表面形成化学键，所以具有极好的附着力。环氧树脂涂料的特性如下：

①涂膜具有优良的附着力，特别是对金属表面有更强的附着力；

②涂膜具有较好的热稳定性和电绝缘性；

③涂膜的保色性较好；

但环氧树脂涂料户外耐候性差，涂膜易粉化、失光，丰满度较差，因此不宜作为高质量的户外用涂料。

2）聚酯树脂

粉末涂料用聚酯树脂多属饱和型，通常从其端基的结构上来分，可分为端羧基和端羟基两大类。端羧基聚酯的酸值一般为 20～100mgKOH/g，中、高酸值（45～85）用于环氧树脂/聚酯树脂混合型的粉末涂料中，这类粉末的装饰性、施工性、储存稳定性和价格等方面都具有优势。低、中酸值（20～45）的聚酯用异氰脲酸三缩水甘油酯（TGIC）作固化剂制备耐候性优良的纯聚酯粉末。由于 TGIC 固化剂具有毒性，所以聚酯粉末涂料已经逐渐用无毒性的羟烷基酰胺作固化剂。端羟基聚酯树脂和封闭型异氰酸酯配合制备耐候性杰出，耐腐蚀性优良的粉末涂料。还有分子结构中同时带有端羧基和端羟基的自固化聚酯粉末涂料，见表 6-3-2。

表 6-3-2　热固性粉末涂料用聚酯树脂

序	聚酯树脂带的官能团	固化交联剂	粉末涂料类型	性能
1	—COOH 羧基	环氧树脂	环氧-聚酯混合型粉末涂料	装饰性室内用
2		TGIC	纯聚酯粉末涂料	装饰性室外用
3		羟烷基酰胺	纯聚酯粉末涂料	装饰性室外用
4		丙烯酸缩水甘油树脂	环氧-丙烯酸混合型粉末涂料	装饰性室外用

续表

序	聚酯树脂带的官能团	固化支联剂	粉末涂料类型	性能
5	—OH 羟基	封闭型异氰酸酯	聚氨酯粉末涂料	装饰性耐腐蚀性
6		六烷氧基甲基三聚氰胺	聚酯粉末涂料	装饰性室外用
7	—COOH 和—OH 羧基和羟基	自交联	聚酯粉末涂料	装饰性室外用

聚酯树脂的玻璃化温度（T_g）对所配粉末涂料的储存稳定性及粉碎性极为重要，同时对涂料组成物的熔融黏度以及固化后涂膜中热应力的发展均有相当大的影响。T_g 通常定义为这样一个温度，低于该温度聚合物处于脆性的所谓玻璃态，高于该温度聚合物处于橡胶状粘弹态，也就是说高于该温度，热膨胀系数会出现转折突变增长。

3）丙烯酸树脂

由丙烯酸或甲基丙烯酸及它们的酯类和其他乙烯单体，经聚合反应所生成的一类树脂通称为丙烯酸树脂。这类树脂具有色浅、耐光、耐候、保光、保色及耐污染等方面的极好性能，同时涂膜光泽高，又具有极好的装饰性能，所以通常用于户外装饰粉末涂料。丙烯酸粉末涂料的主要优点为：

①可配制多种颜色。由于丙烯酸树脂色浅，接近无色透明，所以可配制白色和鲜艳的浅色，而当配制深色时，也显得色泽纯正。

②高装饰性能。涂膜光亮、丰满，硬度高，不易划伤。耐污性好，保光保色性好，呈现出非常美丽的外观。

③可用于室外。耐候性极好。

（2）固化剂

热固性粉末涂料中的树脂，加热后会熔融，在溶剂中会溶解，没有使用价值。必须加入某种化学品使树脂分子发生聚合反应，成为在溶剂中溶、加热后不溶、三向网状结构的高聚物后才有使用价值。聚合反应称为固化反应，能起到固化反应的化学品就是固化剂，而能使固化反应温度降低、速度加快的物质就是固化促进剂。固化剂和固化促进剂对粉末涂料形成高聚物的聚集状态起着决定性作用，也对粉末涂料的储存期、成膜条件起着重要作用。铝建筑型材粉末喷涂所用是热固性饱和聚酯粉末，粉末中添加的固化剂主要有以下两种：

1）异氰脲酸三缩水甘油酯

此固化剂简称 TGIC，是一种多环氧基的含三嗪杂环化合物。在粉末涂料中的用量一般为 7%～8%。它的固化产物具有很好的耐热性、耐燃性、硬度、保光性、保色性；它与聚酯粉末交联固化反应时没有水分子物质放出，所以涂膜不产生针孔。与丙烯酸树脂交联固化可得到平整、高光泽、耐候性优良的涂膜。由于 TGIC

具有较强的毒性，对人的皮肤、眼睛有刺激性，已逐渐被其他固化剂所替代。

2）β-羟烷基酰胺

β-羟烷基酰胺是一种多羟基化合物。与 TGIC 相比较，两者在固化聚酯粉末时，涂膜的耐候性相当；但固化温度要低于 TGIC，而且具有更好的流平性、抗冲击性，毒性小，粉末涂料储存稳定性好。该固化剂在发生交联反应时，会放出水分子，在涂膜上产生针孔，所以为防止产生针孔，涂膜厚度最好控制在 60～80μm。为了消除针孔而采用安息香时，又会引起涂膜泛黄。

(3）流平及流平剂

1）流平

粉末涂料被喷涂到制品表面后，固化过程中要经历聚集、流平、固化三个阶段，最后形成涂膜。这三个阶段通常在 15～30min 之间完成。聚集和流平阶段如图 6-3-5 所示。

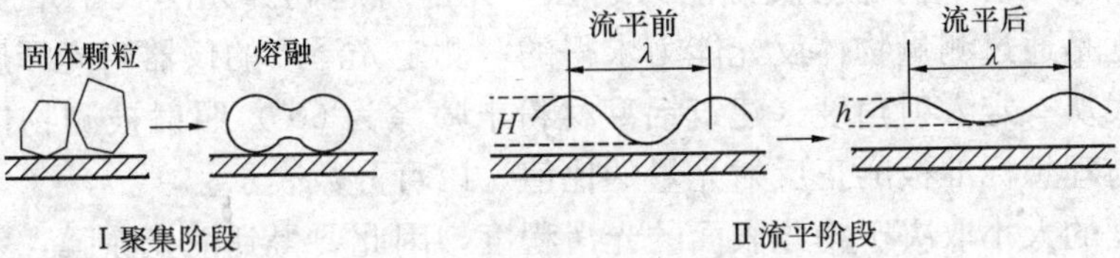

图 6-3-5　粉末涂料聚集和流平阶段示意图

①聚集阶段：粉末涂料固体颗粒加热后，聚集成一层连续的不平整的膜。

②流平阶段：处于熔融状态的粉末从不平整的表面流淌为较光滑而平整的表面。此阶段中，熔融态粉末的两峰距离增大，峰、谷之间的高度降低，涂膜变得平整。两峰间的距离受粉末粒度和喷涂工艺影响，很难从根本上解决。加大涂膜厚度有利于流平，但会影响其他性能，成本也会增加。

③固化阶段：熔融的粉末发生交联反应，黏度不断增高，最后固化成坚硬的涂膜。

影响流平的主要因素有表面张力、黏度和粉末粒度。

①表面张力是涂料流动的主要驱动力。但表面张力还受到制品表面粗糙度的影响。制品表面越粗糙，粉末对它的润湿性越差，流平效果也差。

②熔融粉末的黏度是流动的阻力，因此应尽可能地降低固化温度下的粉末涂料的黏度，所以粉末涂料软化点温度不宜过高。

③粉末的粒度（曲率半径）也是影响流平的重要因素。小颗粒的粉末比大颗粒粉末能更快地完成流平过程。涂膜的光泽值实际上从另一个角度反映出粉末的流平状态，要得到较高光泽的涂膜，粉末涂料的粒度就应较小。

2）流平剂

要获得较好流平的涂膜，就需要较大的表面张力，而要让涂膜与制品表面有较好的润湿性则需要较小的表面张力，加入流平剂就是要对表面张力进行调整。流平剂的作用如下：

①降低粉末涂料的熔融黏度，增加熔融涂料在未固化前的流动性。

②使表面张力更均匀，缓解贝纳德旋涡的产生，减少橘皮形成的可能性。

③减小熔融涂料与制品表面之间的表面张力，增加涂料对制品表面的润湿性，缓解缩孔的产生。

根据调整粉末涂料在流平过程中表面张力的变化，流平剂可分为两类：一类是流平促进剂，就是增加表面张力，作用是消除橘皮，但消除缩孔作用较弱；另一类是润湿促进剂，作用是消除缩孔，但消除橘皮作用较弱。润湿促进剂又称为光亮剂，但实际上它并不起光亮作用，只是消除缩孔后，涂膜表面更平整光滑而已。

（4）消光剂

光泽是物体对光的反射特性，也就是物体的反光能力，它决定于物体表面光滑程度。表面越光滑，物体的反光能力越强，光泽就越高。光泽大小量度称为光泽度。光泽度是通过测量物体反光能力求得的，测定光泽度的仪器叫光泽度仪。光泽度是指光线从一定入射角度（建筑铝型材粉末喷涂为60°）照射被测物体表面，正反射光量与理想标准板的正反射光量的比值，以百分数表示。

光泽度的大小取决于物体表面的光滑程度，因此要得到消光涂膜，就需要破坏涂膜表面的光滑性，增加涂膜表层的微观粗糙程度，向粉末涂料中添加起这种作用的物质就是消光剂。根据消光机理，一般分为物理消光剂和化学消光剂。

（5）其他助剂

涂膜具有多项指标，每个指标都代表某种使用功能，根据不同的使用环境、使用方法，人们往往要求涂膜更加突出某些指标。要实现这些要求，就需要向粉末涂料里添加各种助剂。

1）光稳定剂

粉末涂料与其他高分子物质一样，涂膜长期暴露在大气中后，都会不同程度地发生泛黄、龟裂、失光等一系列老化现象，最终会造成涂膜脱落，失去防护作用。光稳定剂就是通过各种作用方式，阻止和延缓涂膜发生光化学反应，增加涂膜的耐光（候）稳定性。

2）美术型助剂

通过向粉末涂料中添加某种物质，使粉末涂膜产生局部缺陷，形成各种有规律的凹凸花纹。按花型分为锤纹、龟裂纹、雪花纹等；按表面状态分为凹纹（缩孔状）、凸纹（橘皮状）及表面平整的暗花型、砂纹及闪光型等。美术型粉末涂料既有很强的装饰性，又可遮盖制品表面不平整带来的缺陷，还有利于克服涂料本身的针孔、麻点、橘皮等问题。

3）增塑剂（增韧剂）

增塑剂也被称为增韧剂，用于增加涂膜的柔韧性，使涂膜具有更好的耐冲击性及机械加工性能。

4）边缘覆盖剂

粉末涂膜在被涂物的边缘或棱角部位容易出现比平面覆盖率小的现象，尤其当边缘或棱角的角度＜90°时更严重，往往在角尖处留下一条交接线，有时还未喷上粉。这种边缘覆盖不良主要是由静电屏蔽作用引起的。要解决因静电屏蔽而导致的制品表面未上粉，可以运用优化设计制品结构、调整喷涂工艺、向粉末中加边缘覆盖剂等方法。如在制品结构上，若边角采用倒圆角的方式，其涂膜覆盖率将与平面相当。喷涂时加大风压、降低电压，也有利于穿透静电屏蔽，将粉喷到边角去。向粉末中加边缘覆盖剂，提高涂料熔融时的黏度，使之能粘在边角处，固化时涂膜不产生收缩而覆盖住边角。

5. 粉末涂料质量状况判定

对于大多数喷涂厂来说，其产品质量主要受三方面的因素影响，前处理、喷涂固化、粉末涂料的质量。其中粉末涂料的质量可以说是决定因素，如果粉末质量不好，制品无论采用什么样的前处理工艺、喷涂固化工艺，都不能做出好的产品。喷涂厂在实际生产中只能控制住前处理、喷涂固化两个因素，是通过检测制品表面涂膜一些质量指标来判定生产工艺是否正常，对粉末涂料的质量指标基本没有能力检测。有些涂膜的指标如耐候性、耐蚀性等，在短时间内是看不出来的，而又主要决定于粉末涂料本身。粉末涂料的质量由粉末生产厂进行控制，其生产工艺不可能保证每批粉末都完全一致，工艺是会波动的，所以即使是相同颜色代号的粉末涂料批次之间也会有质量上的差异。在喷涂生产中，可以根据以下几个方面的实际操作经验，来判别粉末涂料的质量状况。

（1）上粉率

上粉率是指从喷枪喷出的粉末涂料有多少直接被涂覆到制品表面，而不是被回收系统给抽走。上粉率能体现出粉末涂料的充电性能，在高压静电喷涂工艺中，要求粉末粒子通过电晕区时捕获电子，并在电场力的作用下飞向制品表面。若粉末没有捕获电子，就不容易被涂覆到制品表面。所以粉末涂料的充电效果好，上粉率就高；反过来若上粉率低，则说明粉末涂料的充电性能差。而充电性能差的粉末往往是粒度太小，喷涂时用肉眼观察，这种粉末涂料从喷枪喷出后，气雾的几何形状较差，随着喷枪的运动，几何形状也不断紊乱变化，有相当一部分粉会从制品边上飘过。喷粉室中的粉尘浓度也很高。从喷涂数据上，也能看出这种差别，要得到相同的涂膜厚度，上粉率差的粉末其喷涂参数要增大很多。

（2）粉末涂料的胶化时间

粉末涂料的胶化时间是指粉末在一定温度条件下，经熔融产生胶凝的时间。粉末胶化时间太短，粉末熔融后不能很好地流平，很快就凝胶，造成涂膜平整性差；如果胶化时间过长，那么涂膜就会产生不同程度的流挂，也降低了涂膜的边角覆盖率。在实际生产中，一方面是根据固化炉的工作特点，要求粉末生产厂控制好适合的胶化时间、胶化温度；另一方面是调整固化工艺，充分考虑粉末涂料的胶化时间、胶化温度，使涂膜尽可能地平整。

（3）粉末涂料的表观密度

粉末的表观密度是指单位体积的重量。表观密度小，则该粉末的重量偏轻，粉的粒度就小，充电效果差，上粉率低；反之则粉末偏重，粒度大，形成涂膜时难以流平，涂膜的平整性差。表观密度大，还会使粉末的消耗量增加，也会造成实际喷涂消耗粉量与理论计算值之间产生过大的偏差，事先从粉末生产厂所购买的粉量不够喷，将直接影响交货期。

（4）粉末涂料的稳定性

粉末涂料的稳定性包括储存过程中和使用过程中的稳定性。经过一段时间的储存后，观察粉末是否结块，粉末的上粉率是否有变化。观察涂膜的光泽、外观和理化指标等是否有大的变化。粉末涂料只有具有一定的稳定性，才真正有使用价值，这样喷涂出来的产品才具有一致性，否则产品之间的各种质量差异，会极大地影响用户的使用。

（5）粉末涂料的流动性

粉末涂料的流动性是粉末涂料的基本性能之一，尤其是对装饰性要求较高的粉末涂料更为重要。而且流动性与涂膜表面状态和边角覆盖率也有相应的关系。一般情况下，粉末的流动性越大，涂膜的平整性越好，但边角覆盖率却越低，而涂膜的平整性越差时，边角覆盖率就可能会提高。掌握这一指标，对指导生产有一定意义。

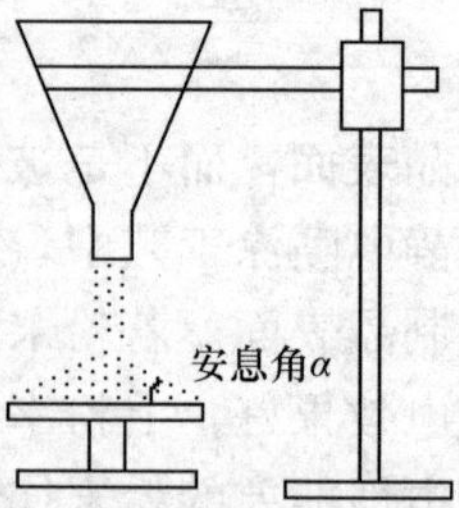

图 6-3-6 安息角测量示意图

粉末的安息角是测量粉末涂料流动状况的指标之一。安息角的测量如图 6-3-6 所示。粉末涂料从漏斗中落下，在圆盘上堆满，并从圆盘边缘开始流出为止。测量所形成圆锥体截面底角的角度，即为安息角。粉末安息角越大，其流动性越差，安息角越小，粉末的流动性就越好。安息角这一指标还能反映出粉末涂料的粒度情况和涂膜表面状态。若安息角偏大，则说明粉末粒度偏小或掺有过多的超细粉末，还可能是粉受潮，则喷涂时会出现上粉率低、堵枪、吐粉等状况，涂膜的流平状态也不好。一般粉末涂料的安息角应控制在36°～40°。

思 考 题

1. 热固性和热塑性粉末涂料有什么区别？
2. 在生产中，从哪些方面能判断粉末涂料的质量差异？

第4章　液态喷涂

4.1　工艺操作

1. 影响液相静电喷涂的因素

液相静电喷涂的关键设备是静电喷枪，静电喷枪依据其雾化原理可分为离心静电雾化、空气静电雾化和液压静电雾化三大类。其中离心静电雾化又可分为盘式静电雾化和旋杯式静电雾化，目前以旋杯式静电雾化喷枪应用较为普遍。现以旋杯式静电雾化喷枪喷涂为例，介绍影响液相静电喷涂质量的主要因素。

（1）静电高压

静电高压主要影响涂料的荷电率和附着力，是静电涂装的一个十分重要的参数。图 6-4-1 所示为电压与静电喷涂效率的关系。从图中可以看出，当电压低于 4 万伏时，喷涂效率仅 20%左右，此后喷涂效率随着电压的升高而迅速增加，在 6 万伏时，喷涂效率可达 80%以上，电压再升高，变化已趋于缓和，喷涂效率增加缓慢，而且电压太高时容易击穿空气而产生火花放电，所以一般的喷涂电压控制在 6～9 万伏之间。

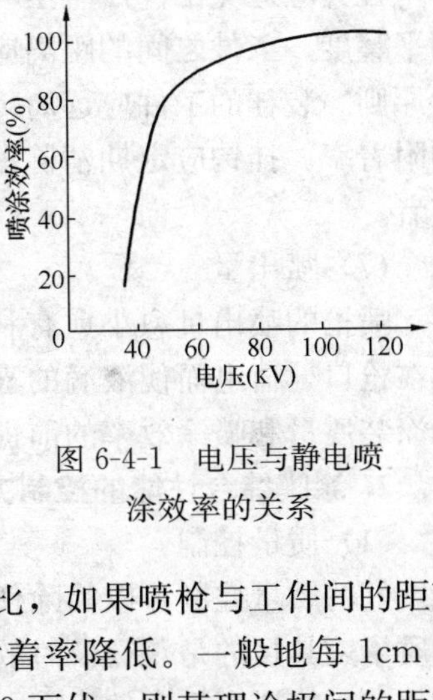

图 6-4-1　电压与静电喷涂效率的关系

（2）喷枪与工件的距离

在电压确定的情况下，电场强度与极间距离成反比，如果喷枪与工件间的距离过短，则会产生火花放电；当距离太远时，则漆雾附着率降低。一般地每 1cm 间隙的空气能承载 1 万伏的电场强度，如果电场强度为 9 万伏，则其理论极间的距离至少为 9cm，低于此值则会有击穿空气而产生火花放电从而引起火灾的危险，在实际使用中，必须取 3～4 倍的安全系数。因此静电喷枪与工件的距离一般在 150～350mm 范围内选用。

（3）旋杯的转速

在旋杯式静电喷涂系统中，涂料的初级雾化主要依靠旋杯高速旋转产生的离心力的作用，而后在高压静电场的作用下，涂料粒子进一步静电雾化，与此同时，涂料粒子在重力作用下发生沉降，其沉降速度与涂料的质量即粒子半径成正比，即雾化粒子愈小，愈有利于喷涂效率的提高，因此静电喷涂时涂料的雾化是非常重要的。为充分保证涂料的雾化，旋杯的旋转速度愈高愈好，但旋杯转速太高会对雾化粒子在电晕区的荷电产生不良影响而降低喷涂效率，因此，在生产过程中，必须根据旋杯口径的大小、电场强度的高低和涂料的介电常数来确定合适的旋杯速度以获得最佳的喷涂效率。

（4）涂料的黏度

涂料黏度愈高，则雾化性能愈差而对喷涂效率产生不利影响。但从涂层质量因素考虑，则希望黏度尽可能高些以增加涂料的固体分，使涂层有较好的光泽和丰满度，为此采用提高喷涂温度的措施是一条有效的途径。

（5）涂料的电性能

液相涂料的电阻一般在100MΩ/cm以上，电阻大的涂料在电场中的荷电性能差而影响涂装效率。因此，用于静电喷涂的涂料必须用介电常数较高的溶剂或专用静电稀释剂来调整涂料的电阻，使之达到5～50MΩ/cm。在调整电阻时，还必须注意涂料的流平性，以提高涂膜的装饰效果。

（6）挂具

挂具应避免工件产生摆动造成喷涂距离发生变化从而导致涂层厚度不均匀而影响平整度。工件之间的距离应尽量缩短以提高涂料的涂装效率，但应以工件不碰撞为原则。装挂的工件应远离传送链、地面以及喷房的内缘，以免影响漆雾在工件上的附着率。挂钩应定期清除附着的涂料并确保工件接地良好，防止卸件时电击操作者。

（7）喷出量

喷枪的喷出量愈小愈有利于涂料粒子的雾化。当喷出量大时，有些涂料液滴不能在枪口处荷电而使液滴的雾化不充分，从而影响涂层厚度的均匀性，通常是在确保涂装质量和喷涂效率的前提下，选择最大的喷出量以提高生产效率。

2. 涂膜综合性能的控制方法

（1）质量控制

好的质量控制可以消除任何猜测。生产方应密切地检查产品的质量和技术服务的质量，其目的是获得及时的令人满意的产品质量和技术服务。

（2）建议应采取的程序

在本部分的后半部分详细阐明了生产线上质量控制的检测方法。以下所述的是如某一试验没有通过测试时，应采取的改正方法。

1）涂料的施工黏度超出范围：重新检查稀释的准确性，检查稀释前后的全部过程，稀释剂是否合适，涂料的温度是否合适，黏度杯是否太脏或小孔是否被堵塞。

2）膜厚超出范围：漆膜太薄需重喷；若太厚应考虑其他的因素，诸如外观、柔韧性、光泽度等方可确定。如膜厚太厚引起性能下降，所能采取的唯一方法就是打磨后重喷，打磨至露底。控制湿膜厚度以减少膜厚超出范围的工件是最好的解决办法。

3）附着力差：附着力差的工件可以报废。非常重要的是要找出并消除产生附着力差的原因。检查前处理是否过度还是不足、干膜厚度是否合适、铅笔硬度是否合适、炉温是否合适。通常补救的办法是打磨后重喷。

4）光泽度超出范围：若是因为烘烤不足造成的，可以采取适当的烘烤时间和温度进行重喷。若是其他原因，应找出原因并加以改正，然后再进行重喷。在喷涂程序中，许多因素会造成光泽度的偏差，如搅拌、膜厚以及烘烤条件。首先要查烘烤的时间、温度和膜厚。

5）色差：首先要考虑的是搅拌和烘烤时间与温度。金属漆和白色漆易受膜厚影响。涂料输送管内金属铝粉沉淀也会引起金属色泽的不均匀。通常补救的办法是查出原因后重喷。

6）流挂、针眼、起泡、橘皮、颗粒膜薄处连接不良：调整喷枪的设置或涂料的稀释来修正外观的缺陷。通常应重喷或修补受损部位。

7）烘烤（由铅笔硬度或耐溶剂性试验检测）：如果烘烤不足可重喷；如果烘烤过度，须参考其他测试结果后再决定。

（3）重喷的程序

至今为止还没有一个简单的重喷程序可以涵盖所有情况，但可以采取下述四个基本步骤。

1）许多漆膜在重喷以前需经过特殊的表面处理，最常见的是用砂纸打磨漆膜表面。漆膜的粗糙表面能够提供给面漆以牢固附着其上的“牙齿”。

2）旧的漆膜必须干净且无油脂、污物和砂磨剩余物。通常重喷工件只需经过前处理的清洗和冲洗过程即可。

3）重喷准备时，若工件中露出金属面，该工件必须经过前处理的全过程。

4）旧的涂层若有附着力的问题，必须除去此涂层后再喷涂。继续喷涂前还须查出导致附着力出问题的原因。

3. 取样和测试

（1）取样

生产线上测试必须在生产板上进行，测试样品应有 3″×6″（7.5cm×30.5cm）的面积供仪器读数，测试样品的数目和测试的次数应由订单的大小决定。试样应取自大工程的前、中、后部，小的工程只要提交一块样品即可。

（2）测试

1）黏度

每一包装桶涂料应使用机械方式搅拌以免柔软的浆料沉淀，可加入稀释剂并进行充分的搅拌。检查稀释后涂料的黏度和温度，确定它在适合的范围。特别建议的是必须保存每天的测试记录，测试记录应包括日期、时间、涂料颜色编号、批号、黏度和温度。

测试仪器应包括：2#、3#和4# ZAHN杯，金属指针式温度计，秒表。

2）干膜厚度

对于一涂层的涂层铝材，其厚度应有1.0～1.2mils（25.4～30.5μm）；二涂层体系中，底漆的厚度应有0.2～0.3mils（5.1～7.6μm），面漆的厚度至少为1.0mils（25.4μm）；三涂层DURANARXL体系中，清漆的厚度应有0.4～0.8mils（10.2～20.3μm）。

3）漆膜附着力

DURANAR、DURACORN高固含量涂料体系应采用以下的附着力测试：

①干法。划11个平行的间距为1/6″的划痕，再在垂直方向上划11个同样的划痕，贴上PERMACEL99或相似的3/4″宽（1.92cm）的胶粘带，压紧以除去空隙和起泡，然后以垂直于基材表面方向快速拉去胶粘带。

②湿法。如干式法划11×11个平行的间距为1/6″的划痕，再在垂直方向上划11个同样的划痕，贴上PERMACEL99或相似的3/4″宽（1.92cm）的胶粘带，压紧以除去空隙和起泡，然后以垂直于基材表面方向快速拉去胶粘带。

4）光泽度

应在涂层金属板上的不同位置进行光泽度测试，光泽度仪的入射角60°，或用目视法与标准板比较。

5）颜色一致性

在单一光源下，用已建立的产品颜色标准随机检测涂层产品，最好是北半球日光。

6）总体外观

检测涂层是否光滑，是否有起泡、流挂、针眼或其他表面缺陷。

7）固化情况

适当的固化是获得DURACORN涂料、POLYCORN高固含量涂料以及DURANAR涂料优异漆膜性能的基础。定期检测涂层金属产品可以对固化表示确信。

耐溶剂性试验：

DURACORN/POLYCORN高固含量涂料

用二甲苯湿润一块干净的布，食指用足够的力来回摩擦涂层表面，行程大约2″（5cm）长。一个来回周期为一次摩擦。经过40次摩擦后，涂层没有被磨去，布上仅有一点漆膜的痕迹，这表明固化合适。如果有大量的漆膜被磨去，则认为是固化不足。

DURANAR涂料

用MEK（丁酮）湿润一块干净的布，食指用足够的力来回摩擦涂层表面，行程大约2″（5cm）长。一个来回周期为一次摩擦。经过100次摩擦后，涂层没有被磨去，布上仅有一点漆膜的痕迹，这表明固化合适。如果有大量的漆膜被磨去，则认为是固化不足。

4. 有关涂料在施工时可能出现的问题和解决办法

（1）干膜厚度偏低

可能的原因：①喷涂工艺参数不当，未及时检测湿膜厚度；②涂料稀释过度；③工件接地不良；④转碟孔径太小或喷枪堵塞；⑤涂料输送压力偏低；⑥生产线悬链速度太快；⑦电压偏低；⑧阀门堵塞。

改正方法：①提高油漆吐出量，经常检测施工情况；②加入未稀释的涂料；③清洗接地通道，如挂钩、挂杆和吊架；④更换大孔径的转碟或清理喷枪；⑤如有必要，可增加压力；⑥降低生产线悬链速度；⑦加大电压并查看结果；⑧清洗阀门。

（2）干膜厚度偏高

可能的原因：①未检测湿膜厚度；②稀释不足（经常带有橘皮和粗糙表面）；③转碟孔径太大；④涂料输送压力太大；⑤生产线速度太慢；⑥阀门开得太大。

改正方法：①经常检测施工情况；②加入稀释剂；③更换较小孔径的转碟；④降低输送压力；⑤加大生产线速度；⑥调整阀门大小。

（3）光泽度偏低

可能的原因：①膜厚偏低；②烘烤不足；③涂料搅拌不均；④涂料受污染了。

改正方法：①经常检查湿膜厚度，控制好膜厚；②检查烘烤炉温度和烘烤时间；③重新搅拌涂料至均匀；④避免不同品质或竞争对手的涂料混在一起，清洗供漆系统，加入新漆。

（4）光泽度偏高

可能的原因：①膜厚偏高；②烘烤过度；③涂料搅拌不均；④涂料受污染了；⑤DURANAR涂层产品出炉后冷却太快。

改正方法：①经常检查湿膜厚度，控制好膜厚；②检查烘烤炉温度和烘烤时间；③重新搅拌；④避免不同品质或竞争对手的涂料混在一起，清洗供漆系统，加入新漆；⑤在冷却区域升温。

（5）色差

可能的原因：①喷涂前及喷涂时搅拌不均；②干膜厚度偏低、偏高或不均匀；③涂料受污染了；④烘烤过度；⑤喷枪与工件的距离变化了。

改正方法：①应充分混合；②用合适的稀释剂稀释；③清洗供漆系统，加入新漆；④严格控制固化工艺；⑤记录喷枪与工件的距离并恒定，检查工件是否在喷房内摇动；检查喷枪是否抖动。

（6）金属漆发花、色斑、单色漆浮色

可能的原因：①膜厚太厚；②涂料喷得太湿；③涂料搅拌不均；④涂料雾化不好；⑤喷枪与工件距离太近；⑥稀释剂不合适；⑦涂料受污染了。

改正方法：①经常检查湿膜厚度，控制好膜厚；②选用挥发较快的稀释剂；③应充分搅拌涂料；④逐步改善雾化；⑤检查喷枪与工件的距离，检查喷枪是否抖动；⑥查找原因并改正，清洗供漆系统，加入新漆。

（7）缩孔、鱼眼

可能的原因：①涂料受污染了；②工件受污染了；③稀释剂不合适；④稀释剂受污染了；⑤涂料比较敏感。

改正方法：①查找原因并消除，重点查找压缩空气中是否有水以及是否有硅润滑剂，清洗整个系统，加入新漆；②同上，但查找的办法应在喷房之前；③选择合适的稀释剂；④在认为好的涂料中检查稀释剂的情况；⑤加入某种添加剂可以消除缩孔，向油漆供应商的技术服务代表咨询。

（8）重喷时湿化不好

可能的原因：①工件上有油或被污染了；②涂料比较敏感；③重喷在其他厂家的涂料上；④前一次的涂料烘烤过度；⑤重喷时涂料太薄。

改正方法：①将工件送入前处理段，但只需打开清洗和冲洗的开关；②加入某种添加剂可以消除此缺陷，向油漆供应商的技术服务代表咨询；③如果同一颜色由两家涂料商供应，重喷时应选用同一种涂料；④重喷前需打磨，并用铅笔检查其硬度。⑤重喷时涂料应喷得厚一点。

（9）起泡和溶剂泡

可能的原因：①漆膜厚度太薄；②挥发时间太短；③漆膜表面固化或结皮太快；④厚边、肥角；⑤前处理残留的水；⑥搅拌时将空气搅入涂料。

改正办法：①经常检查膜厚；②降低线速度，升高挥发段的温度或加大挥发段的排风；③加入少量慢干稀释剂，如丁基卡必醇；④调整部分参数以消除厚边，如降低电压、移近工件以及使用自动喷枪；⑤升高预烘炉的温度或延长时间；⑥减慢搅拌速率，特别是涂料用完时应避免涂料飞溅。

（10）流挂、彗尾

可能的原因：①稀释剂挥发太慢；②涂料稀释过度；③湿膜厚度太厚；④喷枪与工件距离太近；⑤涂料搅拌不好；⑥雾化不好。

改正方法：①升高涂料温度，使用快干稀释剂；②加入未稀释的涂料；③调整喷涂参数；④测量并改正喷枪与工件的距离；⑤充分搅拌涂料；⑥调整喷枪的参数，使其达到最好的雾化效果，降低涂料的黏度和升高涂料的温度。

（11）干喷、橘皮

可能的原因：①稀释剂挥发太快；②涂料温度太高；③涂料雾化不好；④漆膜厚度太薄；⑤工件接近喷枪时温度太高。

改正方法：①选用一种慢干稀释剂，如丁基卡必醇；②降低涂料温度；③调整喷枪的参数，使其达到最好的雾化效果，降低涂料的黏度或升高涂料的温度；④逐步增加漆膜膜厚；⑤小心地降低预烘炉的温度，降低生产线的速度或在喷漆前加大冷却。

（12）污渍、透印

可能的原因：①前处理过度或有冲洗残渣；②硬水含盐太高；③工件表面受到

污染；④工件上有手印；⑤涂料比较敏感。

改正方法：①改进冲洗条件，改善冲洗用水的质量；②使用去离子水或纯净水；③查找原因并消除，特别是在挂件处寻找；④检查前处理的清洗段，挂件时应戴棉手套；⑤向油漆供应商的技术服务代表咨询有关添加剂的情况。

(13) 附着力差

可能的原因：①前处理原因；②烘烤不恰当（过度烘烤或烘烤不足）；③干膜厚度偏高；④工件受污染；⑤涂料受污染。

改正方法：①检查转化涂层的重量，检查是否有前处理的残余物；②检查铅笔硬度，用测温纸或炉温跟踪仪检测炉温；③用湿膜仪检测；④查找工件受污染的原因并消除；⑤查找涂料受污染的原因并消除，清洗供漆系统，加入新漆。

(14) 在加工成形时涂料成片脱落

可能的原因：①前处理问题；②烘烤不恰当（过度或不足）；③漆膜太厚；④喷涂前工件已受污染。

改正方法：①检查转化涂层的质量，检查是否有粉状残余物；②检查铅笔硬度，用测温纸或炉温跟踪仪检测炉温；③用湿膜仪检测；④查找工件喷涂前受污染的原因并消除。

(15) 涂料穿透效应不好

可能的原因：①雾化不好；②工件的取向不好；③电压太高；④涂料的电阻太高或太低。

改正方法：①逐步提高雾化效果；②调整工件的取向以达到最好的穿透效果；③小心地降低电压；④检查涂料的电阻，用高电阻或低电阻的涂料进行调整并评价结果。

(16) DURANAR 大龟裂

可能的原因：①涂料烘烤前挥发了太多的稀释剂；②底漆挥发得太快；③稀释剂挥发速度太快；④湿膜太厚或太薄；⑤工件接近喷枪时温度太高；⑥底漆太厚；⑦烘烤炉升温太慢。

改正方法：①减少挥发时间，加快生产线的速度，降低挥发区域的温度；②尽快地在底漆上喷面漆，底漆中混合稀释剂的比例为二甲苯/150 溶剂＝2：1；③选用慢干稀释剂；④严格控制湿膜或干膜厚度；⑤小心地降低预烘烤炉的温度，降低线速度，延长冷却时间，加大冷却段的排风；⑥严格控制底漆厚度；⑦升高炉温，用炉温跟踪仪检查炉中的冷区，如有必要，重新加以平衡。

5. 相关知识介绍

(1) DURANAR 和大龟裂

1) 产生原因

PPG 的 DURANAR 是由聚偏二氟乙烯树脂（KYNAR-500）、颜料和助剂组成的分散体系。在一些特殊情况下，DURANAR 的漆膜可能产生类似干涸河床的细纹线和裂纹，学名叫大龟裂。大龟裂通常是由于漆膜中稀释剂量不足、在烘烤时漆膜熔融时产生。以下因素会加大大龟裂产生的可能性：

①金属面板的温度升至规定温度（232℃）太慢。

②涂料进入烘烤炉前挥发过度。

③金属面板太厚。

④白色和灰色等颜料含量高的色漆。

⑤漆膜厚度太厚。

2）消除方法

以下的预防措施可最大程度地减少大龟裂发生的可能性：

①底漆膜厚不宜太厚，建议干膜厚度为0.2～0.3mils（5～8μm）。

②底漆挥发时间不宜太长，因为这会对面漆中的稀释剂产生吸墨作用。加入慢干稀释剂可延长底漆的"湿化"时间。

③面漆干膜厚度不超过2mils（50.8μm）。

④面漆挥发时间不宜太长，如半干小时。

⑤建议在面漆中使用一些慢干的稀释剂，如丁基卡必醇、乙酸丁基卡必酯。

⑥升温时不允许有任何不正常的停滞，炉温调节须灵敏。升温慢或炉内中的冷区都会产生大龟裂。

（2）美国建筑制造业协会标准AAMA2605的主要指标（表6-4-1）

表6-4-1 美国建筑制造业协会标准AAMA2605主要指标

涂 膜 特 性	项目	要 求
最小涂膜厚度	4.3	二涂：1.2mil（30.5μm）三涂：6mil（40.6μm）
颜色均匀	7.1	肉眼控制
60光泽（ASTMD－523标准）	7.2	低、高
硬度	7.3	使用Berol Eagle Turguoise牌铅笔，达到F级
附着性	7.4	1/16″方格，湿/干涂层时均无脱落
冲击性	7.5	1/10″方格，无脱落
耐磨性（ASTMD－968标准）	7.6	耐磨系数不小于20
耐酸性	7.7	10%盐酸滴在表面，15min后无侵蚀
耐碱性	7.7	Mortar Pat试验：24h无侵蚀
耐清洁性	7.7	浸泡于3%，38℃清洁剂中：72h无侵蚀
耐酸污染性	7.7	颜色变化不超过50E单位（Humter）
耐盐雾试验	7.8	5%的38℃盐水3000h，最大面积1/16″底层脱落
耐潮湿性	7.8	38℃时100%相对湿度3000h后：起泡大小"N0.8"以下
耐气候保色性能（ASTMD－2244标准）	7.9	在南佛罗里达州45°处五年试验：颜色变化不超过50E单位
耐粉化性（ASTMD－659标准）	7.9	在南佛罗里达州45°处五年试验：最大不超过8级
耐侵蚀性	7.9	在南佛罗里达州45°处五年试验：不超过10%损失

(3)《铝合金建筑型材 第5部分：氟碳漆喷涂型材》(GB 5237.5—2008) 的质量要求及指标水平（表6-4-2）

表 6-4-2 GB 5237.5—2008 质量要求及指标水平

质量项目		质量要求		
		二涂	三涂	四涂
涂膜厚度（μm）	平均膜厚	⩾30	⩾40	⩾65
	最小局部膜厚	⩾25	⩾34	⩾55
光泽（60°光泽）		允许偏差±5		
硬度		铅笔划痕，硬度⩾1H		
附着性		0级		
耐冲击性		经冲击试验后，受冲击的涂层允许有微小裂纹，但粘胶带上不允许有粘落的涂层		
耐磨性		⩾1.6L/μm		
耐盐酸		无气泡和其他明显变化		
耐硝酸		$\Delta E_{ab}^{*}\leqslant 5$		
耐溶剂		无软化及其他明显变化		
耐洗涤剂		无气泡、脱落或其他明显变化		
耐砂浆		无脱落和其他明显变化		
耐盐雾试验		经400h中性盐雾试验后，划线两侧膜下单边渗透腐蚀宽度应不超过2mm，划线两侧2mm以外部分的涂层不应有腐蚀现象。		
耐湿热性		涂层经4000h温热试验后，变化⩽1级		
耐候性		涂层经2000h氙灯照射人工加速老化试验后，不应产生粉化现象（0级），光泽保持率（涂层试验后的光泽值相对于其试验前的光泽值的百分比）⩾85%，变色程度至少达到1级。		
颜色、色差外观		颜色应与样板一致。使用色差仪测定时，单层涂层与样板间的 $\Delta E_{ab}^{*}\leqslant 1.5$ 同一批（指交货批）型材之间的色差 $\Delta E_{ab}^{*}\leqslant 1.5$。外观不允许有流痕、皱纹、气泡、脱落等		

思考题

1. 影响液相静电喷涂的因素有哪些？
2. 涂膜光泽度超出范围的原因是什么？
3. 怎样进行重喷？
4. 涂料在施工时容易出现哪些问题？如何解决？

4.2 涂料性能分析

液相静电涂料常用的有聚氨酯涂料、有机硅丙烯酸涂料和氟碳涂料，尤其以氟碳涂料使用最广。氟碳涂料以聚偏二氟乙烯树脂（PVDF）为基料，可以配以金属微粒（如铝粉）为色料制成各种涂料。氟碳基料的化学结构中以氟一碳化学键相结合，这种化学键的键能达到105kJ/mol，使得氟碳涂料的物性不同于常规涂料，除了在机械性能方面的耐磨性、抗冲击性具有优良性能外，特别是在恶劣气候和环境下显示出的抗褪色性和抗紫外光性能使得该涂料广泛应用于高性能、高科技的产品中。建筑铝型材作为户外高档的装饰产品，应用氟碳涂料的场合也越来越多。图 6-4-2 是几种耐候性面漆的老化试验结果。

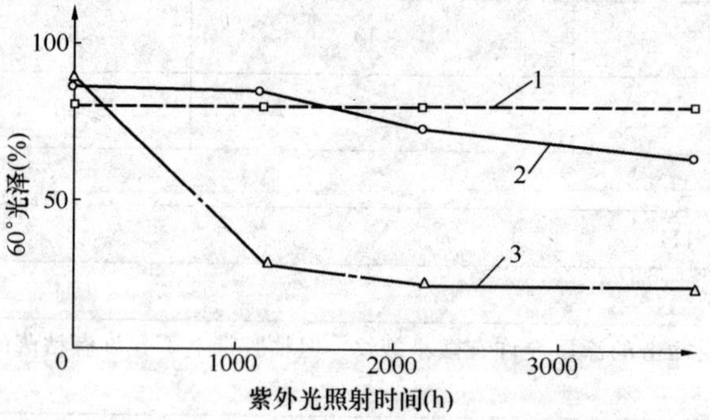

图 6-4-2 几种耐候性面漆的老化试验结果
1—氟碳面漆；2—有机硅丙烯酸面漆；3—聚氨酯面漆

在氟碳涂料中，以 PVDF 为基料加金属粉合成的氟碳涂料习惯上称为金属漆。以 PVDF 为基料加云母晶体粉进行合成的涂料同样具有金属光泽，习惯上称为仿金属漆。仿金属漆在机械性能、抗腐蚀性、保色能力、抗紫外光性及耐久性方面与金属漆相当。并且由于云母晶体粉是绝缘体，在高压静电场的作用下不能带电，所以不会产生排列上的变化，不易造成色差。而且云母晶体粉性质相当稳定，不易受外界环境的侵蚀，亦不会产生氧化，因此在静电喷涂时可以不另加面漆层，从而降低了生产成本。

美国研究机构曾经对氟碳涂料、超级耐候涂料和常规耐候涂料做过对比测试。用不同涂料涂装的工件在美国南佛罗里达州暴晒试验场上经受灼热阳光照射以及在潮湿含盐分空气的恶劣环境下暴晒 12 年，结果表明氟碳涂料的稳定性和耐久性比其他两种涂料分别高 30％和 80％。

（1）涂料的寿命

所有的工业涂料在使用前和使用后都是有寿命的。如同烘干后的漆膜一样，桶中涂料的寿命取决于涂料的组分，更主要取决于周围环境。建议先到的涂料先使用，同时还要摇动桶身以免给使用带来不便。

（2）涂料的储存

涂料应储存在阴凉、干燥的地方，应避免在 37.8℃以上温度下长时间地存放。如果必须存放在室外，建议容器应有遮盖以免桶盖上存有水，应绝对避免太阳的直射。应做到先到的油漆优先使用。

（3）施工温度

使用前涂料温度应在12.8～32.2℃之间，高固含量涂料在温度很低时黏度会增大。正常的施工温度是32.2～54.4℃，通常用加热器加热以保证施工的温度。

（4）涂料的搅拌

建议涂料在使用前和使用过程中进行搅拌以使沉淀的颜料混合均匀，使用手搅拌是不适宜的。检查桶底是否有颜料沉淀是十分必要的。为达到最好的效果，稀释时和使用过程中，涂料必须得到充分的搅拌。

（5）涂料的过滤

建议使用细的滤布、滤袋或线上过滤器。通常金属漆用60～80目（200～250μm），单色漆用100～150目过滤。

（6）保持清洁

保护涂料的清洁以免被其他涂料、污染物污染，整洁的环境可提高工作质量和保持良好的工作作风。

思 考 题

1. 液态涂料使用过程中有哪些注意事项?
2. 常用液态涂料中，哪种涂料的性能最好，为什么?

第5章　设备管理

5.1　液压系统

（1）液压泵常见故障分析与排除方法（表6-5-1）

表6-5-1　液压泵常见故障分析与排除方法

故障现象	故障分析	排除方法
不出油、输油量不足、压力上不去	1. 电动机转向不对 2. 吸油管或过滤器堵塞 3. 轴向间隙或径向间隙过大 4. 连接处泄漏，混入空气 5. 油液黏度太大或油液温升太高	1. 检查电动机转向 2. 疏通管道，清洗过滤器，换新油 3. 检查更换有关零件 4. 紧固各连接处螺钉，避免泄漏，严防空气混入 5. 正确选用油液，控制温升
噪声严重压力波动厉害	1. 吸油管及过滤器堵塞或过滤器容量小 2. 吸油管密封处漏气或油液中有气泡 3. 泵与联轴节不同心 4. 油位低 5. 油温低或黏度高 6. 泵轴承损坏	1. 清洗过滤器使吸油管通畅，正确选用过滤器 2. 在连接部位或密封处加点油，如噪声减小，拧紧接头或更换密封圈；回油管口应在油面以下，与吸油管要有一定距离 3. 调整同心 4. 加油液 5. 把油液加热到适当的温度 6. 检查（用手触感）泵轴承部分温升
泵轴颈油封漏油	漏油管道液阻过大，使泵体内压力升高到超过油封许用的耐压值	检查柱塞泵泵体上的泄油口是否用单独油管直接接通油箱。若发现把几台柱塞泵的泄漏油管并联在一根同直径的总管后再接通油箱，或者把柱塞泵的泄油管接到总回油管上，则应予改正。最好在泵泄漏油口接一个压力表，以检查泵体内的压力，其值应小于0.08MPa

（2）液压缸常见故障分析及排除方法（表6-5-2）

表 6-5-2 液压缸常见故障分析及排除方法

故障现象	故障分析	排除方法
爬行	1. 空气侵入 2. 液压缸端盖密封圈压得太紧或过松 3. 活塞杆与活塞不同心 4. 活塞杆全长或局部弯曲 5. 液压缸的安装位置偏移 6. 液压缸内孔直线性不良（鼓形锥度等） 7. 缸内腐蚀、拉毛 8. 双活塞杆两端螺冒拧得太紧，使其同心度不良	1. 增设排气装置；如无排气装置，可开动液压系统以最大行程使工作部件快速运动，强迫排除空气 2. 调整密封圈，使它不紧不松，保证活塞杆能来回用手平稳地拉动而无泄漏（大多允许微量渗油） 3. 校正二者同心度 4. 校直活塞杆 5. 检查液压缸与导轨的平行性并校正 6. 镗磨修复，重配活塞 7. 轻微者修去锈蚀和毛刺，严重者须镗磨 8. 螺冒不宜拧得太紧，一般用手旋紧即可，以保持活塞杆处于自然状态
冲击	1. 靠间隙密封的活塞和液压缸间隙，节流阀失去节流作用 2. 端头缓冲的单向阀失灵，缓冲不起作用	1. 按规定配活塞与液压缸的间隙，减少泄漏现象 2. 修正研配单向阀与阀座
推力不足或工作速度逐渐下降甚至停止	1. 液压缸和活塞配合间隙太大或O形密封圈损坏，造成高低压腔互通 2. 由于工作时经常用工作行程的某一段，造成液压缸孔径直线性不良（局部有腰鼓形），致使液压缸两端高低压油互通 3. 缸端油封压得太紧或活塞杆弯曲，使摩擦力或阻力增加 4. 泄漏过多 5. 油温太高，黏度减小，靠间隙密封或密封质量差的油缸行速变慢。若液压缸两端高低压油腔互通，运行速度逐渐减慢直至停止	1. 单配活塞或液压缸的间隙或更换O形密封圈 2. 镗磨修复液压缸孔径，单配活塞 3. 放松油封，以不漏油为限校直活塞杆 4. 寻找泄漏部位，紧固各触点 5. 分析发热原因，设法散热降温，如密封间隙过大则单配活塞或增装密封杆

（3）溢流阀的故障分析及排除（表 6-5-3）

表 6-5-3 溢流阀的故障分析及排除方法

故障现象	故障分析	排除方法
压力波动	1. 弹簧弯曲或太软 2. 锥阀与阀座接触不良 3. 钢球与阀座密合不良 4. 滑阀变形或拉毛	1. 更换弹簧 2. 如锥阀是新的即卸下调整螺帽将导杆推几下，使其接触良好或更换锥阀 3. 检查钢球圆度，更换钢球，研磨阀座 4. 更换或修研滑阀

续表

故障现象	故 障 分 析	排 除 方 法
调整无效	1. 弹簧断裂或漏装 2. 阻尼孔阻塞 3. 滑阀卡住 4. 进出油口装反 5. 锥阀漏装	1. 检查、更换或补装弹簧 2. 疏通阻尼孔 3. 拆出、检查、修整 4. 检查油源方向 5. 检查、补装
漏油严重	1. 锥阀或钢球与阀座的接触不良 2. 滑阀与阀体配合间隙过大 3. 管接头没拧紧 4. 密封破坏	1. 锥阀或钢球磨损时更换新的锥阀或钢球 2. 检查阀芯与阀体间隙 3. 拧紧连接螺钉 4. 检查更换密封
噪声及振动	1. 螺帽松动 2. 弹簧变形，不复原 3. 滑阀配合过紧 4. 主滑阀动作不良 5. 锥阀磨损 6. 出油路中央有空气 7. 流量超过允许值 8. 和其他阀产生共振	1. 紧固螺帽 2. 检查更换密封 3. 修研滑阀，使其灵活 4. 检查滑阀与壳体的同心度 5. 换锥阀 6. 排出空气 7. 更换与流量对应的阀 8. 略为改变阀的额定压力值（如额定压力值的差在0.5MPa以内时，则容易发生共振）

（4）减压阀的故障分析及排除方法（表6-5-4）

表6-5-4 减压阀的故障分析及排除方法

故障现象	故 障 分 析	排 除 方 法
压力波动不稳定	1. 油液中混入空气 2. 阻尼孔有时堵塞 3. 滑阀与阀体内孔圆度超过规定，使阀卡住 4. 弹簧变形或在滑阀中卡住，使滑阀移动困难或弹簧太软 5. 钢球不圆，钢球与阀座配合不好或锥阀安装不正确	1. 排除油中空气 2. 清理阻尼孔 3. 修研阀孔及滑阀 4. 更换弹簧 5. 更换钢球或拆开锥阀调整
二次压力升不高	1. 外泄漏 2. 锥阀与阀座接触不良	1. 更换密封件，紧固螺钉并保证力矩均匀 2. 修理或更换
不能减压	1. 泄油口不通；泄油管与回油管道相连，并有回油压力 2. 主阀芯在全开位置时卡死	1. 泄油管必须与回油管道分开，单独回入油箱 2. 修理、更换零件，检查油质

（5）节流调速阀的故障分析及排除方法（表6-5-5）

表6-5-5 节流调速阀的故障分析及排除方法

故障现象	故障分析	排除方法
节流作用失灵及调速范围不大	1. 节流阀和孔的间隙过大，有泄漏以及系统内部泄漏 2. 节流孔阻塞或阀芯卡住	1. 检查泄漏部位零件损坏情况，予以修复、更新，注意接合处的油封情况 2. 拆开清洗，更换新油液，使阀芯运动灵活
运动速度不稳定，如逐渐减慢、突然增快及跳动等现象	1. 油中杂质粘附在节流口边上，通油截面减小，使速度减慢 2. 节流阀的性能较差，低速运动时由于振动使调节位置变化 3. 节流阀内部、外部在泄漏 4. 在简式的节流阀中，因系统负荷有变化使速度突变 5. 油温升高，油液的黏度降低，使速度逐步升高 6. 阻尼装置堵塞，系统中有空气，出现压力变化及跳动	1. 拆卸清洗有关零件，更换新油，并经常保持油液洁净 2. 增加节流联锁装置 3. 检查零件的精确和配合间隙，修配或更换超差的零件，连接处要严加封闭 4. 检查系统压力和减压装置等部件的作用以及溢流阀的控制是否正常 5. 液压系统稳定后调整节流阀或增加油温散热装置 6. 清洗零件，在系统中增设排气阀，油液要保持洁净

（6）换向阀的故障分析及排除方法（表6-5-6）

表6-5-6 换向阀的故障分析及排除方法

故障现象	故障分析	排除方法
滑阀不换向	1. 滑阀卡死 2. 阀体变形 3. 具有中间位置的对中弹簧折断 4. 操纵压力不够 5. 电磁铁线圈烧坏或电磁铁推力不足 6. 电气线路出故障 7. 液控换向阀控制油路无油或被堵塞	1. 拆开清洗脏物，去毛刺 2. 调节阀体安装螺钉使压紧力均匀或修研阀孔 3. 更换弹簧 4. 操纵压力必须大于0.35MPa 5. 检查、修理、更换 6. 消除故障 7. 检查原因并消除
电磁铁控制的方向阀作用时有响声	1. 滑阀卡住或摩擦力过大 2. 电磁铁不能压到底 3. 电磁铁芯接触面不平或接触不良	1. 修研或调配滑阀 2. 校正电磁铁高度 3. 消除污物，修正电磁铁铁芯

（7）液控单向阀的故障分析及排除方法（表6-5-7）

表6-5-7 液控单向阀的故障分析及排除方法

故障现象	故障分析	排除方法
油液不逆流	1. 控制压力过低 2. 控制油管道接头漏油严重 3. 单向阀卡死	1. 提高控制压力使之达到要求值 2. 紧固接头，消除漏油 3. 清洗
逆方向不密封，有泄漏	1. 单向阀在全开位置上卡死 2. 单向阀锥面与阀座锥面接触不均匀	1. 修配，清洗 2. 检修或更换

（8）油温过高的故障分析和排除方法（表6-5-8）

表6-5-8 油温过高的故障分析和排除方法

故障现象	故障分析	排除方法
当系统不需要压力油时，而油仍在溢流阀的设定压力下溢回油箱	卸荷回路的动作不良	检查电气回路、电磁阀、先导回路和卸荷阀的动作是否正常
液压元件规格选用不合理	1. 阀规格过小，能量损失太大 2. 用泵时，泵的流量过大	1. 根据系统的工作压力和通过阀的最大流量选取 2. 合理选泵
冷却不足	1. 冷却水供应失灵或风扇失灵 2. 冷却水管道中有沉淀	1. 消除故障 2. 消除沉淀
散热不足	油箱的散热面积不足	改装冷却系统或加大油箱容量及散热面积
液压泵过热	1. 由于磨损造成功率损失 2. 用黏度过低或过高的油工作	1. 修理或更换 2. 选择适合本系统黏度的油加油液到推荐的位置
油液循环太快	油箱中液面太低	加油液到推荐的位置
油液的阻力过大	管道的内径和需要的流量不相适应或者由于阀门的内径不够大	装置适宜尺寸的管道和阀门，或降低功率

5.2 气动系统

常见故障分析与处理如下：

（1）气动执行元件（气缸）故障

由于气缸装配不当和长期使用，气动执行元件（气缸）易发生内、外泄漏，输出力不足和动作不平稳，缓冲效果不良，活塞杆和缸盖损坏等故障现象。

1）气缸出现内、外泄漏，一般是因活塞杆安装偏心、润滑油供应不足、密封圈和密封环磨损或损坏、气缸内有杂质及活塞杆有伤痕等造成的。所以，当气缸出现内、外泄漏时，应重新调整活塞杆的中心，以保证活塞杆与缸筒的同轴度；须经常检查油雾器工作是否可靠，以保证执行元件润滑良好；当密封圈和密封环出现磨损或损环时，须及时更换；若气缸内存在杂质，应及时清除；活塞杆上有伤痕时，应换新。

2）气缸的输出力不足和动作不平稳，一般是因活塞或活塞杆被卡住、润滑不良、供气量不足或缸内有冷凝水和杂质等原因造成的。对此，应调整活塞杆的中心；检查油雾器的工作是否可靠；供气管路是否被堵塞。当气缸内存有冷凝水和杂质时，应及时清除。

3）气缸的缓冲效果不良，一般是因缓冲密封圈磨损或调节螺钉损坏所致。此时，应更换密封圈和调节螺钉。

4）气缸的活塞杆和缸盖损坏，一般是因活塞杆安装偏心或缓冲机构不起作用而造成的。对此，应调整活塞杆的中心位置、更换缓冲密封圈或调节螺钉。

（2）换向阀故障

换向阀的故障有：阀不能换向或换向动作缓慢，气体泄漏，电磁先导阀出故障等。

1）换向阀不能换向或换向动作缓慢，一般是因润滑不良、弹簧被卡住或损坏、油污或杂质卡住滑动部分等原因引起的。对此，应先检查油雾器的工作是否正常、润滑油的黏度是否合适。必要时，应更换润滑油，清洗换向阀的滑动部分或更换弹簧和换向阀。

2）换向阀经长时间使用后易出现阀芯密封圈磨损、阀杆和阀座损伤的现象，导致阀内气体泄漏、阀的动作缓慢或不能正常换向等故障。此时，应更换密封圈、阀杆和阀座，或将换向阀换新。

3）若电磁先导阀的进、排气孔被油泥等杂物堵塞、封闭不严、活动铁芯被卡死，电路有故障等，均可导致换向阀不能正常换向。对前三种情况应清洗先导阀及活动铁芯上的油泥和杂质，而电路故障一般又分为控制电路故障和电磁线圈故障两类。在检查电路故障前，应先将换向阀的手动旋钮转动几下，看换向阀在额定的气压下是否能正常换向，若能正常换向，则是电路有故障。检查时，可用仪表测量电磁线圈的电压，看是否达到了额定电压，如果电压过低，应进一步检查控制电路中的电源和相关联的行程开关电路。如果在额定电压下换向阀不能正常换向，则应检查电磁线圈的接头（插头）是否松动或接触不实。方法是拔下插头，测量线圈的阻值，如果阻值太大或太小，说明电磁线圈已损坏，应更换。

（3）气动辅助元件故障

气动辅助元件的故障主要有：油雾器故障、自动排污器故障、消声器故障等。

1）油雾器的故障有：调节针的调节量太小油路堵塞、管路漏气等都会使液态油滴不能雾化。对此，应及时处理堵塞和漏气的地方，调整滴油量，使其达到

5滴/min左右。正常使用时，油杯内的油面要保持在上、下限范围之内。对油杯底都沉积的水分，应及时排除。

2）自动排污器内的油污和水分有时不能自动排除，特别是在冬季温度较低的情况下尤为严重。此时，应将其拆下并进行检查和清洗。

3）当换向阀上装的消声器太脏或被堵塞时，也会影响换向阀的灵敏度和换向时间，故要经常清洗消声器。

5.3 清洗设备

常见故障分析与处理见表6-5-9。

表6-5-9 清洗设备常见故障分析与处理

故障现象	故障分析	排除方法
表面清洗效果差	浓度达不到要求	调整药液浓度
	清洗设备压力不足	提高清洗设备出口压力
表面条纹	喷嘴堵塞	清理堵塞喷嘴
	喷嘴脱落	重新安装
机械密封发生振动、发热、发烟、泄出、磨损	端面宽度过大	减小端面宽度、降低弹簧压力
	端面比压过大	降低端面比压
	动静环面粗糙	提高端面光洁度
	摩擦副配对不当	更换动静环、合理配对
	冷却效果不好、润滑恶化	加强冷却措施、改善润滑条件
	端面耐腐蚀、耐高温不良	更换耐腐蚀、耐高温的动静环

5.4 涂层设备（适合辊涂工艺）

常见故障分析与处理见表6-5-10。

表6-5-10 涂层设备常见故障分析与处理

故障现象	故障分析	排除方法
涂辊靠不上	电器信号不到位	检查电器信号，确认信号到位
	传动机构卡阻	检查传动
	液压系统欠压	调好系统压力
	换向阀不动作	检查阀芯有无卡阻，检查电气信号是否正常
涂辊在工作中下落	液压系统欠压	调好系统压力
	液压锁失控	更换液压锁
涂辊转动速度不正常	脉冲编码器失控	更换脉冲编码器
	联轴器柔性垫损坏	更换联轴器柔性垫
	减速器损坏	更换减速器

5.5 固化设备（氧化上色不适用）

常见故障分析与处理见表 6-5-11。

表 6-5-11 固化设备常见故障分析与处理

故障现象	故障分析	排除方法
风机转速突然变低	保险丝熔断，电机单相	停电检查保险和线路
声音不正常、电机有焦味	过热跳闸	检查继电器并查明原因
风机振动	地脚螺栓松动或机械不对中	检查地脚螺栓对中
风机开不起来	电气控制有故障，风机叶轮卡住或锈蚀卡死	检查电气线路，检查风机
空气流量过小	调节阀失灵（全关）	检查蝶阀、调节阀等
空气流量过大	调节阀失灵（全开）	检查比例调节阀等
天然气流量过小	气压低，调节阀失灵	检查进车间的第一压力表指示，然后检查调压阀等

思考题

1. 能够分析设备事故原因、方法。
2. 能根据设备运行制定防范措施。

第6章　培训与指导

工人技师长期在生产一线，从事铝材涂层及氧化着色生产工艺实践，具有丰富的实践经验和操作技能。国家职业标准要求技师能讲授本专业技术理论知识，要求掌握一定的培训教学基本方法，讲授本专业技术理论知识的内容，以结合具体的设备、具体的材料、具体的专题为主，代表技师的技术专长。系统的专业基础知识，由专门的老师讲授。

1. 认真备课

在选定讲授专业技术的课题后，应认真备课，一般可以从以下几个方面逐渐展开：

（1）课题的选择

工人技师承接向较低技术等级人员讲课时，应结合现实的生产需要，也可以是系列讲授内容中的一个专题。以安全生产教育为例，列题讲授“涂层室爆燃事故的发生与预防措施”。要求不泛谈安全生产，而是紧密联系涂层室爆燃事故的实际，有针对性地进行讲授。

（2）列出讲义提纲

将准备讲授的内容分出层次，怎样开头、怎样展开、怎样结尾、每一部分准备写哪些内容，理出一个较清楚的思路，使整个讲义具有条理。

（3）收集必要的资料

为使讲课取得良好效果，确定题目后要较为广泛地收集涂层室爆燃事故的例证，收集发生爆燃事故的分析报告和理论依据，使讲授的内容丰富。有时还需要对资料进行必要的斟酌，提出自己独到的见解，对事故的本质进行较深入的探究，对有些资料和数据进行必要的查实核对。通过一个案例而联想到相关的事，起到安全教育举一反三的作用。

（4）起草讲义

起草讲义，较细致地将讲授内容成文。初稿形成后，可以向有关技术人员，设备维修、管理人员等请教，请他们帮助进行必要的修改和完善，使讲授内容观点基本正确，使听讲者获得准确的信息，受到启发和教育。

（5）制作必要的图样或数表

课前根据讲义的需要，制作必要的图样或数表，在讲授过程中展示，直观地描述事故的关键特征和重要参数，以便于大家理解。图样或数表可以用大纸张画（列）出，也可以在授课时在黑板上临时画（列）出。有条件的可以采用计算机软件制成幻灯演示，效果更好。

2. 预告和讲授

将准备讲授的题目、授课时间、地点预先告知，届时让热处理工人及对此课题感兴趣的人员前来听讲。

将经过认真准备的内容，向自己的同事、工友们一一讲述。在讲述过程中和结束时，留出必要时段，与自己的听众进行互动，就一些不甚理解或不同见解的内容进行现场讨论。

3. 操作步骤

（1）运用掌握的知识对初、中、高级工和技师进行理论及操作技能业务培训，提高操作技能和处理问题的能力。

（2）根据培训要求和培训对象，编写培训讲义。

（3）在作业过程中示范实际操作技巧和处理问题的方法，指导初、中、高级工和技师进行实际操作并进行说明。

思　考　题

讲授本专业技术理论知识主要包含几方面的内容？

第7章　技术管理

7.1　技术分析

1. 质量检测数据统计的意义

质量检测数据的统计技术，就是将采集到的数据运用合适的统计方法进行统计分析，目的是对生产过程进行监控，及时发现和分析质量问题，预测和防止不合格品的产生，保证、提高产品质量，降低生产成本，提高经济效益。下面介绍一些用于统计过程控制的SPC技术。

2. 质量检测数据统计的方法

（1）采集数据要求

运用统计技术的基础就是采集合适的数据。

1）首先要明确收集数据的目的。目的不同，收集的方法和收集的过程就不同，得到的数据也不一样。

2）数据必须要真实、准确、可靠，严禁弄虚作假。否则，假数据必然会造成错误的判断，有害无益，后患无穷。

3）收集的数据要按目的进行分层，把属于同一种生产条件的数据归纳在一起。

4）对收集的数据要进行科学整理，并尽量做到图表化，便于统计方法的应用。

5）尽量在生产现场收集数据，以便观察到对数据可能产生影响的种种因素，如收集数据的时间、地点，使用的量仪，测量的方法和参加收集数据的人员等。

（2）计数型数据的统计技术

产品的缺陷数是以个数来计算的，不用量仪进行测量就可以“数”出来的计数型数据具有离散性。过程控制可用不合格品数的 P_n 控制图表示，其SPC技术如下：

1）收集数据

P_n 控制图用来度量一个检验中的不合格品的数量。受检验样本的数量必须相等且足够大，使每个子组数量都较大（例如50～200或更大），子组内都出现几个不合格品。应根据产品的周期确定分组的频率，时间间隔短则反馈快，但需保证子组数量的要求，以便帮助分析和纠正发现的问题。收集数据的时间应足够长，一般应包括25个或更多的子组，以便很好地检验过程的稳定性。

2）计算控制界限

a. 过程不合格品数的均值（CL）：

$$CL = \overline{P}_n = \frac{\sum_{i=1}^{k}(P_n)_i}{k}$$

式中 $(P_n)_i$——k 个子组中第 i 个子组的不合格数。

b. 上、下控制界限（UCL、LCL）：

$$\begin{matrix} UCL \\ LCL \end{matrix} = \overline{P}_n \pm 3\sqrt{\overline{P}_n(1-\overline{P})}$$

$$\overline{P} = \frac{\sum_{i=1}^{k}(P_n)_i}{\sum_{i=1}^{k}n_i}$$

式中 P——过程平均不合格品率；

n_i——k 个子组中第 i 个子组的样本数。

3）绘制控制图的步骤

a. 建立坐标系，横坐标表示抽样时间顺序，纵坐标表示过程不合格品数。

b. 过程均值（中心线）用水平实线表示，并标上符号 CL；上、下控制界限用水平虚线表示，并标上符号 UCL、LCL。

c. 上、下控制界限间距最好保持在 30mm 左右。

d. 按抽样顺序，用“·”标记过程不合格品数，并将各点依次连成折线。出界的点用“0”标记。

e. 标明控制图名称及其他有关事项。

f. 当工序质量发生了变化或采取了质量改进措施时，应重新计算控制界限，并按新控制界限建立控制图。

4）控制图的分析

对超出控制界限的点，应找出不稳定的原因。如点排列出现下述情况，则应注意其动向或判为异常：

a. 点连续出现在中心线一侧：连续出现 5 点时，应引起注意；连续出现 6 点时，应调查原因；连续出现 7 点时，应判为异常。

b. 点多次出现在中心线一侧：连续 11 点中至少有 10 点出现在同一侧；连续 14 点中至少有 12 点出现在同一侧；连续 17 点中至少有 14 点出现在同一侧；连续 20 点中至少有 16 点出现在同一侧，均应判为异常。

c. 点连续上升或下降：连续 5 点上升或下降，应引起注意；连续 6 点上升或下降，应调查原因；连续 7 点上升或下降，应判为异常。

d. 点屡屡出现在控制界限附近，并有下述情况均应判为异常：连续 3 点中有 2 点出现在控制界限附近；连续 7 点中有 3 点出现在控制界限附近；连续 10 点中有 4 点出现在控制界限附近。

e. 点周期性变动，应判为异常。

5）寻找并纠正特殊原因

当从数据中已发现了失控的情况时，则必须研究操作过程以便确定其原因，然后纠正该原因并尽可能防止其再次发生。由于特殊原因是通过控制图发现的，要求对操作进行分析，并且希望操作者或现场检验员有能力发现变化的原因并纠正。可利用诸如排列图和因果分析等解决问题。

对于应用实时数据进行现行研究时，失控条件的分析包括及时调查过程的操作，将重点放在寻找发生何种变化可以解释异常性能上。当根据该分析采取纠正措施时，措施的效果会在控制图上明显地反映出来。

使用历史数据进行初步研究时，时间的推移可能会使分析过程操作变化更困难，尤其是对于出现又消失的现象来说。分析应尽可能地在当时条件下进行，以便识别该条件并防止其再次发生。这一点在“备注”栏中详细地记录是很有帮助的。

（3）计量型数据的统计技术

缺陷尺寸、产品厚度等是用检测仪器进行测量所得的计量型数据。拉矫生产时，缺陷尺寸或产品厚度的控制可用单值和移动极差控制图（X-MR 图），其 SPC 技术如下：

1）收集数据，填人数据表

a. X-MR 图通常是将单值控制图（X 图）画在移动极差控制图（MR 图）的上方，下面再接一个数据栏。缺陷尺寸或产品厚度测量值（X）和极差值（R）为纵坐标，带材长度为横坐标。数据值以及极差和均值点应纵向对齐。

b. 在数据图上从左至右记录单值读数（X）。

c. 计算单值间的移动极差（MR）。通常最好是记录每对连续读数间的差值（例如第一和第二个读数间的差，第二和第三个读数间的差等），这样，移动极差的个数比单值读数的个数少一个（25 个读数可得到 24 个移动极差）。

在很少的情况下，可在较大的移动组（例如 3 或 4 个）或固定的子组（例如所有的读数均在一个工作时段内读取）的基础上计算移动极差。

尽管测量是单独抽样的，但是读数的个数形成移动极差的成组（例如 2、3 或 4）决定了名义样本数量 n，在查系数表时必须考虑该值。

d. 单值控制图（X 图）的刻度按下列最大者选取：产品的规范公差加上超过规范的读数的允许值或最大单值读数与最小单值读数之差的 1.5～2 倍。移动极差控制图（MR 图）的刻度间隔应与 X 图一致。

e. 标记单值数据（X）和极差值（R）的方法与 P_n 控制图相似。将均值和救差分别画在各自的图上，将各点用直线连接起来，从而得到可见的图形和趋势。简要地浏览一下所有画上去的点，看它们是否合理，如果有的点比别的点高很多或低很多，需确认计算及画图是否正确的，应确保所画的 X 和 R 点在纵向是对应的。

2）计算控制界限

a. 计算并绘制过程平均值 X（单值读数之和除以读数的个数）和平均极差 R

（极差之和除以极差的个数）。

b. 计算并绘制上、下控制界限（UCL、LCL）：

$$\begin{matrix} UCL_X \\ LCL_X \end{matrix} = \overline{\overline{X}} \pm E_2\overline{R}$$

$$UCL_{MN} = D_4\overline{R}$$

$$LCL_{MN} = D_3\overline{R}$$

式中 D_4，D_3，E_2——分别为与样本数量 n 有关的常数，见表 6-7-1。

表 6-7-1 控制图用系数

样本 n	2	3	4	5	6	7
D_4	3.267	2.575	2.282	2.115	2.004	1.924
D_3	—	—	—	—	—	0.076
E_2	2.660	1.772	1.457	1.1290	1.184	1.109

注：样本数量小于 7 时没有极差的控制下限。

其余标注、分析控制图的方法及采取的纠正措施，参见 P_n 控制图部分。

3. 质量检验报告撰写方法

（1）编写检验报告的依据

编写检验报告主要依据以下原始凭证和记录表：

1）废品和返修品通知单。

2）不合格原材料通知单。

3）质量停工记录单。

4）数据记录表和控制图。

5）零件回用单。

6）材料代用通知单。

7）图样、工艺文件临时脱离通知单。

8）成品出厂检测记录表。

9）产品型式试验记录表。

10）成品装配缺陷资料。

11）同行业、质量监督和商检部门、本企业质量审核的记录表。

12）设备、工装和计量器具的周期检查资料。

（2）检验报告内容

检验报告一般包括以下三方面的内容：

1）反映企业各部门工作质量完成情况的质量考核指标，包括废品率、返修率、一次合格率等。

2）产品质量及与其有关的情况，包括工序和产品最终检验中反映出来的质量状况。产品型式试验的情况，原材料的质量情况，关键工序及工序能力指数的情况，设备、工装、计量测试仪器的质量状况等。

3）质量改进活动所获得的经济效益和外部经济损失等。

检验报告由文字叙述和图表分析组成。文字可按上述三方面内容来叙述；图表一般包括质量考核指标完成情况表、产品质量水平和经济效益的对比表以及排列图等。

4. 编写检验报告的步骤

编写检验报告的一般步骤为：

（1）由各有关部门、车间收集原始单据和记录表进行统计分析，并把结果报检验部门。

（2）企业检验部门进行总分析并填写质量报表，完成图文适宜的检验报告。

（3）操作步骤

1）运用和评价计量器具检测的质量数据，分析异常数据产生原因，制定调整办法；统计分析作业现场各岗位质量运行情况，控制、处理质量缺陷，使生产过程处于受控状态。

2）对影响产品技术经济指标的工艺参数进行不断优化，提高产品综合成品率。

3）不断总结操作技能、生产组织实践经验，提高解决问题的能力。

4）不断学习新知识、新技术，了解行业发展动向，参与行业技术交流，提高技术操作水平。

7.2 技术创新

科技论文是科技发展及现代化建设的重要科技信息源，是记录人类科技进步的历史性文件。什么是科技论文，它与一般的科技文章有什么不同，怎样写好科技论文，这些都是广大科技工作者应了解的问题。

1. 科技论文的含义

科学技术论文简称科技论文。它一般包括：报刊科技论文、学年论文、毕业论文、学位论文（又分学士、硕士、博士论文）。科技论文是在科学研究、科学实验的基础上，对自然科学和专业技术领域里的某些现象或问题进行专题研究、分析和阐述，揭示出这些现象和问题的本质及其规律性而撰写成的文章。也就是说，凡是运用概念、判断、推理、论证和反驳等逻辑思维手段，来分析和阐明自然科学原理、定律和各种问题的文章，均属科技论文的范畴。科技论文主要用于科学技术研究及其成果的描述，是研究成果的体现。运用它们进行成果推广、信息交流、促进科学技术的发展。它们的发表标志着研究工作的水平为社会所公认，载入人类知识宝库，成为人们共享的精神财富。科技论文还是考核科技人员业绩的重要标准。

2. 科技论文的特点

（1）科学性

科学性又称真理性，是保证学术论文质量的最基本的要求。科学性的内涵通常可分解为真实性、准确性、可重复性、可比性和逻辑性。

1）真实性

论文必须内容真实，资料可靠。作者要求具有严谨的治学作风和实事求是的科学态度，做到科研设计缜密，努力避免技术性失误，并且客观地记述科研数据，尊重事实，不凭主观臆断和个人好恶随意取舍客观数据或歪曲结论。

2）准确性

论文的数据、引用的资料应准确无误，其结论和评价应恰如其分地反映客观事物及其运动规律。要求作者仔细观察实验过程，并对实验数据进行精确记录；写作时要选择最恰当的词语，仔细推敲相近词在表述上的细微差别，力争把写入的内容准确地表述出来。

3）可重复性

读者如采用论文介绍的技术和方法，在相同的条件下，应获得与论文相同的结果和结论。只有在研究中真正揭示了研究对象的内部联系并掌握了该对象的变化规律，才能保证论文结果和结论的可重复性。这就要求作者科研设计必须合理，写作时要详细介绍必要的、关键的内容，尤其是自己创新或改进的技术和方法，以便读者可重复出同样的结果。有了可重复性的成果，才有推广和应用价值，也才有确定的经济价值和社会价值。

4）可比性

论文的结果可与其他相同或相近的课题已报道的结果进行比较，以确定其是否具有先进性。这就需要设立对比观察，并用统计学的方法处理观察结果。没有可比性的论文，其可行程度会大大降低。

5）逻辑性

论文要求必须脉络清晰，结构严谨，论证的展开应符合思维的客观规律。这就要求作者在选题、提出假设、搜集素材、推断结论以及论文写作的全过程中，都必须严格遵守逻辑学的基本规律，不能出现违背逻辑学原理和规律的错误。

（2）创新性

创新性是指作者论述的主题是本学科前人未曾研究，或虽有人研究但仍值得深入探讨的问题。如：阐述了某一新理论、新原理，提供了某些新内容，提出了某些新观点等；一般来说，说了前人没有说过的话，属创见性文章；说了前人没有说完的话，属发展性文章；说了与前人不同的话，属争鸣性文章。

（3）学术性

论文是否有学术价值，是评价论文质量的公认标准。学术性，即论文具有从实践中概括出来的对某一事物的理性认识的特性，其标准可以概括为“新、深、实”三个字。

所谓“新”，就是在论点或方法上具有创新性，或赋予某一论题以新意。

所谓“深”，指研究有一定的深度，能抓住问题的本质，对推动学科建设和发展有积极意义；

所谓“实”，指所引用的材料具有权威性和时间的贴近性，证据是经过组织和加工的，不是事实的罗列。

（4）规范性

1）规范性是指对论文的语言文字和表述形式方面的质量要求。

2）语言文字规范。

3）学科术语规范，尽量使用规范的专业词汇。

4）计量单位规范。

5）论文格式规范，严格按照国家标准构建论文的基本结构。

（5）应用性

应用性指论文在理论、方法或技术上的实际应用价值。衡量论文的应用性，可以从三个方面入手：

1）看论文是否从学科研究和社会实际生活中产生，是否反映了科学研究的新成果、新问题；

2）看论据是否从科研或社会调查中取得的第一手资料，还是东拼西凑、道听途说的“无本之木”；

3）看是否解决或回答了学科专业或社会发展中提出的迫切需要解决的问题，其答案对教学或科研是否有直接或间接的指导意义。

3. 科技论文的分类

从不同的角度分析，科技论文有不同的分类结果，为此，暂时可对科技论文作如下的分类：

（1）论证型

是对基础科学命题的论述与证明的文件。如对数、理、化、天、地、生等基础学科及其他众多的应用性学科的公理、定理、原理、原则或假设的建立、论证及其适用范围，使用条件的讨论。

（2）科技报告型

科技报告是描述一项科学技术研究的结果或进展或一项技术研究试验和评价的结果；或者论述某项科学技术问题的现状和发展的文件。

记述型文章是它的一种特例（如医学领域的许多临床报告属之）。许多专业技术、工程方案和研究计划的可行性论证文章，亦可列入本类型。这样的文章一般应该提供所研究项目的充分信息。原始资料的准确与齐备，包括正反两方面的结果和经验，往往使它成为进一步研究的依据与基础。科技报告型论文占现代科技文献的多数；

（3）发现、发明型

记述被发现事物或事件的背景、现象、本质、特性及其运动变化规律和人类使用这种发现前景的文件；阐述被发明的装备、系统、工具、材料、工艺、配方形式或方法的功效、性能、特点、原理及使用条件等的文件；

(4) 计算型

提出或讨论不同类型（包括不同的边值和初始条件）数学物理方程的数值计算方法，其他数列或数字运算，计算机辅助设计及计算机在不同领域的应用原理、数据结构、操作方法和收敛性、稳定性、精度分析等。它往往是计算机软件进一步开发的基础。

(5) 综述型

这是一种比较特殊的科技论文，与一般科技论文的主要区别在于它不要求在研究内容上具有首创性，尽管一篇好的综述文章也常常包括有某些先前未曾发表过的新资料和新思想，但是它要求撰稿人在综合分析和评价已有的资料基础上，提出在特定时期内有关专业课题的发表演变规律和趋势。

综述文章的题目一般较笼统，篇幅允许稍长，它的写法通常有两类：一类以汇集文献资料为主，辅以注释，客观而少评述。某些发展较活跃的学科的年度综述属此；另一类则着重评述。通过回顾、观察和展望，提出合乎逻辑的，具有启迪性的看法和建议。这类文章的撰写要求较高，具有权威性。往往能对所讨论学科的进一步发展起到引导作用。

(6) 其他型

4. 科技论文的编写格式

(1) 章、条、条、条的编号

按国家标准的规定，科技论文的章、条、条、条的划分，编号和排列均应采用阿拉伯数字分级编写，即一级标题的编号为1，2，…；二级标题的号为1.1，1.2，…，2.1，2.2，…；三级标题的编号为1.1.1，1.1.2，…，如此等等，详细参见GB/T 7713—87和GB/T 7713.1—2006。国标规定的这一章条编号方式对著者、编者和读者都具有显著的优越性。

(2) 题名（篇名）

题名是科技论文的必要组成部分。它要求用最简洁、恰当的词组反映文章的特定内容，把论文的主题明白无误地告诉读者，并且使之具有画龙点睛、启迪读者兴趣的功能。一般情况下，题名中应包括文章的主要关键词。总之，题名的用词十分重要，它直接关系到读者对文章的取舍态度，务必字字斟酌。题名像一条标签，切忌用冗长的主、谓、宾语结构的完整语句逐点描述论文的内容，以保证达到“简洁”的要求；而“恰当”的要求应反映在用词的中肯、醒目、好读好记上。当然，也要避免过分笼统或哗众取宠的所谓简洁，缺乏可检索性，以至于名实不符或无法反映出每篇文章应有的主题特色。

题名应简短，不应很长，国际上不少著名期刊都对题名的用字有所限制。对于我国的科技期刊，论文题名用字不宜超过20个汉字，外文题名不超过10个实词。使用简短题名而语意未尽时，或系列工作分篇报告时，可借助于副标题名以补充论文的下一层次内容。题名应尽量避免使用化学结构式、数学公式、不太为同行所熟悉的符号、简称、缩写以及商品名称等。

（3）著者

著者署名是科技论文的必要组成部分。著者系指在论文主题内容的构思、具体研究工作的执行及撰稿执笔等方面的全部或局部上做出主要贡献的人员，能够对论文的主要内容负责答辩的人员，是论文的法定主权人和责任者。署名人数不宜太多，对论文涉及的部分内容作过咨询、给过某种帮助或参与常规劳动的人员不宜按著者身份署名，但是可以注明他们曾参与了哪一部分具体工作，或通过文末致谢的方式对他们的贡献和劳动表示谢意。

合写论文的诸著者应按论文工作贡献的多少顺序排列。著者的姓名应给出全名。科学技术文章一般均用著者的真实姓名，不用变化不定的笔名。同时还应给出著者完成研究工作的单位或著者所在的工作单位或通信地址，以便读者在需要时可与著者联系。

（4）摘要

摘要是现代科技论文的必要附加部分，只有极短的文章才能省略。它是解决读者既要尽可能掌握浩瀚的信息海洋，又要面对自身精力十分有限这一对矛盾的有效手段。

摘要是以提供文献内容梗概为目的，不加评论和补充解释，简明确切地记述文献重要内容的短文。

摘要有两种基本写法：报道性摘要是指明一次文献的主题范围及内容梗概的简明摘要（也称简介）；指示性摘要是指示一次文献的陈述主题及取得的成果性质和水平的简明摘要。介乎其间的是报道-指示性摘要，其是以报道性摘要形式表述一次文献中信息价值较高的部分，而以指示性摘要形式表述其余部分的摘要。一般的科技论文都应尽量写成报道性摘要，而对综述性、资料性或评论性的文章可写成指示性或报道-指示性摘要。

摘要应简明，它的详简程度取决于文献的内容。通常中文摘要以不超过 400 字为宜，纯指示性摘要可以简短一些，应控制在 200 字上下。对于使用英、俄、德、日、法以外文种书写的一次文献，它们的摘要可以适当详尽一些。学位论文等文献具有某种特殊性，为了评审，可写成变异式的摘要，不受字数的限制。摘要的编写应该客观、真实，切忌掺杂进编写者的主观见解、解释和评论。如果发现一次文献有原则性错误，可加注“摘者注”。

摘要应具有独立性和自明性，并拥有与一次文献同等量的主要信息，即不阅读文献的全文，就能获得必要的信息。因此摘要是一种可以被引用的完整短文。

（5）关键词

为了便于读者从浩如烟海的书刊中寻找文献，特别是适应计算机自动检索的需要，GB/T 3179—2009 规定，现代科技期刊都应在学术论文的摘要后面给出 3～8 个关键词。关键词的标引应按 GB/T 3860—2009《文献主题标引规则》的规定，在审读文献题名、前言、结论、图表，特别是在审读文献的基础上，逐篇对文献进行主题分析，然后选定能反映文献特征内容，通用性比较强的关键词。首先要选取列入《汉语主题词表》、《MeSH》等词表中的规范性词（称叙词或主题词）。对于那些反映新技术、新学科而尚未被主题词表录入的新产生的名词术语，亦可用非规范的自由词标出，以供词表编写单位在修订词表时参照选用。要强调的一点是：一定不要为了强调反映文献主题的全面性，把关键词写成是一句句内容“全面”的短语。

(6) 引言

引言（前言、序言、概述）经常作为论文的开端，主要回答“为什么研究(why)”这个问题。它简明介绍论文的背景、相关领域的前人研究历史与现状（有时亦称这部分为文献综述），以及著者的意图与分析依据，包括论文的追求目标、研究范围和理论、技术方案的选取等。引言应言简意赅，不要等同于摘要，或成为摘要的注释。引言中不应详述同行熟知的，包括教科书上已有陈述的基本理论、实验方法和基本方程的推导；除非是学位论文，为了反映著者的学业等，允许有较详尽的文献综述段落。如果在正文中采用比较专业化的术语或缩写词时，最好先在引言中定义说明。

(7) 正文

正文是科技论文的核心组成部分，主要回答“怎么研究（how)”这个问题。正文应充分阐明论文的观点、原理、方法及具体达到预期目标的整个过程，并且突出一个“新”字，以反映论文具有的首创性。根据需要，论文可以分层深入，逐层剖析，按层设分层标题。

正文通常占有论文篇幅的大部分。它的具体陈述方式往往因不同学科、不同文章类型而有很大差别，不能牵强地做出统一的规定。一般应包括材料、方法、结果、讨论和结论等几个部分。

试验与观察、数据处理与分析、实验研究结果的得出是正文的最重要成分，应该给予极大的重视。要尊重事实，在资料的取舍上不应该随意掺入主观成分或妄加猜测，不应该忽视偶发性现象和数据。

写科技论文不要求有华丽的辞藻，但要求思路清晰，合乎逻辑，用语简洁准确、明快流畅；内容务求客观、科学、完备，要尽量让事实和数据说话；凡是用简要的文字能够讲解的内容，应用文字陈述。用文字不容易说明白或说起来比较繁琐的，应由表或图（必要时用彩图）来陈述。表或图要具有自明性，即其本身给出的信息就能够说明欲表达的问题。数据的引用要严谨确切，防止错引或重引，避免用图形和表格重复地反映同一组数据。资料的引用要标明出处。

物理量与单位符号应采用《中华人民共和国法定计量单位》的规定，选用规范的单位和书写符号；不得已选用非规范的单位或符号时应考虑行业的习惯，或使用法定的计量单位和符号加以注解和换算。

教科书式的撰写方法是撰写科技论文的第一大忌。对已有的知识避免重新描述和论证，尽量采用标注参考文献的方法；对用到的某些数学辅助手段，应防止过分注意细节的数学推演，需要时可采用附录的形式供读者选阅。

（8）结论

结论（或讨论）是整篇文章的最后总结。尽管多数科技论文的著者都采用结论的方式作为结束，并通过它传达自己欲向读者表述的主要意向，但它不是论文的必要组成部分。

结论不应是正文中各段小结的简单重复，主要回答“研究出什么（what)”。它应该以正文中的试验或考察中得到的现象、数据和阐述分析作为依据，由此完整、准确、简洁地指出：

1）由对研究对象进行考察或实验得到的结果所揭示的原理及其普遍性。

2）研究中有无发现例外或本论文尚难以解释和解决的问题。

3）与先前已经发表过的（包括他人或著者自己）研究工作的异同。

4）本论文在理论上与实用上的意义与价值。

5）对进一步深入研究本课题的建议。

（9）致谢

致谢一般单独成段，放在文章的最后面，但它不是论文的必要组成部分。它是对曾经给予论文的选题、构思或撰写以指导或建议，对考察或实验过程中做出某种贡献的人员，或给予过技术、信息、物质或经费帮助的单位、团体或个人致以谢意。一般对之外的劳动可不必专门致谢。

（10）参考文献

文后参考文献是现代科技论文的重要组成部分，但如果撰写论文时未参考文献也可以不写。它是反映文稿的科学依据和著者尊重他人研究成果而向读者提供文中引用有关资料的出处，或为了节约篇幅和叙述方便，提供在论文中提及而没有展开的有关内容的详尽文本。任何不重视参考文献，甚至于使用“文后参考文献从略”的编辑处理方法都是错误的。

被列入的参考文献应该只限于那些著者亲自阅读过和论文中引用过，而且正式发表的出版物或其他有关档案资料，包括专利等文献。私人通信、内部讲义及未发表的著作，一般不宜作为参考文献著录，但可用脚注或文内注的方式，以说明引用依据。国内外对文后参考文献的著录方法历来很多，但自从ISO制定国际标准以来已有渐趋一致的动向，目前，我国文献工作标准化技术委员会已经根据国际标准化工作发展趋势，制定出自己的国家标准，即《文后参考文献著录规则》(GB/T 7714—2005)，明确规定我国的科技期刊采用国际上通行的“顺序编码制”和“著者一出版年制”。前者根据正文中引用参考文献的先后，按著者、题名、出版事项的顺序逐项著录；后者首先根据文种（按中文、日文、英文、俄文、其他文种的顺序）集中，然后按参考文献著的姓氏笔画或姓氏首字母的顺序排列，同一著者有多篇文献被参考引用时，再按文献出版年份的先后依次给出文后参考文献的著录形式还是比较复杂的，具体执行时请随时查阅 GB/T 7714—2005 的规定。

参考文献著录的条目以小于正文的字号编排在文末。其格式为：

①专著、论文集、学位论文、报告——［序号］主要责任者．文献题名［文献类型标志］．出版地，出版者，出版年，起止页码（任选）。

【示例】：［1］周振甫．周易译注［M］．北京：中华书局．1991.

［2］陈崧．五四前后东西方文化问题论文选［C］．北京：中国社会科学出版社，1985.

②期刊文章——［序号］主要责任者．文献题名［J］．刊名，年，卷（期）：起止页码．

【示例】：［3］何龄修．读顾城《南明史》［J］．中国史研究，1998，（3）：167-173.

③论文集中的析出文献——［序号］析出文献主要责任者．析出文献题名［A］．

原文献主要责任者（任选）．原文献题名［C］．出版地：出版者，出版年．析出文献起止页码．

【示例】：［4］瞿秋白．现代文明的问题与社会主义［A］．罗荣渠．从西化到现代化［C］．北京：北京大学出版社，1990. 121-133.

④报纸文章——［序号］主要责任者．文献题名［N］．报纸名，出版日期（版次）．

【示例】：［5］谢希德．创造学习的新思路［N］．人民日报，1998-12-25（10）．

⑤国际标准、国家标准——［序号］标准编号，标准名称［S］．

【示例】：［6］GB/T 16159—1996，汉语拼音正词法基本规则。

⑥电子文献——［序号］主要责任者．电子文献题名［电子文献及载体类型标志］-电子文献的出处或可获得地址，发表或更新日期/引用日期（任选）．

【示例】：［7］王明亮．关于中国学术期刊标准化数据库系统工程的进展［EB/OL］．http：//www.cajcd.cn/pub/wml.txt/980810-2.html，1998-08-16/1998-10-04.

（11）附录

附录是论文的附件，不是必要组成部分。它在不增加文献正文部分的篇幅和不影响正文，附主体内容叙述连贯性的前提下，向读者提供论文中部分内容的详尽推导、演算、证明、仪器、装备或解释、说明，以及提供有关数据、曲线、照片或其他辅助资料如计算机的框图和程序软件等。附录与正文一样，编入连续页码。

5. 操作步骤

（1）撰写技术攻关、技术开发专题项目的研究、总结报告。

（2）承担产品工艺攻关和产品开发、工艺开发项目。

思 考 题

1. 判断：作业现场主要采用计量数据和统计数据分析来进行过程控制。

2. 科技论文的编写格式主要由几部分构成？

参 考 文 献

[1] 曹京宜．涂装表面预处理技术与应用［M］．北京：化学工业出版社，2004.
[2] 张学敏．涂装工艺学［M］．北京：化学工业出版社，2002.
[3] 刘静安．谢水生．铝合金材料的应用与技术开发［M］．北京：冶金工业出版社，2004.
[4] 肖亚庆．铝加工技术实用手册［M］．北京：冶金工业出版社，2005.
[5] 张德铭等．YS/T 431—2000［S］．铝及铝合金彩色涂层板、带材．北京：国家有色工业局，2000.
[6] 王祝堂，田荣璋．铝合金及其加工手册［M］．湖南：中南工业大学出版社，1989.
[7] 蒋展鹏．环境工程学．北京：高等教育出版社，1992.
[8] 黄铭荣，胡纪萃．水污染治理工程．北京：高等教育出版社，1995.
[9] 有色金属工业总公司标准计量研究所．铝阳极氧化技术标准汇编［S］．北京：有色金属工业总公司标准计量研究所，1991.
[10] 胡传沂．表面处理工程手册［M］．北京：北京工业大学出版社，2001.
[11] 机械工业职业技能鉴定指导中心．高级涂装工技术［M］．北京：机械工业出版社，2000.
[12] 沈立，朱坚平，胡义铭，孙明义．涂装作业安全技术［M］．北京：化学工业出版社，2005.
[13] 陈振发．粉末涂料涂装工艺学［M］．上海：上海科学技术文献出版社，1997.
[14] 朱祖芳．铝合金阳极氧化工艺技术应用手册［M］．北京：冶金工业出版社，2007.
[15] 钱苗根，姚寿山，张少宗．现代表面技术［M］．北京：机械工业出版社，2002.